COURS ÉLÉMENTAIRE

THÉORIQUE ET PRATIQUE

D'ARBORICULTURE.

CORBEIL, IMPRIMERIE DE CRÉTÉ.

COURS ÉLÉMENTAIRE

THÉORIQUE ET PRATIQUE

D'ARBORICULTURE

PAR

M. A. DU BREUIL

PROFESSEUR D'ARBORICULTURE ET D'AGRICULTURE.

APPROUVÉ PAR L'UNIVERSITÉ

ET

Couronné par les Sociétés d'horticulture de Paris, de Rouen et de Versailles.

DEUXIÈME ÉDITION

COMPRENANT

LA SYLVICULTURE, LA VITICULTURE ET LA CULTURE DU MURIER.

ACCOMPAGNÉE DE 5 VIGNETTES EN TAILLE-DOUCE

et de 600 figures intercalées dans le texte.

PREMIÈRE PARTIE.

PARIS

VICTOR MASSON 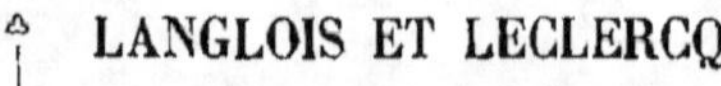 LANGLOIS ET LECLERCQ
Place de l'École de Médecine, 17.   Rue de la Harpe, 81.

1850

COURS ÉLÉMENTAIRE

THÉORIQUE ET PRATIQUE

D'ARBORICULTURE.

PREMIÈRE PARTIE.

Études préliminaires.

Le mot *arboriculture*, encore moderne dans notre langue agricole, se compose du mot latin *arbor*, arbre, et du mot français *culture*. L'arboriculture comprend donc tout ce qui se rattache à la *culture des arbres* ; c'est une des grandes divisions de l'agriculture.

On donne le nom d'*arbres* en général à toutes les plantes dont la tige, présentant la consistance du bois, vit pendant un plus ou moins grand nombre d'années. On appelle *arbres proprement dits* ceux dont la tige, assez grosse, s'élève à une certaine hauteur sans se ramifier ; et *arbrisseaux*, ceux dont la tige, beaucoup moins volumineuse, moins élevée, se ramifie dès sa base.

L'existence des arbres est presque aussi indispensable à la vie de l'homme que celle des plantes herbacées, des céréales. Que deviendraient, en effet, les constructions de toute espèce, les arts mécaniques, sans la présence du bois? Par quoi remplacer ce combustible précieux dans les contrées privées de charbon de terre? Les arbres ne sont pas moins utiles par les fruits qu'ils fournissent si abondamment et qui concourent à l'alimentation, soit directement, soit en servant à la fabrication du cidre, du vin, boissons habituelles d'une grande partie des populations. Ils influent sur la température en la rendant plus égale. Ainsi, dans les localités très-boisées, les chaleurs de l'été sont moins brûlantes, à cause de la fraîcheur que les arbres y entretiennent par leur ombrage ; et les froids sont moins vifs en hiver en raison de l'abri qu'ils procurent au sol. On sait également que ces mêmes localités sont moins exposées à la sécheresse que celles dépourvues de ces grands massifs d'arbres. L'observation prouve, en effet, que les arbres rassemblés en très-grand nombre attirent les nuages et déterminent la chute des eaux pluviales, et que leurs feuilles, frappées par les rayons solaires, répandent dans l'atmosphère des vapeurs aqueuses qui, pendant la nuit, donnent lieu à des rosées abondantes. La présence des arbres n'est pas moins utile au sommet et sur le penchant des montagnes : là, ils arrêtent la rapidité des eaux torrentielles qui se précipitent de ces points élevés dans les vallées, entraînent tout sur leur passage et déterminent les inondations. Enfin, rappelons encore que les arbres agissent puissamment sur la santé de l'homme et des animaux, en général, en purifiant l'air atmosphérique, et en le rendant ainsi plus propre à la respiration. Les feuilles ont, en effet, la propriété d'enlever à l'atmosphère la trop grande quantité de gaz acide carbonique formé dans les grands centres de population par la respiration des animaux et autres causes diverses. Aussi est-ce avec raison que l'on conseille de multiplier les plantations dans le voisinage des grandes villes et des habitations. Concluons donc de ce qui précède, que les arbres sont appelés à satisfaire des besoins tout aussi indispensables, que leur rôle est tout aussi important dans l'existence de l'homme que celui des autres plantes.

Les diverses espèces ligneuses abandonnées à elles-mêmes donneraient une partie des produits qui les font rechercher; mais ceux-ci ne seraient ni aussi abondants ni d'aussi bonne qualité que si l'on appliquait aux arbres certaines opérations qui, en aidant la nature, augmentent la quantité et la qualité de ces produits : ce sont ces diverses opérations qui constituent la culture des arbres.

Avant de commencer l'étude des matières qui font l'objet principal de ce cours, il est utile de nous arrêter à l'examen de quelques faits sur lesquels reposent les principes de la culture en général, et dont la connaissance est indispensable pour bien comprendre chacun des procédés que nous décrirons successivement.

Et d'abord nous devons indiquer brièvement quels sont les principaux organes qui composent l'ensemble de l'arbre, ainsi que le nom qui distingue chacun d'entre eux. La description des opérations de la culture deviendrait inintelligible sans cette première étude, à laquelle on donne le nom d'*anatomie végétale*.

La connaissance des fonctions que chacun de ces organes est appelé à remplir dans la vie des plantes est plus indispensable encore. Elle sert de base à la théorie de tous les procédés de la culture. Cette partie de la botanique, désignée sous le nom de *physiologie végétale*, doit toujours être présente à l'esprit du cultivateur. Avec elle, on opère à coup sûr, et l'on atteint toujours le but que l'on se propose. Comment, en effet, si l'on ne se rend pas parfaitement compte des fonctions des racines, saura-t-on jusqu'à quel point on doit les préserver de toute altération lors de la transplantation des arbres? C'est pour ne pas avoir connu le rôle important des feuilles dans la nutrition des plantes que l'on a quelquefois enlevé, avant le temps convenable, un trop grand nombre de ces organes sur les arbres en espalier, dans le but de faire acquérir à leurs fruits une belle coloration.

Enfin, il importe encore, pour le succès de la culture des arbres, de se rendre compte de l'*influence sur la végétation, des agents naturels, tels que le sol, la température, la lumière, l'exposition.* C'est alors seulement que l'on comprendra bien la nécessité de donner à chaque espèce un terrain d'une nature en rapport avec ses besoins, ainsi qu'un degré de température et une exposition convenables.

Toutefois, comme le cours que nous publions aujourd'hui est avant tout un *cours d'arboriculture,* et que nous entendons parler seulement des arbres qui peuvent supporter la rigueur de notre climat, nous n'envisagerons de chacun de ces sujets que ce qui sera strictement nécessaire à l'intelligence des faits que nous avons à exposer. Nous le disons donc dès à présent, *les notions d'anatomie et de physiologie qui vont suivre ne s'appliquent qu'aux arbres dicotylédonés.*

Telles sont les études préliminaires auxquelles il convient de nous arrêter d'abord, et qui forment la première partie de ce cours.

PREMIÈRE SECTION.

NOTIONS D'ANATOMIE ET DE PHYSIOLOGIE VÉGÉTALES.

CHAPITRE PREMIER.

ANATOMIE VÉGÉTALE.

Les arbres présentent, dans leur structure, un certain nombre de parties qu'on peut diviser en plusieurs groupes. Ainsi, on distingue des organes *conservateurs,* des organes *reproducteurs,* des organes *élémentaires.*

Les organes conservateurs donnent à chaque individu les moyens de subvenir à son existence, à sa conservation. Les plus apparents sont la *racine* et la *tige.*

Racine. — La racine est cette partie de l'arbre qui, ordinairement dérobée par le sol à l'action de la lumière, tend toujours à se diriger vers le centre de la terre. On reconnaît dans cet organe le *collet,* le *corps* et les *radicelles.*

Le collet est le point intermédiaire entre la racine et la tige (A, *fig.* 1), celui d'où naissent ces deux organes pour se développer

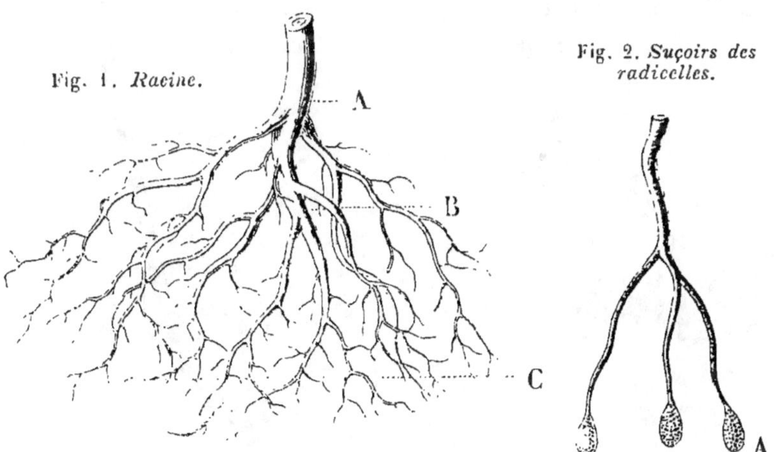

Fig. 1. *Racine.*

Fig. 2. *Suçoirs des radicelles.*

en sens inverse. C'est, en quelque sorte, un centre d'énergie vitale qui répand ce principe dans toute la plante.

Le corps est la partie principale de la racine (B, *fig.* 1); c'est ce que l'on nomme aussi le *pivot.* Il naît du collet et s'enfonce verticalement dans le sol en affectant la forme d'une pyramide renversée. Il produit les radicelles comme le tronc développe les branches.

Les radicelles sont les dernières divisions de la racine (C, *fig.* 1); c'est ce que l'on nomme encore le *chevelu*. On peut les considérer comme autant de petits tubes ou conduits qui servent à établir une communication directe entre le corps de la racine et le sol. On remarque à l'extrémité de chacune de ces radicelles (A, *fig.* 2) un petit renflement spongieux, criblé d'ouvertures ou pores, et doué d'une grande force de succion.

Tige. — La tige naît du même point que la racine, mais elle s'allonge en sens inverse. Tandis que la première s'enfonce dans le sol, l'autre s'élève vers le ciel.

Il y a dans la tige des arbres, des organes extérieurs et des organes intérieurs. On reconnaît sur la tige, en allant du sommet à la base, quatre parties principales : les *bourgeons*, les *rameaux*, les *branches*, le *tronc*. Ce sont les organes extérieurs.

Les *bourgeons* (A, *fig.* 3) sont le premier état de développement

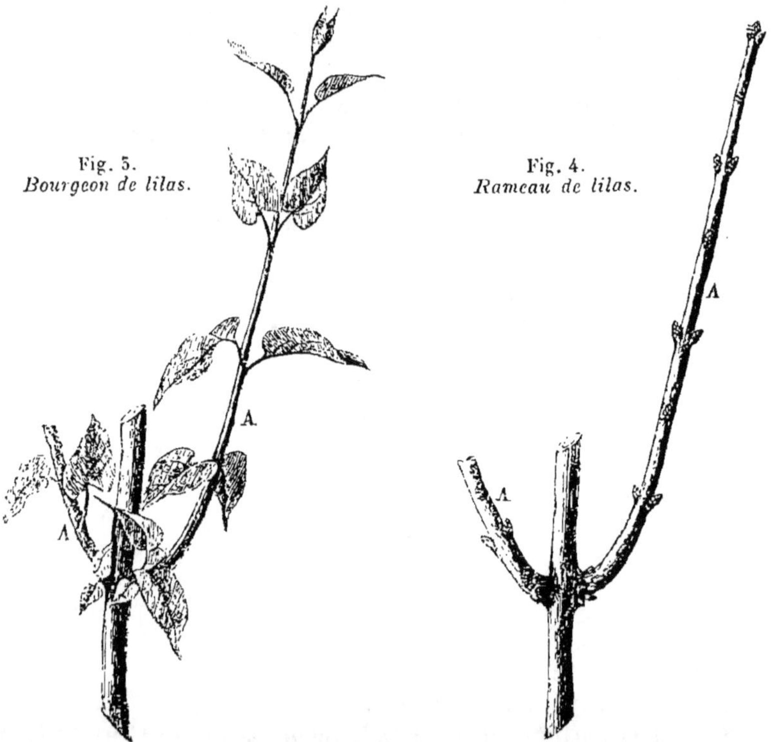

Fig. 5.
Bourgeon de lilas.

Fig. 4.
Rameau de lilas.

des ramifications de l'arbre. Ils naissent, au printemps, de boutons

1.

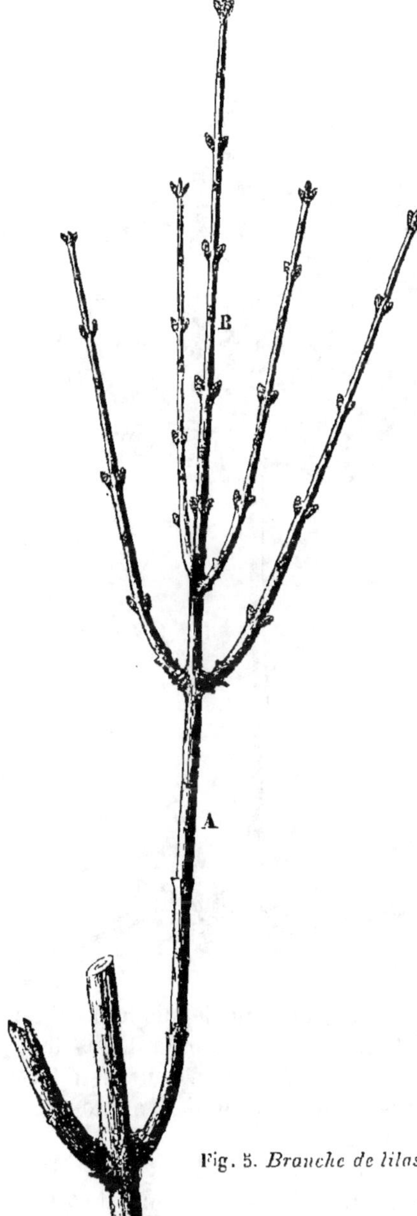

Fig. 5. *Branche de lilas.*

placés à l'aisselle des feuilles ou au sommet des rameaux. Ils continuent de s'allonger pendant tout le temps de la végétation, et conservent le nom de bourgeons jusqu'au moment où ils cessent de s'accroître en longueur.

Vers la fin de l'automne, les bourgeons ont terminé leur évolution. Leur sommet et l'aisselle de chaque feuille présentent un bouton bien formé (A, *fig.* 4). Ce prolongement prend alors le nom de *rameau*: c'est le second état de développement des ramifications.

Au printemps suivant, les boutons placés sur les rameaux donnent lieu à de nouveaux bourgeons (B, *fig.* 5), qui continuent de s'allonger jusqu'à la fin de l'automne. A cette époque, ils présentent aussi des boutons bien formés, et leur développement en longueur s'arrête. Ils reçoivent, à leur tour, le nom de *rameaux*, et le rameau primitif qui les supporte (A, *fig.* 5) prend celui de *branche*. C'est le troisième et dernier état de développement des ramifications de l'arbre. Une fois qu'elles ont acquis ce caractère, ces ramifications ne peuvent plus donner directement naissance à de nouvelles productions, ou du moins cela n'a lieu qu'exceptionnellement. Elles ne servent plus, dans l'économie de l'arbre, qu'à transporter les fluides puisés dans la terre par les racines jusqu'aux boutons que portent les rameaux.

Le *tronc*, dans la tige des arbres, est la partie qui, naissant du collet de la racine, s'élève à une certaine hauteur sans se ramifier (A, *fig.* 6). Il a passé, comme les branches, par les diverses phases de développement que nous venons de décrire. Il en diffère seulement parce qu'il naît directement de la racine et qu'il supporte toutes les ramifications précédentes.

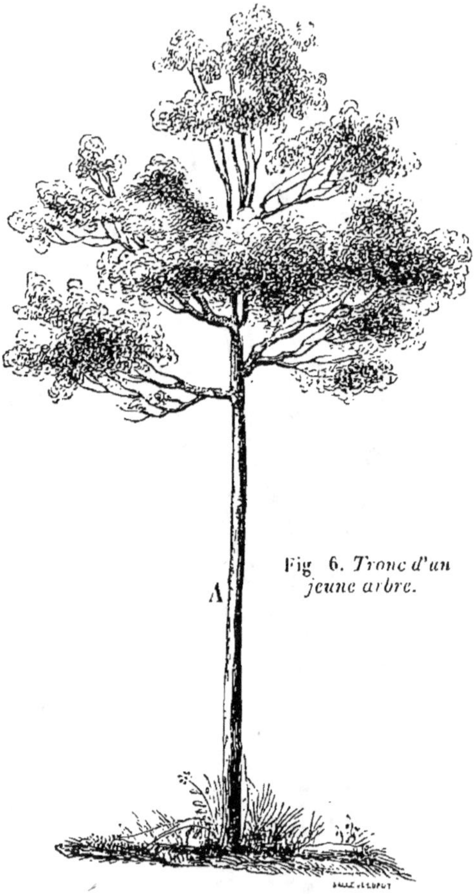

Nous verrons, en traitant de la taille des arbres fruitiers, qu'on distingue encore par des noms différents diverses sortes de bourgeons, de rameaux et de branches.

Si l'on considère la coupe transversale du tronc d'un arbre ou d'une grosse racine, on y remarque trois parties : la *moelle*, le *corps ligneux* et l'*écorce*. Ce sont les organes intérieurs.

Au centre de la tige on voit un canal cylindrique : c'est le *canal médullaire* (A, *fig.* 7 et 8). Ce canal médullaire est rempli par un tissu lâche, diaphane : c'est la *moelle*.

Fig. 6. *Tronc d'un jeune arbre.*

La moelle se prolonge d'une manière continue depuis le pivot de la racine jusqu'au sommet de la tige. On remarque toutefois dans le canal médullaire, au point où s'est formé chaque bourgeon terminal, un étranglement très-sensible, rempli d'un tissu analogue à celui de la moelle, mais un peu plus serré.

La moelle paraît d'autant plus abondante que les tiges sur lesquelles on l'observe sont plus jeunes. Dans les vieux troncs de quelques espèces, le canal médullaire finit même par devenir tout à fait invisible. Ce n'est pas que la moelle soit remplacée par des productions ligneuses, comme on l'avait pensé d'abord, mais c'est parce que les fluides renfermés dans son tissu, venant à se solidifier, lui font acquérir la dureté du bois et lui en donnent l'apparence.

En dehors du canal médullaire et jusqu'à l'écorce est situé le *corps ligneux* (B, *fig.* 7 et 8).

Cette partie de la tige se compose de couches concentriques de

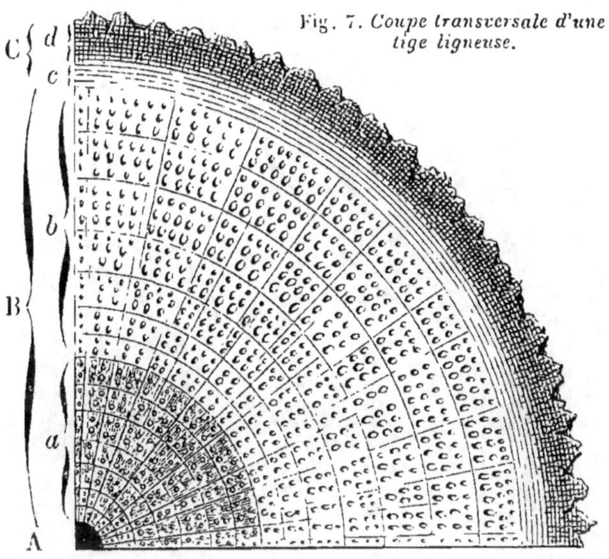

Fig. 7. *Coupe transversale d'une tige ligneuse.*

bois placées l'une sur l'autre. Chaque couche distincte est le produit de la végétation pendant une année.

Si, à l'aide d'un verre grossissant, on examine attentivement la coupe transversale de l'une de ces couches, on voit qu'elles sont formées par la réunion de petits tubes ou vaisseaux d'autant plus gros qu'ils se rapprochent davantage du centre de la tige (*fig.* 7). Ils sont souvent disposés régulièrement par zones concentriques coupées perpendiculairement par des lignes plus ou moins prolongées et plus ou moins rapprochées. On a donné à ces lignes le nom de *rayons médullaires* (*fig.* 7).

En cherchant à suivre la direction de ces tubes ou vaisseaux qui forment la masse de chaque couche ligneuse, on reconnaît, par la coupe verticale grossie du fragment de bourgeon que nous avons figuré ci-contre, qu'ils naissent toujours de la base d'une feuille (M, *fig.* 8).

On remarque aussi que ceux développés par les feuilles supérieures viennent recouvrir les précédents (D, *fig.* 8), et que tous se prolongent jusqu'à l'extrémité des radicelles.

On voit encore que les vaisseaux s'unissent souvent par faisceaux,

puis se joignent latéralement de distance en distance (*f, fig.* 9)
pour se séparer ensuite de manière à envelopper l'arbre comme au-

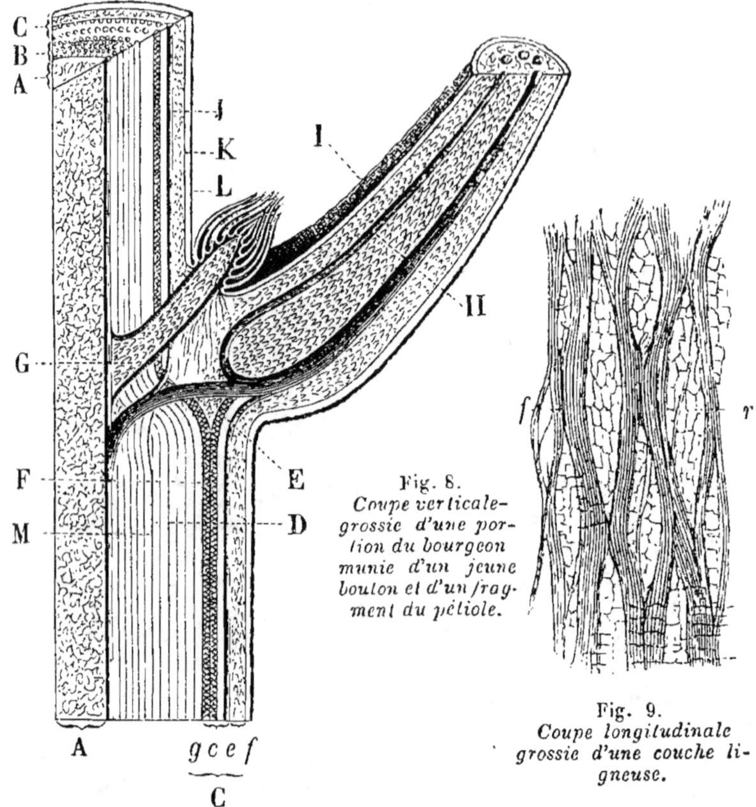

Fig. 8.
*Coupe verticale-
grossie d'une por-
tion du bourgeon
munie d'un jeune
bouton et d'un frag-
ment du pétiole.*

Fig. 9.
*Coupe longitudinale
grossie d'une couche li-
gneuse.*

tant de réseaux ou filets dont les mailles sont très-allongées. Chacune de ces mailles est remplie par un tissu (*r*) analogue à celui de
la moelle.

Il résulte de ce mode de structure des couches ligneuses que la
plus jeune est toujours à l'extérieur du corps ligneux, et que chacune d'elles embrasse l'arbre dans toute son étendue. En faisant
abstraction des ramifications de la tige et de la racine, la réunion
de ces couches ligneuses présente la forme de deux cônes réunis
par leur base. Le point de réunion correspond au collet de la racine
(A, *fig.* 10).

Le corps ligneux présente deux parties ordinairement distinctes :
le *bois parfait* et l'*aubier.*

Le bois parfait comprend les couches ligneuses les plus rapprochées du centre de la tige (*a, fig.* 7). Elles offrent presque toujours

une couleur plus intense et une plus grande dureté que les autres. Les couches ligneuses les plus extérieures constituent l'aubier (*b*, *fig.* 7). On les reconnaît à leur couleur moins foncée et à leur dureté moins grande. Néanmoins il est des espèces dans lesquelles le bois parfait et l'aubier offrent très-peu de différence. Cela se remarque surtout dans le peuplier, le marronnier et autres arbres à bois blanc.

La partie que l'on rencontre après le corps ligneux, en allant du centre à la circonférence, est l'*écorce* (C, *fig.* 7 et 8). On y distingue le *liber*, les *couches corticales*, le *tissu sous-épidermoïde*, et l'*épiderme*.

Le liber est la couche la plus intérieure de l'écorce, celle qui est immédiatement en contact avec l'aubier (*c*, *fig.* 7 et 8) ; il se compose d'un grand nombre de couches minces et flexibles dont la réunion a été comparée aux feuillets d'un livre. C'est de là que lui est venu le nom de *liber*. Chacun de ces feuillets est formé par un réseau de tubes ou vaisseaux qui, comme les couches ligneuses, se prolongent depuis la base d'une feuille où ils prennent naissance (E, *fig.* 8) jusqu'à l'extrémité des radicelles. Une chose digne de remarque, c'est que les nouvelles couches du liber qui naissent des feuilles supérieures s'appliquent au-dessous de celles qui se sont précédemment formées (F, *fig.* 8). La couche du liber la plus jeune est donc toujours la plus intérieure de l'écorce, tandis que dans le corps ligneux c'est le contraire qui a lieu. Les mailles formées par les vaisseaux de chaque couche du liber sont remplies par un tissu analogue à la moelle.

En dehors des couches du liber, mais seulement dans les arbres un peu âgés, on aperçoit un certain nombre d'autres couches, analogues, par leur contexture, à celles du liber, mais desséchées et inertes, et qui, déchirées par le grossissement du tronc, apparaissent à la surface sous forme de losanges plus ou moins régulières : ce sont les *couches corticales* proprement dites (*d*, *fig.* 7). Ces parties ne sont autre chose que d'anciennes couches de liber dont les fonctions ont cessé, et qui sont repoussées au dehors par celles formées annuellement au-dessous d'elles. Dans les jeunes tiges ou les jeunes branches, on rencontre, au-dessus du liber, à la place des

Fig. 11. *Coupe transversale de l'écorce d'une jeune tige.*

couches corticales dont nous venons de parler, un tissu tout à fait herbacé, de couleur verdâtre et analogue à la moelle : c'est le *tissu sous-épidermoïde* (*e*, *fig.* 8 et 11).

Enfin, toujours dans les jeunes tiges, au delà du tissu sous-épidermoïde, et tout à fait à la surface, on observe une couche mince souvent transparente : c'est l'*épiderme* (*f*, *fig.* 8 et 11).

Boutons. — Les boutons (B, *fig.* 12) se montrent ordinairement à l'extrémité des rameaux et à l'aisselle des feuilles. Ils sont ronds, ovales ou coniques, et peuvent être considérés comme le rudiment, le germe des jeunes rameaux qui se développeront l'année suivante.

Les boutons des arbres de nos climats sont toujours revêtus d'une enveloppe écailleuse composée de petites lames en forme de cuiller ou d'écailles de poisson. Les écailles extérieures sont sèches, dures et quelquefois enduites de sucs résineux qui empêchent l'accès de l'humidité ; les écailles intérieures sont couvertes d'un duvet souvent épais. Les boutons emploient ordinairement une année entière à leur développement parfait.

Lorsqu'au printemps les boutons commencent à naître, on leur donne le nom d'*œil*. Vers la fin de l'automne, les yeux complétement formés prennent le nom de *boutons proprement dits*.

Nous verrons, en traitant de la taille des arbres fruitiers, que les boutons reçoivent encore des noms différents, suivant les produits auxquels ils donnent lieu ou d'après leur position sur l'arbre.

Quant aux parties du rameau qui donnent naissance aux boutons, on voit, par la figure précédente (G, *fig.* 8), qu'elles sont le prolongement des vaisseaux du canal médullaire. Ceux-ci forment une sorte de petit axe rempli d'un tissu analogue à la moelle, et au sommet duquel se forme le bouton, soit à l'aisselle des feuilles, soit à l'extrémité des rameaux. C'est de ce petit axe que naît le canal médullaire, qui s'allonge à mesure que le bourgeon se développe.

Il résulte de ce mode de formation que le

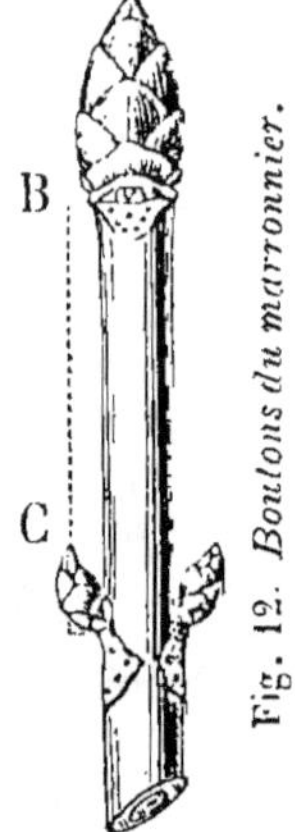

Fig. 12. *Boutons du marronnier.*

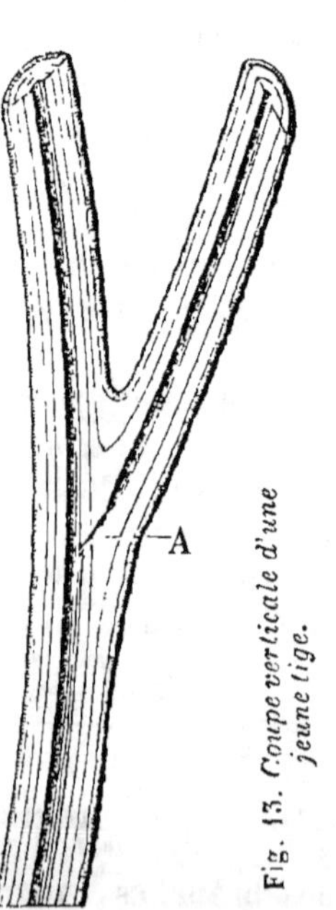

Fig. 13. *Coupe verticale d'une jeune tige.*

canal médullaire des ramifications n'est pas immédiatement contigu au canal médullaire de la tige ; il en est séparé par le petit axe dont nous venons de parler (A, *fig.* 13).

On donne le nom de *mérithalle*, ou entre-nœud, à l'espace compris entre chaque bouton sur le rameau. Ainsi, la portion du rameau existant de B en C (*fig.* 12) est un mérithalle.

Feuilles. — Au temps du bourgeonnement, ce qui a lieu vers le mois d'avril, la base des boutons se gonfle, fait entr'ouvrir l'enveloppe écailleuse : dès lors l'air et la lumière pénètrent jusqu'aux jeunes feuilles, qui verdissent, se fortifient et se déploient.

La feuille présente deux parties ordinairement distinctes, le *pétiole* et le *disque*.

Le *pétiole* ou queue de la feuille (I, *fig.* 8 et 14) est le petit support qui unit le disque au bourgeon. C'est le prolongement des vaisseaux du canal médullaire du bourgeon qui porte la feuille (H, *fig.* 8). Ces vaisseaux forment, au centre du pétiole, une sorte de cylindre rempli et entouré de toutes parts par un tissu analogue à la moelle. Ils se prolongent de là jusque dans le disque de la feuille.

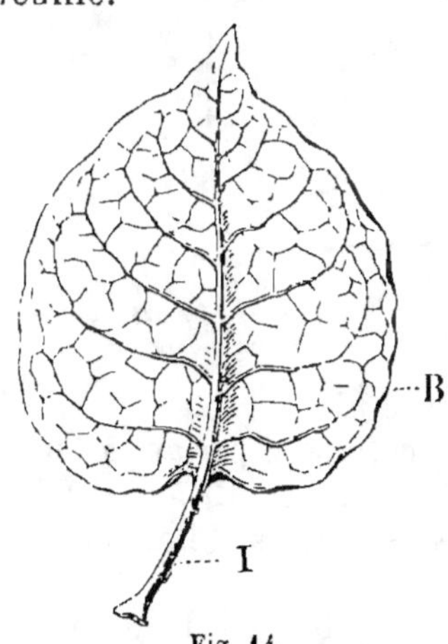

Fig 14.
Feuille de lilas.

Le *disque* (B, *fig.* 14) est la lame mince et élargie que supporte le pétiole. Il résulte du prolongement et de l'expansion des vaisseaux qui forment ce dernier. Ces vaisseaux traversent la feuille dans toute sa longueur, et forment ce que l'on nomme les *côtes* ou *nervures* de la feuille. Les nervures principales se subdivisent à l'infini, et forment un réseau dont les mailles, très-rapprochées, sont remplies par un tissu analogue à la moelle, et auquel on a donné le nom de *parenchyme* de la feuille.

Si, à l'aide d'un instrument grossissant, on examine l'une des faces d'une feuille, on la voit couverte d'une infinité de petites ouvertures ou *pores*. Toutes les surfaces vertes des plantes, c'est-à-dire les feuilles, les bourgeons, et même les fruits, sont couvertes de ces pores. On en rencontre aussi un grand nombre sur les radicelles ou le chevelu.

On donne le nom d'*organes reproducteurs* aux fleurs et aux fruits, parce qu'ils concourent à la reproduction de l'espèce.

Fleurs. — On remarque dans la fleur les *enveloppes florales* et les *organes sexuels*.

Les enveloppes florales se composent ordinairement du *calice* et de la *corolle*; pour les reconnaître facilement, choisissons la fleur de l'amandier où ils sont tous bien apparents.

L'enveloppe la plus externe, se présentant sous forme de cinq petites lames arrondies et colorées en vert (A, *fig.* 15), est le *calice*. Le calice est formé, tantôt d'une seule pièce, comme dans les *magnoliers*, le *tulipier*, tantôt de plusieurs pièces distinctes, comme dans les *cistes*. On donne, dans ce second cas, le nom de *folioles calicinales* aux divisions du calice.

Immédiatement après le calice, on rencontre cinq lames de forme arrondie et remarquables par un brillant coloris (B, *fig.* 15) : c'est la *corolle*. Ainsi que le calice, la corolle est tantôt d'une seule pièce, comme dans les *rosages*, tantôt composée de plusieurs pièces distinctes, comme dans le *pêcher*, le *rosier*, etc. On donne le nom de *pétales* aux divisions de la corolle.

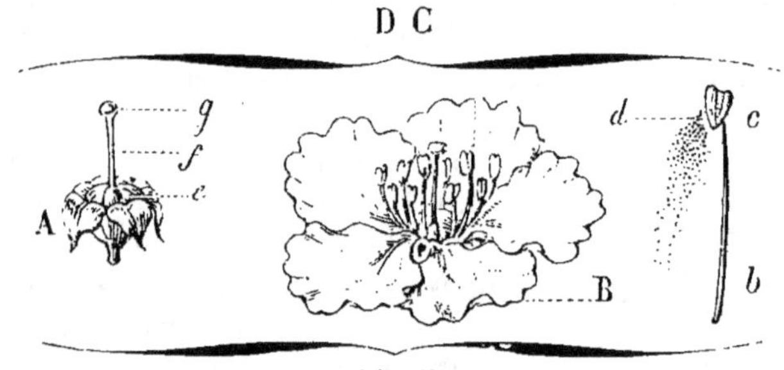

Fig. 15.

Pistil et calice de   Fleur d'amandier.   Étamine et pollen
l'amandier.   de l'amandier.

Les organes sexuels sont les *étamines* et le *pistil*.

Les filets grêles insérés à la base de la corolle et portant à leur sommet une petite masse colorée, sont les *étamines* (C, *fig.* 15).

Les étamines sont les *organes mâles* des plantes. Elles offrent trois parties :

Le *filet* (*b*, *fig.* 15), support filamenteux qui balance l'anthère à son sommet.

L'*anthère* (*c*, *fig.* 15), sorte de petite bourse ou capsule qui, ordinairement colorée, contient le pollen et termine le filet.

Le *pollen* (*d*, *fig.* 15), poussière fécondante des végétaux. Il s'échappe de l'anthère, qui s'ouvre lors de la fécondation. Cette poussière fécondante, vue à travers un instrument grossissant, offre l'aspect de petits globules remplis d'une liqueur séminale jaunâtre, limpide et gluante.

Un filet incolore, entouré par les étamines et surmontant un corps oblong au centre de la fleur, compose le *pistil* (D, *fig.* 15).

Le pistil est l'*organe femelle* des plantes. Il est formé de trois parties.

L'*ovaire* (*e, fig.* 15), partie plus ou moins dilatée placée à la base du pistil. Cet organe renferme les jeunes semences encore imparfaites et destinées à être fécondées. Il les abrite jusqu'au temps de la maturation du fruit, et prépare dans son tissu les sucs nécessaires à leur développement.

Le *style* (*f, fig.* 15), filet que supporte l'ovaire et qui est terminé par le stigmate. Cet organe n'est pas indispensable à la reproduction, aussi manque-t-il dans plusieurs espèces ; le stigmate est alors immédiatement attaché sur l'ovaire.

Le *stigmate* (*g, fig.* 15), corps glanduleux, pubescent et humide, ordinairement placé au sommet du style. Il est nécessaire à la fécondation. C'est la partie essentielle de l'organe femelle, comme l'anthère est la partie essentielle de l'organe mâle.

Les enveloppes florales, le calice et la corolle ne sont point indispensables pour la fructification, car ils manquent complétement dans certaines espèces ; mais il n'en est pas ainsi des organes sexuels ; ceux-ci existent dans tous les arbres : sans eux il n'est point de reproduction naturelle possible.

Quelques espèces d'arbres présentent, quant à la place qu'occupent les organes sexuels les uns par rapport aux autres, des phénomènes dignes d'être remarqués. Les étamines et le pistil y sont réunis dans la même fleur. On appelle alors ces fleurs *hermaphrodites*. Certaines fleurs n'offrent que des étamines, et reçoivent le nom de *fleurs mâles* ; d'autres ne présentent qu'un pistil : on les nomme *fleurs femelles*.

Les arbres dont les fleurs renferment les deux sexes, comme le *prunier*, le *pommier*, et un grand nombre d'arbres, sont dits *arbres hermaphrodites*.

D'autres espèces présentent des fleurs mâles et des fleurs femelles réunies sur le même individu. Ces arbres sont dits *monoïques*. De ce nombre sont le noisetier, le chêne. Les fleurs mâles du noisetier (♂, *fig.* 16) apparaissent au printemps sous forme de longs chatons jaunâtres dus à la réunion de petits groupes d'étamines fixées à un axe filiforme, et séparées les unes des autres par des écailles. Les fleurs femelles (♀) offrent l'aspect de boutons écailleux surmontés d'un groupe de petits

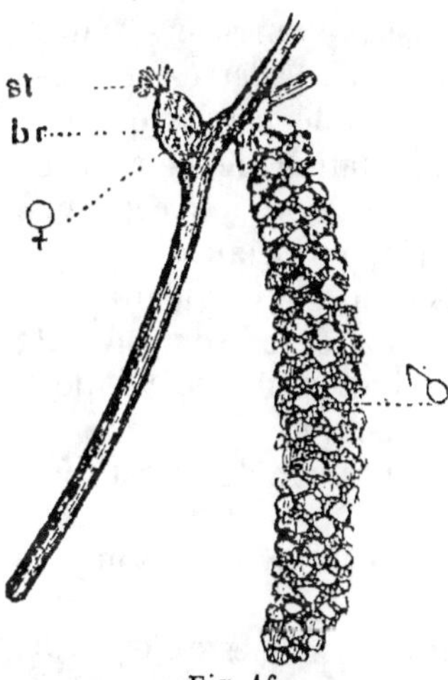

Fig. 16.
Fleurs mâles et fleurs femelles du noisetier.

filets d'un rouge vif. Ces filets sont les styles de ces fleurs femelles. Le chêne présente la même disposition. Les fleurs mâles se
composent des chatons A (*fig.* 17), et les fleurs femelles des petits
corps arrondis B.

Quelquefois encore les fleurs mâles et
les fleurs femelles se trouvent, dans certaines espèces, isolées sur des individus différents ; de sorte qu'il y a un individu mâle
et un individu femelle. Ce dernier phénomène se remarque dans la plupart des *saules*, des *peupliers*, dans les *genévriers*, etc. :
ces arbres sont dits *dioïques*.

Nous venons d'esquisser rapidement la
structure générale des fleurs. Le nombre et
la forme des divers organes qui les composent varient à l'infini en raison des espèces,
mais ce nombre et cette forme sont toujours
semblables pour tous les individus d'une
même espèce : toutes les fleurs d'une espèce
donnée présentent constamment le même
nombre d'étamines ; leur corolle est tou-

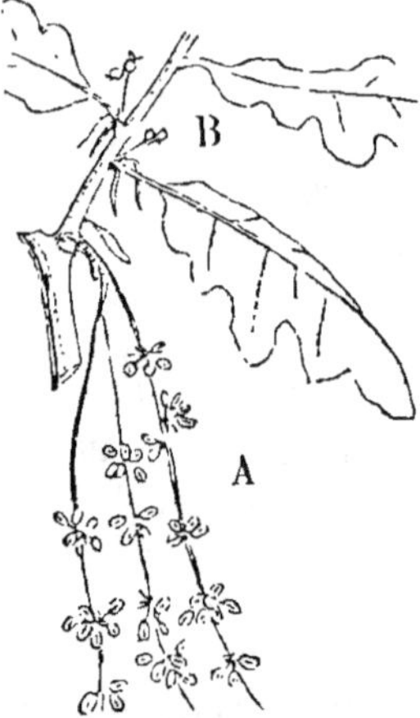

Fig. 17.
*Fleurs mâles et fleurs fe-
melles du chêne.*

jours composée d'un nombre égal de pétales. Néanmoins, la culture et diverses circonstances accidentelles peuvent altérer diversement l'organisation des fleurs, et augmenter le nombre de certains organes aux dépens de certains autres.

Les soins de la culture, l'abondance des engrais peuvent, en déterminant une affluence extraordinaire de sucs nourriciers, faire
produire à un arbre des semences qui, confiées à la terre, donne-
ront des individus dont les fleurs offriront plus de pétales que ne
le comporte leur espèce ; mais cette augmentation de pétales se
fait toujours aux dépens du nombre des étamines dont une certaine
quantité se déforme, s'élargit, et se transforme en pétales.

Il pourra même se faire que toutes les étamines, et jusqu'aux pistils, subissent cette transformation ; alors, les sexes se trouvant
ainsi anéantis, il n'y aura plus, pour ces individus, de fécondation
possible, et par conséquent pas de fruits à attendre.

On a donné aux fleurs les noms suivants en raison de leurs différents degrés d'altération.

Celle qui n'offre que le nombre de pétales qui convient à son espèce s'appelle *fleur simple*.

Celle qui acquiert un plus grand nombre de pétales qu'elle ne
doit en avoir naturellement, mais dans laquelle les organes sexuels
subsistent encore en partie et donnent naissance à quelques graines,

a été nommée *fleur double* : telles sont certaines variétés du *rosier*.

Celle dont la corolle est occupée tout entière par des pétales provenus de la déformation des étamines et des pistils, et qui, par cette raison, reste complétement stérile est la *fleur pleine*. Telles sont certaines variétés de pêchers, de cerisiers, de rosiers à fleurs pleines.

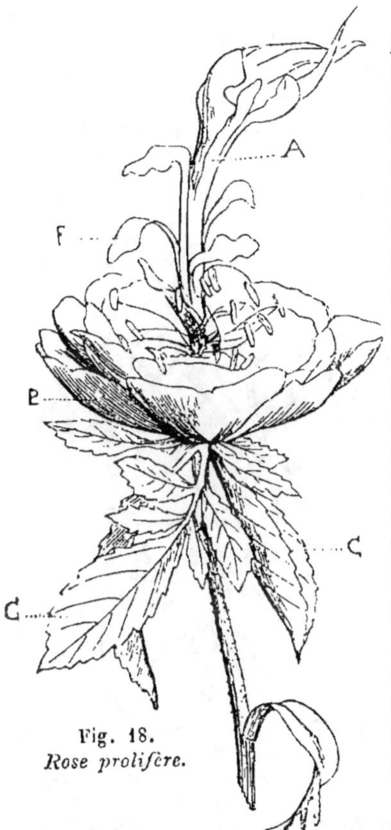

Fig. 18.
Rose prolifère.

Enfin, on donne le nom de *fleurs prolifères* à une altération qui consiste dans le développement d'une fleur au centre d'une autre fleur. Les rosiers présentent quelquefois ce phénomène. La figure 18 en offre un exemple. Le calice (C) est transformé en feuilles. Les pétales (P) sont plus nombreux qu'ils ne devraient l'être, leur nombre s'est accru aux dépens des étamines. Un axe (A) occupe le centre de la fleur et s'est développé au détriment des pistils. Cet axe porte à son sommet une seconde fleur en bouton. On remarque, en outre, que cet axe supporte quelques petites lames (F) qui ne sont autre chose que des étamines déformées entraînées par l'axe.

Fruit. — Lorsque la fécondation est achevée, les enveloppes florales et les organes sexuels se flétrissent et tombent. L'ovaire seul continue de croître et devient le fruit.

On distingue dans le fruit deux parties principales : le *péricarpe* et les *semences*.

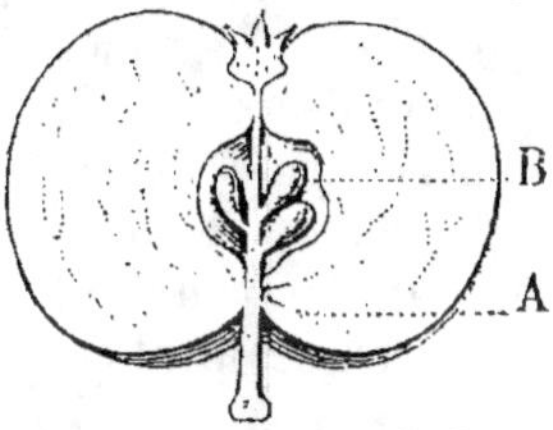

Le péricarpe est la partie externe du fruit : c'est celle qui enveloppe la semence ; tout ce qui n'est pas la semence fait partie du péricarpe (A, *fig.* 19).

Le péricarpe est *sec*, c'est-à-dire qu'il est formé par une substance ligneuse, comme dans la noisette ; ou *coriace*, comme dans

Fig. 19. *Coupe verticale d'une pomme.*

les téguments des féviers, des pois (B, *fig.* 20), les fruits des hêtres, des chênes, des arbres résineux, etc. ; ou *charnu*, c'est-à-dire formé par un tissu tendre et succulent, comme dans la pomme (A, *fig.* 19), la poire, etc.

La semence (B, *fig.* 19) contient les rudiments d'une nouvelle plante semblable à celle qui l'a produite. C'est par la fécondation que ces rudiments ont été vivifiés, c'est-à-dire qu'ils ont acquis la faculté de se développer dès qu'ils auront rencontré les circonstances favorables à leur évolution.

La semence se compose en général de quatre parties.

Elle est attachée au péricarpe par un filet composé de vaisseaux (A, *fig.* 20) et auquel on a donné le nom de *cordon ombilical*. C'est par lui que la semence reçoit l'influence fécondatrice et les fluides propres à son développement et à sa nutrition.

La *tunique* est l'enveloppe la plus externe de la graine (A, *fig.* 21).

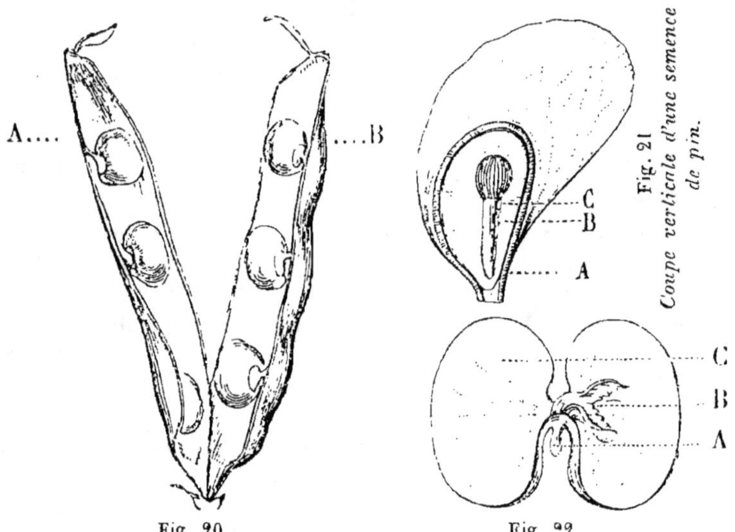

Fig. 20.
Fruit du pois cultivé.

Fig. 22.
Embryon de la fève de marais ouvert.

Le *périsperme* (B, *fig.* 21) est une substance de nature tantôt cornée, tantôt farineuse, qui enveloppe l'embryon dans les graines de plusieurs espèces. Celles des arbres résineux, dont nous avons choisi une semence comme exemple, offrent un périsperme; beaucoup d'espèces en sont privées: tels sont le *chêne*, le *marronnier*, etc.

L'*embryon* (C, *fig.* 21) est la partie de la graine que recouvrent le périsperme et la tunique, et qui devient plante en se développant.

On reconnaît dans l'embryon trois parties principales; choisissons comme exemple une graine de *fève de marais*.

La *radicule* (A, *fig.* 22) est dirigée vers l'extérieur de la graine;

2.

c'est le rudiment de la racine. Cette partie, qui se développe la première lors de la germination, absorbe dans la terre la nourriture nécessaire à la jeune plante.

La *plumule* (B, *fig*. 22) tend au contraire vers le centre de la graine. Cet organe, destiné à former la tige de la jeune plante, se développe en sens inverse de la radicule.

Les *cotylédons* (C, *fig*. 22) sont deux organes semblables, de forme souvent elliptique et fixés entre la plumule et la radicule. Ils sont tantôt épais et charnus, comme dans le *marronnier*, le *chêne*; tantôt minces et foliacés, comme dans le *hêtre*.

Tous les organes dont nous nous sommes occupés jusqu'à présent sont eux-mêmes formés d'organes plus simples. Si l'on soumet à une macération prolongée ou à l'ébullition dans l'eau une partie quelconque d'un végétal, on obtient en dernière analyse un tissu membraneux qui, examiné à l'aide d'un instrument grossissant, apparaît sous forme d'une masse de tubes ou vaisseaux, et de cellules. Ces tubes et ces cellules sont les *organes élémentaires* des arbres.

Lorsqu'un tissu se compose de ces tubes ou vaisseaux, on lui donne le nom de *tissu vasculaire*. Lorsqu'on n'y distingue qu'un assemblage de cellules, on lui donne le nom de *tissu cellulaire*. Tous les arbres offrent, dans la plupart de leurs organes, la réunion de ces deux tissus.

Tissu vasculaire. — Le tissu vasculaire, vu à l'aide d'un verre grossissant, présente l'aspect de tubes qui parcourent les différents organes des plantes, en s'unissant de distance en distance de manière à simuler les mailles allongées d'un filet (*fig*. 23).

On remarque que les parois en sont fermes, épaisses, et percées d'ouvertures latérales qui permettent aux fluides qu'il contient de se répandre de tous côtés. Ce tissu se rencontre particulièrement dans toutes les parties solides de l'arbre. C'est lui qui forme les vaisseaux si abondamment répandus dans les couches du corps ligneux et du liber. Il existe également dans le pétiole, dans les nervures des feuilles, etc.

Tissu cellulaire. — Le tissu cellulaire (*fig*. 24) se présente sous forme d'une multitude de petites vésicules agglomérées, contiguës les unes aux autres,

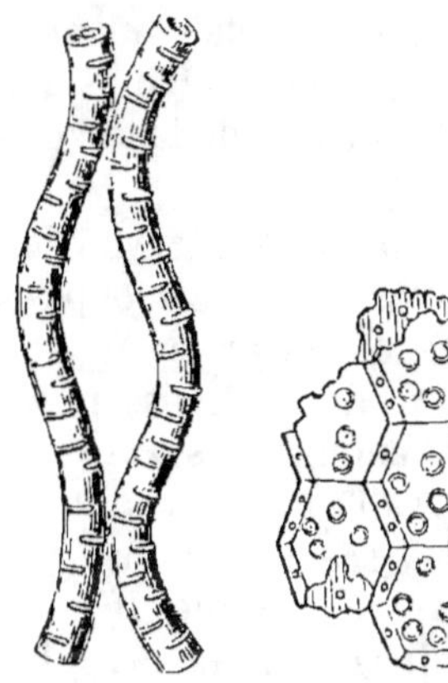

Fig. 23 *Tissu vasculaire.* Fig. 24. *Tissu cellulaire.*

et dont les parois, extrêmement minces et diaphanes, sont communes. On a comparé avec justesse son apparence à celle de l'eau de savon quand on l'agite.

Les cellules de ce tissu offrent des coupes à peu près hexagones, comme les alvéoles des abeilles. Les parois sont percées de pores ou de fentes infiniment petits, et qui établissent des communications entre les cellules.

Le tissu cellulaire compose toutes les parties molles des arbres. La moelle en est entièrement formée. On le trouve encore entre les mailles du tissu vasculaire des couches ligneuses et du liber. Le tissu sous-épidermoïde et le parenchyme des feuilles ne sont autre chose que ce tissu ; enfin, il donne presque exclusivement naissance à la pulpe des fruits charnus et aux petits suçoirs placés à l'extrémité de chaque radicelle.

Tels sont, dans la structure des arbres, les principaux organes qu'il nous importe surtout de connaître. Pour résumer ce que nous venons de voir à cet égard, nous avons placé à la page suivante le tableau analytique de ces organes.

CHAPITRE DEUXIÈME.

PHYSIOLOGIE VÉGÉTALE.

La physiologie végétale comprend les fonctions que chacun des organes étudiés précédemment remplit dans la vie des plantes, et d'où résultent les différents phénomènes de la végétation ; c'est-à-dire la *germination des graines*, la *nutrition*, l'*accroissement*, la *reproduction*, et la *mort*. Nous allons examiner ces phénomènes dans l'ordre où ils se produisent, et constater en même temps le rôle que les organes remplissent dans toutes les phases de la végétation.

Germination. — La germination est l'acte par lequel l'embryon de la graine, placé dans les circonstances favorables à son développement, se débarrasse des enveloppes séminales, et se transforme en un végétal parfait semblable à celui qui lui a donné naissance. L'acte de la germination se résume dans les phénomènes suivants :

Dès qu'une graine reçoit les influences favorables à sa germination, elle absorbe l'humidité, elle se gonfle, ses cotylédons (A, *fig.* 25) grossissent, sa radicule (B) s'allonge, la tunique (C) se rompt, et donne passage à la radicule qui se dirige vers la terre ; la plumule (D) se redresse, se dégage de la tunique ; les cotylédons s'étalent, fournissent à la jeune plante la nourriture qu'ils contiennent, puis se flétrissent, et tombent lorsque les premières feuilles

TABLEAU ANALYTIQUE DES PRINCIPAUX ORGANES DES ARBRES.

Les arbres présentent dans leur structure :

- **Des organes conservateurs...**
  - Racine...
    - Collet.
    - Corps ou pivot.
    - Radicelles ou chevelu.
  - Tige...
    - Organes extérieurs...
      - Bourgeons.
      - Rameaux.
      - Branches.
      - Tronc.
      - Moelle.
    - Organes intérieurs...
      - Corps ligneux...
        - Bois parfait.
        - Aubier.
      - Écorce...
        - Liber.
        - Couches corticales.
        - Tissu sous-épidermoïde.
        - Épiderme.
  - Boutons...
    - OEil
    - Bouton proprement dit.
  - Feuilles...
    - Petiole.
    - Disque.
  - Pores.
- **Des organes reproducteurs...**
  - Fleur...
    - Enveloppes florales...
      - Calice... — Folioles calicinales.
      - Corolle... — Pétales.
    - Organes sexuels...
      - Étamines...
        - Filet.
        - Anthère.
        - Pollen.
      - Pistil...
        - Ovaire.
        - Style.
        - Stigmate.
  - Fruit...
    - Péricarpe.
    - Semences...
      - Cordon ombilical.
      - Tunique.
      - Périsperme.
      - Embryon...
        - Plumule.
        - Radicule.
        - Cotylédons.
- **Des organes élémentaires...**
  - Tissu vasculaire.
  - Tissu cellulaire.

sont suffisamment développées. La germination est alors achevée.

La germination d'une graine ne peut s'opérer sans le concours de l'*eau*, de l'*air* et de la *chaleur*.

L'eau assouplit les enveloppes, facilite leur rupture, délaye la substance des cotylédons ou du périsperme, et la rend propre à être absorbée par la jeune plante. La quantité d'eau nécessaire à la germination de chaque graine est toujours en raison du volume de celle-ci.

L'air joue le rôle le plus important dans cette circonstance. Il paraît, d'après des expériences positives, que c'es par l'oxygène qu'il contient que ce gaz concourt à la germination, en modifiant la substance des cotylédons ou du périsperme de manière à la rendre plus propre à la nutrition.

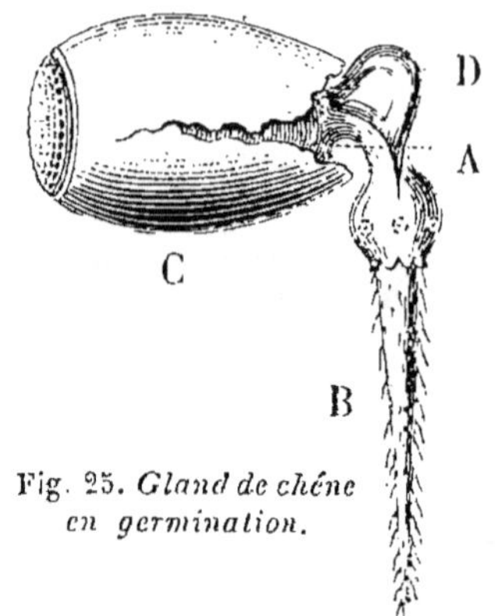

Fig. 25. *Gland de chêne en germination.*

La chaleur détermine l'évolution des germes, en stimulant et activant l'énergie vitale. Mais, pour que son action soit efficace, elle doit être appliquée dans de certaines limites. Ainsi, si la température était élevée à 45 ou 50°, l'humidité du sol serait vaporisée et la germination ne s'effectuerait pas. Il en serait encore de même si la température était abaissée au-dessous de zéro, point où les liquides se congèlent. C'est donc entre ces deux limites extrêmes qu'on doit chercher le degré de température convenable pour chaque espèce.

La température la plus basse à laquelle les graines puissent germer varie en raison des espèces; mais, ce point déterminé, la germination est d'autant plus accélérée que la chaleur est plus élevée, pourvu qu'elle ne dépasse pas 45 ou 50°.

Bien que l'eau, l'oxygène et la chaleur soient les seuls agents absolument indispensables pour l'accomplissement du phénomène que nous décrivons, on ne peut passer sous silence l'action du sol dans lequel la graine est semée. Ce milieu est nécessaire à la germination de la plupart des espèces. Il sert de support et de soutien aux jeunes plantes, il distribue lentement à chaque graine la quantité d'humidité qui lui est nécessaire, et, dès que la radicule est développée, il lui fournit les liquides chargés de principes nutritifs qu'elle a besoin d'absorber. La lumière nuit à la germination en empêchant l'action efficace du gaz oxygène ; le sol influe donc encore favorablement dans ce phénomène en privant les graines de la présence de la lumière.

La qualité du sol influe sur le succès de la germination. L'expérience a démontré que les graines germent plus facilement dans les terrains légers que dans ceux qui sont lourds et compactes. La surface de ces derniers se durcit en une croûte imperméable, prive les graines de l'influence de l'air, et en retarde la germination. D'autres fois ils retiennent l'eau en trop grande abondance ; les semences s'y trouvent comme noyées et pourrissent. Les sols légers sont au contraire très-perméables à l'air et à l'eau ; les semences y sont soumises à l'influence de l'oxygène, et y trouvent une humidité suffisante. Enfin, la profondeur à laquelle les graines sont enterrées agit encore sur la germination. On conçoit, que si ces graines sont recouvertes de telle manière que l'air ne puisse les atteindre, leur évolution restera stationnaire. Elles souffriront également si elles sont posées seulement à la surface du sol, où les plus grosses surtout ne trouveront pas assez d'humidité.

D'après ces motifs, on a posé les principes suivants :

1° Les grosses graines doivent être enterrées plus profondément que les petites, parce qu'elles ont besoin, pour germer, d'une plus grande quantité d'humidité.

2° Les mêmes graines doivent être enterrées plus profondément dans un terrain léger que dans un sol compacte, parce que le premier retient moins l'humidité que le second, et qu'il est plus perméable à l'air.

Les trois agents précédents, combinés dans les proportions les plus favorables aux besoins de chaque sorte de semence, agissent avec plus ou moins d'intensité, en raison de l'organisation propre à chacune d'elles. De là, les différences de temps qu'exige chaque espèce pour germer.

En général, les graines d'arbres germent plus lentement que celles des plantes herbacées ; cela tient à ce que les premières sont habituellement recouvertes d'une tunique moins perméable à l'humidité que les secondes. C'est aussi par cette raison que les graines d'arbres d'une consistance osseuse (les *néfliers*, les *rosiers*) lèvent plus lentement que les autres.

Les semences se développent d'autant plus rapidement qu'elles sont plus nouvellement récoltées ; encore imbibée de leur eau de végétation, leur tunique se laisse plus facilement pénétrer par l'humidité extérieure. D'ailleurs, en vieillissant, l'embryon s'engourdit et perd une partie de son énergie vitale.

Nutrition.—Les substances propres à la végétation des arbres sont d'abord introduites dans leurs organes, puis modifiées, préparées, de manière à servir ensuite à leur accroissement. Ces phénomènes constituent la *nutrition*. Occupons-nous du mode d'absorption de ces substances, en recherchant avant tout de quelle nature elles sont en général.

Les végétaux contiennent du carbone, de l'eau toute formée, ou ses éléments (oxygène et hydrogène), du phosphore, du soufre, des oxydes métalliques unis aux acides phosphorique, sulfurique et silicique, des chlorures, des bases alcalines (potasse, soude, chaux, magnésie) combinées à des acides végétaux. Les plantes ont donc besoin pour vivre d'absorber incessamment de l'eau ou ses éléments, de l'air ou ses éléments, de l'acide carbonique et certaines matières minérales. C'est du sol et de l'atmosphère qu'elles tirent toutes ces matières alimentaires. Dans la terre, les racines puisent l'eau, les substances minérales ou salines, et les substances organiques fournies par les engrais ; substances qui consistent en des composés riches en carbone et en azote. De leur côté les feuilles absorbent dans l'atmosphère qui les baigne de toutes parts, le gaz acide carbonique, l'ammoniaque, l'hydrogène sulfuré, qui fournissent aux tissus la plus grande partie du charbon, de l'azote et du soufre, qu'on rencontre dans leur constitution intime. Mais comment tous ces principes élémentaires sont-ils introduits dans la jeune plante ?

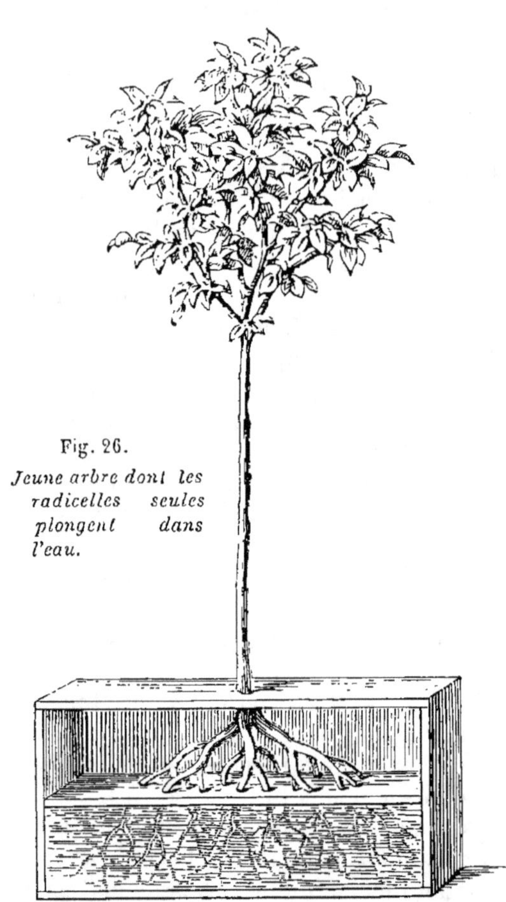

Fig. 26.

Jeune arbre dont les radicelles seules plongent dans l'eau.

Posons d'abord en principe que toutes les substances solides dont nous venons de parler ne peuvent pénétrer dans les végétaux qu'à l'état de dissolution dans l'eau ou à l'état gazeux. Les pores qui existent à la surface des organes absorbants des arbres sont beaucoup trop ténus pour permettre à ces matières d'être introduites à l'état solide. L'eau, outre qu'elle est un élément nutritif pour les plantes, sert donc encore de véhicule pour l'introduction et la répartition des molécules nutritives dans toutes les parties de l'arbre.

Les organes absorbants des arbres sont les racines et les feuilles. Occupons-nous d'abord de l'absorption par les racines.

Les racines puisent dans la terre des gaz et des fluides aqueux qui tiennent en dissolution les matières propres à la nutrition des arbres. Pour se convaincre de ce fait, il suffit de placer les racines d'un jeune arbre dans un vase rempli d'eau. Cet arbre continuera de végéter, et l'on verra le liquide diminuer progressivement. La même expérience peut servir à démontrer l'existence d'un second fait, c'est que l'absorption des racines a lieu surtout pendant le jour. En effet, on voit le liquide diminuer sensiblement du matin au soir et très-peu du soir au matin.

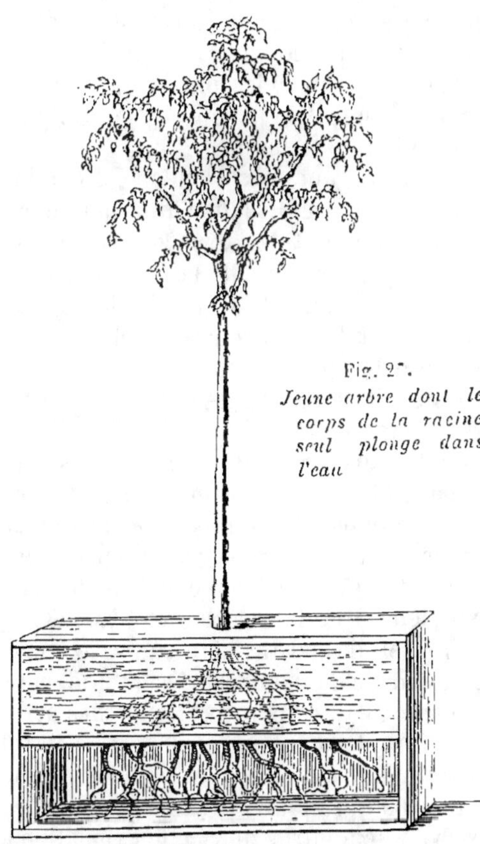

Fig. 27.

Jeune arbre dont le corps de la racine seul plonge dans l'eau

Nous savons déjà que c'est dans les extrémités radiculaires ou le chevelu de la racine que réside surtout la propriété de succion. Pour prouver l'exactitude de cette assertion, on a disposé (*fig.* 26) un jeune arbre de manière à ce que les radicelles seules plongeassent dans l'eau, tandis que le corps de la racine était seulement abrité du contact de l'air. L'arbre a continué de végéter. Puis on a fait le contraire (*fig.* 27) : on a placé le corps de la racine dans l'eau, tandis que les radicelles étaient privées de son contact ; la végétation s'est arrêtée tout à coup, et les feuilles se sont flétries. Ces deux expériences sont concluantes.

Dès que l'eau du sol, chargée de matières solubles, est entrée dans les radicelles, elle fait partie des sucs du végétal : c'est à ce fluide que l'on donne le nom de *séve proprement dite.* Étudions maintenant quelle direction cette séve suit dans l'arbre, et quelles sont les parties de la tige qui servent à sa circulation.

La séve, absorbée par les racines, s'élève jusqu'aux feuilles ; c'est à ce phénomène qu'on donne le nom *d'ascension de la séve* ou *séve montante.* Les expériences les plus concluantes sont venues démontrer que c'est par le corps ligneux que s'opère le mouvement d'ascension. Voici l'expérience principale qui, répétée par plusieurs physiologistes et par nous, est venue éclairer cette question. On arrosa un jeune arbre, placé dans un vase, avec un liquide coloré. Après plusieurs jours d'expérience, on coupa transversalement la tige de cet arbre, et l'on reconnut, à la couleur des parties qui avaient servi à la circulation, que le liquide avait suivi dans son mouvement d'ascension seulement les vaisseaux formant les deux ou trois couches les plus extérieures de l'aubier. L'ascension de la séve s'opère donc par les couches d'aubier les plus jeunes ; de là elle passe dans les vaisseaux qui forment le pétiole (H, *fig.* 8), puis elle se répartit dans toute l'étendue de la feuille.

Les racines ne sont pas les seuls organes absorbants : les feuilles remplissent aussi cette fonction, et puisent, dans l'atmosphère, de la vapeur d'eau, de l'acide carbonique et de l'oxygène. Cette absorption se fait particulièrement par les pores de la face inférieure des feuilles. Dans les racines, cette introduction de fluides a lieu surtout pendant le jour ; dans les feuilles, au contraire, elle s'opère pendant la nuit. Les fluides absorbés par les feuilles et par les racines sont accumulés dans les cellules répandues entre les mailles qui composent les parties foliacées de l'arbre.

La séve ascendante, parvenue dans les feuilles, y subit plusieurs modifications. D'abord, elle abandonne une grande partie de son humidité, qui est rejetée dans l'atmosphère sous forme de vapeur aqueuse par toutes les parties vertes et surtout par les pores qui couvrent la face supérieure des feuilles. Ce premier fait a été clairement démontré par les expériences de Hales, célèbre physiologiste anglais. Il planta (*fig.* 28) un soleil des jardins dans un vase fermé par une platine percée seulement de deux ouvertures, l'une pour laisser passer la tige de la plante, l'autre pour pratiquer des arrosements. Le pot et la plante furent soigneusement pesés soir et matin pendant quinze jours. Il résulta de ces observations que la plante perdit par l'évaporation 600 grammes d'eau par jour.

La même expérience a servi à démontrer que cette exhalation a lieu surtout sous l'influence de la lumière. Ainsi, en pesant le matin le pot et la plante, il ne trouva pas de perte bien sensible.

Quelquefois cette transpiration est si considérable, qu'elle devient sensible, comme la sueur, sous forme de gouttelettes. Ceci explique la présence des gouttelettes d'eau qu'on observe fréquemment sur les feuilles de quelques espèces aux premiers rayons du soleil levant. On avait cru d'abord que cette humidité était produite par la rosée, mais on a reconnu qu'elle s'observe de même sur les plantes recouvertes pendant la nuit d'une cloche de verre et qu'elle devait être rapportée en grande partie à la transpiration des plantes.

La modification la plus importante subie dans les feuilles par la séve ascendante est incontestablement la suivante.

Nous savons, d'un côté, que cette séve tient en dissolution des matières carbonées provenant des engrais répandus dans le sol. D'un autre côté, nous avons vu que les feuilles absorbent du gaz oxygène dans l'air pendant la nuit; et bien des expériences minutieuses ont démontré que le gaz oxygène s'unit aux matières car-

Fig. 28. *Soleil des jardins.*

bonées pour former du gaz acide carbonique; puis, que ce dernier gaz est ensuite décomposé, que le carbone est fixé dans le végétal, et le gaz oxygène reversé dans l'air. Le gaz acide carbonique, puisé dans l'air par les feuilles en même temps que le gaz oxygène et les vapeurs aqueuses, subit la même décomposition.

Ce qu'il y a de remarquable dans ce phénomène, c'est qu'il n'a lieu que sous l'influence des rayons solaires. Ainsi, si un jeune arbre en végétation est plongé dans l'obscurité complète, les parties qui se développent contiennent, à volume égal, une bien moins grande proportion de charbon que celles développées à la lumière; en outre, elles sont d'une couleur jaunâtre et chargées d'une bien plus grande quantité de fluides aqueux. Ceci prouve évidemment que le carbone ou charbon ne peut être fixé dans la plante qu'à l'aide du concours de la lumière, et que la présence de cet agent est également nécessaire pour que la séve se debarrasse de son eau surabondante, au moyen de la transpiration.

Telles sont les principales modifications que subissent, dans les feuilles, les divers fluides absorbés, avant de servir à l'accroissement des arbres. Voyons maintenant quelle route suit cette séve pour arriver aux différents points où doivent se faire de nouveaux développements.

La séve, après avoir reçu les modifications précédentes dans le tissu cellulaire des feuilles, devient moins liquide, et acquiert le caractère d'un nouveau fluide, connu sous le nom de *cambium*. Ainsi préparé, le cambium passe des cellules de la feuille dans les nervures du même organe, composées, comme nous le savons, de vaisseaux, ou tissu vasculaire.

Il circule dans ces vaisseaux et parvient, en descendant, jusqu'à la base du pétiole. Là, il détermine la formation d'une couche d'aubier et de liber, puis une partie descend par les vaisseaux de cette même couche de liber (c, *fig.* 8). On donne à ce second mouvement de la séve le nom de *séve descendante*.

Plusieurs physiologistes ont nié le passage du cambium ou séve descendante par le liber. Ils ont pensé qu'il suivait les vaisseaux de la couche d'aubier. Le fait suivant est venu donner tort à cette opinion. Si l'on enlève un anneau d'écorce à la tige ou à une branche d'un arbre en végétation (A, *fig.* 29), on voit bientôt se former au bord supérieur de la plaie un bourrelet (a). Si l'on

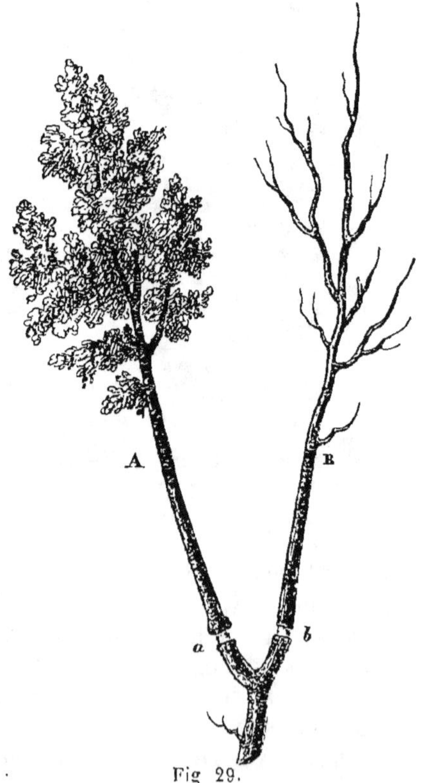

Fig 29.

opère cette section sur une branche dépourvue ou dégarnie de feuilles (B), il ne se forme point de bourrelet à la lèvre supérieure (b). Ce bourrelet ne se développe qu'à mesure que les feuilles, apparaissant sur cette branche, viennent élaborer le cambium. Il est difficile de ne pas conclure de ces faits que la sève descendante suit, pour opérer ce mouvement, les couches de liber, et qu'arrêtée par la section annulaire, elle donne lieu au bourrelet.

Accroissement. — Le phénomène par lequel le fluide organisateur ou cambium est réparti sur les divers points du végétal et sert à son développement constitue l'*accroissement*.

On distingue dans l'accroissement celui de la tige et celui des racines.

L'accroissement de la tige présente deux phénomènes : l'accroissement en longueur, et l'accroissement en diamètre.

Le cambium élaboré par les feuilles pendant tout le temps de la végétation n'est pas employé en totalité à la formation de nouvelles parties ; une certaine quantité reste en dépôt dans les tissus de l'arbre pendant l'hiver, pour servir au premier développement, lors du réveil de la végétation, alors qu'il n'y a pas encore de feuilles, qui puissent concourir à sa préparation. Pour prouver ce fait, on coupe, vers le milieu de l'hiver, le tronc d'un arbre ; on le conserve jusqu'au printemps dans un endroit un peu humide pour empêcher l'évaporation des fluides qu'il renferme, et on le voit, au printemps, développer des bourgeons longs quelquefois d'un mètre. Le tronc étant privé de racines et de feuilles, ces bourgeons sont évidemment alimentés par le cambium tenu en réserve dans les tissus de cette partie de l'arbre.

Au printemps donc, lorsque la température commence à s'élever, les tissus des végétaux, excités par la chaleur, retrouvent toute leur énergie vitale. Les boutons acquièrent une surexcitation particulière ; l'ascension de la sève, des racines vers le sommet de l'arbre, commence à s'effectuer avec une grande force. Ce fluide, comprimé à l'extrémité des rameaux dans les vaisseaux les plus extérieurs de la jeune couche d'aubier (A, *fig.* 30), agit sur les vaisseaux qui forment l'axe rudimentaire des boutons (B et C) et détermine l'allongement de cet axe ; c'est alors que commence l'accroissement en longueur des bourgeons dont les premiers tissus sont constitués à

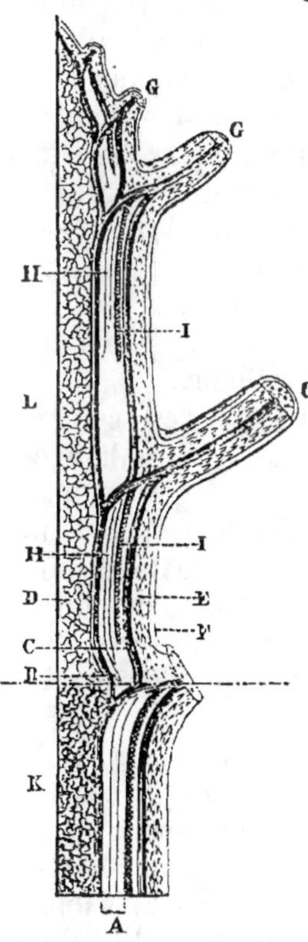

Fig. 50. *Coupe verticale grossie d'un fragment de rameau* (K) *et d'un fragment de bourgeon* (L).

l'aide du cambium tenu en réserve dans les parties environnantes. Ces jeunes bourgeons se composent d'abord d'un axe (B, *fig.* 30) : c'est l'étui médullaire rempli de moelle (D, *fig.* 30). Cet étui médullaire est formé de quelques vaisseaux ; puis il est recouvert par une couche très-mince de liber, de tissu sous-épidermoïde (C E), et d'épiderme (F). Ces différentes parties sont les seules dans les arbres qui se développent de bas en haut, et naissent toujours d'un bouton : c'est le *système ascendant*. Toutes les autres parties se développent constamment de haut en bas, comme nous le verrons bientôt.

Bientôt après cette évolution de l'axe des bourgeons, les premières feuilles (G) se déploient, et, commençant immédiatement leurs fonctions, transforment en cambium la séve des racines. Il s'établit alors, dans chacun de ces nouveaux prolongements, une lutte entre deux effets opposés : la séve ascendante qui, par sa force, détermine le prolongement des tissus ; et la séve descendante ou cambium qui, déposant sur son passage des matières nutritives, tend à constituer et à solidifier ces mêmes parties, à diminuer leur élasticité, et à arrêter ainsi leur allongement. Le développement des filets ligneux (H), et du liber (I), qui naissent de la base des feuilles en se dirigeant de haut en bas, contribue aussi beaucoup à arrêter cette élongation, qui cesse toujours vers la fin de l'année, en commençant d'abord par la base des bourgeons.

Tel est, en général, le mode d'accroissement en hauteur des arbres ; le tronc, les branches et les rameaux se sont ainsi étendus par le développement successif de bourgeons terminaux.

Ce qu'il y a de remarquable dans ce qui précède, c'est, comme nous venons de le dire, que les bourgeons, après s'être allongés pendant une année environ, restent stationnaires, ou, du moins, que leur prolongement n'a plus lieu que par le développement d'un nouveau bourgeon terminal. Ainsi Duhamel fixa, à d'égales distances les unes des autres, des pointes, disposées sur une ligne longitudinale, sur des troncs, des branches et des rameaux ; après plusieurs années d'observation, il ne remarqua pas que l'espace réservé entre ces pointes eût augmenté.

La longueur qu'acquiert chaque bourgeon pendant l'année de son développement varie en raison de plusieurs circonstances.

Si l'on compare entre eux deux arbres de même espèce placés dans des circonstances différentes, on observera souvent que la plupart des bourgeons développés par l'un seront beaucoup plus longs que ceux de l'autre. Ce fait a pour cause générale l'inégalité d'action de la séve ascendante et celle de la séve descendante. En effet, si l'un de ces arbres se trouve planté dans un sol humide et dans une position ombragée, la séve ascendante, très-abondante, et sur-

3.

tout très-aqueuse, agira avec force sur l'allongement des bourgeons ; d'un autre côté, les fonctions des feuilles se faisant incomplétement, en raison du peu de lumière qui les éclaire, la séve descendante ou cambium sera aussi très-aqueuse et peu riche en principes organisateurs. Il résultera de ces deux causes que les tissus des bourgeons se solidifieront lentement, que les productions descendantes du bois et du liber seront peu abondantes, et que les bourgeons devront acquérir bien plus de longueur dans un temps donné.

Si, au contraire, un autre individu de la même espèce se trouve planté dans un terrain sec, exposé à une lumière très-vive, la séve ascendante sera moins aqueuse et plus riche en principes nutritifs, les feuilles fonctionneront avec une grande énergie, et la séve descendante sera très-riche en molécules organisatrices. Il en résultera que les tissus des bourgeons étant, d'un côté, soustraits à une partie de l'influence de la séve ascendante, et, de l'autre, recevant une grande quantité de molécules nutritives, se solidifieront bien plus promptement, et que leur allongement se trouvera aussi plus vite arrêté par l'abondance des filets ligneux et corticaux descendants. Ces bourgeons acquerront alors bien moins d'étendue dans un temps donné.

On trouvera encore des différences très-grandes entre les diverses espèces ligneuses, quant à la longueur de leurs bourgeons. Ici elles ne sont plus dues seulement à l'influence des causes extérieures, mais encore au mode de nutrition particulier à chaque sorte d'arbre. Comparons, par exemple, la vigne et le chêne. La vigne développe des bourgeons qui acquièrent souvent jusqu'à 5 et 6 mètres de long, tandis que dans le chêne les plus vigoureux ne dépassent guère 1 mètre. Cela tient à ce que la vigne, s'assimilant une bien moins grande proportion de matière carbonée que le chêne, les causes qui s'opposent à l'allongement des tissus s'y produisent avec moins d'intensité. Nous pourrions en dire autant du *saule*, du *peuplier*, du *tilleul*, comparés au *chêne* ; aussi le bois de ces arbres est-il, à volume égal, bien moins riche en charbon que celui du chêne.

L'allongement des bourgeons, observé sur un même individu, offre aussi des différences remarquables. On voit que le bourgeon terminal d'un rameau est toujours plus vigoureux et acquiert plus de longueur que ceux placés au-dessous (B, *fig.* 5). Ce phénomène s'explique quand on songe que la séve ascendante, trouvant moins d'obstacle à circuler dans une ligne droite que dans une ligne brisée, doit agir avec bien plus d'énergie sur l'allongement du bourgeon terminal que sur celui des bourgeons latéraux. Nous devons ajouter que le bouton terminal d'un rameau étant formé après les boutons latéraux, les vaisseaux ligneux qui y portent la séve des racines recouvrent en grande partie ceux qui alimentent directement les boutons latéraux ; il en résulte que les vaisseaux du bouton terminal, formant immédiatement l'extrémité des radicelles, absorbent plus facilement et en plus grande quantité les fluides répandus dans le sol ; cela est si vrai que les boutons terminaux se développent toujours avant les boutons latéraux. On voit aussi que plus un rameau développe de bourgeons, moins ceux-ci acquièrent de longueur ; la séve ascendante partageant son action entre les divers bourgeons, agit d'autant moins activement sur chacun d'eux qu'ils sont plus nombreux. Nous nous rappellerons ces principes lorsque nous nous occuperons de la taille des arbres fruitiers et de l'élagage.

L'accroissement en diamètre des diverses parties de la tige commence à s'opérer en même temps que leur développement en longueur. Suivons cet accroissement dans une jeune tige née depuis quelques jours seulement.

A mesure que cette jeune tige s'allonge et que les feuilles se déploient, celles-ci élaborent le cambium. Ce fluide organisateur, une fois formé, descend, par les nervures de la feuille, jusqu'à la base du pétiole. Là il produit un certain nombre de vaisseaux ligneux (M, *fig.* 8) qui, naissant de ce point, recouvrent le canal médullaire et se prolongent jusqu'à l'extrémité des radicelles : c'est la première formation de l'aubier. Les feuilles qui se développent au-dessus de la première fournissent également un certain nombre de ces vaisseaux ligneux (D, *fig.* 8) qui recouvrent successivement ceux des feuilles placées au-dessous, et se prolongent également jusqu'à l'extrémité des racines. Ce développement et cette superposition successive de vaisseaux ligneux se produisent sur la jeune tige tant qu'elle donne naissance à de nouvelles feuilles. Vers l'automne, les feuilles venant à disparaître, il n'y a plus préparation de cambium, et les formations ligneuses cessent. La séve ascendante n'étant plus appelée par les feuilles, les fonctions des racines sont aussi en partie suspendues. Ce qui se forme ainsi d'aubier sur la tige, pendant le cours de la végétation, donne lieu à une couche séparée de celles qui suivront par une petite ligne de couleur plus foncée (*fig.* 7).

S'il est vrai qu'il se forme chaque année sur la tige une couche distincte de bois, il doit être possible de déterminer approximativement l'âge d'un arbre, en comptant sur la coupe transversale de son tronc le nombre de ses couches ligneuses ; mais, pour que le calcul puisse approcher de la vérité, l'arbre doit être coupé près de sa base ; car, si la section était opérée sur un point plus élevé que celui où s'est arrêté, la première année, l'allongement de la jeune tige, et, par conséquent, la formation de la première couche ligneuse (en B, par exemple, *fig.* 10), on compterait une ou plusieurs couches de moins.

Pour prouver le degré de précision de ce procédé, nous citerons le fait suivant. Nous avons coupé transversalement le tronc d'un *platane* qui fut abattu, en 1838, par un ouragan sur le boulevard Martainville, à Rouen. Cette avenue fut plantée en 1776, sous l'intendance de M. de Crosne. Eh bien, en comptant les couches ligneuses de cette coupe, nous en avons trouvé 67. Le nombre d'années écoulées de 1776 à 1838 est de 62 ; comme l'arbre avait au moins 5 ans quand on l'a planté, on voit que le nombre de couches observées indiquait son âge d'une manière assez exacte.

En considérant attentivement la masse du corps ligneux sur la coupe transversale d'un tronc d'arbre déjà âgé, on remarque que les couches concentriques qui la composent offrent entre elles une grande irrégularité d'épaisseur. L'étude comparée de la coupe d'un certain nombre de troncs de vieux arbres a démontré, qu'en général, leur accroissement en grosseur est d'abord assez prompt, mais qu'à une certaine époque de leur existence, époque assez reculée d'ailleurs et variant selon les espèces, l'accroissement annuel diminue beaucoup, et se continue ensuite jusqu'à la mort de l'arbre sans perdre ni gagner sensiblement. Cette diminution d'accroissement paraît tenir à deux causes, savoir : en premier lieu, à ce que les racines, en s'éloignant en profondeur de l'influence de l'air libre, remplissent moins bien leurs fonctions ; en second lieu, à ce que l'écorce du tronc devient, en vieillissant, plus sèche, moins flexible, et s'oppose ainsi au libre accroissement du liber et de l'aubier. Knight, physiologiste anglais, a vu que de vieux *poiriers* et *pommiers*, après avoir été débarrassés de la partie extérieure sèche et désorganisée de leur écorce, ont formé plus de bois en deux ans qu'ils ne l'avaient fait pendant les vingt années précédentes. Au surplus, ces deux causes générales sont modifiées par la plus ou moins grande fertilité des diverses zones de terre que les racines rencontrent dans leur trajet pendant la vie de l'arbre. Ainsi, on voit quelquefois des couches ligneuses, développées pendant la jeunesse de l'arbre, être plus minces que celles qui les précèdent et les suivent. Ces couches correspondent à une époque de la vie de l'arbre où les racines se trouvaient engagées dans une terre moins fertile.

Quelquefois aussi, presque toutes les couches ligneuses de certains troncs présentent, vers le même point de leur étendue circulaire (en A, *fig.* 31), une épaisseur plus considérable que vers les autres points ; de telle sorte que le canal médullaire paraît être placé latéralement, et que le tronc offre de ce côté un renflement longitudinal très-marqué. Ce phénomène est dû à la présence d'une grosse branche au-dessus de ce point. Celle-ci supportant un plus grand nombre de feuilles, il s'y produit plus de cambium et de vaisseaux ligneux, et les couches de bois acquièrent nécessairement de ce côté plus d'épaisseur. Si on venait à supprimer cette grosse branche, ces couches ligneuses cesseraient aussitôt leur accroissement disproportionnel.

Nous avons vu, en étudiant l'organisation du corps ligneux, qu'il offre deux parties distinctes : l'une, centrale, d'un tissu plus serré, plus dur, ordinairement plus coloré, et à laquelle on donne le nom de *bois parfait* ; l'autre, placée à l'extérieur, d'un tissu plus lâche, d'une couleur toujours jaunâtre, et que l'on connaît sous le nom d'*aubier*. C'est ici le moment de parler de la formation du bois parfait.

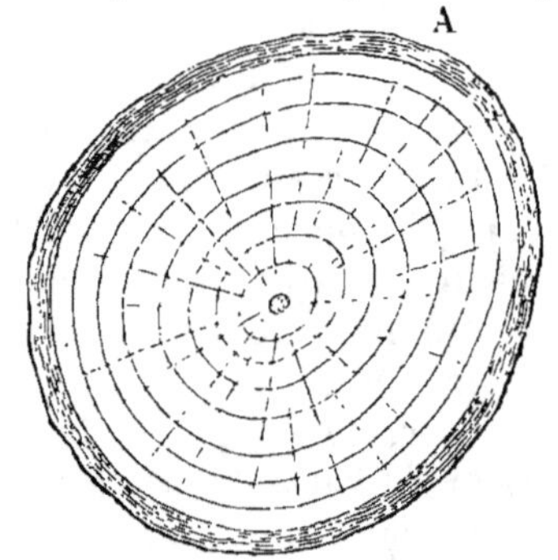

Fig. 51. *Coupe transversale d'une tige dont les couches ligneuses sont toutes plus épaisses d'un côté.*

Nous savons que l'ascension de la séve s'opère surtout par la couche d'aubier la plus extérieure ; cette couche conserve ses fonctions pendant une, deux, quelquefois même pendant quatre ans, selon le diamètre plus ou moins grand des vaisseaux qui charrient la séve et qui s'obstruent plus ou moins vite. Si l'on opère, au printemps, une section annulaire, large de 0^{m}10 environ, sur le tronc d'un *faux acacia*, par exemple, dont le tissu est très-serré, et qu'on isole cette plaie du contact de l'air, la partie placée au-dessus de la section languira pendant le restant de l'année, mais elle ne végétera plus au printemps suivant. La couche d'aubier ne conservant ses fonctions que pendant une année, n'aura pu être remplacée, au point de la section annulaire, par une nouvelle couche, et la séve ascendante n'arrivant plus aux feuilles, l'arbre mourra. L'*orme*, dont le tissu est un peu plus mou, soumis à la même expérience, ne cesse de vivre qu'au bout de deux ans. Le *marronnier*, le *peuplier*, le *saule*, à tissus plus lâches et moins faciles à obstruer, vivent encore pendant trois et quatre ans.

Tant que les couches ligneuses servent à la circulation des fluides, elles reçoivent toujours quelques molécules nutritives qui viennent augmenter leur densité, et continuent de faire partie de l'aubier. Mais bientôt, les vaisseaux qui composent ces couches finissant par s'obstruer, leurs fonctions cessent ; les fluides qu'elles contiennent encore se solidifient, elles acquièrent plus de dureté, une coloration plus intense, et prennent enfin le caractère du bois parfait.

Néanmoins, dans les arbres à bois mou, le *marronnier*, le *peuplier*, les couches ligneuses centrales diffèrent peu des couches extérieures, et le bois parfait y est peu distinct de l'aubier : c'est que le cambium élaboré par les feuilles de ces arbres est bien moins riche en matière carbonée, et que, les tissus qui en résultent étant plus lâches, les vaisseaux cessent leurs fonctions avant d'être complétement obstrués et d'avoir acquis une grande dureté. La circulation des fluides est alors empêchée dans ces vaisseaux par les nouvelles couches d'aubier qui, venant les recouvrir annuellement, privent leur extrémité inférieure du contact immédiat du sol et les empêchent d'absorber.

Une fois que les couches ligneuses sont passées à l'état de bois parfait, elles ne servent plus qu'à supporter les parties essentiellement vivantes, c'est-à-dire les couches d'aubier les plus extérieures et l'écorce. Encore le bois parfait n'est-il pas, sous ce rapport, indispensable à l'existence des arbres ; car on voit tous les jours des *chênes*, des *ormes*, des *saules* entièrement creux et qui végètent cependant avec force. Ce fait a servi à démontrer combien était peu fondée l'opinion de ceux qui pensaient que l'ascension de la séve s'opérait par le canal médullaire.

Les diverses parties que comprend l'*écorce* présentant un mode d'accroissement différent, nous devons les étudier séparément : occupons-nous d'abord du *liber*.

Le liber, partie la plus intérieure de l'écorce, immédiatement en contact avec l'aubier (E et F, *fig.* 8), se compose, comme nous le savons déjà, de feuillets minces superposés, et formés eux-mêmes par la réunion de vaisseaux. Ces vaisseaux naissent aussi de la base des feuilles (E, *fig.* 8) et se prolongent, comme les filets ligneux, jusqu'à l'extrémité des radicelles. Seulement, dans le liber, les vaisseaux qui descendent successivement se développent les uns au-dessous des autres (F, *fig.* 8), de sorte que les plus nouvellement formés sont toujours les plus intérieurs ; tandis que dans le corps ligneux, les nouvelles couches se recouvrant l'une l'autre, la plus jeune est toujours à l'extérieur de l'aubier. Ce qui se forme de vaisseaux du liber pendant le cours de la végétation d'une année donne lieu, comme dans l'aubier, à une couche distincte.

Le cambium préparé dans les feuilles ne concourt pas seulement au développement des vaisseaux descendants de l'aubier et du liber, il produit encore le tissu cellulaire interposé entre les mailles formées par ces différents vaisseaux (*fig.* 9). Ainsi, une partie du cambium circule en descendant dans les vaisseaux du liber ;

il s'extravase par les pores et les fentes de ces vaisseaux, entre la couche d'aubier la plus extérieure et la couche du liber la plus intérieure (en *g*, *fig*. 8). Là, à mesure que les vaisseaux de l'aubier et du liber s'allongent et s'organisent, le cambium donne lieu à la formation du tissu cellulaire qui existe entre leurs mailles, et maintient en outre le trajet parcouru par ces vaisseaux dans un état d'humidité favorable à leur développement.

Tel est le mode de formation du corps ligneux et des couches du liber. L'année suivante, au printemps, les vaisseaux de la couche d'aubier formés avant l'hiver servent à faire arriver la séve des racines jusqu'aux boutons; les feuilles se déploient et concourent à la production de deux nouvelles couches, une couche d'aubier et une couche de liber, qui sont interposées entre les deux précédentes; c'est-à-dire que la nouvelle couche d'aubier recouvre la dernière formée, et que la nouvelle couche de liber, se développant au-dessous de celle qui l'a précédée, la repousse à l'extérieur. C'est de cette manière qu'a lieu l'accroissement en diamètre du tronc, des branches et des rameaux des arbres.

Dans les jeunes tiges, on rencontre, à l'extérieur du liber, une couche de tissu cellulaire de couleur souvent verdâtre, à laquelle on a donné le nom de *tissu sous-épidermoïde* (*e*, *fig*. 8). Cette couche est le résultat du cambium sécrété par le tissu cellulaire placé entre les mailles du liber, et répandu par les vaisseaux du liber dans lesquels il circule.

Une nouvelle couche de ce tissu sous-épidermoïde est produite chaque année dans les jeunes tiges, et repousse les anciennes à l'extérieur. Cet état de choses se continue jusqu'à ce que par le grossissement du corps ligneux, les couches du liber les plus anciennes et les plus extérieures viennent à se distendre, à se déchirer. Mises en contact avec l'air, ces couches se dessèchent et passent à l'état de couches corticales inertes (*d*, *fig*. 7). C'est alors que le liber encore vivant, étant recouvert par ces couches sans vie, il n'y a plus production de tissu sous-épidermoïde : c'est ce que l'on remarque sur les vieux troncs.

Néanmoins, quelques espèces offrent, sous ce rapport, une anomalie remarquable. Dans le *bouleau*, le *merisier*, le *chêne-liége* et d'autres espèces encore, le liber est organisé de manière à se distendre assez pour se déchirer très-peu sous l'influence du grossissement du corps ligneux. Il en résulte que les anciennes couches du liber passant moins vite à l'état de couches corticales, la production du tissu sous-épidermoïde est beaucoup plus prolongée, et que les couches annuelles de ce tissu s'accumulent en plus grand nombre à la surface du tronc, et lui donnent souvent un aspect particulier. Dans le *bouleau* et le *merisier*, ces feuillets minces et blancs qui couvrent la surface du tronc ne sont autre chose que les couches accumulées du tissu sous-épidermoïde. Dans le *chêne-liége*, le liége qui se forme sur le tronc est également dû à la réunion des couches annuelles du tissu sous-épidermoïde. Cependant, les troncs mêmes de ces espèces finissent, en vieillissant, par déchirer les couches de liber, les placer sous l'influence de l'air et les faire passer à l'état de couches corticales. Aussitôt que ce résultat se produit, la formation du tissu sous-épidermoïde cesse sur ces points.

L'*épiderme*, dans les jeunes rameaux, est, comme nous l'avons vu, une petite pellicule mince, transparente, qui recouvre la première couche du tissu sous-épidermoïde. Cet épiderme, qui paraît être une exsudation, ou peut-être la première couche de ce tissu desséchée par l'impression de l'air, est destiné à abriter la couche inférieure, alors qu'il n'existe pas encore d'anciennes couches de tissu sous-épidermoïde pour remplir cette fonction. Ce qu'il y a de certain, c'est que, dans les branches un peu âgées, où ces anciennes couches sont nombreuses, il n'y a plus formation d'épiderme.

Ainsi que nous venons de le voir, les *couches corticales*, dont nous avons parlé en nous occupant de la structure de la tige (*d*, *fig*. 7), ne sont que la réunion des anciennes couches du liber desséchées et désorganisées par l'impression de l'air. Ce qui le prouve, c'est que, dans les jeunes tiges, on ne rencontre pas ces couches. On ne trouve, comme écorce, que du liber, du tissu sous-épidermoïde et de l'épiderme. Le corps ligneux, grossissant continuellement par l'addition annuelle de nouvelles parties, distend considérablement les couches corticales le plus anciennement formées, celles qui sont les plus extérieures. Il en résulte que les mailles du tissu de ces couches s'entr'ouvrent et se dessinent à la surface des vieux troncs sous forme de losanges très-allongées. C'est ce qui donne aux troncs de la plupart de nos arbres cet aspect rugueux, augmenté encore par l'action destructive de l'air. Dans le *platane*, le *hêtre*, cette cause agit différemment ; les anciennes couches de liber, à mesure qu'elles passent à l'état de couches corticales, se détachent du tronc par plaques plus ou moins grandes, et tombent.

Un phénomène bien remarquable, dans l'accroissement de l'écorce, c'est la facilité avec laquelle elle recouvre les plaies faites à la tige des arbres. Si l'on enlève, au printemps, une certaine quantité d'écorce sur le tronc d'un arbre, jusqu'à l'aubier (*fig*. 32), le liber est tronqué et mis à nu sur tous les bords de la plaie. Bientôt la séve descendante ou cambium, arrêtée dans sa marche, s'extravase par l'orifice des vaisseaux coupés, se solidifie, s'organise, et forme un bourrelet sur le bord supérieur de la plaie et sur les deux bords latéraux (*fig.* 33). Ces bourrelets sont d'abord formés par une petite masse de tissu cellulaire ; mais bientôt les filets ligneux et ceux du liber, descendant des feuilles à la face extérieure de l'aubier et à la face intérieure du liber, rencontrent également la solution de continuité. Pénétrant alors le bourrelet de tissu cellulaire, ils rampent d'abord horizontalement à la partie supérieure de la plaie, puis, descendent de chaque côté comme l'indique la figure 34, où l'on a enlevé la couche de tissu cellulaire qui recouvrait ces productions : de sorte, qu'à la fin de l'année, ces bourrelets sont formés par une petite couche d'aubier et une couche d'écorce.

L'année suivante, une nouvelle couche d'aubier et une de liber s'interposent entre les couches de l'année précédente, et le bourrelet grossit d'autant. Chaque année, le même phénomène se reproduit, jusqu'à ce que ces bourrelets finissent par se joindre au centre de la plaie, et par la clore entièrement (*fig.* 35).

Toutefois il reste une trace indélébile de cette plaie sur la couche d'aubier qui a été exposée pendant plus ou moins de temps à l'influence désorganisatrice de l'air. Cette surface, qui a acquis une couleur brune, et qui n'a contracté aucune adhérence avec l'aubier des bourrelets qui sont venus la recouvrir peu à peu, est toujours visible dans l'intérieur de l'arbre.

C'est de cette manière qu'on explique la présence de dessins, de chiffres dont on trouve quelquefois la trace dans le corps ligneux de certains arbres lorsqu'on vient à les exploiter.

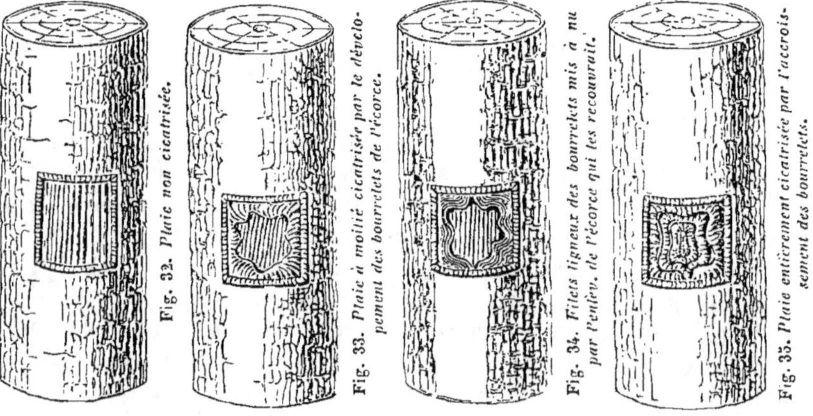

Nous avons dit que l'accroissement annuel des tiges en longueur et en diamètre est continu ; néanmoins, dans beaucoup de cas, on remarque deux périodes d'accroissement pendant le temps de la végétation. Au printemps, la circulation des fluides étant très-active, les feuilles, nouvellement développées, remplissent leurs fonctions avec beaucoup d'énergie. L'accroissement des diverses parties de la tige est alors très-rapide, et c'est à ce premier moment de la circulation qu'on donne le nom de *séve du printemps*. Mais, si l'on se rappelle que l'élaboration des fluides s'opère dans le tissu cellulaire des feuilles, et si l'on songe à la masse de fluides qui est décomposée et recomposée dans chaque cellule sous l'influence de la lumière, on concevra facilement que le jeu, que l'action vitale de ces cellules ne puissent se prolonger longtemps avec la même intensité, et que les feuilles ne remplissent plus leurs fonctions avec la même rapidité qu'à leur début. D'ailleurs, ces cellules finissent par être obstruées par les matières terreuses dissoutes dans les liquides puisés dans la terre par les racines et qui s'y déposent. Il en résulte que les fonctions des feuilles diminuent peu à peu depuis le printemps jusqu'au moment où elles sont entièrement obstruées, l'accroissement suit nécessairement cette diminution.

Souvent, les mêmes feuilles continuent leurs fonctions jusqu'à la fin de l'automne ; alors l'accroissement aura été continu. Mais, souvent aussi, dans les individus très-vigoureux, dans ceux qui puisent et élaborent une grande quantité de fluides nutritifs, les feuilles se trouvent obstruées bien avant cette époque ; c'est ordinairement vers le mois d'août que ce phénomène se produit. Toute l'énergie vitale se porte alors sur les boutons placés à l'extrémité des rameaux ; et ceux-ci, stimulés par la chaleur, se développent et donnent naissance à de nouvelles feuilles. Ces feuilles fonctionnent avec beaucoup d'activité, et déterminent une recrudescence dans la circulation des fluides et dans l'accroissement. C'est à cette recrudescence de végétation qu'on a donné le nom de *séve d'août*.

Lorsque la séve d'août se manifeste dans les premiers jours d'août, les rameaux qui en résultent peuvent recevoir avant l'hiver une organisation et une solidification qui les mettent à l'abri de l'influence fâcheuse des gelées. Mais, quelquefois aussi, cette recrudescence de végétation n'a lieu que vers le mois de septembre ; et les productions auxquelles elle donne lieu restent alors molles, herbacées, souffrent beaucoup pendant l'hiver, et ne fournissent au printemps suivant que des bourgeons peu vigoureux. Nous devons noter ce fait pour nous le rappeler lors de la taille des arbres fruitiers. Tel est, en somme, le phénomène de l'accroissement des tiges. Disons un mot de l'accroissement des racines.

L'accroissement en diamètre des racines est en tout semblable à celui des tiges ; mais leur accroissement en longueur diffère essentiellement de celui des parties aériennes des arbres. L'allongement des tiges est le résultat de l'action de la séve des racines sur les vaisseaux ascendants du canal médullaire et de l'écorce des jeunes bourgeons. Dans les racines, au contraire, cet accroissement est produit par le prolongement des vaisseaux ligneux qui, en descendant jusqu'à l'extrémité des racines, se recouvrent sans cesse les uns les autres et déterminent l'allongement des radicelles. Parfois, ces vaisseaux ligneux, empêchés dans leur trajet, s'écartent de leur direction naturelle, percent l'écorce de la racine et donnent lieu aux nombreuses ramifications qu'on y remarque. Les racines sont recouvertes d'une écorce constituée comme celle des rameaux. Leur liber est aussi le résultat du prolongement des vaisseaux de l'écorce qui naissent de la base des feuilles.

L'allongement des racines suit en général le progrès de celui des bourgeons. Toutefois un certain nombre de jeunes prolongements radicaux paraissent précéder chaque année l'apparition des premières feuilles. En effet on observe souvent, en déplantant les arbres vers la fin du mois de février, de nouvelles radicelles développées depuis quelques jours seulement. Ces jeunes racines sont formées par des filets ligneux et corticaux qui, surpris à la fin de l'automne dans leur mouvement de descension par les premiers froids, se sont arrêtés, pour reprendre leur trajet sous l'influence des variations de température qui pendant l'hiver empêchent la végétation de rester complétement suspendue. Ces vaisseaux ligneux et corticaux, produits par les feuilles voisines du bouton terminal de chaque rameau, portent tout d'abord la séve vers ces boutons qui se développent toujours les premiers au printemps.

La présence d'une certaine quantité d'air est indispensable à la vie des racines et à l'accomplissement de leurs fonctions. Si, par une circonstance quelconque, elles se trouvent enterrées à une trop grande profondeur, elles ne fonctionnent plus et finissent par pourrir. C'est ce que l'on remarque pour le pivot de la racine de nos grands arbres, qui commence à se détruire après les quatre ou cinq premières années de leur existence. De nombreuses ramifications se développent alors du collet, et elles sont d'autant plus grosses qu'elles sont plus près de la surface du sol. Nous aurons à faire l'application de ces faits lorsque nous parlerons des plantations.

Si l'on compare le développement des divisions de la racine avec celui des divisions de la tige, on remarque que, presque toujours, les plus grosses ramifications de la racine se trouvent placées au-dessous des plus grosses branches qui, pourvues d'une grande masse de feuilles, préparent une quantité considérable de cambium, et envoient vers la base de nombreux filets ligneux. Il en résulte que les racines placées au-dessous de ces branches prennent plus de développement que sur les autres points.

Reproduction. — L'étude de la nutrition et de l'accroissement nous a montré comment chaque arbre soutient son existence. Voyons maintenant comment les végétaux se reproduisent, ou, en d'autres termes, comment le nombre des individus d'une même espèce peut augmenter. Ce phénomène, auquel on donne le nom de *reproduction*, comprend la floraison, la fécondation, la maturation des fruits, la dissémination des graines et leur germination. Examinons rapidement chacune de ces phases de la vie végétale.

Floraison. — On entend par floraison le phénomène du développement et de l'épanouissement des fleurs. Si l'on compare la floraison avec l'âge des arbres, on voit que ceux-ci ne fleurissent qu'après avoir acquis un certain développement. Il semblerait que la séve ait besoin, pour donner naissance à ces productions, de circuler lentement dans les tissus des végétaux, afin que les élaborations auxquelles elle est soumise soient plus complètes. En effet, un jeune arbre se compose seulement, l'année qui suit son premier développement, d'une tige verticale offrant à peine quelques ramifications. La séve n'ayant à parcourir que des lignes presque droites, y circule avec une grande rapidité ; elle séjourne peu de temps dans les tissus, et n'y subit que des modifications incomplètes qui la rendent peu propre à la production des fleurs. Mais l'arbre, en continuant de croître, augmente le nombre de ses ramifications, et la séve, obligée de suivre, pour arriver jusqu'aux feuilles, une ligne plus prolongée et plus souvent interrompue, monte plus lentement, s'arrête plus longtemps dans ces organes, y subit une préparation plus complète, et enfin acquiert les qualités qu'exige la formation des organes de la fructification.

Les arbres fleurissent d'autant plus tard que leur croissance est plus lente. Ainsi, le *chêne* ne fleurit guère qu'à 15 ou 20 ans, tandis que le *bouleau*, le *peuplier*, l'*orme*, fleurissent bien avant ce temps. Ces derniers arbres, se développant plus rapidement que le chêne, sont pourvus plus tôt des ramifications nécessaires pour retarder la rapidité de la circulation de la séve.

Du reste, l'époque de la première floraison des arbres est encore avancée ou retardée par l'humidité plus ou moins grande du sol où ils végètent. Ainsi, à âge égal et pour la même espèce, un arbre planté dans un sol humide fleurira plus tard qu'un autre planté dans un terrain sec ; le premier, recevant une nourriture plus aqueuse, développera des rameaux très-longs et peu ramifiés, et la séve acquerra moins promptement les qualités nécessaires à la production des fleurs. Dans le second cas, au contraire, l'arbre produira des rameaux plus courts, mais plus ramifiés, et la séve y deviendra plus tôt propre à déterminer la floraison.

La floraison examinée quant au nombre des fleurs développées chaque année par un arbre, présente le phénomène suivant : Le nombre des fleurs augmente avec l'âge de l'arbre. Si une branche d'un arbre de 15 ans développe 20 fleurs, une branche de même étendue en développera 60 lorsque l'arbre aura atteint 25 ou 30 ans. Cela tient encore à ce que la production des fleurs est d'autant plus considérable que les arbres sont plus ramifiés et que la séve y circule plus lentement.

Cette production abondante de fleurs est si bien déterminée par un séjour prolongé de la séve dans les organes modificateurs des arbres, que ceux-ci n'ont jamais plus de fleurs que lorsqu'ils sont dans un état maladif et que la circulation de la séve est très-peu active. Nous verrons, en nous occupant de la taille des arbres fruitiers, quels sont les moyens en usage pour arrêter la trop grande vigueur de certains arbres et déterminer une floraison abondante.

On remarque encore le fait suivant dans certaines espèces d'arbres. Lorsque, dans nos arbres fruitiers à fruits à pepins (*poirier*, *pommier*) abandonnés à eux-mêmes, et généralement dans tous les arbres qui fleurissent de très-bonne heure et conservent leurs fruits jusqu'à l'automne, les fleurs, et par conséquent les fruits, sont très-abondants une année, ils en sont presque dépourvus l'année suivante, et s'en chargent de nouveau l'année subséquente, et ainsi de suite. Cette intermittence, assez régulière dans la production des fleurs et des fruits, nous paraît devoir être expliquée par la cause suivante. Les fruits de ces arbres contre-balancent l'action des feuilles en attirant à eux la plus grande quantité de la séve absorbée par les racines. Ils transforment cette séve en cambium, comme le font les feuilles ; mais, au lieu de la répartir, comme celles-ci, sur les divers points du végétal, ils la font tourner entièrement au profit de leur propre accroissement. Comme ces fruits restent sur les arbres pendant tout le temps de la végétation, c'est-à-dire depuis le printemps jusqu'à l'automne, cette absorption est continuelle, et les boutons qui, s'ils avaient été suffisamment nourris, se seraient transformés en boutons à fleurs pour l'année suivante, ne prennent aucun accroissement et ne développent au printemps qu'une rosette de feuilles. L'arbre emploie alors cette année de non-production à la formation de nouveaux boutons à fleurs, qui fournissent l'année suivante une abondante fructification. Nous verrons aussi, lors de la taille des arbres fruitiers, comment on rend la production plus régulière.

Chaque espèce adopte, pour épanouir ses fleurs, une époque déterminée et constante de l'année. Elle varie néanmoins en raison du degré plus ou moins élevé de la température ; accélérée pour la même espèce dans un climat chaud, elle est retardée dans un climat plus froid. A l'appui de cette assertion, M. Aug. de Saint-Hilaire rapporte avoir vu, le 1er avril 1816, les pêchers encore sans feuilles ni fleurs à Brest ; le 8, ils étaient entièrement fleuris à Lisbonne ; le 25, les pêches étaient nouées à Madère, et le 29, elles étaient mûres à Ténériffe.

Immédiatement après l'épanouissement des fleurs, les organes sexuels commencent l'accomplissement du phénomène le plus important de la végétation : la fécondation.

Quant à la durée de l'épanouissement de chaque fleur, elle est subordonnée à la fécondation ; c'est-à-dire qu'elle se prolonge d'autant plus que l'accomplissement de cet acte est retardé. Aussi remarque-t-on que les fleurs pleines, c'est-à-dire celles dont les étamines et le pistil sont entièrement convertis en pétales, comme dans certaines variétés de *rosiers*, prolongent l'épanouissement de leurs fleurs bien plus longtemps que les autres. C'est là un de leurs principaux mérites. On pourrait, du reste, obtenir le même résultat avec les fleurs simples, en les privant de leurs organes sexuels de manière à empêcher la fécondation.

Fécondation. — Lorsque les fleurs sont épanouies, les anthères, parties essentielles des organes mâles (C, *c*, *fig.* 15) s'entr'ouvrent diversement, suivant les espèces, et répandent le pollen ou poussière fécondante (*d*, *fig.* 15) sur le stigmate (D, *g*, *fig.* 15), partie essentielle de l'organe femelle. A cette époque, le stigmate est couvert d'une substance visqueuse qui retient à sa surface chaque grain de pollen. Ceux-ci, simulant, comme nous le savons, autant de petites vésicules, ramollis par le contact de cette liqueur visqueuse, se déchirent et répandent sur le stigmate le fluide séminal qu'ils renferment, et qui est absorbé et transmis jusqu'aux ovules pour les féconder. Cette transmission s'opère par des vaisseaux qui établissent une communication directe entre le stigmate et chaque loge de l'ovaire.

Ce phénomène, bien que démontré par des preuves nombreuses, est cependant contesté par quelques physiologistes. Voici les principaux faits qui viennent à l'appui de la fécondation dans les végétaux.

Si un pied mâle et un pied femelle d'un arbre dioïque, d'un *mûrier de la Chine* ou d'un *cèdre de Virginie*, fleurissent l'un près de l'autre, la fécondation sera parfaite, parce que le pollen du pied mâle sera facilement transporté par le vent sur les stigmates du pied femelle. Si l'on éloigne davantage ces deux individus l'un de l'autre, l'espace qui existera entre eux devenant un obstacle, la fécondation sera moins parfaite, plusieurs ovaires seront stériles. Enfin, si on les place à une grande distance, elle deviendra nulle, à moins, comme cela arrive souvent, que les insectes, qui voltigent de fleur en fleur pour y puiser leur nourriture, ne transportent des fleurs mâles aux fleurs femelles, les grains de pollen qui se sont attachés autour d'eux. Quelques fécondations artificielles démontrent aussi ce phénomène. Il y a un grand nombre d'années, il existait dans les serres du Jardin de Berlin un palmier femelle qui fleurissait depuis plusieurs années sans jamais rapporter de fruits. Une certaine année, on apprit, à l'époque où cet arbre était en fleurs, qu'un palmier mâle de la même espèce était épanoui à Dresde. On en fit venir des fleurs par la poste, on les suspendit sur celles du pied femelle qui, cette année-là, donna des fruits.

Citons encore l'exemple d'un singulier pommier observé à Saint-Valery-en-Somme. Les fleurs de cet arbre ne portent accidentellement que des pistils. Chaque année on va chercher sur les arbres voisins des fleurs munies d'étamines, on en répand le pollen sur le pistil des fleurs femelles, et celles qui sont ainsi saupoudrées portent fruit, tandis que les autres restent stériles.

La production des fleurs pleines a concouru aussi à démontrer l'action des étamines et des pistils. On remarque, en effet, que les fleurs entièrement pleines, comme celles du cerisier et du pêcher à fleurs pleines, dont les étamines et les pistils sont complétement transformés en pétales, ne donnent jamais de fruits. On en obtient fréquemment des fleurs doubles, c'est-à-dire de celles dont une partie des étamines sont encore intactes.

L'influence de l'humidité vient encore à l'appui des faits que nous venons de citer. S'il survient des pluies abondantes ou des brouillards prolongés, les fleurs qui s'épanouissent sont presque toujours stériles : on dit alors qu'elles *coulent*. C'est que le pollen, mis en contact avec l'humidité, se déchire, se crève avant d'avoir été projeté sur le stigmate, ou qu'il est entraîné par l'eau des pluies.

Enfin, la preuve la plus incontestable de l'existence des sexes et de la fécondation est certainement la formation des plantes *hybrides* ou *mulets*. Il arrive quelquefois que des semences, récoltées sur une plante et mises en terre, donnent naissance à des individus qui s'écartent plus ou moins par leurs caractères de la plante sur laquelle on a récolté ces semences. Cela tient le plus souvent à ce que cette plante a été fécondée par une autre espèce voisine. Aussi remarque-t-on toujours que les caractères de la plante qui naît de ces semences se rapprochent, et de ceux du pied-mère, et de ceux de la plante dont le pollen a servi à les féconder. On donne à ces individus le nom de plantes *hybrides*.

Toutefois, la fécondation d'une espèce par une autre ne peut avoir lieu qu'entre des plantes très-rapprochées par leurs caractères. Ainsi, le chêne ne pourrait être fécondé par le *bouleau*, le *frêne* par le *noyer*; mais le *lilas commun* peut être fécondé par le *lilas à feuilles laciniées* et les autres espèces du même genre. C'est ainsi que M. Varin, alors conservateur du Jardin des Plantes de Rouen, a obtenu le lilas qui porte son nom. Cette espèce hybride présente les caractères du *lilas à feuilles laciniées* et ceux du *lilas commun*.

Hybridation au moyen de fécondations artificielles. Les espèces hybrides peuvent se former naturellement, c'est-à-dire sans le secours de la main de l'homme, par le transport, au moyen du vent ou des insectes, du pollen d'une espèce sur les fleurs d'une autre. Mais les exemples que l'on a de ces fécondations croisées sont si peu nombreux qu'on peut les considérer comme accidentels. Les résultats heureux que l'on peut obtenir de l'hybridation pour l'amélioration des végétaux utiles, a donc engagé quelques cultivateurs à produire ce phénomène à l'aide de fécondations artificielles. C'est en Angleterre et en Belgique que l'on a commencé d'abord à entrer dans cette voie ; l'ouvrage publié récemment sur ce sujet, par M. Lecoq de Clermont-Ferrand, a fixé l'attention de nos cultivateurs français qui maintenant suivent aussi avec succès la voie tracée par leurs devanciers. Voici quelques-unes des principales règles qui peuvent servir de guide dans la pratique de cette opération.

Le *choix des sujets* qui, dans l'hybridation, doivent porter le fruit, présente quelque importance. Ainsi l'on a remarqué que les individus que l'on obtient de cette manière, tiennent plus du pied-mère que de l'espèce qui a servi à les féconder. D'où il résulte que si l'on veut augmenter le volume d'un fruit sans changer sensiblement sa qualité et l'époque de la maturité, il conviendra de choisir cette espèce ou variété pour pied-mère et de la féconder avec une autre espèce ou variété à fruit plus gros et mûrissant à peu près au même moment. Si le contraire avait lieu, les qualités qui font rechercher la première variété disparaîtraient presque dans son union avec la seconde. Le choix de l'espèce destinée à féconder doit aussi remplir certaines conditions : ainsi, tout en présentant les qualités qu'on voudrait rencontrer dans le pied-mère, elle ne doit pas offrir de trop grands défauts qui se reproduiraient en partie dans l'individu qu'on en obtiendrait.

Un fait remarquable, c'est que les diverses variétés que l'on obtient par les fécondations croisées s'entre-fécondent ensuite bien plus facilement entre elles, que les espèces mêmes qui leur ont donné naissance. Les types, les espèces primitives, sont doués d'une force de *stabilité* qui nuit jusqu'à un certain point à ces sortes de croisements. Il y aura donc tout avantage à choisir, pour l'hybridation, des variétés déjà obtenues de cette manière, et surtout à prendre celles qui sont déjà les plus remarquables par leur perfection ; ce sera le moyen d'obtenir de nouvelles améliorations.

La *préparation des pieds-mères* consiste à les éloigner le plus possible des espèces ou variétés du même genre, afin d'empêcher le pollen de ces plantes d'arriver sur le porte-graine que l'on a choisi. Au moment de la floraison on ne laisse en outre, sur cet individu, qu'un petit nombre de fleurs, en préférant celles qui sont placées de manière à recevoir une plus grande quantité de sucs nutritifs, Enfin il faudra aussi priver ce porte-graine de tous ses organes mâles. Pour les espèces hermaphrodites, on devra enlever avec soin à l'aide de petites pinces, toutes les anthères avant qu'elles ne commencent à répandre le pollen. Pour les plantes monoïques, il suffira de couper les fleurs mâles avec de petits ciseaux avant leur épanouissement. Quant aux espèces dioïques, il sera indispensable d'isoler complétement les individus femelles des individus mâles.

La *récolte du pollen* exige les soins suivants : aussitôt que les anthères commencent à s'entr'ouvrir, on les détache à l'aide de la petite pince dont nous avons parlé, et on les réunit dans une petite boîte pour appliquer ensuite le pollen sur les organes femelles des porte-graine. Quelquefois les fleurs de ces derniers s'épanouissent plusieurs jours après celles de l'individu qui doit féconder ; dans ce cas, on peut, sans inconvénient, conserver le pollen jusqu'au moment convenable. Les expériences que l'on a faites jusqu'à présent démontrent que la poussière fécondante de plusieurs espèces peut être conservée intacte pendant une année. On peut la placer entre deux verres de montre réunis à l'aide de gomme arabique et recouverts d'une feuille d'étain ; on les place ensuite dans un endroit sec et non exposé à la chaleur.

Pour *appliquer la poussière fécondante sur les organes femelles*, il faut saisir avec précision le moment où l'organe femelle est disposé à recevoir la fécondation ; c'est ordinairement aussitôt après l'épanouissement des fleurs, c'est-à-dire, suivant les espèces, depuis le lever du soleil jusqu'à midi. Pour pratiquer cette opération, on se sert d'un petit pinceau très-délié, semblable à ceux dont on se sert pour l'aquarelle. La poussière fécondante, recueillie à l'avance, s'attache au pinceau et on la dépose à la surface du stigmate qui, si le moment a été bien choisi, est recouvert d'un liquide visqueux où s'attache le pollen. Si les fleurs restent épanouies pendant plusieurs jours, on pourra répéter l'opération sur les mêmes fleurs, afin d'être plus assuré du succès.

Tels sont les soins principaux qu'exige l'hybridation artificielle. Disons en terminant que les nouveaux individus que l'on obtient de cette manière, présentent peu de stabilité dans leurs caractères différentiels, qu'ils tendent sans cesse à retourner à leur type primitif, et que ne pouvant être reproduits au moyen des graines avec les qualités qui les distinguent, on est obligé, pour les multiplier, d'avoir recours à la greffe, au marcottage ou aux boutures.

Maturation des fruits. — On donne le nom de *maturation* à la réunion des divers phénomènes qui se succèdent depuis le moment où les ovules sont fécondés, jusqu'à l'époque où le fruit a acquis sa maturité complète. Ce phénomène peut être comparé à la gestation dans les animaux.

Dès que l'embryon est fécondé, il acquiert une vie particulière, et attire à lui la séve des parties environnantes; les enveloppes florales et les étamines se flétrissent et tombent; l'ovaire seul continue à croître, et c'est alors qu'on dit que *le fruit est noué*.

Pour qu'un ovaire noue, il n'est pas nécessaire que tous les *ovules* ou rudiments des semences qu'il renferme, aient été fécondés. Le contraire arrive fréquemment. Dans les fruits de nos arbres fruitiers, le *poirier*, le *pommier*, on remarque souvent qu'un certain nombre de semences ont avorté; ce qui n'a pas empêché le fruit de prendre son développement accoutumé.

Depuis le moment où les fruits sont noués jusqu'à l'époque de leur maturité, ils attirent à eux la séve ascendante par leur action propre. Hales a constaté que des branches de pommier chargées de leurs fruits pompent une bien plus grande quantité d'eau, à surface égale, que celles qui ne portent que des feuilles. Cette action des fruits, pour attirer la séve, est encore prouvée par diverses observations pratiques. Ainsi, M. Gallésio rapporte avoir vu des orangers, à moitié dépouillés de leurs fruits, geler du côté où on leur en avait laissé et ne pas geler du côté où on les avait enlevés. En parlant de la floraison, nous avons dit qu'une trop grande quantité de fleurs, et par conséquent de fruits, sur un arbre nuisait à la production de l'année suivante. Ce phénomène vient encore à l'appui de ce qui précède. Si les fruits sont trop nombreux sur un arbre, il est clair qu'ils ne pourront acquérir un développement suffisant, et qu'il s'en desséchera un grand nombre avant qu'ils n'arrivent à leur maturité. De là la convenance pratique d'enlever les jeunes fruits les moins gros, afin que ceux qui restent profitent plus complétement de la séve.

Si l'on considère la maturation des fruits sous le rapport des modifications qu'y subissent les fluides nourriciers qu'ils absorbent continuellement, on observe les faits suivants:

Jusqu'au moment où les fruits ont acquis leur développement complet, ils font subir aux fluides qui arrivent dans leurs tissus des changements analogues à ceux qu'éprouve la séve des racines dans les feuilles. Comme elles, ils exhalent, par les pores de leur surface, de l'eau et du gaz oxygène ; seulement, tous les fruits ne rejettent pas une égale quantité d'humidité ; ceux qui en exhalent le plus deviennent des fruits à péricarpe sec, comme les fruits des *robiniers*, des *féviers*, etc. ; ceux qui en exhalent le moins deviennent charnus, comme la pomme, la pêche, etc.

Aussitôt que les fruits charnus ont atteint tout leur développement, ils abandonnent progressivement leur couleur verte et se colorent en jaune, en rouge ou en violet ; puis, au lieu d'absorber, comme avant, de l'acide carbonique et d'exhaler de l'oxygène, ils absorbent de l'oxygène et exhalent de l'acide carbonique. Des que ce phénomène se produit, il s'opère une modification importante dans la composition chimique du fruit ; d'acide qu'elle était, sa saveur devient sucrée. Ce changement dans les gaz absorbés et exhalés par le fruit aux différentes époques de sa maturation, a été démontré par des expériences bien positives. Nous rappellerons à l'appui les accidents qui sont résultés souvent du séjour d'individus dans des appartements remplis de fruits mûrs. Plusieurs sont morts asphyxiés ; l'air avait été vicié par la grande quantité d'acide carbonique exhalé par ces fruits.

Quant à la coloration particulière qu'acquiert chaque espèce de fruit charnu, à mesure qu'il approche de sa maturité complète, elle est certainement due à l'influence de la lumière, car les fruits sont toujours plus colorés du côté où ils sont frappés par les rayons solaires que du côté opposé ; mais on ignore comment cette influence détermine cette coloration.

Les fruits charnus, considérés sous le rapport de leur saveur, offrent des nuances infinies, suivant les espèces et les variétés. Les physiologistes n'ont pu encore expliquer la cause de ces différences. On peut cependant la rapporter en grande partie à l'action particulière des cellules de chaque fruit qui modifient diversement, suivant les espèces, les fluides qui y sont introduits. Quelques auteurs prétendent que ces différences sont dues à la nature des fluides absorbés par les racines, mais le fait suivant démontre qu'on doit s'arrêter à la première opinion. Lorsqu'on place une greffe de *pêcher* sur un *prunier*, la saveur des fruits de cette greffe ne participe en rien de celle du *prunier*, quoiqu'ils soient alimentés par les racines de cet arbre. Les péricarpes charnus doivent donc être considérés comme un amas de cellules qui modifient la séve qu'elles reçoivent chacune à leur façon, comme le prouve le fruit de certaines variétés d'oranges et de raisins, dont les divers quartiers sont de couleur et de saveur différentes. Les fruits de la même variété présentent toujours la même saveur ; si cette saveur n'est pas également prononcée dans tous les individus, on peut l'attribuer à l'influence plus ou moins grande des trois agents suivants : la chaleur, la lumière et l'humidité.

Des expériences journalières démontrent que la chaleur et la lumière sont les agents qui déterminent surtout la maturité des fruits, et tendent particulièrement à y développer la matière sucrée. Ce qui le prouve, c'est que, dans un fruit qui a mûri exposé au soleil, le côté frappé directement par la lumière, est toujours bien plus sapide, bien plus sucré que le côté opposé. Un arbre ombragé donnera donc des fruits bien moins sucrés qu'un individu de la même variété exposé au soleil.

L'état du sol influe aussi sur la saveur des fruits. Dans un terrain sec, la séve entrant en moindre quantité à la fois dans le fruit, les cellules de celui-ci peuvent la préparer complétement, et les principes sucrés, moins étendus d'eau, donnent une saveur plus prononcée. Au contraire, dans un terrain humide, la séve, plus aqueuse, arrive dans le fruit trop abondamment ; les cellules ne peuvent l'élaborer que d'une manière imparfaite, et le fruit devient gros, mais insipide. C'est par un phénomène analogue que les jeunes arbres, recevant une séve plus aqueuse et plus abondante, donnent des fruits moins savoureux que les arbres plus âgés.

Ces considérations expliquent encore que certains fruits soient de meilleure qualité lorsqu'on les a détachés de l'arbre quelques jours avant leur maturité absolue : la pêche, la poire sont de ce nombre. Ces fruits renferment alors tous les sucs qui leur sont nécessaires : en les détachant, on empêche qu'il n'en arrive de nouveaux, et on les force à modifier plus complétement ceux qu'ils contiennent.

Si nous considérons la maturation quant à sa durée, nous voyons que le temps qui s'écoule entre la fécondation et la maturité parfaite est très-différent d'une plante à l'autre, sans qu'il soit possible de rapporter cette diversité à une cause connue. Quelques espèces mûrissent leurs fruits en deux mois, comme le *cerisier*, l'*orme* ; en six mois, comme le *poirier*, la *vigne* ; plusieurs arbres résineux emploient une année entière ; enfin le *cèdre du Liban* ne laisse échapper ses graines que vingt-sept mois après la floraison.

Deux causes principales tendent à accélérer accidentellement la maturité des fruits. La première est la piqûre occasionnée par les insectes qui déposent leurs œufs dans le tissu du fruit ; tout le monde sait que les fruits dits *verreux,* c'est-à-dire piqués par les insectes, mûrissent toujours plus tôt que les autres. Cette piqûre paraît agir en stimulant les fonctions des cellules du fruit. On pourrait obtenir le même résultat en piquant profondément un fruit après son premier développement, et en introduisant un peu d'huile dans la piqûre, afin que la plaie ne se cicatrise pas trop rapidement. Ce moyen est usité, dans quelques communes des environs de Paris, pour hâter la maturation des figues ; mais les fruits dont la maturité a été ainsi avancée sont d'une moins bonne qualité que les autres.

Le second moyen, découvert par Lancry en 1776, est l'incision annulaire. Il a remarqué, qu'en enlevant, à l'époque de la floraison, un anneau d'écorce à la branche qui soutient les fleurs, les fruits nouaient d'une manière plus certaine et étaient plus tôt mûrs. L'anneau enlevé doit être assez étroit (environ 0^{m}005) pour que la communication puisse se rétablir au bout de peu de temps, sans quoi la branche opérée souffrirait et risquerait de périr. Cette incision paraît avoir une double influence : d'abord, elle retient momentanément la séve descendante dans les parties qui entourent le fruit, ce qui tend à donner à celui-ci plus de force dans le premier moment qui suit la fécondation ; puis ensuite, en mettant à nu la couche d'aubier par où se fait l'ascension de la séve, on détermine une légère altération dans les vaisseaux de cette couche, et l'on diminue ainsi la rapidité de la circulation vers le sommet de la branche. Il en résulte que les fruits élaborent plus complétement la séve, et qu'ils sont plus tôt mûrs. Lancry montra à la Société d'agriculture de Paris une branche de prunier qui avait subi l'incision annulaire ; la partie supérieure à l'incision présentait des fruits mûrs, et la partie inférieure n'offrait que des fruits verts.

C'est surtout à la vigne et au pècher, dont les anciens rameaux à fruit peuvent être sacrifiés chaque année, que l'on a appliqué ce procédé. On rapporte, dans le *Bulletin des sciences agricoles*, qu'un M. Bouchette, ayant opéré l'incision annulaire sur 35 ares de vigne, y a vu la maturité accélérée de douze à quinze jours.

Ce que nous venons de dire de la maturation s'applique surtout au péricarpe ou enveloppe des graines. Disons aussi quelques mots de la maturation de celles-ci.

Dès que la graine est visible dans l'ovaire, la tunique ou enveloppe extérieure en est la partie la mieux développée. Bientôt après, l'embryon s'y montre entouré d'un liquide auquel on donne, par analogie, le nom d'*amnios*. Aussitôt que la fécondation a eu lieu, la graine, animée d'une action vitale qui lui est propre, tire du péricarpe, par le *cordon ombilical* qui l'y attache, la nourriture dont elle a besoin. L'embryon grossit soit par cette absorption, soit par celle de l'amnios. Lors de la maturité complète, l'embryon remplit toute la cavité de la tunique, comme dans les *glands du chéne*, ou bien il n'en occupe qu'une partie, comme dans les *arbres résineux*.

3

Dans ce dernier cas le restant de l'espace est rempli par le périsperme, lequel n'est autre chose que l'amnios qui s'est solidifié. Ce qui constitue la maturité complète de la graine, c'est de ne plus contenir d'eau à l'état libre.

Il résulte de ces divers changements dans les graines, qu'elles deviennent plus pesantes que l'eau. Si, placées sur ce liquide, elles se soutiennent à sa surface, c'est que leur embryon a avorté et qu'elles renferment une cavité pleine d'air. C'est donc avec raison qu'on emploie quelquefois ce moyen, bien qu'incomplet, pour distinguer les graines fertiles de celles qui ne le sont pas.

Dissémination des graines. — La maturation des fruits terminée, la nature songe à placer chacune des graines qu'ils renferment dans les circonstances les plus favorables à leur germination et à leur accroissement. On donne à ce dernier phénomène de la végétation annuelle le nom de *dissémination*.

Le but que se propose la nature dans la dissémination est d'abord d'empêcher que les graines, en se réunissant au pied de l'individu qui les a produites, ne soient resserrées sur un trop petit espace, ne se nuisent les unes aux autres dans leur développement, et ne finissent par périr toutes avant d'avoir produit de nouveaux individus. Elle a aussi en vue de placer ces semences dans des circonstances telles qu'elles rencontrent l'influence des agents nécessaires au développement de chaque espèce.

Jetons un coup d'œil sur les principaux moyens qu'elle emploie pour obtenir ce double résultat.

Les vents sont un des agents qui jouent le plus grand rôle dans

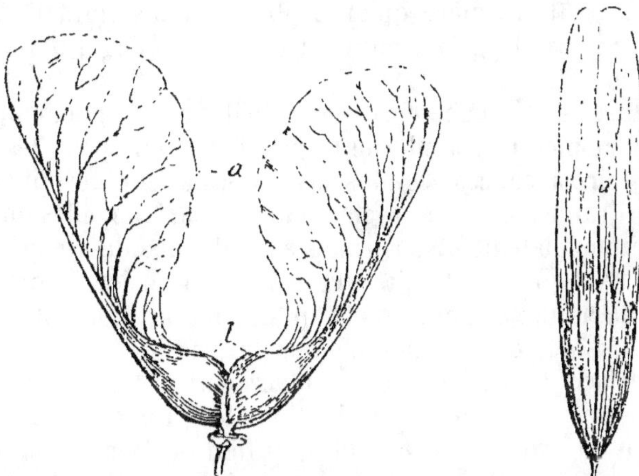

Fig. 56. *Fruit de l'érable.*   Fig. 57. *Fruit du frêne.*

la dissémination des graines ; la nature a même donné à la plupart d'entre elles une structure qui se prête merveilleusement à l'action de cet agent. Il en est un certain nombre qui, par leur seule légèreté, peuvent être transportées dans l'air à de grandes distances. Telles sont celles de l'*aune*, du *bouleau*. Plusieurs autres sont munies d'appendices légers, qui, en donnant plus de prise au vent, facilitent leur transport au loin. Telles sont celles des *érables* (*fig.* 36), des *frênes* (*fig.* 37), de l'*orme*, des *pins* (*fig.* 38), qui sont entourées d'une membrane foliacée mince et transparente. Telles sont encore celles du *platane*, du *peuplier*, du *saule*, qui sont pourvues d'aigrettes plumeuses semblables à de petits parachutes, à l'aide desquelles elles se soutiennent dans l'air et traversent ainsi de grands espaces.

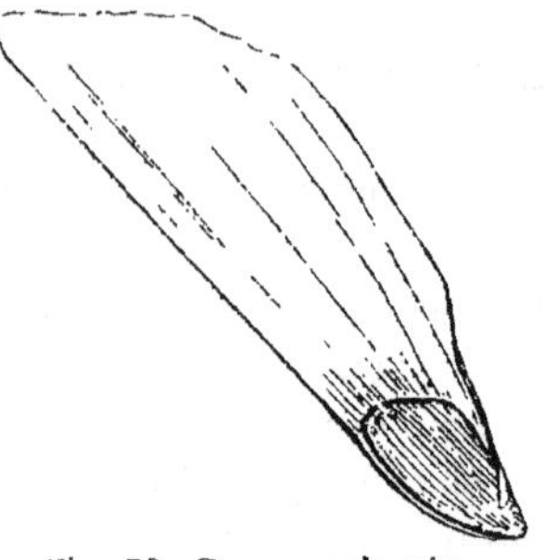

Fig. 38. *Semence du pin.*

Les animaux contribuent aussi à la dissémination des graines. C'est surtout pour celles qui, par leur volume et l'enveloppe charnue qui les entoure, échappent à l'action des vents que la nature a appelé les animaux à son aide.

Les semences de l'*aubépine*, du *gui*, etc., sont recouvertes d'une substance pulpeuse qui sert d'appât aux oiseaux. Souvent ces animaux avalent les graines avec la pulpe ; mais comme ces semences, pourvues d'une enveloppe ligneuse, peuvent traverser, sans altération, les organes digestifs des oiseaux, ceux-ci, en les déposant au loin, dans leurs excréments, remplissent encore le vœu de la nature. C'est de cette manière qu'on explique la dissémination des graines du *gui*, par la grive, qui est très-friande des fruits de cet arbrisseau parasite.

Si la nature a été ingénieuse pour faciliter l'éloignement des graines de leur pied-mère, elle ne l'a pas été moins pour les placer dans les circonstances les plus favorables à leur germination. Dès que ces graines ont atteint leur maturité parfaite, elles ont besoin d'être immédiatement soustraites à l'influence desséchante du soleil et de l'air qui leur ferait perdre leurs propriétés germinatives. Aussi la nature a-t-elle voulu, qu'une fois ce moment arrivé, elles pussent se détacher d'elles-mêmes du pied-mère. Mais, tombées à la surface du sol, elles n'y trouveraient pas encore les circonstances nécessaires à leur germination ; les grosses graines surtout seraient privées d'une humidité suffisante ; or la nature a encore pourvu à ce danger en recouvrant chacune d'elles d'une couche de feuilles d'une épaisseur en rapport avec son volume. Ainsi, les semences les plus volumineuses de nos arbres, celles du chêne, du hêtre, du châtaignier, du marronnier d'Inde, se détachant quelques jours avant la chute des feuilles, se trouvent placées à plusieurs centimètres de profondeur au-dessous de ces feuilles, qui se pourrissent pendant l'hiver, et leur forment au printemps une couverture de terreau singulièrement favorable à la germination.

Les semences moins grosses, comme celles du tilleul, du frêne, ne tombent que lorsque la chute des feuilles est déjà commencée, et sont ainsi placées moins profondément. Enfin, les graines très-fines, celles du bouleau, de l'aune, qui n'ont besoin, pour germer, que d'une couverture très-mince, ne commencent à se disséminer qu'après la disparition complète des feuilles. On voit souvent dans les forêts, pendant l'hiver, la neige couverte de semences de bouleau. L'harmonie de ces faits est si peu due au hasard que les arbres résineux, les pins, les sapins, qui ne perdent leurs anciennes feuilles qu'au commencement de l'été, ne laissent échapper les semences de leur cône qu'un peu avant la chute de ces feuilles, c'est-à-dire vers le mois de mai.

Malgré ces ingénieux stratagèmes, il est bien rare de voir toutes les semences d'un arbre germer et se développer ; la plus grande partie ne rencontre pas l'influence des agents qui leur sont nécessaires ; un plus grand nombre encore est dévoré par les animaux. La nature a également prévu ces accidents en douant la plupart des végétaux des deux grandes facultés suivantes : la première de produire une quantité de graines bien plus que suffisante pour perpétuer les espèces et les multiplier dans des bornes convenables ; ainsi on a compté jusqu'à 529,000 graines sur un seul pied d'orme.

La seconde de conserver leur propriété germinative pendant un temps quelquefois très-long : en sorte que, si elles ne rencontrent pas d'abord les circonstances favorables à leur développement, elles peuvent les attendre sans souffrir, pourvu qu'elles se trouvent placées dans un milieu qui ne soit ni trop sec, ni trop humide, et à l'abri de l'influence de l'air et des brusques changements de température.

L'ombrage des bois, des futaies, suffit pour empêcher la germination de beaucoup de semences répandues dans le sol. Une forêt vient-elle à être exploitée, une foule d'arbres et d'arbrisseaux, différents de ceux dont elle se composait, apparaissent tout à coup. Les semences de ces nouveaux arbres avaient donc conservé leurs propriétés germinatives depuis l'époque de la coupe précédente jusqu'au moment de la nouvelle exploitation, c'est-à-dire pendant plus de 50 ans. M. Charles-des-Moulins, de Bordeaux, et le docteur Lindeley, citent l'exemple de plusieurs espèces de plantes dont les graines ont parfaitement germé après une conservation de 15 à 1600 ans dans des tombeaux antiques.

A la dissémination des graines succède la germination. Ce phénomène termine les différentes phases de la reproduction, et peut être considéré aussi comme le point de départ de la végétation d'un nouvel individu. C'est sous ce dernier point de vue que nous l'avons précédemment envisagé, nous n'avons donc pas à nous en occuper ici.

Mort des arbres. — L'énergie vitale donne aux molécules qui arrivent dans les tissus des arbres une force telle qu'elles résistent jusqu'à certain point aux lois des affinités chimiques et de la pesanteur. Tant que cette force est prédominante, elle fait passer la matière brute à l'état de matière organisée ; mais, comme la pesanteur et les affinités agissent sans relâche et toujours avec une égale intensité, tandis que l'énergie vitale se ralentit et s'éteint même par un trop long exercice, tôt ou tard la vie cesse, et les formes de l'organisation disparaissent. Le temps suffit donc pour amener la mort des arbres, indépendamment d'une foule de circonstances accidentelles qui viennent souvent troubler l'action des forces vitales et déterminer des maladies qui abrégent la durée de chaque individu.

En traitant de la culture des arbres, nous nous arrêterons à l'étude de leurs maladies, et nous indiquerons les moyens de les prévenir ou d'y remédier. Occupons-nous seulement ici de leur *mort naturelle.*

En considérant la vieillesse du tronc de certains arbres âgés de plus de 800 ans, comme celui du chêne-chapelle d'Allouville, dans la Seine-Inférieure (Pl. 1), ou de plus de 1400 ans, comme ceux des ifs de la haie de Routot, dans le département de l'Eure (Pl. II), on serait tenté de croire à l'immortalité de quelques-uns d'entre eux. On croirait qu'ils échappent à la loi générale, d'après laquelle chaque être organisé doit périr dans un temps donné. Mais, en se reportant à l'examen de leur mode d'accroissement, on reconnaît que, comme dans toutes les plantes, la vie ne se prolonge dans chacun de leurs organes que pendant peu d'années. En effet, les parties essentiellement vivantes des arbres, c'est-à-dire les couches les plus jeunes du liber et de l'aubier, ne conservent guère leurs fonctions que pendant 2 à 3 ans ; au bout de ce temps, elles sont remplacées par de nouvelles couches et deviennent complétement inertes. Les organes absorbants, les feuilles et les extrémités radiculaires ne vivent qu'une année. Des productions semblables leur succèdent l'année suivante. C'est donc réellement un nouvel arbre qui se développe et recouvre annuellement les anciens, dont la vie a cessé. L'origine de ce nouvel arbre est dans les boutons placés sur les rameaux de l'année précédente, et qui peuvent être comparés à des graines.

5.

Si, dans les plantes dites annuelles, le *lin*, la *moutarde*, l'on ne remarque pas cette accumulation d'individus superposés, comme dans les arbres, c'est que la fructification très-abondante de ces plantes, épuisant leurs tissus, anéantit leur force vitale : il n'y a pas alors production de boutons qui puissent entretenir la vie dans la couche du liber et fournir une nouvelle végétation l'année suivante. Cela est si vrai que, si l'on empêche l'une d'elles de fructifier, en enlevant les fleurs à mesure qu'elles se développent, on voit se former des boutons à l'aisselle des feuilles, le liber se maintient vivant au delà du terme ordinaire, et, l'année suivante, ces boutons donnent naissance à un nouvel individu qui recouvre entièrement l'ancien. Si, donc, nous ne considérons que les parties essentiellement vivantes des arbres, nous pouvons dire qu'ils ne prolongent guère leur existence au delà de 2 à 3 ans. Mais, si nous donnons le nom d'arbre à l'ensemble des parties vivantes et des parties inertes, composées des anciennes couches ligneuses, nous dirons qu'il n'y a point de terme naturel à leur durée, parce que les forces vitales sont aussi énergiques dans le liber et dans les boutons d'un chêne de 100 ans que dans ceux d'un chêne de 30 ans.

La mort dans les arbres, considérée sous ce dernier point de vue, est donc toujours accidentelle. Néanmoins, quelques espèces paraissent céder plus promptement que d'autres à l'influence de ces causes accidentelles. Ainsi, les peupliers, les marronniers résistent moins longtemps que le chêne, l'if, etc. Leurs tissus, moins serrés et moins durs, sont plus facilement impressionnés par les causes destructives qui réagissent constamment sur eux. Mais, lorsqu'ils se trouvent placés hors de l'atteinte de ces causes, ils vivent aussi longtemps que le chêne et l'if. On cite l'exemple de tilleuls et de marronniers âgés de plusieurs siècles.

DEUXIÈME SECTION.

AGENTS NATURELS DE LA VÉGÉTATION.

Nous entendons par agents naturels de la végétation ceux qui facilitent, et souvent même déterminent entièrement les divers phénomènes que nous venons d'étudier dans la vie des plantes. Ces agents sont particulièrement le *sol*, l'*eau*, l'*air*, la *lumière* et la *température*.

Examinons rapidement leur influence sur la végétation, et tâchons surtout de découvrir les proportions dans lesquelles ils doivent se rencontrer pour agir efficacement sur le développement de chaque espèce. Nous disons de chaque espèce, car les espèces ont toutes reçu une organisation particulière, en rapport avec les circonstances au milieu desquelles elles vivent dans leur état de spontanéité. Chacune d'elles a besoin, pour sa prompte et vigoureuse végétation, d'un sol dont la nature s'harmonise avec ses besoins, d'un degré de température, d'une exposition déterminée. C'est donc, seulement après avoir bien constaté les besoins des diverses espèces, quant à la proportion des agents dont nous venons de parler, qu'on peut, imitant la nature, les placer sous l'influence des circonstances qui leur sont nécessaires, et les soumettre avec succès à la culture.

Du sol. — Un des agents naturels les plus importants à connaître est, sans contredit, le sol. C'est lui qui sert de support aux végétaux; c'est dans son sein que germent les semences, et que les plantes puisent la plus grande partie des matériaux nutritifs qui contribuent à leur développement progressif.

Les plantes ne sont point, comme les animaux, susceptibles de locomotion ; fixées pour toujours sur une portion déterminée du sol, elles sont condamnées à satisfaire tous leurs besoins aux dépens de l'espace étroit qu'elles occupent. Il faut donc qu'elles trouvent autour d'elles les principes nutritifs nécessaires à leur accroissement et à l'exercice de leurs fonctions.

Le même sol n'étant pas également propre à la végétation de toutes les espèces d'arbres, nous avons à examiner la nature des différentes terres et les propriétés de chacune d'elles sur la végétation des arbres en général.

Disons d'abord un mot de la formation de la couche superficielle de la terre, c'est-à-dire de celle où se développent les racines des arbres. Le sol cultivé repose sur des roches placées à une plus ou moins grande profondeur, et qui, par leur décomposition, lui ont donné naissance. Ces roches, de nature différente, sont surtout les suivantes :

Roches calcaires. Elles se composent, en grande partie, de chaux à l'état de carbonate, c'est-à-dire combinée avec l'acide carbonique. On y rencontre, en outre, une plus ou moins grande quantité de silice ou sable, puis de l'argile, ce qui fait varier leur dureté. On les reconnaît facilement à leur couleur blanchâtre : elles forment la plupart de nos coteaux.

Roches siliceuses ou *grès* composées de petits grains de sable ou de silice agglomérés, dont la couleur varie du blanc au rouge, selon la proportion d'oxyde de fer qu'elles renferment.

Roches schisteuses ou *argileuses*. Ce sont celles analogues aux ardoises, et qui, par leur décomposition, ont donné naissance aux argiles.

Roches granitiques. Elles présentent une très-grande dureté et appartiennent aux premières formations de la croûte terrestre. Elles se composent en général de silice, d'alumine, de chaux, de magnésie, de sels de potasse, de soude, d'oxyde de fer, et donnent naissance, par leur décomposition aux terrains granitiques.

Toutes ces roches, de nature et de dureté différentes, placées d'abord à la surface de la terre, se sont décomposées à la longue sous l'influence de l'eau et de l'air. Les inondations qui, dans les temps les plus reculés, ont recouvert successivement d'eau les diverses parties du sol, ont entraîné, mélangé les débris de ces roches, et les ont déposés sur les plaines et dans les vallées. De nos jours encore, les fleuves, les rivières abandonnent sur leurs bords des dépôts terreux provenant des roches que les eaux ont désagrégées dans leur passage.

Quant aux éléments qui entrent dans la composition du sol en général, on conçoit qu'ils sont de même nature que les substances qui forment la base des différentes roches à la décomposition desquelles ils doivent leur formation. Aussi, la plupart des terrains offrent-ils, et en proportion variée, les éléments suivants :

De la *silice* ou *sable*, provenant de la décomposition des roches siliceuses ou grès ;

De l'*argile*, provenant de la décomposition des roches schisteuses ou argileuses ;

Du *carbonate de chaux* ou *matière calcaire*, provenant de la décomposition des roches de même nature.

Outre ces trois éléments principaux de tous les terrains, on y rencontre presque toujours une certaine quantité d'*humus* ou *terreau*. Cette matière, qui peut être considérée comme la base de la fertilité dans le sol, est produite par la décomposition des végétaux et des animaux morts. Ajoutons encore à cette substance de l'oxyde de fer, qui donne à la terre une couleur brune, rouge ou jaune ; puis quelques matières salines, telles que des sels de potasse, de soude, etc.

Avant d'aller plus loin, il convient de jeter un coup d'œil sur les principales propriétés physiques de chacun des éléments terreux. Nous nous rendrons ainsi plus facilement compte du degré de fertilité des divers terrains dans la composition desquels ils entrent.

L'*argile* est très-compacte, difficile à diviser ; elle est imperméable à l'eau, qu'elle retient à sa surface, et à l'air, qu'elle empêche de pénétrer dans les couches inférieures. Lorsque l'argile est humide, elle abandonne très-lentement cette humidité, devient pâteuse et collante. En se desséchant, elle se couvre de larges crevasses et acquiert une dureté extraordinaire.

La *silice* ou *sable* offre des caractères absolument opposés à ceux de l'argile. Elle est très-friable, facile à diviser, très-perméable à l'air et à l'eau ; aussi les pluies la traversent-elles comme elles feraient d'un crible. Il en résulte que les terrains où cet élément domine sont toujours exposés à la sécheresse.

La *matière calcaire*, ordinairement de couleur blanchâtre, s'échauffe difficilement au soleil. Elle présente moins de ténacité que l'argile et un peu plus que le sable. Elle absorbe l'humidité avec rapidité, mais l'abandonne avec autant de promptitude. Enfin elle tient, par ses propriétés, le milieu entre l'argile et le sable.

D'après les propriétés des principaux éléments terreux, on conçoit déjà qu'aucun d'eux ne peut déterminer seul une bonne végétation. En effet, c'est seulement du mélange, en certaines proportions, de ces différentes terres que naît la fertilité du sol : les vices de l'une sont corrigés par les qualités de l'autre.

L'analyse chimique d'un grand nombre de sols est venue démontrer que les plus féconds sont ceux où les principaux éléments se trouvent réunis en quantité presque égale, et que la fertilité diminue à mesure que l'un d'entre eux domine dans le mélange.

Une seconde remarque non moins importante, c'est que ces trois éléments terreux principaux, mélangés dans les proportions les plus favorables à la végétation, resteront encore presque stériles s'il ne s'y trouve de l'humus ou terreau. C'est qu'en effet, ce dernier est la source des matières salines et d'une partie des principes azotés et carbonés, nécessaires à l'accroissement des plantes.

Maintenant que nous avons un aperçu de la composition du sol en général, jetons un coup d'œil sur les mélanges terreux les plus importants à connaître, et examinons l'action de chacun d'eux sur la végétation des arbres.

Du sol arable et du sous-sol. — On divise le sol en deux parties différentes : le *sol arable* et le *sous-sol*. Le premier est la couche superficielle, celle qui est remuée et cultivée par les instruments aratoires et qui est imprégnée par l'air atmosphérique, celle enfin qui s'étend depuis la surface jusqu'à $0^m 75$ de profondeur environ. Le sous-sol est la couche placée immédiatement au-dessous. Tantôt il diffère par sa composition du sol arable, tantôt il est de même nature ; mais il est toujours moins fertile en humus ou terreau que le sol arable dont la décomposition des plantes vient sans cesse enrichir la surface.

On peut partager les diverses sortes de sols arables en quatre classes principales, dont les noms indiquent celui des éléments qui domine dans le mélange. Nous avons des sols arables *argileux* ou *glaiseux*, *sableux* ou *siliceux*, *calcaires*, *humifères* ou *tourbeux*. Voici la liste de ces terres, rangées d'après cette classification.

1re CLASSE. Sols argileux...	Argileux proprement dit (terre glaise). Argilo-ferrugineux. Argilo-calcaire. Argilo-sableux. { Terre forte. { Terre franche.
2e CLASSE. Sols sableux..............	Sablo-argileux (terre légère). Sablo-argilo-ferrugineux. Sablo-argilo-calcaire. Sablo-calcaire. Sablo-humifère ou terre de bruyère. Sableux proprement dit. Granitique. Volcanique.
3e CLASSE. Sols calcaires............	Calcairo-argileux. Calcairo-argilo-sableux.
4e CLASSE. Sols humifères ou tourbeux..	Humus pur ou tourbe. Humus sableux.

Les sols argileux ou glaiseux sont ceux où l'argile domine. Ils offrent les caractères suivants :

Ils sont colorés plus ou moins en brun, en rouge ou en jaune par une certaine quantité d'oxyde de fer, et présentent tous les caractères que nous avons indiqués pour l'argile pure ; ces caractères sont d'autant plus prononcés que l'argile est plus abondante dans le mélange. Les inconvénients qu'on reproche aux terrains où l'argile abonde sont les suivants :

Les arbres y poussent avec rapidité, mais le bois est moins dur, et présente, par conséquent, moins de valeur que partout ailleurs ; ils sont bien plus exposés aux effets des fortes gelées et aux diverses maladies. Les arbres fruitiers y donnent une moins grande quantité de fruits ; ces fruits sont, à la vérité, plus gros, mais ils sont toujours moins savoureux et se conservent moins longtemps.

Les principaux vices de ces sortes de terres étant leur imperméabilité et leur cohérence, on peut les amender par l'emploi de toutes les substances propres à diviser le sol. Ainsi, le sable, les cendres, la marne, les décombres de bâtiments, etc., peuvent y être employés avec avantage.

Les sols argileux sont très-répandus ; mais la proportion d'argile est loin d'être la même dans tous. Voici, sous ce rapport, quelles sont les principales espèces :

Terre argileuse proprement dite ou *terre glaise*. Cette terre, que l'on rencontre quelquefois tout près de la surface du sol, est d'une grande importance pour la confection des vases en terre cuite, mais elle est la plus stérile de toutes les terres argileuses, parce qu'elle ne renferme qu'une très-faible proportion des autres éléments terreux, et oppose, au plus haut degré, à la culture, les inconvénients de l'argile. Elle est colorée, tantôt en gris par des matières organiques en décomposition, tantôt en rouge par la présence de l'oxyde de fer ; elle est rarement blanche.

Nous donnons, comme exemple de ces sols, un terrain de la commune de Forges-les-Eaux dans la Seine-Inférieure, dont nous devons l'analyse, ainsi que celle des terrains suivants, à l'obligeance de notre collègue et ami M. Girardin, professeur de chimie agricole et correspondant de l'Institut.

Desséchée à + 100°, elle contient :

Sable fin........	Siliceux...............................	16,505
	Calcaire	1,660
Matières solubles dans l'eau.....	Humus soluble azote............... 0,549	
	Sulfates de chaux et de magnésie......	
	Sulfates de fer et de cuivre....	1,435
	Sulfates de potasse et d'alumine .. 0,886	
	Phosphates alcalins...........	
Terre ténue.....	Humus soluble...................	2,666
	Argile...........................	71,855
	Carbonates de chaux et de magnésie.......	2,500
	Phosphate de chaux..................	0,868
	Oxyde de fer......................	2,511
		100,000

Terre argilo-ferrugineuse. Elle renferme une forte proportion d'oxyde de fer, qui la colore en rouge ou en jaune. Cette variété, assez répandue, n'est pas très-fertile, parce que la trop grande quantité d'oxyde de fer devient nuisible aux plantes.

Voici l'analyse de l'une de ces terres, prise dans la commune de Belbeuf (Seine-Inférieure).

Desséchée à + 100°, elle renferme :

Sable fin....... { Siliceux.....................		11,280
{ Calcaire.....................		6,770
Débris organiques grossiers et coquilles..................		1,000
Matières solubles dans l'eau.... { Humus soluble azoté.......... 0.47		
{ Carbonates et chlorures alcalins.................... 0,58		0,850
{ Sulfates alcalins et sels magnesiens..................		
Terre ténue.... { Humus insoluble.................		17,500
{ Argile........................		54,600
{ Calcaire avec carbonate de magnesie......		12,180
{ Peroxyde de fer.................		16,020
		100,000

Terre argilo-calcaire. Cette argile renferme une proportion notable de matières calcaires ; elle est généralement fertile, parce que la présence de la matière calcaire vient diminuer son imperméabilité.

Voici l'analyse d'une terre argilo-calcaire de la commune de Pougues (Nièvre), et que nous avons empruntée aux Mémoires de M. Bertier.

Argile..................................	60,8
Calcaire...............................	18,0
Carbonate de magnesie.................	»
Oxyde de fer......................	04,0
Sable.................................	05,0
Eau..................................	11,0
	98,8

Terre argilo-sableuse. Celle-ci contient une quantité notable de sable. Elle forme la *terre franche* ou terre à blé, puis les *terres fortes.* Quand elle renferme une proportion suffisante de sable, elle devient friable, perméable à l'eau et à l'air, d'une culture facile ; enfin, elle constitue ce sol de bonne qualité auquel on donne le nom de *terre franche.* Lorsqu'au contraire la silice y est peu abondante, elle devient collante à l'humidité, d'une grande dureté en se desséchant, et offre les inconvénients des terres argileuses pures. On lui donne alors le nom de *terre froide* ou *terre forte.*

Nous donnons, ci-après, l'analyse de deux sortes de ces terres argilo-sableuses.

Terre argilo-sableuse (terre forte) *de la commune de Darnetal* (Seine-Inférieure).

Desséchée à + 100°, elle contient :

Gros gravier.......		2,800
Sable moyen....	Siliceux.	1,600
	Calcaire.	1,650
Sable fin.......	Siliceux.	22,390
	Calcaire.	7,280
Débris organiques.		0,660
Terre ténue.....	Humus azoté.	3,050
	Argile pure.	49,600
	Carbonate de chaux.	1,770
	Oxyde de fer.	8,700
Sels solubles dans l'eau.......		0,500
		100,000

Terre argilo-sableuse (terre franche) *prise dans la commune du Bois-Guillaume* (Seine-Inférieure).

Desséchée à + 100°, elle contient :

Gros gravier....	Siliceux		5,560
	Calcaire		0,560
Sable moyen....	Siliceux		5,500
	Calcaire.		0,260
Sable fin.......	Siliceux.		50.461
	Calcaire		1,094
Gros débris organiques.			5,262
Matières solubles dans l'eau....	Humus soluble azoté.	673	
	Carbonates et phosphates alcalins..		1,210
	Sel marin.	537	
	Sulfates de chaux et de magnésie..		
Terre ténue... .	Humus insoluble.		9.289
	Argile		55.065
	Calcaire.		0,965
	Phosphate de chaux.		0,088
	Carbonate de magnésie.		9,690
	Oxyde de fer.		
			100.000

Les terrains sableux offrent toujours une grande proportion de silice. Leur couleur varie aussi beaucoup, en raison de la dose d'oxyde de fer qu'ils renferment. Ils sont bruns, rouges, jaunes ou blancs. Ils s'échauffent facilement au soleil, sont très-friables, et par conséquent très-perméables à l'air et à l'eau. Il en résulte que, pendant l'été, ils sont exposés à la sécheresse. L'inconvénient principal de ces terrains étant leur peu de ténacité, on pourra les améliorer par l'addition de terres argileuses.

Les terres sableuses couvrent aussi d'assez grands espaces. Les principales espèces sont les suivantes :

Terre sablo-argileuse. Elle ne diffère des terres argilo-sableuses qu'en ce que la proportion de sable l'emporte sur celle d'argile. Humide, elle est moins boueuse ; sèche, elle ne durcit pas autant.

Ce sont ces terres qui constituent la plupart des sols de jardins connus sous le nom de *terres légères*. On les rencontre fréquemment aussi sur les rivages des fleuves et des rivières ; elles y acquièrent une très-grande fertilité, à cause des matières limoneuses qu'elles renferment.

La commune de Caudebec-lès-Elbeuf (Seine-Inférieure) nous a fourni un exemple de l'un de ces terrains dont voici l'analyse :

Desséchée à + 100°, elle contient :

Gros gravier siliceux		5,800
Sable moyen siliceux		2,500
Sable fin		70,000
Gros debris organiques		0,280
	Humus soluble	0,070
Matières solubles dans l'eau…	Sulfate potassique	
	Chlorure potassique	
	Chlorure sodique	· 0,550
	Chlorure calcique	
Matières insolubles dans l'eau.	Humus insoluble	1.600
	Argile	19,400
	Oxyde de fer	faible quantité.
		100,000

Terre sablo-argilo-ferrugineuse. Cette terre est des plus stériles ; le sable qu'on y rencontre s'y trouve le plus souvent à l'état de gravier ; de sorte qu'il ne peut se lier intimement avec l'argile, qui, très-dure sous l'influence de la sécheresse, se transforme en boue collante dès qu'elle est mouillée. D'un autre côté, la grande proportion d'oxyde de fer que présente cette terre, nuit encore à la végétation, et fait qu'elle s'échauffe trop au soleil.

L'analyse du sol suivant, pris à Blosseville-Bon-Secours (Seine-Inférieure) fournit un exemple de ces terrains.

Desséchée à + 100°, elle contient :

Gros gravier siliceux			5,872
Sable moyen siliceux			15,205
Sable fin…	Siliceux		44,800
	Calcaire		Traces.
Matières solubles dans l'eau…	Humus soluble azote.	0,176	0,547
	Sulfate de chaux	0,171	
	Chlorure de calcium		
	Humus insoluble		4.406
	Argile		27,375
	Oxyde de fer		1.941
Terre ténue…	Calcaire		
	Carbonate de magnesie		0,056
	Phosphate de chaux.		
			100,000

Terre sablo-argilo-calcaire. Cette terre est une des plus fertiles, en raison de la proportion presque égale des trois éléments terreux. On la rencontre fréquemment sur le bord des fleuves et des rivières. Dans cette position, sa fertilité est encore augmentée, d'abord par l'état de division extrême de ses éléments, et surtout par la proportion assez forte de matières organiques en décomposition qu'elle renferme. L'une de ces terres, dont nous donnons l'analyse ci-après, a été recueillie sur les rives de la Seine, dans la commune du Petit-Quevilly (Seine-Inférieure).

Desséchée à + 100°, elle contient :

Sable moyen ...	Siliceux		3,280
	Calcaire		2,380
Sable fin	Siliceux		25,670
	Calcaire		15,150
Débris organiques			0,005
Matières solubles dans l'eau	Humus soluble azoté	0,447	
	Sulfate de chaux		
	Sulfates alcalins		
	Carbonates alcalins	0,291	0,738
	Sulfate de magnésie		
	Chlorures alcalins		
Terre ténue	Humus insoluble		4,716
	Argile		52,525
	Calcaire		13,251
	Oxyde de fer		4,410
	Phosphate de chaux		0.095
	Carbonate de magnésie		
			100,000

Terre sablo-calcaire. Cette terre est moins fertile que la précédente, en raison de l'absence presque complète de l'un des éléments principaux, l'argile. Nous avons rencontré celle dont nous donnons ici l'analyse dans la commune de Saint-Martin-de-Boscherville (Seine-Inférieure).

Desséchée à + 100°, elle contient :

Gros gravier	Calcaire		13,210
	Siliceux		0,530
Sable moyen	Calcaire		4,970
	Siliceux		4,990
Sable fin	Calcaire		15,410
	Siliceux		38,064
Matières solubles dans l'eau	Humus soluble azoté	0,200	
	Sulfates, phosphates et chlorures alcalins		3,006
	Sulfate de chaux	2,806	
	— de magnésie		
Terre ténue	Humus insoluble		»
	Calcaire		10,826
	Argile		6,270
	Phosphate de chaux		1,750
	Oxyde de fer		0,974
	Carbonate de magnésie		Traces.
			100,000

Terre sablo-humifère ou terre de bruyère. Ce sol, composé d'un sable ordinairement fin, offre une proportion notable d'humus, produit de la décomposition à la surface des bruyères et autres plantes. La couleur brune ou grise qui le caractérise est due à la présence de cet humus. Cette terre est d'un grand secours pour le jardinage, mais comme elle offre généralement peu de profondeur et se dessèche complétement pendant l'été, elle présente peu d'avantages pour la grande culture. Celle dont nous donnons ici l'analyse a été recueillie dans la forêt de Saint-Étienne-du-Rouvray (Seine-Inférieure).

Desséchée à + 100°, elle contient :

Gros gravier siliceux			7,560
Sable moyen siliceux			17,814
Sable fin siliceux			47,520
Gros débris organiques			5,626
Matières solubles dans l'eau	Humus azoté	1,120	2,782
	Sulfates alcalins		
	Phosphates alcalins	1,662	
	Chlorures alcalins		
	Sulfate de chaux		
Terre ténue	Humus insoluble		7,156
	Argile		5,190
	Calcaire		5,964
	Carbonate de magnésie et phosphate de chaux		0,588
	Oxyde de fer		Traces.
			100,000

Terre sableuse proprement dite. Cette terre, assez commune, n'offre dans sa composition que du sable presque pur. Elle est ordinairement colorée en gris par une petite proportion d'humus et par de l'oxyde de fer. Ces terres sont une des plus stériles parmi les sols sableux.

Nous donnons ici l'analyse d'un terrain de cette nature pris dans la commune du Petit-Quevilly (Seine-Inférieure).

Desséchée à + 100°, elle contient :

Gros graviers	Siliceux		9,000
	Calcaire		0,230
Sable moyen	Siliceux		7,250
	Calcaire		0,300
Sable fin	Siliceux		70,210
	Calcaire		0,690
Matières solubles dans l'eau	Humus soluble azoté	0,1025	0,410
	Sels solubles	0,3075	
Terre ténue	Humus insoluble		2,740
	Argile		6,800
	Calcaire		0,950
	Peroxyde de fer		0,910
	Carbonate de magnésie		0,510
			100,000

Terre granitique. La décomposition du granite donne naissance à ces terrains qui se composent d'un sable argileux assez aride. Il convient cependant à la végétation de certains arbres qui, comme le chêne et le châtaignier y acquièrent un beau développement.

Terre volcanique. Ce sont les débris d'anciens volcans, ou le produit des éruptions de laves modernes qu'on ne rencontre que dans quelques localités. Ces terres sont généralement légères, noires ou noirâtres, souvent pulvérulentes, et jouissent d'une étonnante fertilité, surtout lorsqu'on peut leur procurer, en été, une humidité suffisante. La proportion notable de matières salines que renferment ces terrains, explique ce haut degré de fertilité.

Les sols calcaires sont ceux où la matière calcaire domine les autres éléments. Nous connaissons les propriétés physiques de ces sols, et nous pouvons en conclure ici, qu'en raison de leur couleur blanche qui les fait s'échauffer difficilement, de leur peu de ténacité qui les expose à la sécheresse, enfin de leur peu de profondeur, ce sont en général les moins propres à la culture des arbres. On ne peut les améliorer qu'en y ajoutant de l'argile et des engrais de couleur noire. Voici quels sont les principales espèces :

Terre calcairo-argileuse. Ce sol contient une proportion notable d'argile jointe à sa base qui est de la matière calcaire très-tendre ou *marne*. Toutefois, cette argile y est beaucoup moins abondante que dans la terre argilo-calcaire. Cette terre est fréquente sur le penchant de la plupart des collines. Nous avons pris celle dont nous donnons ici l'analyse sur les coteaux de Blosseville-Bon-Secours.

Desséchée à + 100°, elle contient :

Carbonate de chaux	92,5
— de magnésie	2,0
Argile	5,5
Oxyde de fer	
Matières organiques	Traces.
	100,0

Terre calcairo-argilo-sableuse ou terre tuffeuse. La matière calcaire qui forme la base de cette terre offre une plus grande ténacité que dans l'espèce précédente ; elle contient dans sa composition une certaine quantité de sable. Cette matière, jointe à l'argile, donne une terre qui peut être considérée comme la moins stérile des terres calcaires.

Voici une analyse de ces sortes de sols pris aux environs de Rouen.

Carbonate de chaux	90,00
Silice	02,40
Argile	06,50

6.

```
Oxyde de fer... ....... ............. . ........     Traces.
Carbonate de magnesie... ................           »
Eau.... ................... ...... .... ....         01,00
Humus....... .................... ...... .           00,10
                                                    ————
                                                    100,00
```

Nous comprenons sous la dénomination de sols humifères ou tourbeux tous ceux dans lesquels l'humus ou terreau l'emporte de beaucoup en proportion sur les autres éléments terreux. Ces terres se distinguent par la couleur brun foncé qu'elles reçoivent de l'humus. Leurs propriétés physiques sont les suivantes : d'une consistance très-spongieuse, elles absorbent une grande quantité d'eau, mais l'abandonnent avec facilité sous l'influence de la haute température que leur couleur brune leur fait emprunter au soleil; il en résulte que, pendant l'été, elles sont exposées à une sécheresse excessive.

Nous ajouterons que l'humus, qui forme ordinairement la base de la fertilité de tous les terrains, se trouve là dans un état tel qu'il ne peut être dissous dans l'eau, et servir par conséquent, à la végétation des plantes. Ces divers inconvénients rendent les sols tourbeux généralement peu propres à la culture. On en rencontre deux espèces principales.

Humus pur ou *tourbe*. Ces terres contiennent à peine d'autres substances que l'humus; elles doivent leur formation à la décomposition des végétaux sous l'eau. Cette décomposition s'opérant continuellement, on voit, dans les marais, où la végétation est généralement plus rapide, la couche d'humus acquérir en peu de temps une épaisseur très-considérable. Ainsi, dans les marais d'Heurtauville, de Forges-les-Eaux, de Varnier près de Quillebeuf, on remarque des bancs de tourbe de 8 ou 10 mètres d'épaisseur. Cette terre est la plus stérile des terres humifères. On ne peut l'améliorer qu'en y répandant des sables, des cendres, de la chaux, ou en brûlant une partie de sa surface.

Nous donnons l'analyse de l'un de ces terrains, pris dans les marais de Forges-les-Eaux.

```
Matières organiques...... ....... ........     92,3
   —     minérales....... .................      7,7
                                               ————
                                               1,000
```

Les matières minérales sont, dans l'ordre de leur plus grande quantité :

Sable.	Oxyde de fer.
Argile.	Carbonates de chaux et de magnésie.
Phosphates de chaux et d'alumine.	Chlorures alcalins.
Sulfate de chaux.	Silicate alcalin.

Humus sableux. Cette terre ne diffère de la terre sablo-humifère ou terre de bruyère qu'en ce que la quantité d'humus y est plus considérable. On rencontre l'humus sableux dans les mêmes localités que la terre de bruyère ; il est moins stérile que l'humus pur ; on peut l'améliorer par l'addition d'argile et de terre calcaire.

Voici l'analyse d'une terre prise dans la forêt de Saint-Étienne-du-Rouvray.

Desséché à + 100°, il contient :

Gros gravier siliceux.			5,486
Sable fin siliceux.			34,170
Gros débris organiques.			6,820
Matières solubles dans l'eau....	Humus soluble azote	1,436	3,096
	Sulfates alcalins		
	Phosphates alcalins	1,660	
	Sulfate de chaux		
	Oxyde de fer.		
Terre ténue....	Humus insoluble		59,854
	Argile		9.314
	Calcaire		0.422
	Phosphate de chaux		0,554
	Oxyde de fer		1,464
Perte....			0,820
			100,000

Telles sont les diverses sortes de terres les plus répandues. Ainsi qu'on le voit, on peut les rapporter toutes aux quatre classes précédentes : l'argile, le sable, la matière calcaire et l'humus.

Nous n'avons examiné dans ces quatre classes que les espèces principales. Nous devons faire observer que ces classes sont liées les unes aux autres, sous le rapport de leur composition par des espèces intermédiaires.

Parmi les terres que nous venons d'étudier, nous en avons trouvé d'une grande stérilité ; cependant il n'est pas un seul terrain, quelle que soit sa nature, qui, convenablement préparé, ne puisse nourrir certaines espèces d'arbres. Le point important est de savoir choisir les arbres qui peuvent vivre dans tel ou tel sol. Nous nous étendrons longuement sur ce point essentiel en traitant de la culture spéciale de chaque espèce d'arbre.

Le sol arable n'est pas la seule partie du sol qui doive fixer l'attention du cultivateur, car la couche inférieure venant à différer, par sa composition, de la couche supérieure, elle ne jouira pas des mêmes propriétés, et influera sur la fertilité du sol arable. Il est donc nécessaire d'étudier la composition et les propriétés de la couche de terre qui se trouve immédiatement au-dessous du sol arable, et à laquelle on donne le nom de sous-sol.

Le sous-sol est formé, tantôt par la réunion des trois éléments terreux, tantôt par deux d'entre eux, tantôt par un seul. Toutes les fois que le sous-sol diffère du sol arable par sa composition, il agit toujours sur ce dernier, soit en y introduisant des vices, soit en corrigeant ceux qu'il présente. Admettons, par exemple, qu'un sol arable argilo-sableux soit assis sur un sous-sol argileux proprement dit. L'eau des pluies, étant retenue à la surface de cette dernière couche, s'élèvera dans le sol arable ; celui-ci deviendra boueux, d'une culture difficile, et perdra une partie de sa fertilité. Dans ce cas, le sous-sol aura nui à la fertilité du sol arable.

Supposons, au contraire, un sol arable composé de terre sableuse, et reposant sur un sous-sol compacte ; il est bien évident que le sous-sol viendra en aide au sol arable, en retenant l'eau des pluies et en y entretenant l'humidité constante si nécessaire à la fertilité de ces sortes de terrains. Si ce sol arable eût été posé sur un sous-sol de même nature que lui, il se serait desséché aux moindres rayons du soleil et serait devenu impropre à la végétation.

De l'eau. — L'agent nutritif qui après le sol joue le plus grand rôle dans la végétation est certainement l'eau. Nous connaissons déjà son influence sur la germination des graines et la nutrition ; nous ne parlerons que de son action générale pendant la végétation.

L'eau se rencontre dans le sol, à l'état liquide, et dans l'atmosphère à l'état de vapeur aériforme.

Si l'eau n'était à l'état liquide dans la terre, celle-ci serait sans propriétés sur la végétation ; c'est seulement en dissolution dans l'eau, ou à l'état gazeux que les matières nutritives que renferme le sol peuvent pénétrer dans les organes des plantes.

Le rôle de l'eau liquide ne se borne pas à dissoudre les matières nutritives ; elle sert encore, sous le nom de séve, à les charrier dans les diverses parties de l'arbre où doivent s'opérer de nouveaux développements. Ceci explique pourquoi certains terrains, exposés à la sécheresse, donnent, bien que contenant une proportion notable d'engrais, une végétation moins abondante, moins vigoureuse que d'autres terrains, moins riches en principes nutritifs, mais plus humides. Ceci explique encore ce temps d'arrêt que l'on remarque dans la végétation, vers le milieu de l'été, au moment où les sols exposés à la sécheresse sont en partie desséchés par la végétation et l'évaporation qui ont eu lieu depuis le printemps. Dès ce moment, la végétation cesse complétement, pour recommencer avec une nouvelle vigueur aussitôt que les premières pluies d'automne ont humecté la terre.

D'après ce qui précède, on conçoit déjà les effets de la rareté de l'eau sur la végétation. Si la sécheresse du sol est peu considérable, il en résulte seulement moins de vigueur dans la végétation, et une plus grande quantité de fleurs pour l'année suivante. Si la sécheresse est plus intense, et surtout d'une certaine durée, la végétation est suspendue ; il n'y a plus aucun développement ; les feuilles se fanent, jaunissent et tombent. Enfin, si elle devient extrême, l'arbre se dessèche complétement et meurt.

Les seuls moyens à employer pour arrêter la trop grande dessiccation du sol sont les arrosements, les couvertures et les binages. Nous étudierons l'emploi de ces procédés en nous occupant des plantations.

Une trop grande quantité d'eau dans le sol n'est pas moins nuisible que la sécheresse. Dans un sol où l'humidité est abondante, la végétation est très-rapide : le bois est de mauvaise qualité, parce qu'il est toujours trop mou ; les arbres fruitiers donnent moins de fleurs, et partant moins de fruits ; ceux-ci sont peu savoureux et se conservent à peine. Mais, si l'eau devient stagnante et couvre les racines, les accidents sont plus graves. Les racines, privées du libre contact de l'air, ne peuvent plus remplir leurs fonctions ; elles pourrissent, et l'arbre meurt. Les eaux courantes offrent de moins grands inconvénients que les eaux stagnantes, parce qu'elles contiennent toujours une certaine quantité d'air.

Quelques espèces, ainsi que nous le verrons plus tard, supportent plus facilement que d'autres ces excès de sécheresse ou d'humidité.

L'eau à l'état de vapeur dans l'atmosphère n'est pas moins utile à la végétation que celle que le sol contient à l'état liquide.

Ces vapeurs aqueuses sont absorbées par les feuilles qui viennent ainsi en aide aux racines pour réparer dans le végétal les pertes produites par l'évaporation. Ce qu'il y a de remarquable, c'est que cette absorption des vapeurs aqueuses par les feuilles a surtout lieu lorsque les racines, placées dans un terrain trop sec, fonctionnent difficilement. Par une sage prévoyance de la nature, c'est précisément au moment où les végétaux ont besoin de la plus grande quantité d'humidité, que cette humidité est le plus abondamment répandue dans l'air ; et cela se conçoit, puisque sa présence dans l'atmosphère est due à l'action du soleil qui la vaporise à la surface du sol.

Une atmosphère trop humide n'est pas non plus sans quelques inconvénients pour la végétation. Ainsi, lorsque les vapeurs condensées, rapprochées par un abaissement de température, se présentent sous forme de brouillards, et que ceux-ci séjournent quelque temps, au printemps, à l'époque de la floraison des arbres fruitiers, il en résulte de grands dommages. Ces brouillards s'attachent en petites gouttelettes, sur les anthères des étamines; les grains de pollen se déchirent avant d'avoir été projetés sur le stigmate, et la fécondation devient nulle; les fleurs se flétrissent et tombent.

De l'air. — L'air influe sur le développement des plantes par le gaz oxygène et le gaz acide carbonique qui entrent dans sa composition. Ce que nous en avons dit précédemment, à propos de la nutrition, nous dispense de revenir ici sur le rôle du fluide atmosphérique et de ses éléments.

De la lumière. — La lumière n'est pas moins indispensable à la végétation. Nous avons vu que c'est la lumière qui produit le phénomène de la nutrition dans les plantes; c'est elle qui détermine la succion, l'absorption des racines; c'est aussi sous son influence que se fait, dans toutes les parties vertes des végétaux, la décomposition du gaz acide carbonique; décomposition à l'aide de laquelle le carbone ou charbon, devenu libre et dans un état de division inappréciable, peut être assimilé aux plantes et servir à l'accroissement de leurs parties. C'est encore à l'action de cet agent qu'est due la transpiration aqueuse par la surface des feuilles; phénomène qui permet à la séve des racines de se débarrasser de son eau surabondante et d'être transformée en cambium.

Lorsqu'on veut conserver frais des rameaux détachés d'une plante, le premier soin à prendre doit donc consister à les placer dans l'obscurité, afin de diminuer la transpiration de l'eau. C'est ce que savent très-bien les bouquetières qui veulent empêcher la fanaison des fleurs, et les jardiniers lorsqu'ils veulent transporter des boutures. C'est également l'influence de la lumière qui détermine dans les feuilles la formation des sucs qui donnent aux végétaux une saveur et une odeur particulières. Enfin, la couleur verte, si abondamment répandue dans les plantes, et les couleurs particulières qui distinguent chacune de leurs parties, sont dues aussi à la lumière à l'aide de laquelle les cellules des fleurs, des fruits, des feuilles, modifient diversement les fluides qu'elles contiennent, et produisent ces diverses colorations.

Une seule expérience suffit pour démontrer l'exactitude des faits que nous venons d'énoncer.

Si l'on place une plante quelconque dans un lieu complétement obscur, elle continuera de végéter, mais les nouvelles parties qui se développeront n'offriront dans leurs tissus qu'une très-petite quantité de carbone, parce que, l'acide carbonique ne pouvant être décomposé, le carbone ne pourra y être fixé. La transpiration aqueuse ne pouvant non plus avoir lieu, ces tissus seront engorgés d'une grande quantité de fluides aqueux. Il en résultera que ces parties resteront toujours molles et herbacées. En outre, elles n'offriront pas la couleur verte qui caractérise les tissus développés à la lumière, et resteront d'un blanc jaunâtre. Enfin, toujours insipides, elles ne présenteront ni l'odeur ni la saveur qui distinguent l'espèce à laquelle elles appartiennent. Ce dernier phénomène est bien sensible dans la chicorée sauvage, qui, verte, est d'une amertume insupportable, et qui, blanchie à l'obscurité et connue alors sous le nom de *barbe de capucin*, devient presque complétement insipide.

Les plantes qui se développent dans de pareilles circonstances offrent toutes ces accidents, auxquels on donne le nom d'*étiolement*.

On peut conclure de ces faits, que plus les arbres sont exposés à une lumière vive, et plus leur bois est dur et compacte, parce qu'ils peuvent assimiler une plus grande quantité de carbone. En effet, la tige d'un arbre placé isolément sur une haute montagne, contiendra plus de charbon, sera d'une plus grande dureté, se conservera plus longtemps qu'une tige de la même espèce, du même volume, mais développée au milieu d'une épaisse futaie.

Parmi les diverses influences de la lumière sur la végétation, une des plus remarquables est celle qu'elle exerce sur la direction des tiges. Placez une plante en végétation dans un appartement percé de deux ouvertures latérales, l'une donnant accès à l'air sans donner passage à la lumière, l'autre laissant arriver la lumière sans donner accès à l'air; et l'on verra tous les rameaux se diriger vers la seconde ouverture.

Voici comment se produit ce phénomène. Lorsqu'un bourgeon feuillé reçoit plus de lumière d'un côté que de l'autre, le côté le plus éclairé élabore plus complétement la séve des racines; il y a sur ce point du bourgeon une plus grande quantité de carbone fixée dans les tissus; ceux-ci croissent moins longtemps en longueur, parce qu'ils sont plus vite solidifiés et que d'ailleurs les vaisseaux ligneux descendants, qui se forment en plus grande abondance sur ce point, arrêtent aussi plus vite l'allongement des vaisseaux ascendants. Mais, le côté opposé recevant une moins grande quantité de cambium, et les vaisseaux descendants se formant moins vite, les tissus s'allongent plus longtemps. Or, comme les deux côtés d'un même bourgeon ne peuvent pas se séparer l'un de l'autre pour croître chacun à leur façon, il faudra nécessairement que ce bourgeon se courbe du côté où il s'allonge le moins, c'est-à-dire du côté le plus éclairé. Ceci nous explique pourquoi les branches des arbres en espalier, qui ne reçoivent la lumière que d'un seul côté, tendent sans cesse à se diriger en avant; pourquoi les arbres des lisières des forêts inclinent leurs branches plus du côté extérieur que du côté intérieur ; pourquoi enfin ces mêmes arbres sont généralement plus gros, moins élevés, plus ramifiés que ceux de l'intérieur de la forêt qui n'offrent de ramifications qu'à leur sommet, et n'ont jamais une grosseur proportionnée à leur élévation. Tous ces faits doivent être expliqués par l'influence de la lumière, et non, comme l'avaient pensé quelques cultivateurs, par celle de l'air, dont la libre circulation n'est nullement contrariée dans ces diverses circonstances.

De la température. — L'action générale de la température sur la végétation peut être considérée sous deux points de vue principaux : son influence lorsqu'elle est appliquée dans des limites convenables, et ses effets lorsqu'elle dépasse les bornes de son action efficace pour chaque espèce.

Quant à l'action de la température, lorsqu'elle agit dans des limites convenables, nous la connaissons déjà en grande partie ; ainsi, nous savons, qu'en général, la chaleur appliquée dans des proportions convenables tend à exciter les propriétés vitales. Toutes choses étant égales d'ailleurs, une température chaude augmente l'absorption par les racines et la transpiration par les feuilles, elle assure et accélère la germination des graines, la floraison, la fécondation, la maturité des fruits.

Une température froide produit les résultats inverses ; elle diminue les fonctions de chacun des organes, et suspend la végétation. Jetons maintenant un coup d'œil sur les effets de la température sur la végétation, lorsqu'elle est trop élevée ou trop basse.

Les effets produits sur les plantes par une température trop élevée, se divisent en deux séries, selon que la chaleur coïncide avec la sécheresse ou l'humidité. Lorsqu'une température trop élevée est accompagnée de la sécheresse du sol, il en résulte, pour les arbres, d'abord la fanaison des parties vertes, parce que cette haute température détermine à la surface de ces organes une grande évaporation que la sécheresse du sol ne permet pas aux racines de réparer assez vite. Si cet état de choses se prolonge, les feuilles jaunissent bientôt et finissent par tomber ; la végétation s'arrête, et les autres organes de l'arbre se dessèchent peu à peu. Les parties extérieures et vivantes de la tige, le liber, venant aussi à perdre leur humidité, l'arbre meurt ; car nous savons que le liber est dans les plantes le siége de la vie. Quelquefois le liber n'est desséché et désorganisé par la chaleur que par places : c'est ce qui arrive surtout aux arbres en espalier ; toute l'écorce lésée tombe alors et met à nu une certaine étendue de l'aubier. On prévient cet accident en préservant la tige de l'ardeur du soleil au moyen d'une enveloppe quelconque.

Lorsqu'une température trop élevée est jointe à une trop grande humidité, elle produit des résultats contraires aux précédents. Ainsi elle excite les plantes à pousser trop en feuilles, et la production des fruits devient presque nulle.

Les accidents déterminés par une trop grande chaleur seraient bien plus fréquents si la nature prévoyante n'avait mis en usage certains moyens propres à en modérer l'action. Le plus puissant est le suivant :

Le sol offrant toujours en été une température plus basse que celle de l'atmosphère, et la circulation des fluides des racines aux feuilles étant d'autant plus active que la lumière est plus vive et la température plus élevée, il en résulte que la séve des racines vient continuellement balancer l'influence de la chaleur sur la tige et éloigner les accidents. La température du sol, comparée à celle de l'atmosphère, étant, en été, d'autant plus basse qu'on l'observe à une plus grande profondeur, on peut en conclure que les arbres dont les racines s'enfoncent le plus profondément dans le sol sont les moins exposés aux influences de la chaleur. Les terrains sableux sont ceux qui s'échauffent le plus facilement au soleil, et comme, d'ailleurs, ils sont aussi les plus perméables à l'air, on peut tirer cette seconde conséquence : que les arbres doivent être plantés plus profondément dans ces terrains que dans les autres. Pour empêcher le sol de s'échauffer autant, on peut le couvrir de paille, de feuilles, de fougères, de genêts, et même de pierres. C'est surtout dans les terrains sableux que ce moyen doit être employé.

Lorsque la température descend au-dessous de zéro, elle atteint les liquides renfermés dans le tissu des parties vertes et foliacées du végétal, liquides qui ne sont séparés de l'influence de la température extérieure que par quelques membranes très-minces. Sous l'influence de cette basse température, ces liquides se congèlent; mais comme, en passant à l'état de glace, ils augmentent de volume, les vaisseaux et les cellules qui les contiennent sont alors distendus et souvent déchirés. De là le mélange de ces fluides, leur fermentation, puis la mort des parties de l'arbre où se manifestent ces accidents. C'est ainsi que périssent, par les premières gelées d'automne, les jeunes rameaux encore herbacés, ceux dont la végétation s'est prolongée trop longtemps et qui ne sont pas encore bien aoûtés. C'est de cette manière aussi que sont désorganisés, par les gelées du printemps, les bourgeons nouvellement développés.

Si le froid devient très-intense, il détermine la congélation des fluides contenus dans les couches du liber, et en produit la désorganisation. Or, comme la fonction de cet organe est d'entretenir la vie dans les boutons qui doivent, au printemps, donner lieu à une nouvelle végétation, il en résulte la mort de ceux-ci et partant celle de l'arbre.

Une chose digne de remarque, sous le rapport de l'influence de la gelée sur les arbres, c'est l'irrégularité avec laquelle elle agit sur les divers individus d'une même espèce, et cela, dans un rayon assez circonscrit. Ces différences d'action peuvent être déterminées par les lois suivantes :

1° *Ce n'est pas sur les parties solides du végétal que s'exerce l'influence de la température, mais bien sur les liquides.* Ainsi, moins il y aura de ces derniers dans un végétal, moins il sera sensible à l'action de la température, parce qu'il y aura moins d'eau à geler : le bois et les couches extérieures de l'écorce résistent bien au froid, tandis que le liber est facilement altéré. Aussi les gelées d'automne font-elles moins de mal que celles du printemps, parce qu'à l'automne les arbres, mieux aoûtés, contiennent moins d'eau. Un hiver très-rigoureux est moins à craindre après un été chaud qu'après un été pluvieux. Les arbres gèlent plus facilement dans un terrain gras et humide que dans un sol sec.

2° *Blagden a prouvé que l'eau bourbeuse, visqueuse, gèle plus difficilement que l'eau pure.* Nous pouvons conclure cette seconde loi : que les végétaux gèlent d'autant moins que leurs sucs sont plus visqueux, plus épais.

3° *On sait encore que l'eau résiste à plusieurs degrés de froid sans se congeler lorsqu'elle est dans un repos absolu;* d'où nous pouvons conclure cette troisième loi : que les végétaux résistent d'autant mieux au froid que l'immobilité de leur fluide est plus complète; ce qui nous donne une nouvelle explication de la facilité avec laquelle les arbres gèlent lorsque leur séve est en mouvement.

4° *Enfin, nous avons vu plus haut que les arbres offrent une température plus fraîche en été et plus chaude en hiver que celle de l'atmosphère, et cela parce que leurs racines vont puiser leurs fluides sur un point du sol plus frais que l'atmosphère dans l'été, et plus chaud dans l'hiver.* Il est bien évident que la température intérieure d'un arbre sera, en hiver, d'autant plus élevée, comparée à celle de l'air extérieur, que ses racines seront soustraites plus profondément à l'influence de la température du dehors. D'où cette quatrième loi : que les arbres résistent d'autant mieux à la gelée que les racines peuvent absorber une séve moins exposée aux influences de la température extérieure, ou, en d'autres termes, qu'elles se trouvent placées à une plus grande profondeur. Ceci justifie le procédé mis en usage par beaucoup de cultivateurs, et qui consiste à couvrir de paille ou de feuilles sèches, pendant l'hiver, le pied des arbres délicats; de cette manière on empêche le sol de se refroidir autant, et, les racines puisant une séve moins froide, l'arbre supporte plus facilement l'influence des fortes gelées.

Telles sont les principales causes qui déterminent les différences d'action de la gelée sur les différents individus d'une même espèce. D'après cela, on peut facilement s'expliquer pourquoi, par exemple, un individu placé dans un terrain humide, exposé au midi et planté à la surface du sol, gèlera plus facilement qu'un autre individu de même espèce placé dans un terrain sec, exposé au nord et planté profondément.

Lorsque les arbres ont subi l'influence fâcheuse de la gelée, le seul remède à tenter est d'éviter que les parties gelées soient exposées à un retour trop brusque vers une température élevée, et de ne les y soumettre que graduellement. Ainsi, lorsque des espaliers ont subi au printemps l'influence des gelées blanches, il est bon d'arroser la tige des arbres dès le matin, et de la garantir autant que possible de l'influence du soleil jusqu'au milieu du jour.

Souvent la gelée se fait sentir sur des arbres déplantés pour être replantés. Son action est d'autant plus funeste dans ce cas qu'elle agit sur les racines, et que cette partie, toujours plus chargée de fluide aqueux que la tige, est facilement désorganisée par une température de 2° au-dessous de zéro. On peut diminuer les effets de cet accident en plaçant les arbres, avant leur dégel, dans un endroit abrité de la lumière et le plus frais possible. Thouin cite le fait suivant : il expédia à Moscou plusieurs caisses d'arbres fruitiers; ces arbres y arrivèrent complétement gelés; on les mit immédiatement dans une glacière, où ils passèrent l'hiver; vers le printemps, on les rapprocha progressivement de l'entrée de cette glacière, puis enfin on les planta, et ils se développèrent parfaitement,

Par ce qui précède, on se rend bien compte de la différence d'action du même degré de froid sur divers individus d'une même espèce; mais, ce que nous n'avons pas encore expliqué, ce sont les causes qui font que tous les individus de quelques espèces supportent, sans souffrir, un degré d'abaissement de température, tandis que ce même degré de froid tue complétement tous les individus de certaines espèces. Ainsi, aucune des plantes des pays chauds ne peut supporter la rigueur de nos hivers, et ceci doit être : car la nature est immuable dans ses lois; elle a organisé les végétaux pour vivre au milieu de circonstances données, et rien ne peut faire changer cette organisation; chaque espèce ne peut supporter qu'une température limitée, et ne peut prospérer dans un sol autre que celui pour lequel la nature l'a créée. Ce sera toujours en vain qu'on voudra faire croître les arbres des tropiques dans nos climats, et faire vivre les arbres des terrains compactes dans des sols légers.

Il est donc de la plus haute importance, en culture, de se rendre bien compte des circonstances générales, et surtout du degré de température sous l'influence desquels vit chaque espèce à son état sauvage, afin de reproduire artificiellement les mêmes circonstances.

Ceci nous conduit naturellement à dire un mot des acclimatations et des naturalisations.

On entend par *acclimatation*, les diverses opérations à l'aide desquelles on a essayé de faire supporter à une espèce un degré de température plus bas que celui du climat où elle croît spontanément. On a tenté d'obtenir ce résultat en exposant graduellement les plantes à l'influence d'une température plus basse que celle de leur pays natal, jusqu'à ce qu'elles puissent supporter sans souffrir la température de celui où on voulait les faire vivre en plein air.

.Les connaissances que l'on a de la structure des plantes, et surtout de la manière immuable dont elles sont organisées, empêchent d'admettre la possibilité de leur acclimatation. En effet, pour qu'un arbre des pays chauds puisse supporter le froid de nos hivers, il faudrait que sa structure fût modifiée.

Quant aux résultats que l'on pensait avoir obtenus, un examen plus approfondi est venu les réduire à leur juste valeur. Ainsi l'*Aucuba du Japon*, la *Pivoine en arbre*, originaires de la Chine, et beaucoup d'autres espèces, furent placés dans des serres chaudes lors de leur introduction dans nos jardins ; quelque temps après on les mit en orangerie, puis on en abandonna quelques pieds en pleine terre pendant l'hiver : ces plantes se développèrent au printemps, et l'on dit qu'on les avait acclimatées. Mais si, dès leur arrivée en Europe, on les eût mises en pleine terre, elles auraient supporté notre climat comme elles le supportent maintenant. Et cela est d'autant moins extraordinaire, qu'on a pu constater depuis que ces plantes vivent naturellement dans une contrée presque aussi froide en hiver que la nôtre. Elle est à la vérité plus rapprochée de l'équateur, mais elle est aussi plus élevée au-dessus du niveau de la mer.

Nous le répétons, l'acclimatation nous paraît impossible. Lorsqu'on soumet à cette opération une espèce nouvellement introduite, elle meurt toujours si le climat où elle vit habituellement est plus chaud que celui auquel on veut l'habituer, si, au contraire, elle survit, c'est que le climat d'où elle vient offre une température à peu près égale à celle de la contrée où on veut l'introduire : elle n'est donc pas acclimatée, mais seulement *naturalisée*.

Quant à la naturalisation, cette opération est bien plus simple que la précédente ; elle consiste seulement dans le transport d'une espèce de son pays natal dans un autre ; elle est de la plus grande importance : c'est par elle que nos jardins fruitiers se sont successivement meublés d'espèces nouvelles d'arbres à fruits, que nos forêts se peuplent de bois plus vigoureux ou de meilleure qualité, que nos jardins enfin s'enrichissent de nouveaux arbres remarquables par l'éclat de leurs fleurs ou l'élégance de leur feuillage.

Le principe sur lequel repose la naturalisation des plantes est surtout la similitude des contrées sous le rapport de la température.

La température d'une contrée est surtout déterminée par les deux circonstances suivantes : d'abord par la distance qui la sépare de l'équateur. Ainsi, plus une contrée se rapproche de l'équateur, plus elle est chaude et plus les plantes qui y vivent exigent un degré de température élevé. Les espèces qui croissent sous la ligne ne peuvent végéter chez nous que placées dans des serres maintenues à un haut degré de chaleur. A mesure que l'on se rapproche des pôles, la température diminue, l'aspect de la végétation change, jusqu'à ce que, sous les pôles, remplacée par des glaces éternelles, elle cesse complétement.

La seconde cause qui détermine la température d'une localité est son élévation au-dessus du niveau de la mer. Plus la localité est élevée, plus elle est froide. En gravissant une haute montagne, comme la chaîne des Andes, dans l'Amérique méridionale, on rencontre la même décroissance de température qu'en voyageant de l'équateur vers les pôles ; arrivé au sommet de ces montagnes, on trouve, quoique sous l'équateur, des glaciers permanents. Ce qu'il y a de remarquable, c'est que, dans ce trajet, on rencontre les mêmes changements dans la végétation que de l'équateur aux pôles ; et que, près des glaciers qui couronnent ces montagnes élevées, on trouve des plantes de genres et quelquefois même d'espèces analogues à celles qui croissent sous les pôles, aux limites de la végétation.

Ainsi donc, avant de soumettre une plante étrangère à la rigueur de notre climat, avant d'essayer de la naturaliser, il faut non-seulement se rendre compte de la distance qui existe entre sa contrée natale et l'équateur, mais encore de l'élévation de cette contrée au-dessus du niveau de la mer. C'est pour ne pas avoir tenu compte de cette dernière circonstance que quelques cultivateurs ont cru acclimater chez nous des plantes originaires, il est vrai, des pays équatoriaux, mais qui vivaient dans des localités placées à une grande élévation au-dessus du niveau de la mer.

De l'exposition. — Une dernière circonstance atmosphérique agit encore sur la végétation des arbres ; c'est l'exposition.

Un mur ou un coteau sont exposés au midi lorsque les rayons du soleil tombent directement sur lui au milieu du jour ; l'exposition du nord est celle du côté opposé à ce mur ou à ce coteau. Les expositions du levant et du couchant sont celles qui reçoivent directement les rayons du soleil levant ou du soleil couchant. Ces diverses expositions offrent, pour la France, les caractères suivants :

L'exposition du midi est la plus chaude, celle du nord est la plus froide. L'exposition du levant est généralement moins chaude que celle du midi, mais elle est plus sèche, à cause des vents moins chargés d'humidité qui soufflent de ce point. L'exposition du couchant est moins chaude aussi que celle du midi, mais elle est la plus humide de toutes, en raison des vents d'ouest et des pluies fréquentes qui viennent de ce côté.

Il résulte des différents degrés de chaleur et d'humidité de ces expositions, qu'elles influent beaucoup sur la végétation des arbres, et qu'on doit avoir égard aux besoins de chaque espèce, sous ce rapport, lorsqu'on les plante.

Ainsi, l'expérience a démontré que les arbres et arbrisseaux à feuilles persistantes, tels que les *rosages*, les *arbres résineux*, plusieurs espèces de *magnolia*, etc., préfèrent l'exposition du nord à celle du midi, parce que, au midi, leurs feuilles et leurs tissus, échauffés pendant l'hiver par le soleil, déterminant les mouvements de la séve et l'absorption des racines, ils souffrent davantage des fortes gelées que lorsqu'ils sont au nord, où ils ne reçoivent pas l'influence du soleil, et où leur végétation reste endormie pendant tout l'hiver.

Le choix de l'exposition est surtout très-important pour les arbres fruitiers en espalier. Nous verrons, en nous occupant de la culture de ces arbres, celle qui convient le mieux à chacun d'eux.

DEUXIÈME PARTIE.

Application des connaissances précédentes.

Nous avons exposé, dans les connaissances préliminaires, les principes généraux qui servent de base à toutes les opérations de la culture, et qui, seuls, peuvent assurer leur succès. Il convient maintenant d'en faire l'application. Les diverses espèces d'arbres soumises à la culture sont assez nombreuses, et diffèrent entre elles quant à la nature de leurs produits et au mode de culture qu'elles réclament. On peut, sous ces deux rapports, partager ces arbres en quatre séries principales :

1° Les *arbres forestiers*, ceux cultivés pour leur bois ;

2° Les *arbres et arbrisseaux d'ornement*, employés pour la décoration des parcs et des jardins ;

3° Les *arbres et arbrisseaux fruitiers*, ceux dont les fruits servent à l'alimentation ;

4° Les *arbres économiques*, dont les produits variés sont employés à divers usages autres que ceux dont nous venons de parler, comme le mûrier.

Tel est l'ordre que nous adopterons dans cette deuxième partie, en faisant toutefois précéder l'étude de ces matières de celle des *pépinières*.

PREMIÈRE SECTION.

DES PÉPINIÈRES.

Presque toutes les espèces d'arbres sont multipliées et élevées, jusqu'à un certain âge, dans un endroit spécial, avant que d'être plantées à demeure dans le terrain qui les nourrira pendant toute leur vie. On donne à l'emplacement consacré à cet usage le nom de *pépinière*, dérivé de *pepin*, semence du poirier, du pommier, etc., dont on a fait *pépinière* pour indiquer le lieu où l'on élève les jeunes arbres.

Nous avions d'abord pensé avec quelques auteurs que la création des pépinières ne datait que de l'avant-dernier siècle ; mais le mot *seminarium* employé par Columelle et dans le Digeste, dans le sens que nous donnons au mot pépinière, ne laisse aucun doute sur l'antiquité de cette sorte de culture.

Choix d'un emplacement convenable. — Le *lieu à choisir* pour l'établissement d'une pépinière doit être abrité des grands vents qui tourmentent les jeunes arbres, et surtout des vents desséchants du nord et du nord-est, qui entravent la marche de la séve, et font souvent périr, pendant l'hiver, les espèces délicates. Au surplus, le mieux est de suivre les indications de la nature. Tous les arbres vivent en société dans leur état sauvage; les graines qu'ils répandent sur le sol se développent dans leur voisinage, et les jeunes arbres qui en résultent sont ainsi abrités des vents et des fortes gelées pendant leur jeunesse.

La *nature du sol* est une considération importante pour l'établissement d'une pépinière. Le terrain qui convient le mieux est celui que nous avons désigné sous le nom de sablo-argileux ou terre franche. Les terres plus argileuses seraient trop peu perméables à l'air et réclament, en se desséchant, de nombreux labours et binages que la dureté de ces terrains rend très-coûteux. En outre, peu perméables à l'eau et à la chaleur, elles deviennent boueuses sous l'influence de l'humidité, et la végétation y est très-tardive. Enfin, les arbres y développant moins de racines que dans les autres terrains, le succès de leur transplantation est moins assuré.

Les terres très-légères, les terres sableuses proprement dites, offrent des inconvénients contraires. Exposées à la sécheresse, elles nécessitent de fréquents binages, et même des arrosements; encore les jeunes arbres y sont-ils peu vigoureux.

Toutefois, si les arbres de la pépinière à créer étaient tous destinés à la plantation d'un terrain d'une nature uniforme, il faudrait choisir un sol à peu près identique à celui où les arbres doivent être plantés à demeure, et plutôt un peu moins fertile. La légère différence de fertilité en plus, au profit du terrain où l'on se proposerait de planter à demeure, compenserait la souffrance qu'éprouvent toujours les arbres lors de la transplantation. Règle générale, plus le sol de la pépinière se rapprochera, par sa composition élémentaire, de celui que l'on aura à planter, plus le succès de la plantation sera assuré.

Outre la composition élémentaire du sol, on doit encore étudier *sa richesse en engrais*. Aux yeux du pépiniériste, cette richesse n'est jamais trop grande : plus les arbres végètent avec vigueur, mieux et plus tôt il en trouve le débit ; mais les propriétaires éprouvent souvent du désavantage à acheter des arbres qui, ayant pris un développement proportionné à la nourriture abondante qui leur était fournie, ne trouvent plus, lorsqu'ils viennent à changer de position, surtout après une transplantation qui diminue le nombre et l'action vitale des racines, des aliments suffisants. Le sol où ils sont transplantés étant moins riche que le précédent en principes nutritifs, leurs racincs ne sont plus assez nombreuses pour couvrir un espace convenable et y puiser une quantité suffisante de nourriture pour alimenter la tige.

Il est donc désirable que le sol d'une pépinière soit d'une fertilité moyenne. Les jeunes arbres qui en sortiront seront moins exposés à rencontrer une différence funeste entre la richesse du terrain où ils ont été élevés et celle du sol où on les plante à demeure.

Il est une autre considération à laquelle on doit encore s'arrêter dans le choix d'un emplacement, c'est la profondeur du sol arable. Plus la couche de terre végétale est épaisse, mieux les jeunes arbres s'y développent. Dans tous les cas, elle ne doit pas avoir moins de 0ᵐ64. Enfin il est aussi très-essentiel que le terrain offre un réservoir d'eau, de manière à faciliter les arrosements souvent si nécessaires pour les semis.

Distribution du terrain. — La distribution d'une pépinière doit varier en raison du mode de culture qu'exigent les espèces qui y sont multipliées. On peut y partager les plantes ligneuses en quatre groupes principaux :

1º Les arbres forestiers à feuilles caduques ;

2º Les arbres et arbrisseaux d'ornement à feuilles caduques ;

3º Les arbres et arbrisseaux à feuilles persistantes ;

4º Les arbres et arbrisseaux fruitiers.

Ceci posé, nous proposons de distribuer de la manière suivante les pépinières spécialement consacrées à la culture de l'un ou de l'autre de ces groupes.

Pour le premier groupe, la surface (A, *pl. III*), devra se composer de cinq carrés principaux destinés, le premier, *a*, aux semis ; le second, *b*, aux marcottes ; le troisième, *c*, aux boutures ; le quatrième, *d*, aux repiquages ; le cinquième, *e*, aux transplantations.

Dans la pépinière du second et du troisième groupe, on consacrera (B, *pl. III*, et C, *pl. III*), un certain espace pour les semis, *a* ; pour les marcottes, *b* ; pour les boutures, *c* ; pour les repiquages, *d* ; pour les greffes, *e* ; enfin pour les transplantations, *f*. Ces pépinières différeront de la précédente par la création d'un carré spécial pour les greffes.

Dans la pépinière des arbres et arbrisseaux fruitiers (D, *pl. III*), on supprimera le carré des transplantations ; d'un autre côté, celui des greffes devra être partagé en deux parties : l'une, *e*, consacrée aux arbres à basse tige ; l'autre, *f*, consacrée à ceux à haute tige.

Les divers carrés de chacune de ces pépinières doivent avoir une étendue proportionnelle, calculée de manière à ce que les trois premiers ne forment que le tiers environ de la surface totale du terrain. Les quatre premiers carrés seront séparés des deux autres par un chemin de 3^m de large qui permettra l'accès d'une voiture ; des chemins d'un mètre seulement établiront la circulation entre chacun de ces quatre carrés et des deux derniers ; enfin, la pépinière sera entourée par un chemin de 2^m de large. Si le terrain est naturellement humide, ces divers chemins seront abaissés à 0^m 14 au-dessous de la surface du sol, afin que les eaux s'écoulent facilement. Si, au contraire, le terrain est exposé à la sécheresse, les chemins seront élevés à 0^m 14 au-dessus du sol ; l'humidité des pluies sera ainsi plus facilement retenue.

On devra faire en sorte que les plates-bandes et les carrés soient dirigés de l'est à l'ouest, afin que les lignes d'arbres, plantées parallèlement à la longueur de ces carrés, soient enfilées par les vents dominants de l'ouest ; les arbres, se protégeant mutuellement, ne seront pas courbés.

Lorsqu'on pourra joindre ensemble deux ou un plus grand nombre de ces diverses pépinières, on devra les disposer de telle sorte que les carrés qui ont la même destination, comme ceux des semis, des marcottes, des boutures, etc., soient contigus les uns aux autres. Il y aura moins de perte de temps pour les ouvriers, et la surveillance sera plus facile.

Le plan que nous donnons est celui que nous avons adopté pour le modèle de pépinière du Jardin des Plantes de Rouen.

Première préparation du terrain. — La distribution du terrain ayant été tracée, on le défonce convenablement pour le rendre perméable aux racines des jeunes arbres, jusqu'au point où elles peuvent atteindre. Ce défoncement ne doit comprendre que les carrés et les plates-bandes. Les chemins sont seulement vidés jusqu'à la profondeur de 0^m35 environ, de manière à enlever la couche superficielle, améliorée par l'influence de l'air et la décomposition des plantes, et que l'on rejette à mesure sur les carrés ou plates-bandes voisins. Tous les carrés ou plates-bandes, moins ceux destinés aux semis, aux boutures et aux repiquages, sont défoncés à la profondeur de 0^m 64. Toutefois, si la couche de terre inférieure était de mauvaise qualité, il vaudrait mieux faire le défoncement moins profond, que d'en ramener une partie à la surface. On rejette dans les chemins voisins une quantité de terre égale à celle qui en a été extraite ; cette terre est prise successivement au fond des tranchées du défoncement. Les plates-bandes des semis, des boutures et des repiquages sont défoncées seulement à la profondeur d'environ 0^m 35. Les jeunes plants séjournant au plus deux ans dans ces plates-bandes, les racines ne dépassent guère ce point, et il serait inutile de préparer le sol plus profondément. Une quantité de terre égale à celle qui a été jetée des chemins sur ces plates-bandes doit être aussi extraite du fond des tranchées pour remplacer sur les chemins celle qui en a été enlevée.

Cette opération est effectuée à la bêche ou, mieux encore, à la pioche. Les pierres, les racines traçantes des plantes vivaces sont enlevées avec soin. Il est essentiel au succès de ce défoncement, qu'il soit exécuté plusieurs mois avant l'ensemencement de la pépinière, surtout avant l'hiver et par un temps sec. Les terres de la couche inférieure, ramenées à la surface, recevront ainsi l'influence fertilisante de l'air, et se pulvériseront sous l'action des pluies, des neiges et de la gelée.

Différentes opérations pratiquées dans les pépinières. — Pour ne pas nous exposer à décrire plusieurs fois la même opération, en parlant de la multiplication de chaque espèce, nous allons d'abord étudier isolément les divers travaux exécutés dans les pépinières, soit pour la multiplication, soit pour l'élève des jeunes arbres. Ensuite, réunissant par groupes les différentes espèces qui offrent de l'analogie, quant aux soins qu'elles exigent sous ces deux rapports, nous envisagerons la multiplication et l'élève de ces groupes en leur appliquant les opérations que nous aurons étudiées.

Multiplication. — On peut distinguer deux modes principaux de multiplication : la *multiplication naturelle*, celle qui s'effectue au moyen des semences ; et la *multiplication artificielle* ou *par division*, c'est-à-dire celle qui se fait au moyen des greffes, des boutures et des marcottes.

En général, le mode de multiplication le plus convenable des espèces ligneuses est le semis ; les individus qui en résultent sont toujours plus vigoureux et vivent plus longtemps ; et c'est, pour la plupart des espèces, le mode de reproduction le plus facile et le plus prompt. La multiplication naturelle est donc usitée pour presque toutes les espèces ligneuses.

Cette règle admet cependant quelques exceptions. Ainsi, certaines espèces que nous indiquerons plus tard, sont plus promptement reproduites par la multiplication artificielle ; d'un autre côté, les *variétés* des diverses espèces ne peuvent être multipliées au moyen des semis ; soit parce que les qualités particulières qui les distinguent ne seraient pas transmises aux individus qui naîtraient de ce mode de reproduction, soit parce que ces plantes ne donnent pas de graines fertiles. La multiplication naturelle doit donc être surtout employée pour les *espèces proprement dites*.

Le succès des semis en général dépend surtout du choix des semences ; de leur mode de récolte, de préparation et de conservation ; de l'époque des semis ; de la nature et de la préparation du sol ; du mode d'ensemencement.

Pour qu'une graine soit propre à germer, il faut qu'elle ait reçu une bonne conformation sur la plante mère, et surtout qu'elle ait été fécondée. Ainsi, chaque graine doit offrir, bien conformées, une *tunique* et un *embryon*, et être parvenue à un degré convenable de maturité. Cette maturité se reconnaît lorsque le fruit qui renferme la graine a acquis tout son développement, et qu'il se détache naturellement de l'arbre. Pour le plus grand nombre des espèces, le moment de la maturité arrive à l'automne ; mais comme il y a de nombreuses exceptions à cette règle, nous avons indiqué dans le tableau suivant l'époque à laquelle on doit faire la récolte des graines des principales espèces ligneuses multipliées au moyen des semences.

SÉRIES.	GENRES.	ÉPOQUE DE MATURITÉ.	DURÉE MOYENNE de la faculté germinative des graines conservées par les procédés ci-après.
	Andromèdes (*Andromeda*).	Novembre.	6 mois
	Arbre de Judée (*Cercis*).	Novembre.	24 —
	Aunes (*Alnus*).	Décembre.	6 —
	Azalées (*Azalea*).	Novembre.	6 —
	Baguenaudiers (*Colutea*).	Octobre.	24 —
	Bouleaux (*Betula*).	Novembre.	6 —
	Caragana (*Caragana*).	Octobre.	24 —
	Catalpa (*Catalpa*).	Octobre.	6 —
	Cèdre du Liban (*Larix Cedrus*).	Novembre.	12 —
	Charmes (*Carpinus*).	Octobre.	6 —
	Châtaigniers (*Castanea*).	Octobre.	6 —
	Chênes (*Quercus*).	Octobre.	6 —
	Clématites (*Clematis*).	Octobre.	6 —
	Clethra (*Clethra*).	Octobre.	6 —
1re SÉRIE. Semences à péricarpe sec......	Cyprès (*Cupressus*).	Janvier.	12 —
	Cytises (*Cytisus*).	Octobre.	24 —
	Érables (*Acer*).	Octobre.	6 —
	Faux-indigo (*Amorpha*).	Novembre.	24 —
	Féviers (*Gleditschia*).	Novembre.	24 —
	Frênes (*Fraxinus*).	Novembre.	6 —
	Genêts (*Genista*).	Septembre.	24 —
	Halesia (*Halesia*).	Octobre.	6 —
	Hêtres (*Fagus*).	Octobre.	6 —
	Hibiscus (*Hibiscus*).	Octobre.	6 —
	Kalmies (*Kalmia*).	Novembre.	6 —
	Koëlreuteria (*Koelreuteria*).	Octobre	6 —
	Ledum (*Ledum*).	Novembre.	6 —
	Lilas (*Syringa*).	Octobre.	6 —
	Marronniers (*Œsculus*).	Septembre.	6 —
	Mélèzes (*Larix*).	Décembre.	12 —
	Myrica (*Myrica*).	Novembre.	0 —
	Noisetiers (*Corylus*).	Septembre.	6 —
	Noyers (*Juglans*).	Septembre.	6 —
	Ormes (*Ulmus*).	Mai.	1 —

SÉRIES.	GENRES.	ÉPOQUE DE MATURITÉ.	DURÉE MOYENNE de la faculté germinative des graines conservées par les procédés ci-après.	
1re Série. Semences à péricarpe sec.....	Paviers (*Pavia*).	Septembre.	6	mois.
	Pin sylvestre (*Pinus sylvestris*).	Novembre.	12	—
	Pin à pignons (*Pinus pinea*).	Novembre.	12	—
	Pin Weymouth (*Pinus strobus*).	Octobre.	12	—
	Pin cimbro (*Pinus cembro*).	Novembre.	12	—
	Planera (*Planera*).	Octobre.	6	—
	Ptelea (*Ptelea*).	Octobre.	6	—
	Rhododendron (*Rhododendrum*).	Novembre.	6	—
	Rhus (*Rhus*).	Octobre.	6	—
	Robiniers (*Robinia*).	Novembre.	24	—
	Sapin épicea (*Abies picea*).	Octobre.	12	—
	Sapin commun (*Abies taxifolia*).	Octobre.	12	—
	Sapin baumier (*Abies balsamea*).	Septembre.	12	—
	Sapinette blanche (*Abies alba*).	Septembre.	12	—
	Staphylea (*Staphylea*).	Octobre.	6	—
	Thuyas (*Thuya*).	Novembre.	12	—
	Tilleuls (*Tilia*).	Octobre.	6	—
	Tulipiers (*Liriodendron*).	Novembre.	6	—
2e Série. Semences des fruits à pepins, en baies et à noyau.......	Abricotiers (*Armeniaca*).	Août.	1	—
	Airelles (*Vaccinium*).	Août.	1	—
	Amandiers (*Amygdalus*).	Septembre.	2	—
	Anone (*Anona*).	Septembre.	1	—
	Aralia (*Aralia*).	Septembre.	6	—
	Argousier (*Hippophae*).	Octobre.	3	—
	Celastrus (*Celastrus*).	Octobre.	6	—
	Cerisiers (*Cerasus*).	Juillet.	1	—
	Cognassiers (*Cydonia*).	Novembre.	6	—
	Cornouillers (*Cornus*).	Octobre	1	—
	Epines-vinettes (*Berberis*).	Septembre.	3	—
	Fusains (*Evonymus*).	Octobre.	6	—
	Genévriers (*Juniperus*).	Décembre.	3	—
	Groseilliers (*Ribes*).	Juin.	1	—
	Houx (*Ilex*).	Novembre.	6	—
	Ifs (*Taxus*).	Août.	3	—
	Lauriers (*Laurus*).	Novembre.	1	—
	Magnoliers (*Magnolia*).	Octobre.	3	—
	Mahonia (*Mahonia*).	Octobre.	3	—
	Micocouliers (*Celtis*).	Octobre.	3	—
	Mûriers Morus).	Août.	6	—
	Nerpruns (*Rhamnus*).	Septembre.	1	—
	Olivier (*Olea*).	Novembre.	1	—
	Pêchers (*Persica*).	Août.	1	—
	Plaqueminiers (*Diospyros*).	Octobre.	1	—
	Poiriers (*Pyrus*).	Octobre.	6	—
	Pommiers (*Malus*).	Octobre.	6	—
	Pruniers (*Prunus*).	Septembre.	1	—
	Ronces (*Rubus*).	Juillet.	1	—
	Rosiers (*Rosa*).	Octobre.	6	—
	Troënes (*Ligustrum*).	Octobre.	1	—
	Viornes (*Viburnum*).	Octobre.	6	—
3e Série. Semences des fruits à osselets........	Aliziers (*Cratægus*).	Novembre.	18	—
	Aubépines (*Mespilus*).	Octobre.	18	—
	Néfliers (*Mespilus*).	Octobre.	18	—
	Sorbiers (*Sorbus*).	Octobre.	18	—

Les semences, récoltées fraîches, et présentant le degré convenable de maturité reçoivent un mode de préparation et de conservation qui varie en raison de leur nature. On peut, sous ce point de vue, les partager en trois séries : fruits à péricarpes secs ; fruits à pepins, en baies et à noyau ; fruits à osselets.

Les semences à péricarpe sec, comme celles du frêne, du chêne, du hêtre, du châtaignier, de l'érable, du robinier, du charme, etc., ne reçoivent aucune préparation ; immédiatement après leur récolte, on les étend spacieusement dans des endroits aérés où on les remue souvent pour les faire sécher et leur donner un dernier degré de maturité. Les semences qui, en se détachant de l'arbre, conservent leur péricarpe, comme celles des pins et sapins, de l'acacia, etc., ne doivent être extraites de leur enveloppe qu'au moment même de l'ensemencement ; elles s'en conservent beaucoup mieux. Quand elles sont suffisamment desséchées, on les place, jusqu'au moment de leur mise en terre, dans un endroit ni trop sec, ni trop humide, abrité de la lumière et des brusques changements de température.

Les semences des fruits à pepins, en baies et à noyau doivent d'abord être débarrassées, par plusieurs triturations et lavages, de la plus grande partie de la pulpe charnue qui les recouvre ; après quoi, on les étend dans un endroit spacieux et aéré où on les remue souvent. Lorsqu'elles sont bien sèches, on les place, jusqu'au moment de l'ensemencement, dans un endroit semblable à celui que nous avons indiqué pour les graines à péricarpe sec.

Quant aux fruits à osselets, comme ceux des aubépines, des aliziers, etc., ils sont mis en tas, en plein air, immédiatement après leur récolte ; puis on les remue de temps en temps afin d'empêcher que la fermentation qui se développe ne détruise la faculté germinative des graines. On les laisse ainsi pendant tout l'hiver ; au printemps suivant, alors que la pulpe est en partie détruite, on enterre jusqu'au niveau du sol un vase ou un tonneau défoncé par le haut ; puis on y place ces semences en les mélangeant avec une petite quantité de terreau consommé. On les abandonne dans cet état pendant l'été et l'hiver qui suivent. Vers la fin de mars, ces graines commencent à germer, et c'est alors qu'on les confie à la terre. L'expérience a démontré, qu'en les semant dès le printemps qui suit leur récolte, quelques-unes se développent seules pendant l'été même, mais que le plus grand nombre ne germent que l'année suivante. Or, à cette époque, le terrain préparé depuis un an, est en mauvais état, il ne donne lieu qu'à une végétation chétive ; d'un autre côté, ce mode d'ensemencement deviendrait plus coûteux que le premier, car le sol sera occupé pendant deux années au lieu d'une.

A l'aide de ces procédés, les graines peuvent être conservées, sans souffrir sensiblement, jusqu'au moment de leur ensemencement; toutefois, le laps de temps qui s'écoulera depuis leur récolte jusqu'à leur mise en terre, ne pourra pas dépasser une certaine limite, au delà de laquelle elles perdraient leur faculté germinative; nous avons indiqué cette limite dans une des colonnes du tableau précédent.

Lorsqu'on sera obligé de semer des graines un peu vieilles, on pourra, pour détremper leur enveloppe et hâter leur germination, les laisser séjourner pendant cinq à six heures dans de l'eau à laquelle on aura ajouté du sel marin dans la proportion de quinze grammes par litre d'eau. Ce sel marin stimulera l'énergie vitale de l'embryon engourdie par l'âge.

Quant à l'époque la plus favorable pour le semis des plantes ligneuses, la nature nous indique, qu'en général, on devra les confier à la terre aussitôt qu'elles se détachent d'elles-mêmes des arbres.

Toutefois, la nature du sol et d'autres circonstances, telles que la rigueur de l'hiver et la présence des animaux rongeurs, viennent singulièrement modifier cette règle. En effet, si le sol de la pépinière est d'une nature argileuse, les graines resteront longtemps exposées, avant leur germination, à l'influence nuisible de l'humidité surabondante que présentent ces terrains pendant l'hiver, et pourriront souvent. D'un autre côté, il est certaines semences qui, comme celles des châtaigniers, ne peuvent supporter, sans être désorganisées, l'action des gelées. Enfin, les grosses graines, comme celles du marronnier, du chêne, du hêtre, du noyer, etc., sont exposées à être complétement détruites par les animaux rongeurs. Les terrains très-légers, exposés dès le printemps à la sécheresse, offrent donc seuls plus d'avantage aux semis d'automne. Pour éviter les inconvénients de conservation des graines que présentent les ensemencements du printemps, on devra faire usage de la *stratification*.

La *stratification* consiste dans l'opération suivante: lorsque les semences ont été récoltées et préparées avec les soins que nous avons prescrits, on les dépose sur le sol, en plein air, en les mélangeant avec du sable fin ou de la terre légère, plutôt sèche qu'humide. On en forme une sorte de monticule (*fig.* 39) qu'on place autant que possible sur un terrain élevé, de telle sorte que les eaux surabondantes de l'hiver n'y séjournent pas. On recouvre le tout avec une couche de sable ou de terre légère (A) assez épaisse pour empêcher les effets de la gelée (environ 0ᵐ 50). Puis on place par-dessus une petite couche de paille longue (B) disposée de manière à éloigner l'eau des pluies. On couvre, dans le même but, le sommet de ce monticule avec un vase renversé (C). Enfin, le pied de ce cône est défendu des eaux qui coulent à la surface du sol par une petite rigole circulaire (D).

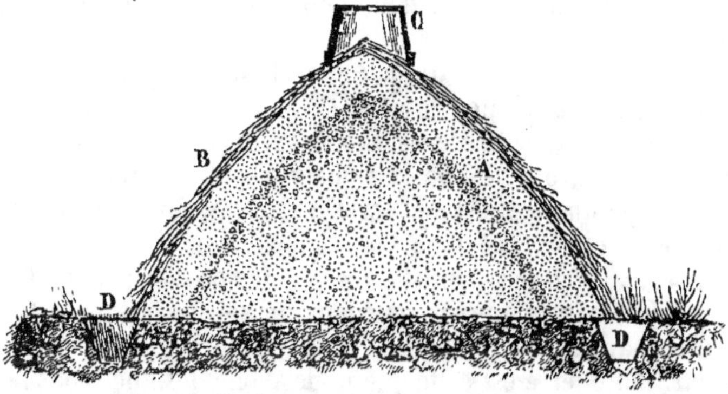

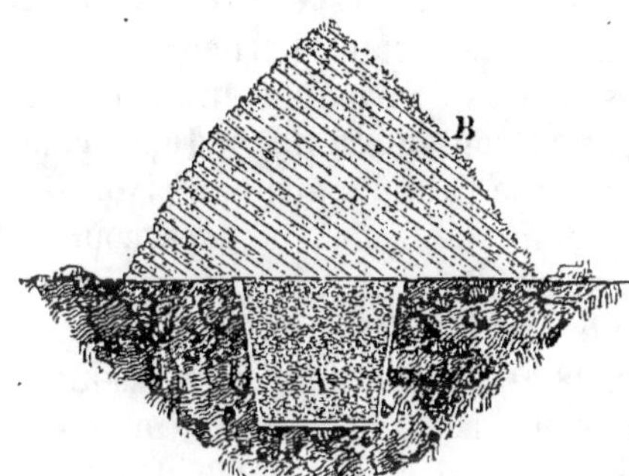

Fig. 39. *Graines stratifiées à la surface du sol.*

Ce mode de stratification peut être employé pour les grandes quantités de graines ; quand on en aura peu, on les disposera dans un vase (A, *fig.* 40) qu'on enterrera en le surmontant d'une petite butte de terre (B), de manière à en écarter les eaux.

On a conseillé de stratifier les graines dans des caves ou dans des celliers abrités de la gelée ; mais la température y étant plus élevée qu'en plein air, la germination s'y trouve trop hâtée et il devient nécessaire de pratiquer l'ensemencement avant les dernières gelées printanières, qui peuvent alors désorganiser complétement les graines.

Fig. 40. *Graines stratif. dans un vase enterré.*

Les graines stratifiées se conservent aussi bien que si on les eût ensemencées dès l'automne. Au printemps, aussitôt que la germination commence, on procède à la mise en terre. Les petites graines sont semées avec le sable qui les entoure ; les grosses en sont débarrassées.

La stratification présente encore cet avantage, que les graines étant presque toujours germées lorsqu'on vient à les semer, leur radicule a déjà acquis quelques centimètres de longueur. Or, une certaine étendue de cet organe étant rompue par la pratique de l'ensemencement, ce rudiment de la racine se ramifie, et les jeunes plants ne présentent plus un seul pivot sans divisions, comme cela a lieu souvent dans le châtaignier, etc. La racine offre au contraire un grand nombre de ramifications qui rendent le succès des transplantations bien plus assuré. Il est bien entendu que ce que nous avons dit relativement aux fruits à osselets ne doit être en rien modifié par ce qui précède.

Quant à la nature de sol qui convient le mieux pour les semis et l'éducation des arbres, nous avons dit qu'on devait préférer à tous les autres les terrains de consistance et de fertilité moyennes, ceux auxquels nous avons donné le nom de sablo-argileux ou terres franches. Cependant, il est une série d'espèces qui ne pourrait s'accommoder de ces sortes de terres : tels sont la plupart des arbres et arbrisseaux à feuilles persistantes, et quelques espèces à feuilles caduques qui exigent impérieusement un sol plus léger et se rapprochant autant que possible de celui dans lequel ils croissent spontanément. Cette terre est celle que nous avons désignée sous le nom de sablo-humifère ou terre de bruyère.

Il sera donc indispensable de former, avec cette terre, dans les divers carrés consacrés à l'éducation des arbres et arbrisseaux à feuilles persistantes, et des arbres et arbrisseaux d'ornement, une certaine étendue de plates-bandes variées d'épaisseur en raison de leur destination. Pour les semis, on se contentera de 0^m 16, et cela pour deux raisons : la première, est que l'allongement du pivot des jeunes plants, ne rencontrant qu'une faible couche à parcourir, sera plus facilement arrêté et que ces plants auront alors meilleur pied lors du repiquage. La seconde raison, c'est que cette terre se décomposant rapidement, on est obligé de la renouveler presque à chaque levée de plant ; or comme son prix est assez élevé, moins la couche est épaisse, et moins la dépense est considérable. Pour les boutures, on portera l'épaisseur de la couche à 0^m 20 ; pour les repiquages, il suffira de 0^m 25 à 0^m 30 ; enfin, pour les plates-bandes destinées à la transplantation et à la plantation des pieds mères pour le marcottage, l'épaisseur de cette couche devra varier entre 0^m 50 et 0^m 60. Dans le plan de distribution d'une pépinière que nous avons donné plus haut, nous avons distingué les plates-bandes de terre de bruyère par des sillons rapprochés.

La préparation du terrain pour les semis exige quelques soins particuliers. Outre le défoncement uniforme donné comme première préparation à toute la surface de la pépinière, les espaces destinés à être ensemencés devront recevoir un labour au moment même de l'ensemencement, afin que la surface soit bien pulvérisée et rendue perméable à l'air et aux premières racines des jeunes arbres.

Bien qu'en général le terrain des pépinières doive être maintenu dans un état de fertilité moyenne, la surface du sol destiné au semis doit être bien fumée. Ceci est encore une indication de la nature ;

car, si nous examinons ce qui se passe pour les ensemencements naturels des forêts, nous voyons que les graines sont placées dans une couche superficielle du sol très-riche en humus, provenant de la décomposition des feuilles et autres débris végétaux. Il semble que les arbres aient besoin, pendant leur première jeunesse, d'une nourriture abondante, facile à puiser, en rapport avec la délicatesse de leurs organes, tandis que, plus tard, alors qu'ils ont acquis plus de vigueur, ils se contentent d'une nourriture moins bien préparée, plus difficile à absorber.

Nous exceptons de ce qui précède les terres de bruyère, qui, dans aucun cas, ne doivent recevoir de fumure.

La dernière étude, lors de l'opération que nous décrivons, est le mode d'ensemencement. Ici nous avons à examiner successivement la manière de répandre les semences sur le sol, la profondeur à laquelle elles doivent être enterrées, les procédés à employer pour les recouvrir. Deux procédés sont usités : le *semis à la volée* et le *semis en ligne*.

L'*ensemencement à la volée* est généralement préféré, comme le plus prompt, pour les semences dont la grosseur ne dépasse pas celles du hêtre. Pour cela, on unit bien la surface du sol avec un rateau, puis on y répand la semence à la main, le plus régulièrement possible, et à des distances proportionnées au développement que doivent prendre les jeunes plantes. Les graines plus volumineuses, y compris celles du hêtre, sont plus convenablement *semées en ligne*. Dans ce cas, on trace sur la plate-bande, avec la binette, de petits rayons parallèles entre eux et à des distances en rapport avec le développement qu'acquerra le jeune plant, puis on y répand les semences le plus régulièrement possible ; les graines se trouvent ainsi plus uniformément espacées, et surtout plus également enterrées.

La *profondeur* à laquelle les semences doivent être placées dans la terre demande aussi à être examinée avec attention.

Nous savons déjà que l'air et l'eau sont indispensables à la germination des graines ; celles-ci doivent donc être enterrées de manière à recevoir l'influence de ces deux agents. Placées au-dessous de 0^m 16 de profondeur, elles sont privées du libre concours de l'air et elles ne germent pas ; placées tout à fait à la surface, les graines un peu volumineuses ne rencontrent pas une suffisante quantité d'humidité, et leur germination reste stationnaire. C'est donc entre ces deux points extrêmes qu'on doit chercher le degré de profondeur le plus convenable pour le développement de chaque espèce. Nous disons de chaque espèce, car nous savons déjà que la quantité d'eau absorbée par les graines pendant leur évolution est en raison directe de leur volume; or, comme les couches superficielles du terrain sont d'autant plus humides qu'elles sont plus éloignées de la surface, il en résulte que plus les graines sont grosses, plus elles doivent être placées profondément.

Le tableau suivant renferme une série de graines, depuis la plus petite jusqu'à la plus grosse, avec l'indication de la profondeur à laquelle chacune d'elles doit être enterrée.

Bouleaux.	0ᵐ 002	Arbres résineux	0ᵐ 015
Aunes.	0ᵐ 004	Érables	
Charmes,		Frênes	0ᵐ 020
Ormes.	0ᵐ 007	Hêtres	0ᵐ 030
Robiniers		Chênes	0ᵐ 050
Cytises.	0ᵐ 009	Châtaigniers	
Poiriers		Noyers	0ᵐ 080
Pommiers	0ᵐ 012	Marronniers	
Aubépines			

Toutefois, ces indications ne peuvent être considérées que comme des règles générales qui varient en raison de la nature du sol. Ainsi, dans une terre argileuse très-compacte, les mêmes graines devront être placées plus superficiellement, parce que ce terrain est moins perméable à l'air et qu'il est toujours plus humide. Dans un sol très-léger, dans un sol sableux, elles sont placées plus profondément, parce que les couches superficielles sont plus exposées à la sécheresse, et que ce terrain est plus perméable à l'air.

Les graines ayant été répandues sur la terre, on doit les *recouvrir*. Sur celles qui ont été semées à la volée, on répandra de la terre bien pulvérisée, de manière à les enterrer à une profondeur en rapport avec leur volume. Pour les graines semées en ligne, à un degré de profondeur convenable, il suffira d'abattre avec le dos du rateau le sommet de chaque crête formée par les sillons, de telle sorte que la surface du terrain soit bien nivelée.

Les semences étant ainsi recouvertes, on devra *plomber* le sol, c'est-à-dire le tasser légèrement sur les graines, afin que tous les points de celles-ci soient bien en contact avec la terre et y puisent plus facilement l'humidité. Cette opération peut être effectuée avec le dos de la pelle ou avec une sorte de batte. Ce plombage est surtout utile pour les terrains légers. Dans les terres compactes il est moins nécessaire, et l'on ne devra plomber que très-légèrement.

Enfin, après le plombage, on répandra à la surface du sol une couche très-mince de paille en décomposition, de feuilles sèches ou de fumier usé. Cette couverture sera comprise dans l'épaisseur de la couche qui doit être placée sur chaque sorte de graines. Ainsi, pour les graines de la grosseur des pepins de pommiers et au-dessous, il suffira de cette couverture pour qu'elles soient suffisamment enterrées. Cette dernière opération est destinée à empêcher la couche superficielle du sol de se dessécher aussi vite, ou de se durcir sous l'influence des arrosements, lorsque la sécheresse force d'y avoir recours; elle rend aussi le développement des plantes nuisibles moins abondant. Pour les semis effectués en terre de bruyère, on y emploiera avec succès la mousse hachée.

Nous ajouterons encore, pour terminer ce sujet, qu'il est à remarquer que les graines qui se développent dans les forêts, sans le secours de l'homme, germent dans des localités un peu ombragées et surtout abritées des grands vents. L'expérience a démontré que, lorsqu'il est possible de reproduire artificiellement cet état de choses dans les pépinières, les semences ne s'en développent que mieux. Ce soin est même indispensable pour les graines qui doivent être semées en terre de bruyère. Cette terre, de couleur noire, s'échauffe tellement sous l'influence des rayons solaires, que, si elle est privée d'ombre, elle dessèche complétement les racines délicates des jeunes plants à mesure qu'elles s'allongent. Pour remédier à cet inconvénient, il est convenable d'entourer les plates-bandes des semis, au moins celles dont nous venons de parler en dernier lieu, avec des palissades placées du côté du sud, de l'ouest et de l'est. Les abris les plus convenables doivent être faits à l'aide de thuyas plantés en lignes à 0^m 50 environ les uns des autres. On palisse leurs branches chaque année de manière à combler l'intervalle laissé entre eux, puis on les tond sur les deux côtés de telle sorte que ces murailles de verdure ne présentent pas plus de 0^m 30 d'épaisseur. Ces palissades devront être élevées successivement jusqu'à la hauteur de 4 mètres. Le meilleur thuya à employer dans ce but est le *thuya d'occident*; c'est l'espèce qui se dégarnit le moins vers la base. Il est bien entendu que le sol des chemins sur le bord desquels ces arbres seront plantés sera préparé convenablement, afin que les racines puissent y vivre sans le secours de la terre des plates-bandes.

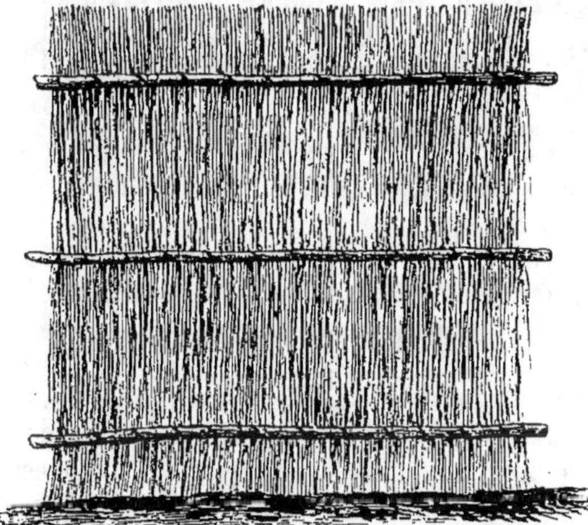

Fig. 41. *Palissades en tiges de roseaux.*

Lorsque des circonstances particulières empêcheront d'employer les thuyas pour former ces palissades, ou bien lorsqu'elles ne seront pas encore assez dévelop- pées pour ombrager suffi- samment, on y suppléera par des claies faites de tiges sèches de roseaux, dispo- sées comme l'indique la fi- gure 39, et offrant une étendue de 2 mètres en tous sens. Ces abris sont fixés le long des plates-bandes, en A (*fig.* 42), à l'aide de pieux (B et C), enfoncés dans la terre, de 2 en 2 m., verti- calement et obliquement.

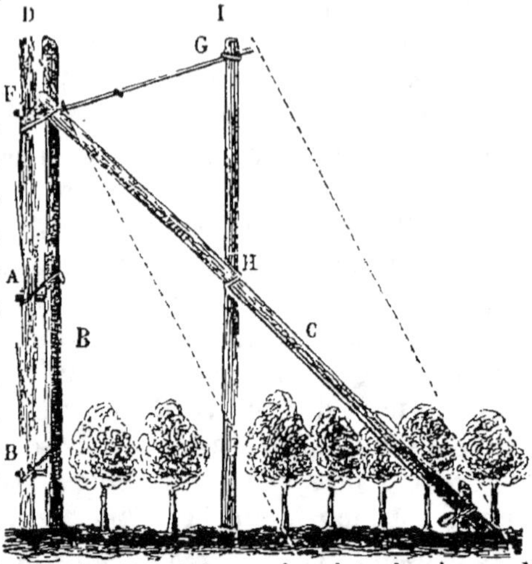

Toutefois ces abris se- ront insuffisants pour pré- server les plates-bandes

Fig. 42. *Abris pour les plates-bandes en terre de bruyère.*

du soleil vers le solstice d'été. A cette époque, en effet, les rayons solaires arrivant sur l'angle de 67° 1/2, l'étendue de l'ombre n'é- gale que la moitié de la hauteur des objets qui la projettent. Or, nos abris n'ayant que 2 mè- tres d'élévation et les plates-bandes à ombra- ger présentant la lar- geur égale, il en résul- terait que les rayons so-

Fig. 43. *Claies en tiges de roseaux.*

laires suivant la ligne D E (*fig.* 42), nous n'aurions d'ombragée que la moitié de nos plates-bandes, et cela, au moment de la plus grande chaleur de l'été.

Pour éviter cet inconvénient, on devra ajouter aux abris placés verticalement des claies semblables à celles indiquées (*fig.* 43); elles se composent également de tiges de roseaux maintenues à l'aide de quatre tringles en bois. Ces claies qui présentent une longueur de 2 mètres et une largeur de 1 mètre, sont faites de manière à laisser facilement passer l'eau des pluies et des rosées, mais de manière aussi à intercepter en partie les rayons solaires. Elles sont appuyées, en F (*fig.* 42), sur la traverse placée à 0ᵐ 25 du sommet des abris latéraux, et attachées en G, à 2 mètres du sol, sur des pieux enfoncés de 2 en 2 mètres. Ceux-ci sont eux-mêmes fixés, en H, sur les autres pieux placés obliquement à la même distance. Il résulte de cette disposition que les rayons solaires suivant la ligne I J, parallèle à la ligne D E, la plate-bande se trouve ombragée sur toute sa largeur.

Telles sont, en somme, les diverses opérations qui constituent la multiplication au moyen des semis. Depuis le moment où les graines germent jusqu'à celui du repiquage, il n'y a d'autres soins à prendre que d'empêcher l'envahissement des plantes nuisibles, et d'effectuer après le coucher du soleil quelques arrosements pendant les grandes sécheresses.

La *multiplication artificielle*, ou *par division*, diffère de la multiplication naturelle, en ce qu'au lieu d'avoir recours aux semences destinées par la nature à reproduire l'espèce, on divise l'individu en un certain nombre de parties que l'on pourvoit, par des procédés particuliers, des organes qui leur manquent, et à l'aide desquels elles peuvent végéter comme autant d'individus distincts. Ainsi, on peut transformer toutes les branches ou toutes les racines d'un arbre en autant d'arbres parfaits, en faisant développer à chacune d'elles des racines ou des tiges.

Quant à la convenance de ce mode de multiplication, nous l'avons déjà dit en traitant des semis, il est surtout utile pour les espèces d'arbres qui donnent peu ou pas de graines fertiles, pour celles que l'on multiplie ainsi beaucoup plus promptement que par la voie des semis, enfin, pour les variétés qui, multipliées à l'aide des semences, ne conserveraient pas les qualités qui les font rechercher. Mais, hors ces circonstances, on devra toujours préférer la multiplication naturelle ; on en obtiendra des arbres constamment plus vigoureux, d'une croissance plus régulière, et surtout d'une existence plus prolongée. Il semble, en effet, que les individus perdent une partie de leur vigueur par la multiplication par division, et qu'ils puisent au contraire une nouvelle dose de vitalité dans la semence qui sert à les reproduire. Ce qu'il y a de certain, c'est que les arbres obtenus par division sur d'autres individus multipliés eux-mêmes depuis longtemps par ce moyen, finissent par perdre la faculté de donner des semences. La *boule de neige*, qui est constamment multipliée de cette manière, est arrivée à ne plus donner aucune graine fertile. Nos arbres fruitiers, sans cesse reproduits au moyen de la greffe, offrent des fruits qui renferment un bien moins grand nombre de semences que les espèces primitives.

Les différentes sortes de multiplications artificielles sont au nombre de trois, la *greffe*, le *marcottage* et la *bouture*.

Greffe. — La greffe est une portion vivante d'un végétal qui, unie à un autre végétal qu'on nomme *sujet*, s'identifie avec lui et y croît comme sur son pied-mère, lorsque l'analogie entre les in-

dividus ainsi rapprochés est suffisante. Il résulte de cette définition
que l'art de greffer a pour but de remplacer le tronc ou seulement
les branches d'un arbre par le tronc ou les branches d'un autre
végétal.

Voici comment s'explique la reprise de la greffe : l'expérience a
démontré que les bourgeons peuvent modifier la séve qui leur est
fournie par des racines étrangères, de manière à la faire servir à
leur accroissement. La greffe pourra donc vivre sur le sujet toutes
les fois que la partie tronquée des vaisseaux de celui-ci, destinés à
charrier les fluides séveux de la racine aux feuilles, pourra être
mise en contact immédiat avec la partie tronquée des vaisseaux
séveux de la greffe ; les orifices de ces vaisseaux se trouvant appliqués positivement les uns sur les autres, les sucs nourriciers du
sujet arriveront dans la greffe sans rencontrer d'obstacles. Bientôt,
les boutons de la greffe laisseront échapper les premières feuilles,
celles-ci transformeront en cambium les fluides séveux fournis par
le sujet, et les vaisseaux descendants, soit ligneux, soit corticaux,
naîtront de la base de chaque feuille, et passeront de la greffe dans
le sujet en suivant la voie humide existant entre l'aubier et l'é-
corce ; enfin, une partie de cambium, dans son mouvement de descension, déposera, en passant, une quantité de matière organique
suffisante pour souder les bords de la plaie, et la reprise de la
greffe sera opérée.

Une des conditions importantes pour la réussite de cette opération est donc de faire coïncider parfaitement les vaisseaux séveux
du sujet avec ceux de la greffe. Comme ces vaisseaux sont placés
dans les couches d'aubier et les couches du liber les plus jeunes, il
suffira, pour atteindre ce résultat, de bien mettre en contact ces
deux couches dans la greffe et dans le sujet. Il est encore une autre
condition non moins essentielle à remplir, c'est de faire en sorte
qu'il y ait une analogie suffisante entre le sujet et la greffe. Ainsi,
on ne pourra greffer l'une sur l'autre que des variétés de la même
espèce ou des espèces du même genre. Toutes les espèces et variétés de pommiers peuvent se greffer l'une sur l'autre. Il en est de
même de toutes les espèces et variétés de pruniers, de pêchers, d'a-
bricotiers, et en général de toutes les plantes très-rapprochées l'une
de l'autre par leurs caractères. Mais, on ne réussirait pas à greffer
le lilas sur l'orme, le chêne sur le charme, ou, comme on l'a prétendu, le rosier sur le houx, afin d'obtenir des roses vertes ou sur
le cassis, comme le recommande Columelle, pour avoir des roses
noires. Les quelques résultats que l'on prétend avoir obtenus, con-
trairement à ces principes, doivent être considérés, jusqu'à présent
du moins, comme de rares et passagères exceptions. Il ne suffit pas

que les espèces et variétés que l'on greffe les unes sur les autres soient très-rapprochées par leurs caractères botaniques : il faut encore qu'elles présentent un mode de végétation semblable, et surtout que leur végétation s'effectue autant que possible à la même époque. Plus la différence sera sensible sous ce rapport, moins le succès de l'opération sera assuré. La greffe ne périra pas toujours, mais elle restera constamment languissante. Ainsi donc, s'il s'agit de greffer des variétés de poiriers ou de pommiers les unes sur les autres, il faudra étudier avec soin l'époque de végétation des greffes et des sujets de manière à ne pas greffer, comme on le fait trop souvent, des variétés tardives sur des sujets précoces, et *vice versâ*.

La greffe augmente la qualité des fruits et hâte l'époque de leur maturité. Voici comment : il résulte de la soudure de la greffe sur le sujet un désordre dans la direction des vaisseaux des couches d'aubier et d'écorce qui se développent vers ce point. Il s'ensuit que la séve ascendante, traversant plus difficilement cette partie de la tige, arrive plus lentement et en moins grande quantité à la fois dans la greffe, subit une élaboration plus complète dans les cellules des fruits, et que ceux-ci sont plus savoureux et mûrissent plus tôt.

La greffe avance de plusieurs années la fructification des arbres. Ceci est encore dû à la même cause ; la séve, circulant plus lentement dans la greffe, y reçoit une préparation plus parfaite, et est plus tôt propre au développement des fleurs et des fruits. Ce second avantage n'est pas sans importance, il devient même très-utile dans certaines circonstances. Ainsi, il faut attendre dix ou douze ans avant de savoir si un jeune arbre fruitier qui offre dans la pépinière l'apparence d'une variété nouvelle donnera véritablement un fruit nouveau ; tandis qu'en coupant un rameau de ce jeune arbre, et en le greffant sur un vieux pied, la troisième année au plus tard, on peut juger du mérite de sa nouvelle acquisition.

Enfin, à l'aide de la greffe, on peut faire croître dans un sol quelconque une espèce qui n'y viendrait pas franche de pied ; il suffit de la greffer sur une espèce voisine qui s'accommode de la nature de ce sol.

Mais ces avantages sont accompagnés de quelques inconvénients. Ainsi, les individus greffés paraissent vivre moins longtemps que les individus francs de pied. Cela doit être surtout attribué à la difficulté qui résulte pour la séve de circuler librement des racines vers les feuilles, et des feuilles vers la tige. On remarque souvent, dans les arbres greffés, un bourrelet très-prononcé au point de la greffe (A, *fig.* 44) ; or, ce renflement est dû aux vaisseaux descendants et au cambium qui s'amassent vers ce point qu'ils franchissent difficilement.

Avant d'examiner les différentes sortes de greffes, nous devons

jeter un coup d'œil sur les instruments employés dans cette opération. Le principal est le *greffoir* (*fig.* 45). C'est une sorte de petit

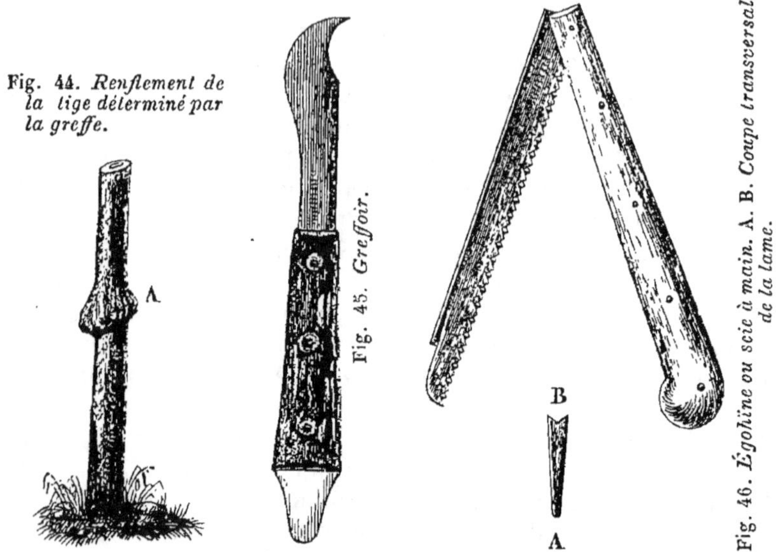

Fig. 44. *Renflement de la tige déterminé par la greffe.*

Fig. 45. *Greffoir.*

Fig. 46. *Égohïne ou scie à main. A. B. Coupe transversale de la lame.*

couteau dont la lame, longue de 0ᵐ 05 à 0ᵐ 07, est un peu arrondie à son extrémité antérieure du côté tranchant. Au talon
du manche est implantée une spatule en buis, en ivoire ou en
os. On doit éviter de la faire en métal, trop facilement oxydable,
parce que, destinée à soulever l'écorce, elle altérerait facilement
la séve. On se sert en outre d'une *serpette*, que tout le monde connaît ; puis d'une *égohïne* (*fig.* 46), petite scie à main dont la lame est
longue de 0ᵐ 18 à 0ᵐ 20. Les dents sont disposées de manière à
tracer une large voie à la lame. Pour atteindre plus sûrement ce
résultat, le dos de cette lame (A) est beaucoup plus mince que le
côté opposé (B). Sans ce mode de construction, cet instrument,
destiné à couper du bois vert, fonctionnerait difficilement. On
joint à ces instruments un petit *maillet* en bois qui sert à frapper sur
le dos de la serpette pour fendre verticalement les grosses tiges des
sujets, afin d'y placer la greffe. On doit être également muni d'un
petit *coin* en bois dur, à l'aide duquel on maintient la fente entr'ouverte pendant l'opération.

Les greffes doivent être maintenues dans une position fixe sur le
sujet pendant tout le temps de la reprise. On se sert pour cela de diverses ligatures. La laine grossièrement filée et peu tordue est la
ligature que l'on doit préférer. Elle est très-élastique, et peut se
prêter au grossissement du sujet, ce qui empêche les étranglements

de la tige. On emploie aussi des lanières d'écorce, mais elles sont moins élastiques, et peuvent donner lieu à des étranglements. On peut néanmoins les préférer comme beaucoup plus économiques lorsqu'il s'agit de ligaturer de grosses tiges.

Une condition importante est de garantir de l'action de l'air les plaies occasionnées par la greffe. On se sert pour cela d'un certain nombre de substances.

Les unes, connues sous le nom de *mastic à greffer*, ont pour base la résine ; les autres, désignées sous le nom d'*onguent de Saint-Fiacre*, se composent en grande partie de terre argileuse.

Les *onguents de Saint-Fiacre* offrent l'inconvénient grave d'être facilement fendillés par la sécheresse, et promptement entraînés par l'action des pluies ; il en résulte que la plaie n'est qu'imparfaitement abritée du contact de l'air. D'un autre côté, ils servent de refuge à certains insectes, et notamment aux *pucerons lanigères*, qui, se logeant entre cette sorte de couverture et l'écorce, font naître, sur la greffe des pommiers, des exostoses qui nuisent singulièrement au succès de l'opération.

Les *mastics à greffer* sont donc préférables.

Voici la composition de l'un des meilleurs.

Poix noire	28	
Poix de Bourgogne	28	
Cire jaune	16	Pour 100 parties en poids.
Suif	14	
Cendres tamisées	14	
	100	

Ce mélange doit être employé assez chaud pour être liquide, mais pas assez pour altérer les tissus de l'arbre. On l'étend sur les plaies à l'aide d'une petite brosse.

Lorsqu'on a un certain nombre de greffes à mastiquer, il arrive souvent que le mastic ne se conserve pas assez longtemps chaud pour qu'on puisse terminer l'opération en une seule fois et qu'on est obligé de le faire réchauffer plusieurs fois. Pour obvier à cet inconvénient, nous avons imaginé l'appareil suivant, à l'aide duquel le mastic est tenu constamment liquide.

Cet appareil se compose de deux parties superposées. La première (A, *fig.* 47 et 48) est un vase en cuivre ou en fer battu présentant une capacité de cinq litres environ, et destiné à recevoir le mastic à greffer (I, *fig.* 48). Comme il arrive fréquemment que ce mélange résineux monte lorsqu'on le fait chauffer, le vase devra toujours présenter une étendue moitié plus considérable qu'il ne le faut pour contenir le mastic froid. Ce même vase est muni d'une anse (C, *fig.* 47), puis de deux petites pattes (D, *fig.* 47), percées d'un trou à leur extrémité. La base de ce vase est engagée dans la seconde partie de l'appareil (E, *fig.* 47), et y est retenue au premier tiers de la hauteur de cette seconde partie, au moyen de petites pattes en tôle (F, *fig.* 48). Cette seconde partie se compose d'une sorte de

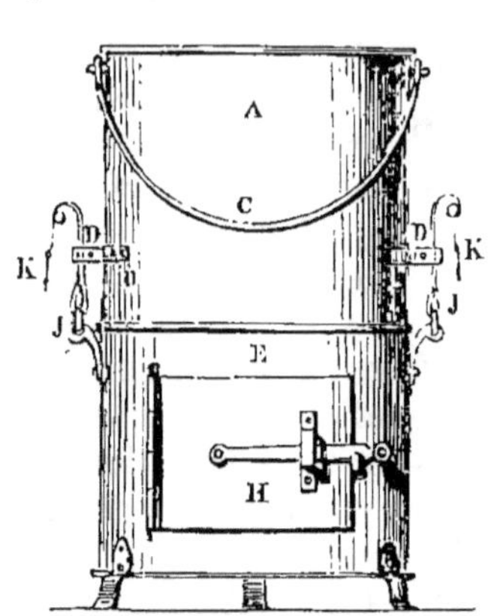
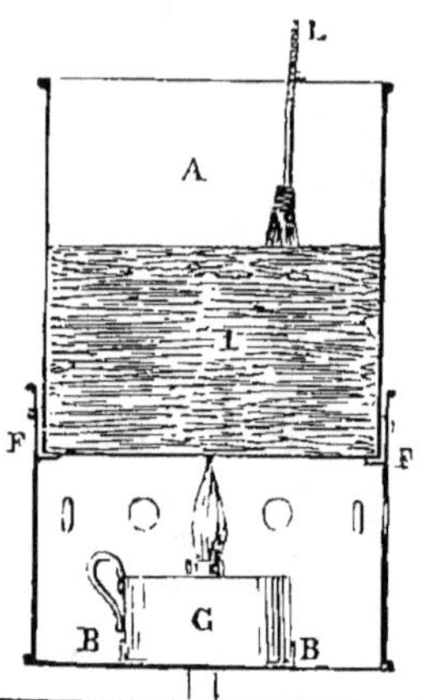

Fig. 47. *Appareil pour chauffer le mastic à greffer.*

Fig. 48. *Coupe verticale de la figure 47.*

petit réchaud en tôle qui reçoit, à sa partie inférieure, une lampe à huile (G, *fig.* 48). Cette lampe, introduite par la porte (H, *fig.* 47), est retenue au centre de l'espace au moyen de petites pattes en saillie (B, *fig.* 48) rivées sur le fond; deux trous pratiqués sur la paroi établissent le courant d'air nécessaire à la combustion. Cette partie inférieure de l'appareil est jointe au vase supérieur au moyen de petites pattes à charnières, J, et de clavettes K (*fig.* 47).

Lorsqu'on veut se servir du mastic, on isole le vase de la partie inférieure et on le place sur le feu. Lorsque le mélange est bien chaud, on replace le vase sur le réchaud, et l'on allume la lampe qui suffit pour maintenir le mastic suffisamment liquide. On devra faire en sorte que la brosse dont on se sert pour employer le mastic ne séjourne pas au fond du vase, car, lorsqu'on vient à le chauffer, cette paroi acquiert une si haute température que les crins de la brosse seraient brûlés. Pour éviter cet inconvénient, on devra munir le manche de cette brosse d'un petit crochet, à l'aide duquel on le fixe sur l'un des côtés du vase, comme nous l'avons indiqué (L, *fig.* 48).

Les différentes sortes de greffes peuvent être partagées en trois sections principales, ainsi que nous l'avons fait dans le tableau suivant.

Ire Section.
Greffes par approche.
- 1° Sylvain.
- 2° Agricola.
- 3° Anglaise ou Aiton.
- 4° Herbacée.

IIe Section.
Greffes par scions ou par rameaux.....

1er Groupe.
Greffes en fente.......
- 1° Simple ou Atticus.
- 2° Palladius ou double.
- 3° Bertemboise.
- 4° Double V.
- 5° Lee.
- 6° Anglaise.
- 7° Herbacée.

2e Groupe.
Greffes en couronne...
- 1° Théophraste.
- 2° Varin.

3e Groupe.
Greffes de côté.......
- 1° Richard.
- 2° En navette.

4e Groupe.
Greffes sur racine.....
- 1° Saussure.
- 2° Cels.

IIIe Section.
Greffes par gemma, œil ou boutons...

1er Groupe.
Greffes en écusson....
- 1° Vitry ou à œil dormant.
- 2° Jouette ou à œil poussant.
- 3° De Semet ou double.
- 4° Pœderlé ou sans bois.
- 5° Lenormand ou boisée.
- 6° Girardin.
- 7° Sickler ou sur racine.

2e Groupe.
Greffes en flûte.......
- 1° Jefferson.
- 2° En sifflet.
- 3° De Faune.

On peut évaluer le nombre des greffes maintenant décrites à plus de 200; mais beaucoup d'entre elles sont plus curieuses qu'utiles. Nous nous bornerons à l'étude de celles dont nous venons de donner la liste, et dont la pratique présente réellement des avantages. Nous avons conservé à chacune d'entre elles le nom qui leur a été imposé par le professeur Thouin.

Première section. Greffes par approche. Elles offrent pour caractère de n'être séparées de leur pied mère qu'après qu'elles sont complétement soudées avec le sujet. L'origine de cette sorte de greffe remonte à la plus haute antiquité, et ceux qui la pratiquèrent pour la première fois en puisèrent probablement l'exemple dans la nature, car on rencontre fréquemment dans les forêts des greffes par approche naturelles. Le vent, en ébranlant deux branches qui se touchent par l'un de leurs points, les fait s'user mutuellement; les libers finissent par se trouver en contact immédiat, et si un temps un peu calme succède à cet état de choses, les deux branches se soudent, et il en résulte une greffe par approche naturelle. Non-seulement on remarque dans la nature des exemples de tiges ainsi soudées, mais on rencontre aussi fréquemment des racines offrant le même phénomène. Deux racines de la même espèce ou d'espèces voisines mises en contact, viennent-elles à se gêner dans leur développement en grosseur, elles se pressent tellement l'une contre l'autre qu'elles finissent par s'unir.

Le mode d'opérer les greffes par approche, consiste : 1° A faire, aux parties qu'on veut greffer les unes sur les autres, des plaies correspondantes bien nettes et proportionnées à leur grosseur, depuis l'épiderme jusqu'à l'aubier, et quelquefois jusqu'au canal médullaire, suivant l'exigence des cas. 2° A réunir ces plaies de manière à ce qu'elles se recouvrent mutuellement, qu'elles ne laissent entre elles que le moins de vide possible, et surtout que les feuillets du liber soient exactement joints dans le pl· grand nombre possible de leurs points; 3° A fixer ces parties ainsi disposées au moyen de ligatures et de tuteurs solides, pour empêcher toute disjonction. 4° A préserver les plaies de l'accès de l'eau et de l'air au moyen du mastic à greffer. 5° A surveiller le grossissement des parties, pour prévenir toutes nodosités difformes, nuisibles à la circulation de la séve. 6° A ne sevrer les greffes de leur pied-mère qu'après leur soudure complète avec le sujet. Cette jonction est ordinairement suffisante au bout d'un an. Quelquefois cependant, lorsque les espèces se soudent difficilement, on est obligé d'attendre deux ans. En général, pour les espèces délicates il y aura avantage à n'effectuer le sevrage que progressivement, c'est-à-dire qu'on commencera par pratiquer une entaille qui pénétrera jusqu'au tiers de la grosseur de la greffe, et cela du côté opposé à l'incision, immédiatement au-dessous du point où elle commence à s'unir avec le sujet, en A (*fig.* 51). Quelque temps après on fera pénétrer cette entaille jusqu'aux deux tiers de la grosseur de la greffe; enfin, après un nouveau laps de temps, on la séparera complétement. En opérant ainsi, on habitue la greffe à tirer sa nourriture du sujet, et le trouble résultant du sevrage devient pour elle beaucoup moins sensible. On hâte aussi la soudure, en forçant les filets ligneux et corticaux descendants à passer de la greffe dans le sujet.

Quant à l'époque la plus favorable pour exécuter la greffe par approche, cette opération peut être pratiquée en toutes saisons, pourvu que ce ne soit pas pendant les gelées ou sous l'influence des fortes chaleurs. Néanmoins, le commencement du printemps est le moment le plus convenable, parce que les individus opérés profitent, pour se souder, de toute la végétation qui s'effectue depuis cet instant jusqu'à l'automne.

Voici quelles sont les principales sortes de greffes par approche:

Greffe par approche Sylvain. Courber deux jeunes arbres l'un vers l'autre (*fig.* 49); faire, aux points où ils se croisent, deux entailles correspondantes (A), jusqu'au canal médullaire, puis réunir les parties opérées en les maintenant dans cette position à l'aide d'une li-

gature. Cette sorte de greffe peut être utilisée surtout pour la confection des palissades, des haies vives. A cet effet, on plante de jeu-

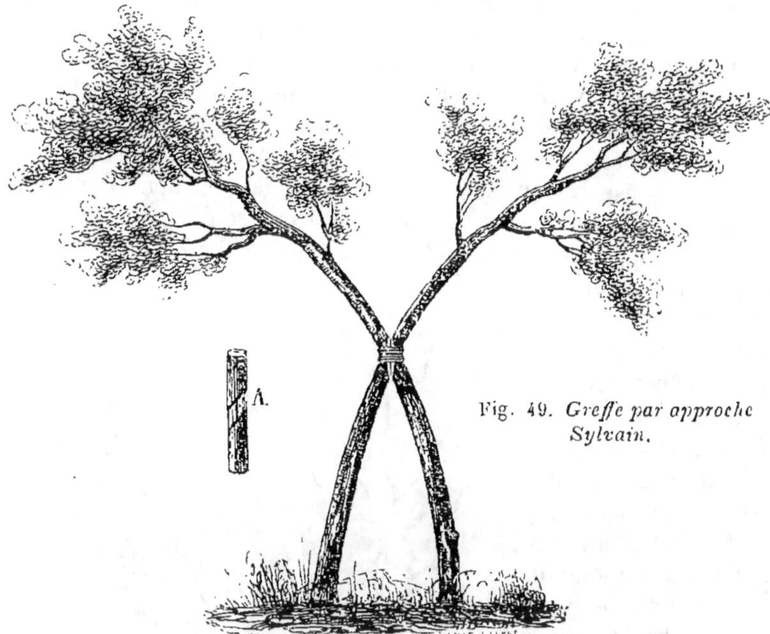

Fig. 49. *Greffe par approche Sylvain.*

nes arbres, à tige mince et flexible, de deux à trois mètres de haut,
en leur donnant la même disposition qu'aux gaulettes d'un treillage ;

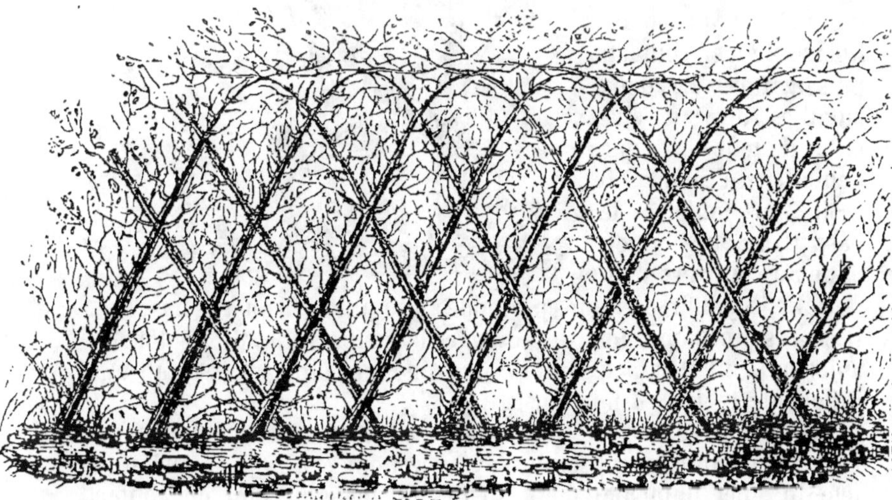

Fig. 50. *Haie vive formée à l'aide de la greffe par approche Sylvain.*

on pratique sur chaque tige, et à chacun des points de l'intersection

qu'elles forment les unes avec les autres, une entaille semblable ;
puis on les maintient solidement réunies au moyen d'une ligature.
L'année suivante, et lorsque toutes ces tiges sont soudées les unes aux
autres, on donne à leur sommet une direction presque horizontale,
à la hauteur à laquelle on veut conserver la haie, et l'on enlace les
extrémités les unes dans les autres. Les interstices de ce treillage
vivant sont bientôt remplis par les ramifications qui se développent
de toutes parts, et forment une haie vive presque impénétrable
(*fig.* 50). Les espèces qui se prêtent le mieux à cette opération sont
le charme, le hêtre, l'orme, le troène, le saule, etc.

Greffe par approche Agricola (*fig.* 51). Rapprocher la tige du sujet
de la branche qui doit
servir de greffe, soit en
plantant les sujets à
côté de l'arbre à multi-
plier, soit en plaçant
les sujets dans des pots ;
faire sur la tige du sujet
et sur la branche qui
sert de greffe une en-
taille longitudinale de
même étendue et jus-
qu'au canal médullaire ;
couvrir ces deux plaies
l'une par l'autre de ma-
nière à ce que leurs
libers soient en contact,
puis ligaturer. Les deux
entailles doivent être
faites de telle sorte que
l'entaille du sujet soit
moins profonde à la
base (B) qu'au sommet,
et qu'au contraire l'en-

taille de la greffe soit moins profonde au sommet (C) qu'à la base (A).
Il en résultera que, lors du sevrage, la suppression de la tête du
sujet au point D et la section de la greffe au point A laisseront une
difformité moins grande sur la tige.

Lorsque la soudure est complète, ce qui a lieu ordinairement
l'année suivante, on opère le sevrage. Pour cela, on supprime la
tête du sujet immédiatement au-dessus de son point de contact
avec la greffe, en D, et l'on coupe la greffe immédiatement au-
dessous de son point de contact avec le sujet, en A. On enlève en-

suite la ligature qui, si on la laissait, étranglerait la partie opérée, puis on couvre les plaies avec du mastic à greffer.

Fig. 52. *Greffe par approche anglaise ou Aiton.*

Greffe par approche anglaise ou Aiton (fig. 52). Cette sorte de greffe par approche ne diffère de la précédente qu'en ce qu'on pratique au milieu de l'incision longitudinale faite au sujet et à la greffe une sorte d'agrafe qui rend la soudure plus solide. Cette greffe est préférée pour les espèces à bois très-dur, et dont les écorces se soudent le moins facilement.

Greffe par approche herbacée. Ici, au lieu d'opérer sur des parties ligneuses de la greffe et du sujet, on opère sur des bourgeons encore herbacés qui n'ont atteint que les deux tiers environ de leur développement en longueur. Du reste le mode d'incision est le même. Cette greffe est très-utile pour les espèces à écorce mince, et dont la jonction présente peu d'adhérence, parce que toutes les parties qui se trouvent mises en contact étant encore herbacées, il en résulte qu'elles s'unissent sur toute leur surface et que cette soudure est plus solide.

Deuxième section. Greffes par scions ou rameaux. Les caractères distinctifs des greffes de cette section sont les suivants : elles s'effectuent avec des rameaux ou des portions de rameaux qu'on sépare de leur pied-mère pour les placer sur un autre individu.

Les conditions ci-après doivent être remplies, sous peine de voir échouer l'opération qui nous occupe : 1º Choisir, pour greffer, des rameaux de l'année précédente, et prendre de préférence les plus vigoureux et les mieux aoûtés. 2º Faire en sorte que la greffe soit toujours dans un état de végétation moins avancé que le sujet ; si le contraire avait lieu, la greffe, ne trouvant pas dans le sujet une quantité de séve assez abondante pour fournir à ses besoins, se dessécherait rapidement. Pour atteindre plus sûrement ce but, il suffira de détacher les greffes de leur pied-mère un mois ou deux avant l'opération, et de les enterrer au pied d'un mur exposé au nord. Ces greffes se conserveront parfaitement ainsi, et leur végétation restant stationnaire tandis que celle des sujets suivra l'influence de la saison, elles seront moins avancées que les sujets. 3º Pratiquer les amputations nécessaires de manière à ce que les écorces soient coupées bien net et non déchirées sur leurs bords. 4º Faire coïncider parfaitement les couches du liber du sujet avec celles de la greffe, au moins sur la plus grande partie de l'étendue de la plaie. 5º Ligaturer les parties opérées, puis recouvrir les plaies avec du mastic à greffer. 6º Opérer ces greffes au printemps, au moment où les boutons des sujets commencent à s'entr'ouvrir. 7º Faire en sorte que les greffes, une fois placées ne soient plus ébranlées. Le moindre choc, au moment où elles commencent à se souder avec le sujet, peut suffire pour détruire toute chance de succès. Ce sont surtout les greffes placées sur les arbres à haute tige, sur les pommiers, les poiriers, les cerisiers, etc., qui sont exposées à de semblables accidents, et particulièrement celles des arbres plantés dans les pâturages, les grands vergers ou en plein champ. Les gros oiseaux viennent s'abattre sur le sommet de ces arbres nouvellement greffés, brisent la greffe, ou au moins l'ébranlent et nuisent à sa reprise.

Pour obvier à cet inconvénient, il sera bon de placer au sommet des arbres greffés une sorte de perchoir composé d'un rameau flexible (A, *fig.* 53) long d'un mètre environ, cintré au-dessus de la greffe, et fixé solidement à l'aide de liens d'osier, par ses extrémités de chaque côté de la tige. Les oiseaux viennent se poser sur ce perchoir sans ébranler la greffe. Mais cette pratique présente encore un autre avantage : lorsque la greffe se développe vigoureusement et qu'elle est isolée au sommet d'un arbre à haute tige, il arrive souvent qu'ébranlée par les vents violents, elle se brise ; on prévient cet accident en fixant sur le perchoir les principaux bourgeons (B) que développe la greffe. 8º Enfin, veiller avec soin à ce que les nombreux bourgeons qui naissent presque toujours sur la tige des sujets étêtés, n'anéantissent pas la greffe en absorbant à leur profit toute la séve des racines. C'est surtout pendant l'été qui suit l'opération que la tige des sujets greffés en tête se couvre de ces bourgeons. Il est utile de les enlever ; mais cette supression ne doit avoir lieu que lorsque la greffe commence à végéter. Le sujet en a besoin jusque-là pour entretenir les fonctions des racines et déterminer l'ascen-

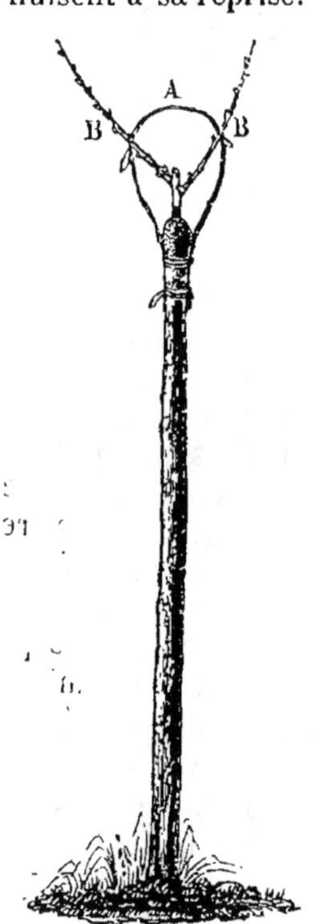

Fig. 53. *Perchoirs pour défendre les jeunes greffes à haute tige contre les oiseaux et la violence des vents.*

sion de la sève dans la tige. Aussitôt que la végétation de la greffe commence à se manifester, on supprime d'abord les bourgeons développés à la base de la tige, puis on avance progressivement vers le sommet, de manière à ne détruire ceux qui sont dans le voisinage de la greffe qu'alors que celle-ci commence à pousser.

Les greffes par scions ou par rameaux peuvent être subdivisées en quatre groupes principaux :

1° Les greffes par rameaux en fente ;

2° Les greffes par rameaux en couronne ;

3° Les greffes par rameaux de côté ;

4° Les greffes par rameaux sur racine.

Groupe I. Greffes par rameaux en fente. Les greffes en fente présentent pour caractère de nécessiter l'incision longitudinale du corps ligneux pour placer la greffe.

Les principales sortes de greffes en fente sont les suivantes :

Greffe en fente simple ou Atticus (*fig.* 54). Donner au rameau qui doit servir de greffe une longueur de 0^m 10 à 0^m 20, suivant la grosseur et la vigueur du sujet. Faire en sorte que le sommet de ce rameau soit terminé par un bouton (A). Tailler la base (B) en lame de couteau sur une longueur de 0^m 03 environ, en commençant cette entaille à la hauteur d'un bouton. La greffe ainsi préparée, couper horizontalement la tête du sujet, bien unir la plaie avec un instrument tranchant. Pratiquer sur cette coupe, avec la serpette et le maillet, si la grosseur du sujet rend cela nécessaire, une fente verticale (C) passant par le centre de la tige et descendant à 0^m 06 environ au-dessous de la coupe. Effectuer cette section ver-

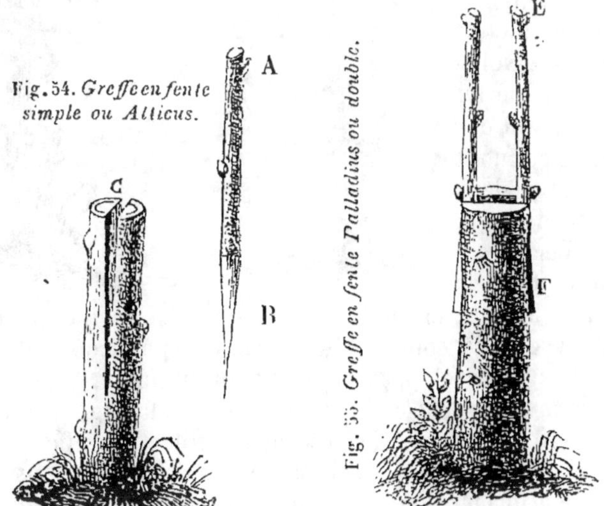

Fig. 54. *Greffe en fente simple ou Atticus.*

Fig. 55. *Greffe en fente Palladius ou double.*

ticale en imprimant à la lame de l'instrument un mouvement de balancement, de manière à couper l'écorce avant le corps ligneux, afin que la première ne soit pas déchirée au lieu d'être coupée. Maintenir la fente entr'ouverte avec un coin en bois pendant qu'on y place la greffe. Incliner légèrement le sommet (E, *fig.* 55) de celle-ci vers le centre de la tige, puis faire ressortir un peu la base (F), de telle sorte que le liber du sujet et celui de la greffe soient certainement en contact sur un point de leur étendue. Enfin ligaturer le tout et recouvrir les plaies, y compris le sommet tronqué de la greffe, avec du mastic à greffer.

Greffe en fente Palladius ou double (*fig.* 55). Cette greffe diffère de la précédente parce qu'au lieu d'un seul rameau on en met deux sur le sujet, un de chaque côté du diamètre de la tige. Cette greffe devra être préférée lorsque la grosseur du sujet permettra d'y avoir recours; car la cicatrisation de la plaie étant surtout le résultat des bourrelets qui se forment à la base de chaque greffe, on conçoit que la plaie sera plus tôt fermée lorsqu'il y aura deux greffes que lorsqu'une seule sera posée. D'ailleurs on aura ainsi plus de chance de succès; si l'une ne prend pas, l'autre pourra réussir.

Greffe en fente Bertemboise (*fig.* 56). Couper en biseau la tête du sujet, puis placer la greffe au sommet du biseau, en opérant comme dans les cas précédents.

Lorsque le sujet ne sera pas assez volumineux pour porter deux greffes, on devra préférer ce mode d'opérer aux deux précédents; d'abord, les bourrelets seront moins saillants et la tige moins difforme; ensuite toute la séve des racines étant conduite, à cause de la coupe oblique, vers le point où est posée la greffe, celle-ci se développera plus vigoureusement.

Fig. 56. *Greffe en fente Bertemboise.*

Fig. 57. *Greffe en fente en double V.*

Greffe en fente en double V (*fig.* 57). Fendre la tige du sujet plus profondément que dans le cas précédent, tailler la greffe assez court pour qu'elle ne porte qu'un bouton, puis la descendre dans la fente, de manière à former deux sortes de cornes dépassant de 0^{m}014 environ la partie incisée de cette greffe, et de telle sorte aussi que le sommet de l'incision de la greffe s'arrête à la hauteur d'un bouton sur le sujet. La greffe en fente en double V est particulièrement propre à la vigne et aux autres arbres dont les branches périssent à quelques centimètres au-dessous de la partie coupée, comme cela arrive dans toutes les espèces à moelle volumineuse.

Greffe en fente Lee (fig. 58). Au lieu de fendre verticalement la tige du sujet étêté, pratiquer une entaille triangulaire sur le côté de la tige, puis tailler la base de la greffe en pointe triangulaire de même forme et de même dimension que l'entaille du sujet. On peut

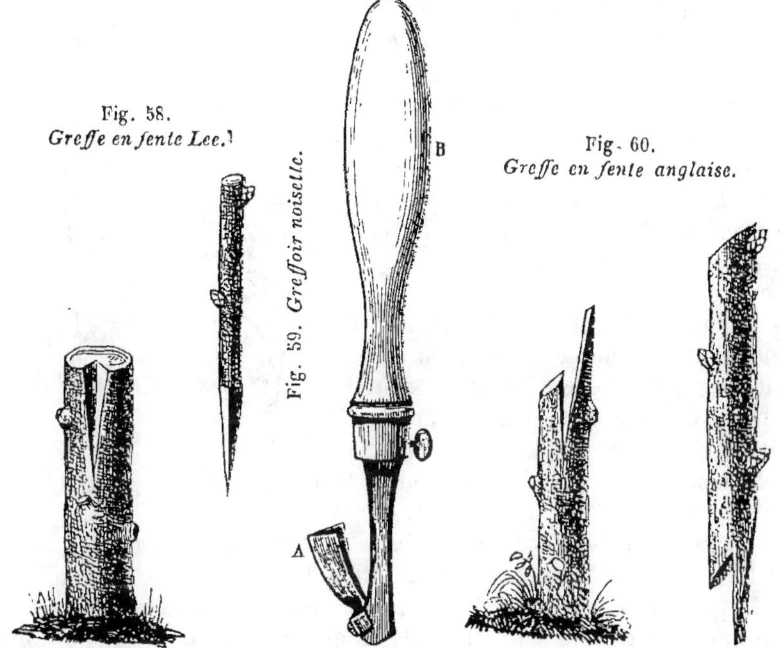

se servir, dans cette opération, du *Greffoir noisette* (*fig.* 59) très-commode pour pratiquer cette entaille triangulaire. On se sert de cet instrument en faisant mouvoir la lame A de bas en haut.

Greffe en fente anglaise (*fig.* 60). Couper la tête du sujet en biseau très-allongé. Pratiquer une fente vers le milieu de la longueur de la plaie. Répéter la même opération sur la base de la greffe, mais en sens inverse ; puis réunir les parties. Cette greffe, d'une grande solidité, est très-propre à la multiplication des espèces qui se soudent lentement.

Greffe en fente herbacée. Parmi les greffes en fente, une des plus importantes est sans contredit celle qui a été préconisée par le baron de Tschuedy, vers 1815. Elle consiste à choisir, comme pour la greffe *par approche herbacée*, des bourgeons non encore solidifiés. Il résulte de cette modification que certaines espèces, telles que les arbres résineux, les noyers, les chênes, etc., que l'on multipliait difficilement à l'aide des autres procédés peuvent être ainsi facilement greffées. Le mode d'opérer doit varier un peu, selon qu'il s'agit des arbres résineux ou des autres espèces.

Voici le mode d'opérer pour les arbres résineux (*fig.* 61). Lorsque le bourgeon terminal du sujet (A) est arrivé aux deux tiers de sa longueur, on le coupe horizontalement vers le point où il commence à perdre la consistance herbacée pour prendre la consistance ligneuse. On arrache ensuite les jeunes feuilles sur une longueur de 0^m 6 à 0^m 7; on n'en laisse qu'un bouquet de 0^m 02 à 0^m 03 au sommet pour y attirer la séve et nourrir la greffe. On fend ensuite par le milieu le bourgeon ainsi préparé sur une longueur de 0^m 04 à 0^m 06, et on y introduit aussitôt la greffe (B) préalablement taillée en forme de coin obtus. Celle-ci doit être descendue dans la fente du sujet, de telle sorte que le point de départ de l'incision se trouve placé à 0^m 02 ou 0^m 03 au-dessous du sommet du sujet.

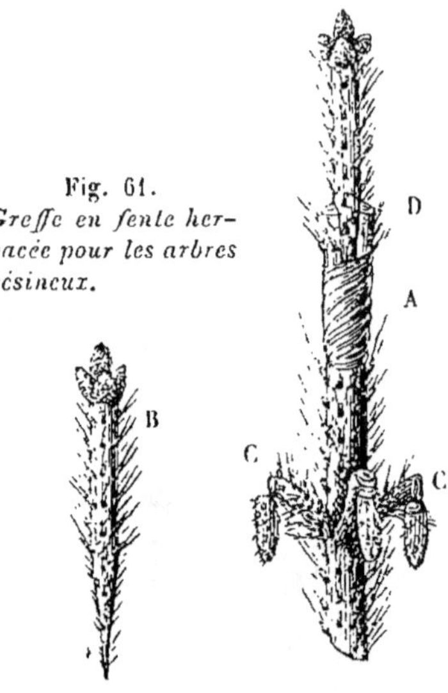

Fig. 61.
Greffe en fente her-bacée pour les arbres résineux.

On cueille à l'avance les greffes à l'extrémité des branches latérales des espèces qu'on veut multiplier. Il faut, comme pour le sujet, que ces bourgeons ne soient ni trop herbacés ni trop ligneux. Au moment de leur emploi, on les rogne à 0^m 06 ou 0^m 07 de longueur, c'est-à-dire vers le point où elles présentent une consistance semblable à celle de la partie du sujet où ces greffes doivent être placées. On arrache les feuilles sur 0^m 03 ou 0^m 04 vers le bas, en les taillant comme nous venons de le dire. Il est essentiel de choisir des greffes dont le diamètre soit égal à celui du sujet, ou, du moins, que ce diamètre ne soit pas plus considérable; car la greffe formerait sur la tige du sujet une saillie prononcée, qui nuirait au succès de l'opération.

La greffe étant insérée dans l'entaille, on ligature avec de la laine, en commençant par le haut, au-dessous du bouquet de feuilles conservé au sommet du sujet, et cela de manière à serrer convenablement sans donner au bourgeon du sujet un mouvement de torsion. Si l'on commençait à ligaturer par en bas, on s'exposerait à faire glisser la greffe de la fente où on l'a placée. Ceci terminé, on rompt, à 0^m 012 ou 0^m 015 de leur naissance, l'extrémité de tous les bourgeons (C) de la couronne sur la flèche de laquelle on opère.

S'il s'agit d'espèces rares et délicates, il est bon d'envelopper la greffe dans un cornet de papier, pour la préserver de l'influence desséchante de l'air et du soleil pendant les quinze premiers jours.

Cinq ou six semaines après le greffage, la cicatrisation de la suture est complète ; il convient alors de procéder au délainage, pour ne pas laisser la laine serrer trop fortement le sujet qu'elle entoure. Immédiatement après, on doit couper les deux portions (D) du sommet du sujet garnies de feuilles qui ont servi de tire-séve pour la nutrition de la greffe. Sans cette précaution, ces feuilles pourraient donner lieu, sur le sujet, à de nouveaux bourgeons qui affameraient la greffe.

Voici, maintenant, comment on procède pour les autres espèces (*fig.* 62). Vers la fin de mai, lorsque le bourgeon terminal du sujet est dans un état de végétation satisfaisant, on le coupe à 0^m 03 au-dessus de l'insertion du pétiole de la troisième, de la quatrième ou de la cinquième feuille, à partir du sommet, selon l'état de solidification du bourgeon. Si l'on observe attentivement l'aisselle de cette feuille (A), on reconnaît trois yeux ou gemmas, dont l'un, celui du centre, est plus développé que les deux autres. C'est entre l'œil central et l'un des latéraux en (B) qu'on pratique une fente oblique qui doit s'arrêter au centre

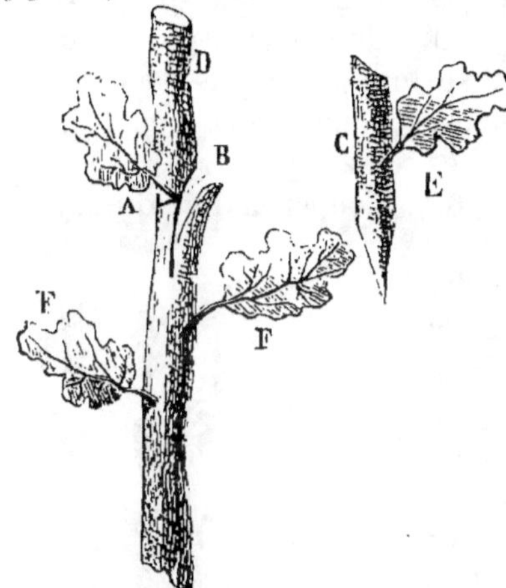

Fig. 62. *Greffe en fente herbacée pour les arbres non résineux.*

du sujet, en descendant à 0^m 03 ou 0^m 05 au-dessous de l'aisselle de la feuille. C'est dans cette fente qu'on insère la greffe. Cette greffe (C) consiste dans un fragment de bourgeon présentant le même diamètre que le sujet et dans un état de végétation semblable. Ce fragment, exactement de la même longueur que le prolongement (D) réservé au-dessus de la feuille terminale (A), est pourvu d'un bon œil et de la feuille qui l'accompagne. Cette greffe, taillée en coin, est insérée dans la fente pratiquée ; puis on ligature avec un fil de laine.

La feuille (A) réservée au sommet du sujet est destinée à appeler la séve vers ce point et à nourrir la greffe. La feuille de la greffe (E) concourt à absorber au profit de celle-ci la séve qui est amenée vers ce point. Le cinquième jour après l'opération, on supprime l'œil central, placé à l'aisselle de la feuille terminale (A). Cinq jours plus tard, on coupe le disque des feuilles (F) placées au-dessous de la greffe, en réservant seulement la nervure médiane. On enlève en même temps les yeux qui accompagnent ces feuilles. Cette dernière suppression doit encore être répétée dix jours après s'il y a lieu, et l'on doit aussi à ce moment, c'est-à-dire vingt jours après l'opération, couper le disque de la feuille terminale du sujet (A). Ces diverses suppressions forcent progressivement la séve des racines à tourner au profit de la greffe. Vers le trentième jour la greffe entre en végétation ; il faut alors la débarrasser de la ligature, et la tenir enveloppée dans un cornet de papier pendant une dizaine de jours encore ; après quoi on peut l'abandonner à elle-même.

Groupe II. Greffes par rameaux en couronne. Les greffes en couronne se distinguent de celles du groupe précédent par l'époque tardive à laquelle elles doivent être opérées, car il faut que la végétation soit assez avancée pour permettre de détacher facilement l'écorce de l'aubier. Elles en diffèrent surtout parce que le corps ligneux n'est pas incisé ; l'écorce seule est fendue verticalement. Les principales greffes de ce groupe sont les suivantes :

Greffe en couronne Théophraste (fig. 63). Couper la tige du sujet ou seulement les ramifications du second ordre à 0ᵐ 50 de leur naissance. Fendre l'écorce verticalement jusqu'à l'aubier sur une longueur de 0ᵐ 08 environ. Tailler les greffes (A) en bec de flûte, en pratiquant un cran à la partie supérieure de l'entaille. Soulever l'écorce sur les bords de l'incision faite au sujet, puis introduire la greffe entre cette écorce et l'aubier, en la disposant de manière à ce que le côté entaillé soit appliqué sur l'aubier. Ligaturer ensuite, puis abriter du contact de l'air avec du mastic à greffer.

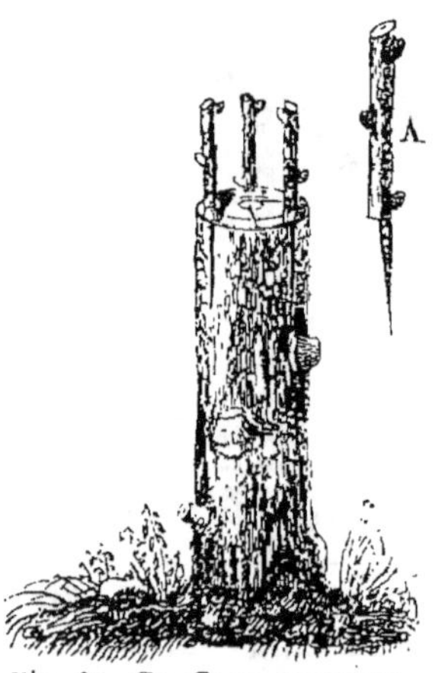

Fig. 63. *Greffe en couronne Théophraste.*

On peut ainsi placer autant de greffes sur la coupe de la même tige ou de la même branche que le périmètre de cette tige ou de cette branche le permet. Il sera toutefois nécessaire de réserver un espace de 0ᵐ 08 environ entre chaque greffe. Cette sorte de greffe est d'un usage très-fréquent pour les arbres fruitiers déjà avancés en âge et dont on veut changer la nature de fruits.

Lorsqu'on appliquera cette greffe à des arbres âgés de 25 à 30 ans et plus, il sera bon de ne pas la pratiquer la même année sur toutes les branches ; car, l'arbre se trouvant tout à coup privé de tous ses boutons et ne pouvant en développer facilement de nouveaux en raison de l'épaisseur des couches inertes de l'écorce, il pourra arriver, que, les fonctions des racines étant brusquement suspendues, celles-ci pourrissent et déterminent la mort totale de l'arbre. Il sera donc prudent de n'opérer que sur la moitié des branches à greffer, en les choisissant de manière à ce qu'elles soient également réparties sur l'ensemble de la tête de l'arbre ; puis on retranchera une faible partie des branches réservées. Deux ans après, lorsque les premières greffes auront pris un développement convenable, on opérera les branches conservées.

Greffe en couronne Varin (*fig.* 64). Couper horizontalement la tête du sujet. Pratiquer transversalement une entaille triangulaire (A) sur l'un des côtés de l'aire de la coupe, puis fendre verticalement l'écorce en B, en face de l'entaille pratiquée. Tailler la base de la greffe (C) en bec de flûte, en pratiquant à la naissance de l'entaille une dent triangulaire (D). Insérer cette greffe entre l'écorce et l'aubier, de manière à ce que la dent (D) vienne remplir l'entaille triangulaire (A).

Cette greffe, imaginée en 1786 par M. Varin, alors jardinier en chef du Jardin des Plantes de l'Académie de Rouen, n'est applicable qu'aux très-jeunes sujets. Elle présente d'ailleurs beaucoup de solidité et beaucoup de chances de succès.

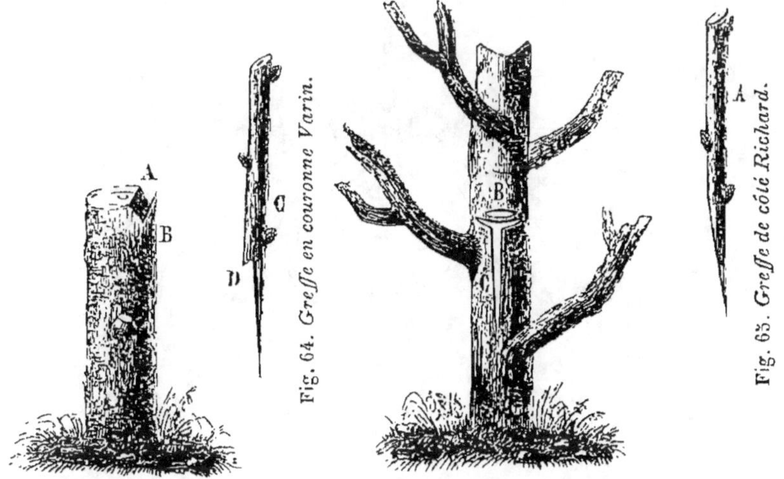

Fig. 64. Greffe en couronne Varin.

Fig. 65. Greffe de côté Richard.

Groupe III. Greffes par rameaux de côté. Ce qui distingue essentiellement les greffes de ce groupe de celles des précédents, c'est que leur placement ne nécessite pas l'amputation de la tête du sujet, et qu'on les effectue toujours sur les côtés de la tige. On les pratique à la même époque que les greffes en couronne.

Nous ne citerons que deux sortes de greffes de rameaux de côté.

Greffe de côté Richard (*fig.* 65). Tailler en biseau prolongé la base de la greffe (A). Faire à l'écorce du sujet une incision (C) en forme de T. Pratiquer immédiatement au-dessus de l'incision, en B, une entaille pénétrant jusqu'au-dessous de la première couche d'aubier. Soulever l'écorce incisée avec la spatule du greffoir, et introduire la greffe.

Cette sorte de greffe est particulièrement employée pour remplacer, dans les arbres fruitiers soumis à une taille régulière, des branches manquantes.

Greffe de côté en navette (*fig.* 66). Tailler la greffe (A) en forme de navette, en lui donnant une longueur de 0^m 05 environ, et de telle sorte que le côté qui porte le bouton (B) soit plus large que la face opposée. Inciser latéralement la tige ou la

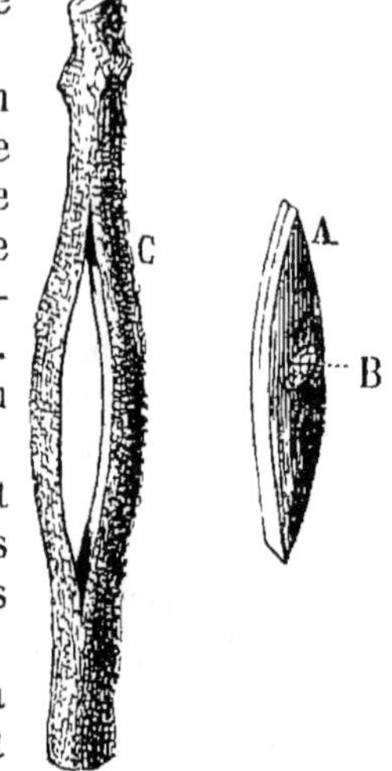

Fig. 66. *Greffe de côté en navette.*

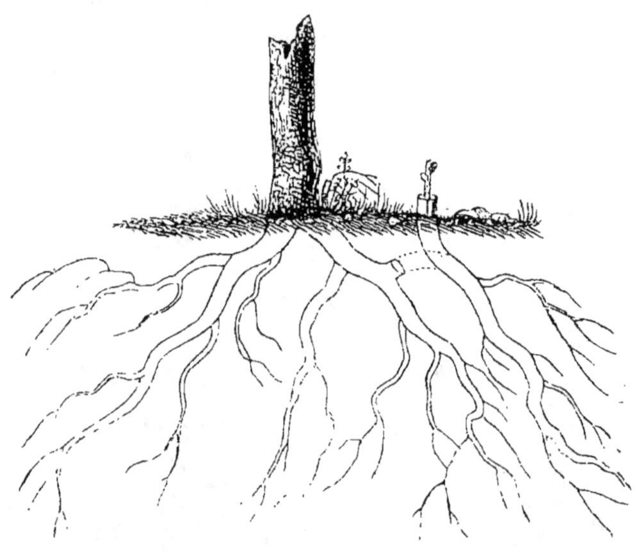

Fig. 67. *Greffe sur racine Saussure.*

branche du sujet (C) de manière à pouvoir y placer la greffe, puis ligaturer.

10.

Cette sorte de greffe n'est guère employée que pour remplacer des coursons sur les cordons dégarnis de la vigne.

Groupe IV. Greffes par rameaux sur racine. Ici ce sont les racines qui servent de sujets.

Quoique ces greffes ne soient pas d'un usage ordinaire, elles sont néanmoins d'une grande utilité pour multiplier les espèces pour lesquelles on n'a pas encore trouvé de sujets convenables et qu'on n'a pas pu, jusque-là, multiplier au moyen de la greffe. Voici les principales :

Greffe sur racine Saussure (*fig.* 67). Couper les racines près de leur souche, les relever à 0^m 01 au-dessus du sol, puis leur appliquer la greffe en fente simple ou Atticus.

Greffe sur racine Cels (*fig.* 68). Arracher des racines, les séparer de leur souche. Tailler la greffe (A) en bec de flûte surmonté d'une dent (D). Couper horizontalement le sommet de la racine ; pratiquer sur cette coupe une entaille triangulaire (B) pour recevoir la dent de la greffe, puis pratiquer une plaie longitudinale (C) pour être couverte par le bec de flûte de la greffe, enfin enterrer cette greffe jusqu'à l'avant-dernier bouton.

Cette greffe peut aussi servir à multiplier les espèces qui n'ont pas de congénères qui puissent servir de sujets.

Troisième section. Greffes par gemma ou œil. Les greffes de cette section consistent à enlever un œil ou bouton avec une

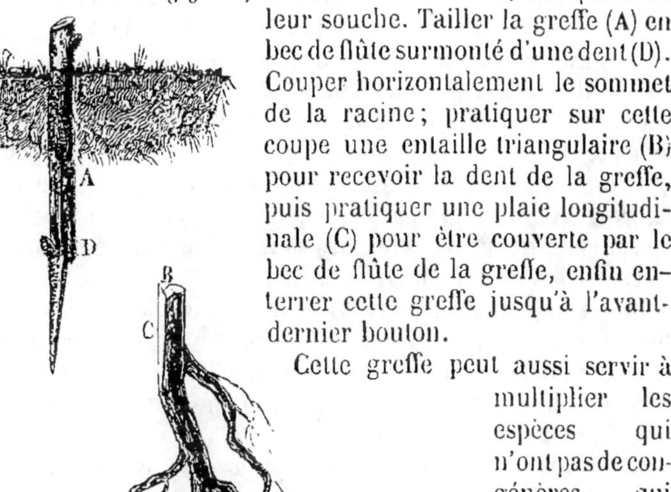

Fig. 68. *Greffe sur racine Cels.*

plaque d'écorce plus ou moins grande et de différentes formes, et à la transporter d'une place à une autre sur le même individu ou sur un individu différent. Cette section peut être partagée en deux groupes : les greffes *en écusson*, et les greffes *en flûte.*

Groupe I. Greffes par gemma en écusson. On donne le nom d'écusson à une plaque d'écorce sur laquelle se trouve un œil ou bouton ; cette plaque rappelle, par sa forme, les écussons d'armoiries (A, *fig.* 70). Ces greffes sont particulièrement employées pour de jeunes sujets âgés d'un à cinq ans et présentant une écorce mince, lisse et tendre.

La greffe en écusson ne peut être pratiquée que *lorsque les arbres sont en séve*, afin que l'écorce du sujet puisse être facilement détachée de l'aubier. On choisit à cet effet le mois de mai et, plus souvent, le moment de la séve d'août.

On prend, sur les arbres qu'on veut multiplier au moyen de cette greffe, des *bourgeons dont l'aisselle des feuilles offre des yeux bien constitués ;* s'ils ne le sont pas suffisamment, on pince l'extrémité herbacée de ces bourgeons pour faire refluer la séve vers la base. Au bout d'une douzaine de jours, les yeux ont atteint un développement suffisant, et l'on détache le bourgeon de son pied-mère. Aussitôt après, *on supprime les feuilles de ces bourgeons, en ne réservant qu'un centimètre environ de leur pétiole* (C, *fig*. 70). Cette petite queue, qui reste attachée au-dessous de chaque œil, sert à le tenir entre les doigts et à le placer facilement dans l'incision. Les bourgeons ainsi dépouillés de leurs feuilles sont enveloppés de mousse humide, si les greffes doivent n'être posées qu'un jour ou deux après la séparation de leur pied-mère. Lorsqu'on a beaucoup d'écussons à poser dans la même journée, on place tous les bourgeons dans un vase rempli d'eau, tenu constamment à l'ombre, et d'où on ne les retire que les uns après les autres, et lorsqu'on a épuisé tous les yeux que chacun d'eux peut fournir.

L'incision destinée à recevoir les yeux doit présenter la figure d'un T et pénétrer jusqu'à l'aubier. On écarte ensuite par le haut, avec la spatule du greffoir, les deux lèvres de l'écorce qui est ainsi préparée pour recevoir l'écusson (B, *fig.* 70).

L'écusson est levé de manière à conserver au-dessous de l'œil l'amas de tissu cellulaire qui s'y trouve. Si l'œil était vidé, il ne faudrait pas l'employer, car il ne se souderait pas avec le sujet.

L'écusson étant posé, les lèvres et l'écorce du sujet sont rapprochées par-dessus à l'aide d'une ligature, de manière à ce que les parties ne laissent aucun vide entre elles et surtout que la base de l'œil soit bien appuyée sur l'aubier du sujet : l'opération est alors terminée.

Quelques semaines après, si l'on s'aperçoit que les ligatures donnent lieu à la formation de bourrelets ou d'étranglements, il convient de les délier et de les replacer en les serrant moins.

Pour que les écussons placés lors de la première séve, vers le mois de mai, se développent immédiatement après leur soudure avec le sujet, *on coupe la tête ou les branches du sujet à* 0^m 03 ou

0^m 04 du point où les écussons sont posés, et cela immédiatement après l'opération de la greffe.

Les écussons posés lors de la séve d'août ne devant végéter qu'au printemps, on ne pratique l'amputation de la tête ou des branches du sujet qu'au printemps qui suit l'opération. Si on coupait la tête du sujet immédiatement après la pose de l'écusson, celui-ci se développerait avant l'hiver ; mais le bourgeon n'ayant pas le temps de s'aoûter suffisamment, serait exposé à périr ou au moins à souffrir beaucoup.

Lorsque les écussons commencent à végéter, ils ont besoin d'être défendus contre la violence des vents, qui, sans cela, les détacheraient du sujet. On y arrive à l'aide d'un petit support (A, *fig.* 69) fixé sur la tige à l'aide de deux liens, et la dépassant de 0^m 30 environ. Dès que le bourgeon de l'écusson a atteint une longueur de 0^m 15 à 0^m 20, on commence à l'attacher sur ce support.

Les sujets étant presque toujours étêtés, il en résulte le développement de nombreux bourgeons sur la tige. Pour que ces bourgeons n'absorbent pas toute la séve des racines au détriment de la greffe, on opère comme nous l'avons indiqué pour les greffes par scions ou rameaux. Enfin, le sommet (D, *fig.* 69) de la tige primitive du sujet est coupé pendant l'hiver qui suit le développement de l'écusson, et cela, en B, immédiatement au-dessus du point où celui-ci a été placé.

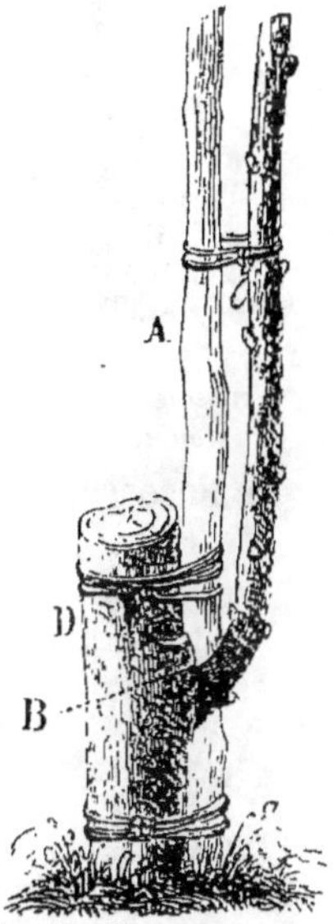

Fig. 69. *Support ou tuteur pour soutenir les écussons lors de leur premier développement.*

Fig. 70. *Greffe en écusson Vitry ou à œil dormant.*

Voici quelles sont les principales sortes de greffes de ce groupe.

Greffe en écusson Vitry ou à œil dormant (fig. 70). Placer l'écusson de la manière ordinaire, mais à la séve d'août. Ne supprimer la tête du sujet qu'au printemps suivant, si l'écusson est repris.

Greffe en écusson Jouette ou à œil poussant. Opérer comme pour la précédente ; seulement, poser l'écusson vers le mois de mai, puis couper immédiatement la tête du sujet. Quoique cette seconde greffe fasse gagner une année sur la précédente, il sera généralement préférable d'avoir recours à la première. En effet, la greffe à œil poussant ne commençant guère à se développer que vers le milieu de l'été, n'est pas suffisamment aoûtée avant les froids de l'hiver, et périt souvent. D'un autre côté, comme on est obligé de couper la tête du sujet pour pratiquer cette greffe, si elle ne réussit pas, le sujet est à peu près perdu. Pour la greffe Vitry, au contraire, on ne tranche la tête du sujet qu'après la reprise, ce qui permet de recommencer l'opération si elle n'a pas réussi d'abord.

Greffe en écusson de Semet ou double (fig. 71). Opérer comme pour l'une ou l'autre des deux greffes précédentes, mais placer sur le même sujet deux ou un plus grand nombre d'écussons. Cette greffe est très-utile pour hâter la formation de la charpente des jeunes arbres fruitiers soumis à une taille régulière.

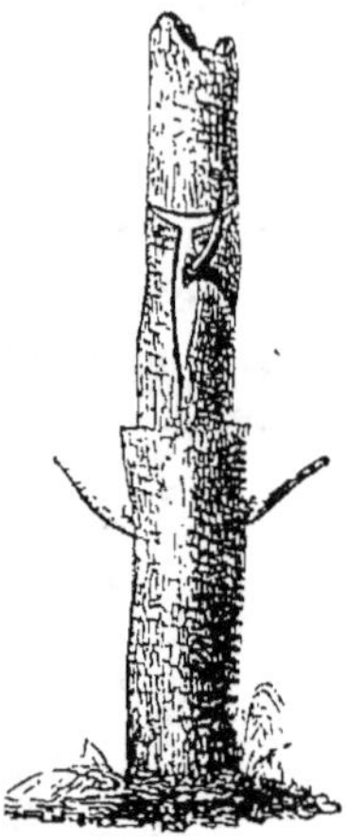

Greffe en écusson Pœderlé ou sans bois (fig. 72). Opérer comme dans l'un ou l'autre des trois cas précédents, mais détacher l'écusson du bourgeon qui le porte de manière à ce qu'il ne reste au-dessous de l'écorce aucune trace d'aubier. En opérant ainsi, on sera plus certain du succès de l'opération ; car c'est seulement par le liber, face interne de l'écorce, que l'écusson se soude avec le sujet.

Fig. 71. *Greffe en écusson de Semet ou double.*

Greffe en écusson Lenormand ou boisée (fig. 73). Elle ne diffère de la précédente que par l'écusson qui est levé de manière à ce qu'une lame d'aubier couvre le tiers environ de la face interne de l'écusson.

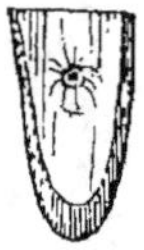

Ce mode d'opérer est beaucoup plus prompt et surtout plus facile que la greffe précédente ; mais il est moins sûr. Le plus grand nombre des pépiniéristes le préfèrent, en raison des deux avantages que nous venons de signaler.

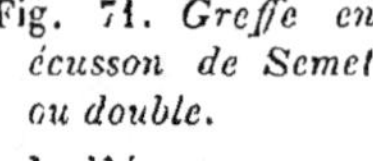

Fig. 72. *Greffe en écusson Pœderlé ou sans bois.*

Greffe en écusson Girardin (fig. 74). Cette sorte de greffe se pratique lors de la séve d'août et de la séve du printemps. On choisit sur un arbre fruitier des boutons à fleurs; on les enlève avec la précaution indiquée pour l'écusson Lenormand, puis on les place dans une incision pratiquée comme pour les greffes précédentes. L'année suivante ou l'année même, si l'on opère au printemps, ces boutons se développent, fleurissent et donnent des fruits.

Fig. 73. *Greffe en écusson Lenormand ou boisée.*

Fig. 74. *Greffe en écusson Girardin.*

Ce procédé peut être utilement employé pour garnir de lambourdes des branches d'arbres *à fruits à pepins* trop dégarnies.

Greffe en écusson Sickler ou sur racine (*fig.* 75). Découvrir des racines traçantes de la grosseur du doigt ; les greffer en écusson au printemps et laisser la place de l'écusson découverte. L'année suivante, lorsque les greffes ont poussé, séparer la racine de son piedmère, en **A**. On obtient ainsi un nouvel individu. Cette sorte de greffe peut être utilement employée pour multiplier des espèces d'arbres qui n'ont point de congénères.

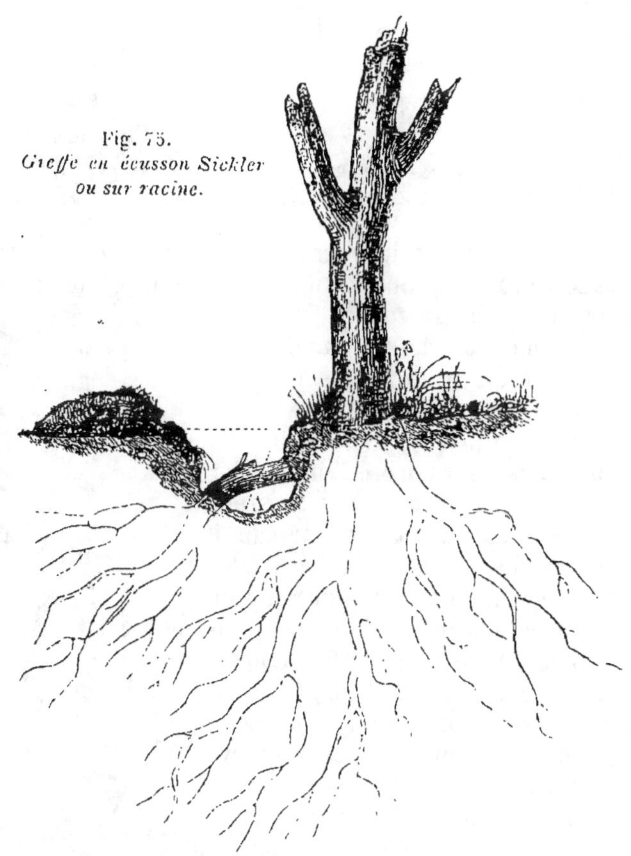

Fig. 75.
*Greffe en écusson Sickler
ou sur racine.*

Groupe 11. Greffes par gemma en flûte. Ces greffes se composent d'un ou plusieurs yeux ou boutons portés sur un anneau d'écorce plus ou moins grand et sans aubier. Elles sont affectées plus particulièrement à la multiplication de certains grands arbres fruitiers et autres, tels que noyers, châtaigniers, quelques chênes, des mûriers, etc. Les principales espèces de greffes de ce groupe sont :

Greffe en flûte Jefferson (fig. 76). Vers le déclin de la séve d'août choisir un jour où le temps est doux et sans pluie. Chercher sur l'arbre qu'on veut multiplier, un bourgeon d'une grosseur semblable à celle du sujet et muni d'yeux bien formés.

Enlever sur ce bourgeon, sans le détacher de son pied-mère, un anneau d'écorce (A) muni d'un ou deux yeux. Détacher sur le sujet un anneau d'é-corce sans yeux et de pareille dimension. Placer l'anneau de la greffe à la place de celui enlevé au sujet, en B, et mettre l'an-

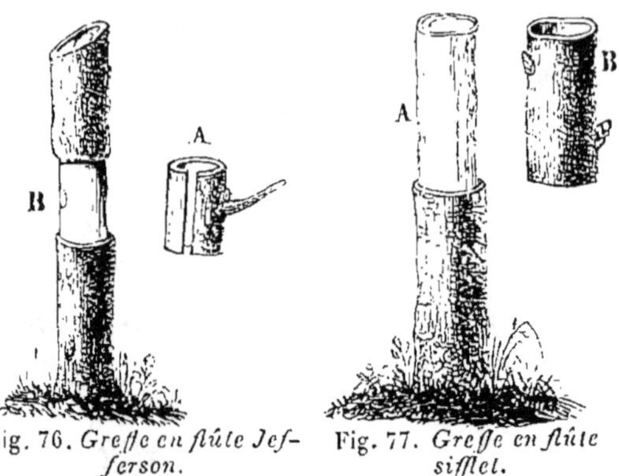

Fig. 76. *Greffe en flûte Jef-ferson.*

Fig. 77. *Greffe en flûte sifflet.*

neau du sujet à la place de celui enlevé au bourgeon de la greffe ; recouvrir les scissures avec du mastic à greffer. Au printemps suivant, si la greffe est reprise. couper la tête du sujet immédiatement au-dessus du point où la greffe a été posée, afin de favoriser le développement des boutons qu'elle porte.

Greffe en flûte sifflet (fig. 77). Lors de la séve du printemps, choisir sur l'arbre à multiplier un rameau exactement de la même grosseur que la tige du sujet ; enterrer le rameau à l'ombre pendant une quinzaine de jours, afin de retarder la végétation au profit de celle du sujet ; couper ensuite la tête du sujet (A), puis enlever un anneau d'écorce de 0ᵐ 08 de long. Détacher, sur le rameau qui sert de greffe, un anneau d'écorce (B). muni d'un à deux boutons et de même longueur que celui enlevé sur le sujet ; ajuster ce cylindre à la place de l'anneau du sujet et faire parfaitement coïncider sa base avec l'écorce de celui-ci ; recouvrir les plaies avec du mastic à greffer.

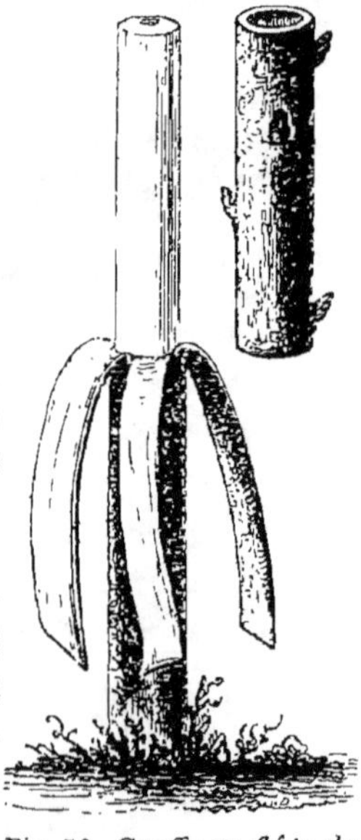

Fig. 78. *Greffe en flûte de faune.*

Greffe en flûte de faune (fig. 78). Elle diffère de la précédente en ce qu'elle porte un plus grand nombre d'yeux et qu'elle est par conséquent plus longue ; puis au lieu de supprimer l'écorce du sujet au point où la greffe est placée, on la divise verticalement en plusieurs lanières qu'on rabat vers la terre et qu'on relève sur la greffe, lorsqu'elle a été placée. On peut à la rigueur, se dispenser d'employer pour cette greffe aucune ligature ni mastic ; si cependant il était pour pleuvoir, il faudrait coiffer chacune d'elles d'une coquille d'œuf ou de gros limaçons.

De toutes les greffes de la troisième section, celles de ce dernier groupe sont les plus solides, les moins exposées à être décollées par les vents : mais aussi elles exigent plus de temps pour être pratiquées.

Marcottage. — Le marcottage est une opération à l'aide de laquelle on fait développer des racines à une tige, ou une tige à des racines, avant de les avoir séparées de leur pied-mère. La théorie de cette opération repose sur ce principe de physiologie qui établit :

1° Que toutes les parties de la tige d'un arbre peuvent développer des racines lorsqu'elles rencontrent les circonstances où se trouvent ordinairement placées celles-ci, c'est-à-dire un milieu humide et abrité de la lumière ;

2° Que les racines, placées sous l'influence de la lumière et du libre concours de l'air, peuvent donner naissance à des tiges.

Le marcottage, tout en présentant les avantages généraux inhérents à la multiplication artificielle, offre encore celui de pouvoir être utilement employé dans le cas où les greffes ne peuvent réussir.

Le marcottage peut être pratiqué en toute saison, pourvu que la température ne soit pas au-dessous de zéro. Cependant il y aura toujours plus d'avantage à l'effectuer au moment qui précède le premier bourgeonnement au printemps ; la marcotte recevra l'influence de toute la végétation de l'été suivant, et développera des racines plus nombreuses.

A part le mode d'opérer particulier à chaque sorte de marcotte, voici quelques soins qui s'appliquent à la plupart d'entre elles. On ne devra, en général, marcotter que les rameaux âgés de deux ans au plus, et toujours choisir les plus vigoureux ; car, plus ils sont jeunes et vigoureux, plus aussi l'écorce est tendre et développe facilement les racines. Il convient de fumer convenablement avec du terreau et d'ameublir parfaitement toute la surface du terrain où les marcottes doivent être couchées. Il faut relever, à l'aide d'un tuteur (C, *fig.* 82), le sommet de toutes les marcottes. Sans cette précaution, le rameau, placé dans une position très-oblique, se développerait faiblement, et le nombre des racines serait très-restreint. Enfin, il est utile de supprimer, toutes les fois qu'on le pourra, dans la souche qui fournit les marcottes, tous les rameaux ou branches qui ne pourront être marcottées, et qui, restant dans une position verticale, absorberaient, au détriment des marcottes couchées presque horizontalement, la plus grande partie de la séve des racines.

Autant que possible, la souche devra présenter, après le marcottage, l'aspect de la figure 82. Il en résultera un autre avantage, c'est que cette souche, ainsi opérée, développera de vigoureux bourgeons qui pourront servir de marcottes l'année suivante.

Il est indispensable, pendant les grandes chaleurs de l'été, de maintenir la terre constamment humide, à l'aide de quelques arrosements pratiqués le soir après le coucher du soleil. Cette condition est une des plus importantes ; car sans elle, les marcottes s'enracineront peu ou point. Afin d'empêcher l'eau de battre et de durcir la surface du 'sol, on doit recouvrir celui-ci d'un paillis, les arrosements en seront moins souvent nécessaires.

Les espèces à bois mou, qui s'enracinent facilement, peuvent, si elles ont été opérées avant l'été, être sevrées dès l'automne suivant. Ce sevrage se fait en séparant la marcotte de son pied-mère immédiatement au-dessous du point où elle a développé des racines, en B, figure 82. Les espèces à bois dur ne seront séparées de leur pied-mère qu'après deux ans. Pour les espèces délicates ou qui s'enracinent difficilement, il sera bon de n'opérer le sevrage que progressivement, ainsi que nous l'avons indiqué pour les greffes. C'est l'automne qu'on devra généralement préférer pour sevrer les marcottes, surtout si on les plante dans un sol léger et exposé à la sécheresse.

Tous les arbres ne s'enracinent pas aussi facilement les uns que les autres par le marcottage : aussi la manière d'effectuer cette opération varie-t-elle en raison des espèces. On peut, sous ce rapport, diviser les marcottes comme nous l'avons fait dans le tableau suivant.

Ire Section. Marcottages simples.......	1⁰ Par drageons. 2⁰ Par racines. 3⁰ Par butte ou par cépée. 4⁰ En archet. 5⁰ En serpenteaux. 6⁰ Chinois.
IIe Section. Marcottages compliqués....	1⁰ Par incision annulaire. 2⁰ Par incision en Y. 3⁰ Herbacée. 4⁰ Par double incision. 5⁰ En l'air.

Cette liste est loin de comprendre toutes les marcottes connues aujourd'hui ; nous n'avons indiqué que les plus utiles.

Disons un mot du meilleur mode d'opérer chacun de ces marcottages.

Première section. Marcottages simples. Toutes les marcottes de cette section n'ont besoin que d'être recouvertes de terre pour s'enraciner, et vivre comme des individus distincts après avoir été séparées de leur pied-mère. Cette section renferme les espèces suivantes :

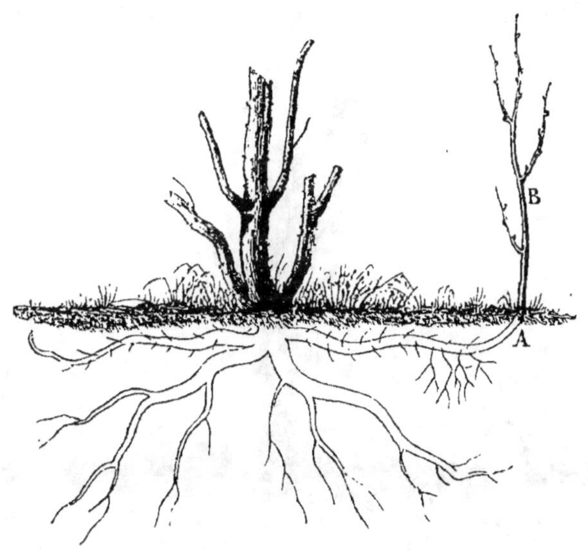

Fig. 79. *Marcottage par drageons.*

Marcottage par drageons (*fig.* 79). Certains arbrisseaux, tels que les lilas, les rosiers, les chèvrefeuilles, les spirées, etc., développent, au collet de leur racine, des bourgeons souterrains ou drageons (A) qui s'étendent horizontalement sous terre, en sortent ensuite, et donnent lieu à de nouvelles tiges (B). Pour activer le développement des racines sur ces drageons, il suffit de pincer vers le mois de juillet l'extrémité herbacée et aérienne. Au printemps suivant, ces drageons sont ordinairement bien enracinés, et on les sépare de leur pied-mère.

Marcottage par racines (*fig.* 80). Ce marcottage est usité pour quelques espèces dont les racines très-longues s'enfoncent peu profondément ; telles sont les *robiniers, le vernis du Japon, le chico-bonduc*, etc. Les racines de ces arbres sont souvent blessées par les instruments de labour ; il se forme alors sur chaque plaie des exostoses (A) qui développent des bourgeons (B) formant bientôt de nouvelles tiges. En séparant ces racines de leur pied-mère immédiatement au-dessous du point où les bourgeons se sont développés, en C, on obtient de nouveaux individus. On peut également, pour augmenter l'abondance du chevelu sur les racines, pincer vers le mois de juillet l'extrémité herbacée des bourgeons.

Marcottage en butte ou en cépée (fig. 81). Ce marcottage consiste à rabattre, au printemps, la tige principale d'un jeune arbre à 0ᵐ 16 environ du collet. Bientôt on voit apparaître, au-dessous de la coupe, de nombreux bourgeons (A). Au printemps suivant, on recouvre le sommet du tronc mutilé d'une couche de terre bien amendée,

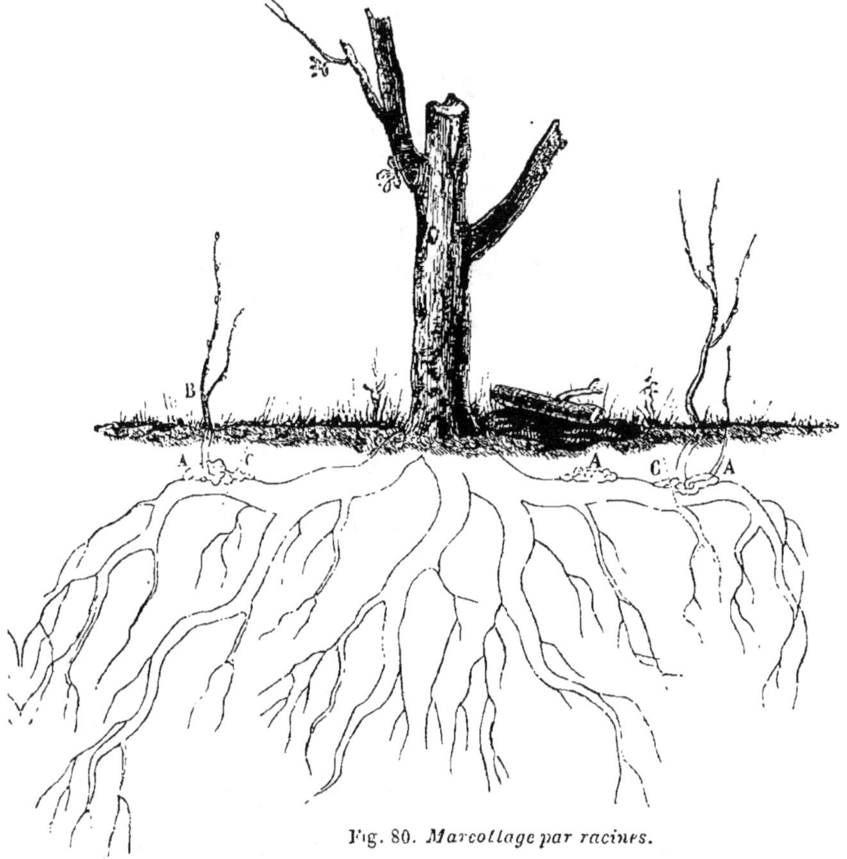

Fig. 80. *Marcottage par racines.*

de 0ᵐ 08 d'épaisseur et disposée en forme de cône tronqué (B) et creusée en godet. Tous les bourgeons qui se sont développés s'enracinent presque aussitôt à leur base, et peuvent être sevrés et plantés l'année suivante. Les souches restantes peuvent ainsi servir tous les deux ans à une nouvelle production.

Ce mode de multiplication est surtout employé pour les espèces qui se ramifient facilement à leur base, et dont l'écorce est très-tendre. Les jeunes *cognassiers*, les *pommiers* dits *doucin* et *de paradis* sont multipliés de cette manière. On peut encore l'employer avec avantage pour les *mûriers*, et surtout le *mûrier multicaule.*

Marcottage en archet (fig. 82). Au printemps, on choisit, dans une touffe d'arbrisseaux, des rameaux d'un à deux ans, bien vigoureux.

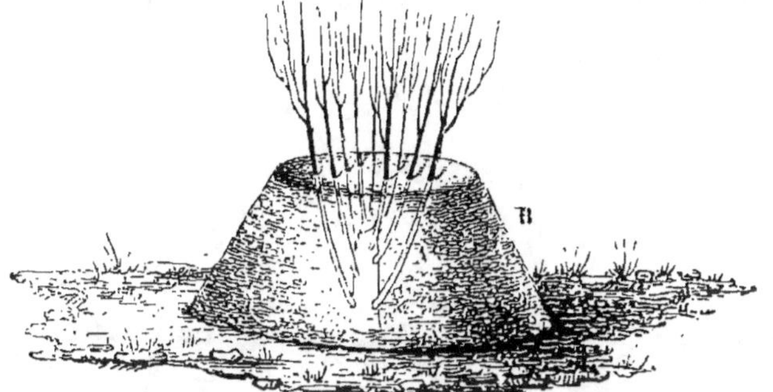

Fig. 81. *Marcottage en butte ou en cépée.*

A l'aide d'un petit crochet en bois (A), on les courbe dans de petites fossettes (B) de 0^{m}08 de profondeur, pratiquées dans le sol environnant. On laisse sortir hors de terre leur extrémité, qu'on

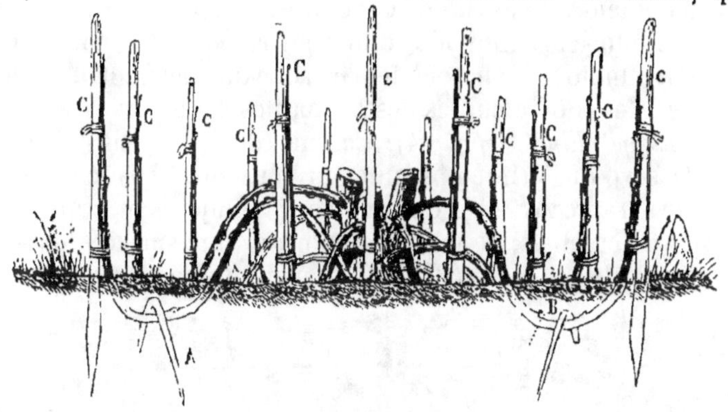

Fig. 82. *Marcottage en archet.*

redresse à l'aide d'un tuteur (C), puis on remplit les fossettes avec de la terre bien fumée. Ces marcottes développent assez de racines pour être séparées de leur pied-mère un an ou deux ans après. Ce mode d'opérer est employé pour les espèces à écorce dure. La courbure que l'on fait éprouver à ces rameaux devient un obstacle à la libre circulation de la séve descendante ou cambium, et surtout au passage des filets ligneux et corticaux qui naissent des feuilles. Ces filets, arrivant successivement vers le point où le rameau est courbé, percent l'écorce, et donnent lieu à des racines.

Marcottage en serpenteaux (fig. 83). Des rameaux sarmenteux (A), fournis par un pied vigoureux, sont couchés tous les 0^{m}64, et fixés dans des fossettes (B) de manière à ce que l'étendue enterrée du sarment égale celle qui sort de terre (D). L'extrémité (C) est re-

dressée à l'aide d'un tuteur. L'essentiel, dans cette opération, est
que chaque portion de cercle que décrit le sarment en sortant successivement de terre se trouve pourvue de plusieurs boutons des-

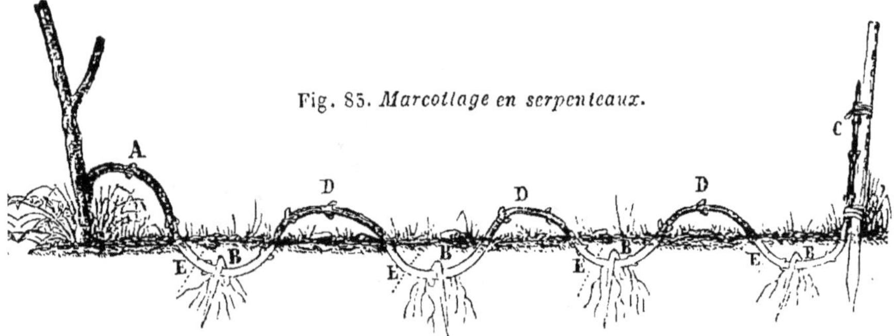

Fig. 83. *Marcottage en serpenteaux.*

tinés au développement de nouveaux bourgeons. Lorsque cette
tige est enracinée aux divers points enterrés, on opère le sevrage
immédiatement au-dessous de chacun de ces points (E), et l'on obtient ainsi plusieurs individus d'un seul rameau. Ce marcottage est
utilement employé pour tous les arbrisseaux sarmenteux, tels que
les vignes, les chèvrefeuilles, les clématites, les glycines, etc.

Marcottage chinois (*fig.* 84). Ce marcottage consiste à coucher,
avant la séve du printemps, une ou plusieurs branches entières
avec leurs rameaux (A). Ceux-ci sont assujettis par un nombre
suffisant de crochets, de manière à former une surface horizontale
dans une sorte de fosse (B) plate et peu profonde. Quand l'arbre

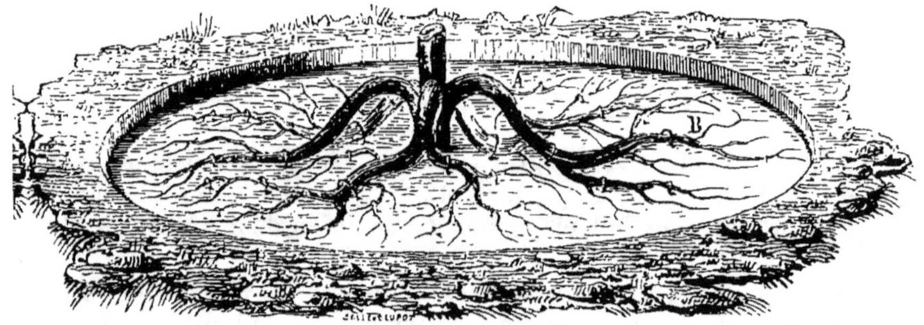

Fig. 84. *Marcottage chinois.*

entre en végétation, chaque bouton donne lieu à un bourgeon qui
s'élève verticalement ; on recouvre alors de quelques centimètres
de terre toutes les branches et les rameaux couchés, en ayant soin
d'arroser suivant les besoins. Chaque bourgeon développe, avant la
fin de l'été, un certain nombre de racines ; de sorte qu'en pratiquant le sevrage à l'automne ou au printemps suivant, on obtient

11.

autant d'individus distincts qu'il s'est développé de boutons sur les rameaux de la branche couchée.

Fig 85. *Coupe-séve.*

Deuxième section. Marcottages compliqués. Les opérations que nous venons de décrire sont suffisantes pour faire enraciner les rameaux des espèces à bois mou et de consistance moyenne ; mais il en est un certain nombre pour lesquelles on a dû modifier les opérations précédentes, de manière à déterminer le développement des racines sur les marcottes. On y est parvenu au moyen d'incisions de formes diverses qui ont arrêté en partie la descension du cambium et des filets ligneux et corticaux. On a provoqué ainsi la formation de bourrelets de tissu cellulaire sur les bords des incisions, et l'on a forcé les filets descendants à traverser ces bourrelets et à apparaître au dehors sous forme de racines.

Par opposition au mode très-simple d'opérer les marcottages précédents, on donne le nom de marcottages compliqués à tous ceux pour lesquels on fait usage des incisions. Voici les principales sortes de marcottages qui rentrent dans cette seconde section.

Marcottage par incision annulaire (fig. 86). A l'aide de la lame du greffoir, ou mieux de l'instrument nommé *coupe-séve (fig. 85),* on pratique sur le rameau (A), destiné à être marcotté, une incision annulaire (B) large de 0^m015 environ ; ce rameau est courbé comme pour le marcottage en archet, de telle sorte que l'incision se trouve placée au milieu de l'espace enterré. Un bourrelet se forme rapidement au bord supérieur de la plaie, et

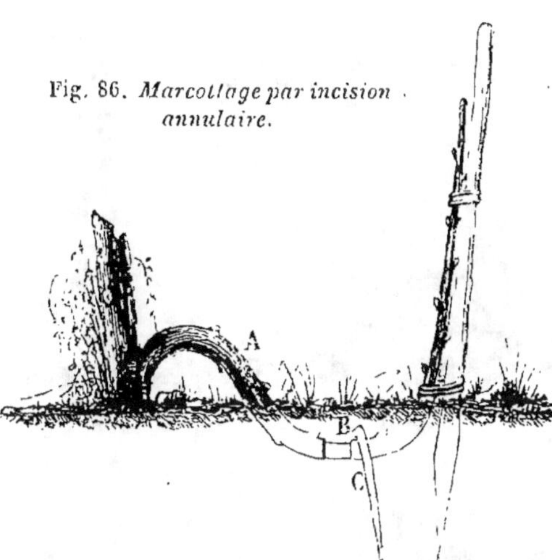

Fig. 86. *Marcottage par incision annulaire.*

les racines s'y développent en grand nombre. L'incision doit être pratiquée de manière à ce que le bord supérieur de la plaie affleure un bouton. Ce marcottage est très-usité pour la vigne et pour tous les arbres fruitiers qu'on veut avoir francs de pied.

Marcottage par incision en Y (fig. 87). Celui-ci ne diffère non plus du marcottage en archet que par l'incision qu'on pratique comme il suit. Vers le milieu de l'espace du rameau qui doit être enterré, on fait une incision longitudinale de 0^m 02 (A) dirigée vers le sommet du rameau et arrivant jusqu'à la moelle. On coupe obliquement

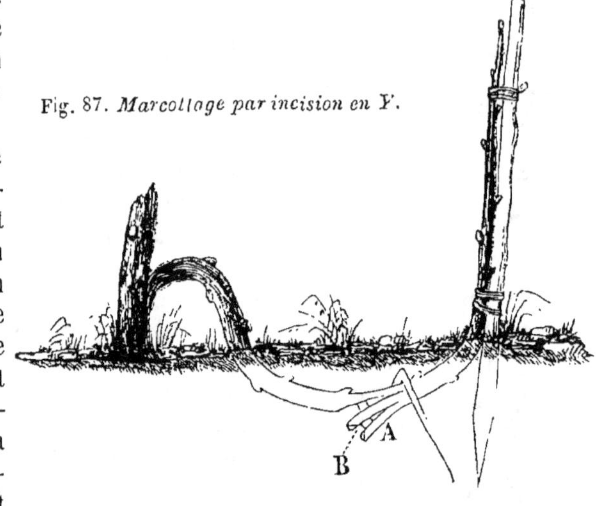

Fig. 87. *Marcottage par incision en Y.*

la base de la languette (B) résultant de l'incision de bas en haut. Pour tenir les lèvres de l'incision éloignées l'une de l'autre, on introduit entre elles un corps étranger (C). Ceci fait, l'incision représente à peu près la forme d'un Y renversé. Autant que possible, la base de la languette doit être terminée par un bouton (D). Bientôt un bourrelet se forme sur les bords de l'incision, et les racines s'y développent en abondance.

Marcottage par double incision (fig. 88). On procède comme pour le marcottage en Y ; toutefois, la languette de la marcotte (A) est partagée en

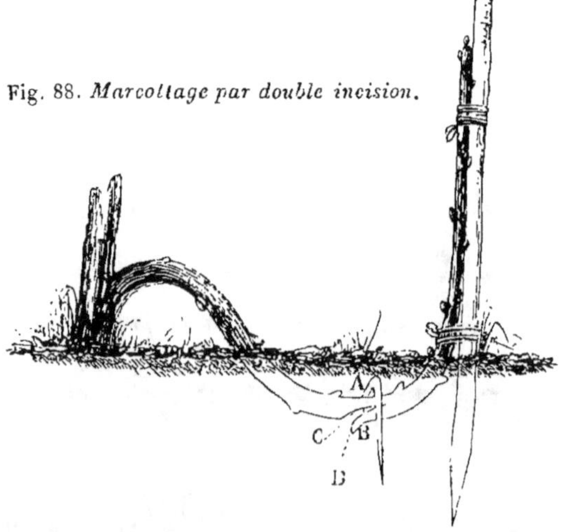

Fig. 88. *Marcottage par double incision.*

deux portions égales qu'on maintient écartées à l'aide des corps étrangers (B). Cette méthode multiplie la surface du liber mis à nu, et augmente les chances de développement des racines.

Ce marcottage, imaginé par M. Varin, alors jardinier en chef du Jardin botanique de Rouen, est d'un emploi avantageux pour les espèces qui s'enracinent difficilement.

Marcottage en l'air (fig. 89). Ce marcottage est particulièrement employé pour les arbres ou les arbrisseaux dépourvus de rameaux à la base de leur tige, et pour lesquels on est obligé d'avoir recours aux ramifications du sommet. Dans ce cas, on fait passer celles-ci dans un vase approprié à cet usage et rempli de terre maintenue constamment humide.

Les vases que l'on peut employer varient beaucoup de forme. Les plus simples et les moins coûteux sont en terre cuite et présentent la forme indiquée par la figure 89. La fente (A) destinée à introduire latéralement le rameau à marcotter, est ensuite fermée à l'aide de deux fragments d'ardoise (B). Le vase est soutenu à une hauteur convenable à l'aide d'un petit support en bois (C). Les marcottes pratiquées de cette manière doivent toujours être incisées.

Fig. 89. *Marcottage en l'air.*

Boutures. — On donne le nom de bouture à une partie de végétal, qui, séparée de son pied-mère, est mise en terre pour y développer des racines si c'est une fraction de la tige, ou des bourgeons si c'est un fragment de racine. Ce mode de multiplication est plus prompt et plus facile que le marcottage; mais il ne peut être employé que pour les espèces à bois très-mou qui s'enracinent facilement, telles que les saules, les peupliers, les platanes, etc.

Voici comment on peut expliquer que les boutures, qui ne sont que des portions de tige ou de racines, puissent vivre quelque temps et même se développer avant d'être complétement enracinées dans le sol.

Un rameau ou une partie de racine détaché d'un arbre renferme une dose de principe vital aussi grande que l'arbre auquel il appartient; car, dans les végétaux. ce principe vital est également répandu dans toutes les parties de l'individu; seulement, ce ra-

meau ou ce fragment de racine manque d'un organe indispensable
à l'entretien de ce principe vital, à savoir des bourgeons si c'est
une partie de racine, ou des racines si c'est un rameau. Mais, nous
savons que la tige et la racine tiennent en réserve, après la végétation, une certaine quantité de séve épaissie ou cambium destinée
à alimenter le premier développement des bourgeons, au printemps, avant l'apparition des feuilles ; or, lorsqu'au printemps, on
confie une bouture au sol, l'énergie vitale est excitée par l'élévation
de température qui se manifeste à cette époque, et ce fragment de
plante entre en végétation. Le cambium qu'il renferme concourt au
développement des bourgeons et des premières feuilles ; celles-ci
puisent dans l'atmosphère de nouveaux sucs nutritifs qu'elles transforment en fluide organisateur ; les filets ligneux et corticaux descendants qui naissent des feuilles sont arrêtés dans leur trajet, ainsi
que le cambium, à la base de la bouture où ce fluide donne lieu à
des bourrelets de tissu cellulaire sur les bords de la plaie ; bientôt,
les filets ligneux et corticaux, se faisant jour à travers cette masse
spongieuse, apparaissent sous forme de racines. La bouture est
dès lors un individu parfait, puisqu'elle se compose d'une racine
et d'une tige.

Le *sol le plus convenable pour les boutures* doit être considéré
sous trois points de vue : sa nature, son exposition et sa préparation.

Quant à sa nature, il devra être en général d'une consistance
moyenne ; mais il est bien entendu que, pour les espèces d'arbres et
d'arbrisseaux qu'on cultivera en terre de bruyère, les boutures seront placées dans un terrain de même nature. L'exposition devra
autant que possible être celle du nord, parce que les boutures y seront moins desséchées. Il sera également important de les abriter
du soleil pendant leur reprise, surtout les espèces à feuilles persistantes ; car le soleil du printemps suffirait pour les dessécher entièrement.

Des abris semblables à ceux que nous avons recommandés pour
les semis rempliront parfaitement ce but.

Enfin, le sol sera ameubli à l'aide de labours, et fumé avec du
terreau.

Le *mode de préparation des boutures* varie nécessairement,
suivant les sortes ; disons seulement que les plaies devront
être faites avec des instruments bien tranchants, afin qu'elles se
cicatrisent plus facilement. On devra bien se garder de supprimer,
ainsi que le font à tort quelques cultivateurs, les feuilles des boutures d'espèces ligneuses à feuilles persistantes ; en opérant de cette
manière on prive ces boutures d'une partie des organes qui, à dé-

faut de racines, absorbent dans l'atmosphère des fluides nourriciers dont elles ont besoin, et l'on retarde leur reprise.

L'époque la plus convenable pour effectuer les boutures en plein air est celle où la végétation est en repos ; du mois de novembre au mois d'avril.

Toutefois, si l'on opère sur un sol léger exposé à la sécheresse dès le printemps, il vaut mieux faire les boutures à l'automne ; car la sécheresse est un obstacle grave à leur reprise. Dans un sol compacte, humide, il est mieux, au contraire, d'opérer au printemps, car la base des boutures serait exposée à pourrir pendant l'hiver.

Enfin, les soins qu'exigent les boutures pendant leur reprise consistent, surtout, à empêcher l'action de la sécheresse. Il sera utile, pendant la première année, d'ombrager les plates-bandes, de pratiquer quelques arrosements pendant les grandes chaleurs de l'été et de couvrir la surface du sol avec un paillis.

Les boutures destinées à former des arbres de haut jet reçoivent, pendant la deuxième année de leur développement, les soins destinés à favoriser la première formation de leur tige. Ces boutures présentent ordinairement hors du sol trois ou quatre boutons, qui se développent avec plus ou moins de force pendant la première année. A la fin de l'hiver suivant, on choisit le plus vigoureux, situé, autant que possible, à quelque distance du sommet, en A (*fig.* 90), et on le place dans une position verticale. A l'automne suivant on transplante ces boutures ; on retranche, en B, leur sommet ; puis on raccourcit un peu, en C, les rameaux conservés au-dessous du prolongement, s'ils présentent une certaine vigueur.

Les diverses sortes de boutures propres aux pépinières sont assez nombreuses. Nous nous contenterons de décrire les suivantes qu'on peut classer comme nous l'indiquons dans cette liste :

Iʳᵉ SECTION. Boutures au moyen de fragments de tige...........	1º Par rameaux. 2º Par rameaux avec talon. 3º Par crossettes. 4º Par plançons. 5º Par étranglement. 6º Par ramée. 7º Semées.
IIᵉ SECTION. Boutures au moyen de fragments de racines........	1º Par tronçons de racine.

Première section. Boutures au moyen de fragments de tige. Ces boutures s'effectuent à l'aide de fragments de tige auxquels on fait développer des racines pour les transformer en autant d'individus parfaits.

Bouture par rameaux (fig. 91). On choisit des rameaux nés l'année précédente, plus âgés ils s'enracinent moins facilement, et on les coupe par fragments de 0^m 16 à 0^m 20, selon le nombre des boutons ; chaque extrémité de la bouture devant être terminée par un bouton (B), afin que la vie, qui est entretenue dans les tissus par les boutons, soit maintenue dans toute l'étendue de la bouture. On les dispose en lignes plus ou moins distantes selon la vigueur des espèces ; on les plante, soit au plantoir, soit en les enfonçant dans la terre, mais toujours de telle sorte qu'il n'y ait que deux boutons hors de terre. Le plantoir doit être préféré, en ce que la base de la bouture est moins déchirée par le frottement sur le sol ; en outre, il comprime mieux la terre contre la base de la bouture, condition essentielle pour le succès de l'opération.

Bouture par rameaux avec talon (fig. 92). Ici au lieu de couper le rameau à quelque distance du point où il s'unit à la branche, on le coupe tout près de cette partie et on l'enlève avec le talon (A) qui se trouve à sa base. D'autres fois, au lieu

Fig. 90. *Bouture de deux ans disposée pour former un arbre de haut jet.*

de couper le rameau, on l'arrache avec effort, de manière à enlever une petite portion du corps ligneux de la branche sur laquelle il est né. Mais ce dernier moyen, qui est cependant le meilleur, offre de graves inconvénients pour les arbres sur lesquels on le pratique. Les plaies qui en résultent donnent souvent lieu à des chancres qui entraînent la perte de l'arbre. Pour éviter ces accidents, il est bon de recéper entièrement les tiges sur lesquelles on a opéré; il naît alors des bourgeons vigoureux, et les souches peuvent ainsi fournir, tous les deux ans, une abondante récolte de boutures à talon. Les boutures à talon s'enracinent plus facilement que les précédentes, parce que l'empattement de la base offre une plus grande quantité de boutons rudimentaires qui favorisent la formation des racines.

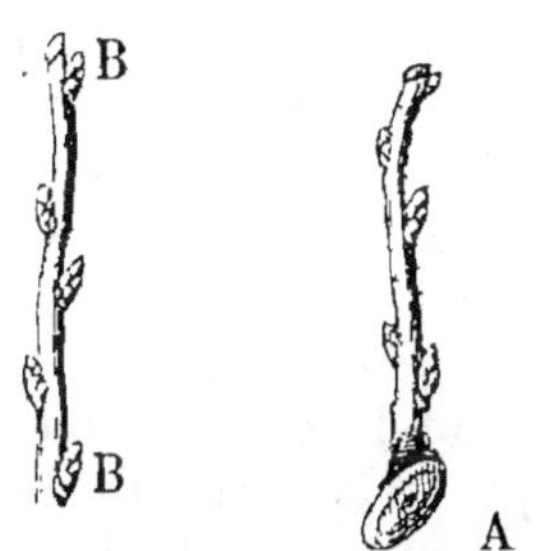

Fig. 91. *Bouture par rameaux.*

Fig. 92. *Bouture par rameaux avec talon.*

Bouture par crossettes (fig. 93). Pour cette bouture on réserve à la base du rameau de l'année (A) une certaine étendue de la branche qui lui a donné naissance (B). On laisse au rameau une longueur de 0^m 30, et à la portion de la branche, une étendue de 0^m 16; de manière, toutefois, que chacune des extrémités de ce fragment de branche soit munie d'un point (C) ayant donné naissance à un bouton ou à un rameau. Cette bouture offre des chances plus grandes de succès pour multiplier la vigne et les espèces d'ar-

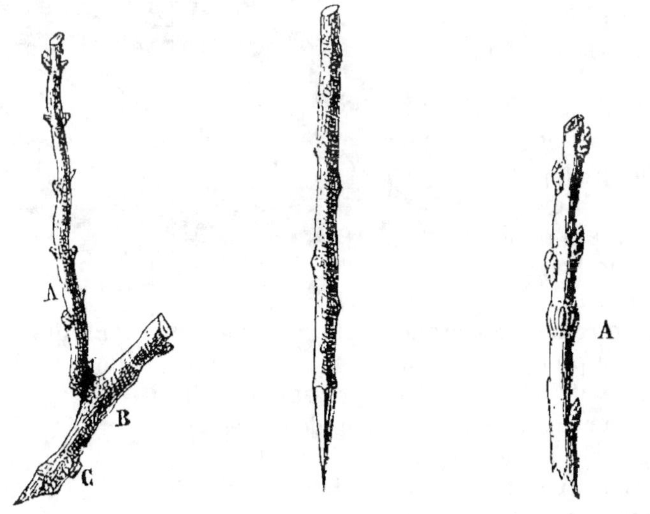

Fig. 93. *Bouture par crossettes.*

Fig. 94. *Bouture par plançons.*

Fig. 95. *Bouture par étranglement.*

brisseaux sarmenteux, parce que les diverses insertions qui se trouvent enterrées sont très-favorables au développement des racines. Les boutures par crossettes ne sont pas plantées perpendiculairement : on les couche presque horizontalement dans de petites fossettes creusées à 0^m 08 ou 0^m 12 de profondeur, et on ne laisse sortir de terre que deux ou trois boutons de l'extrémité supérieure. Ce mode de plantation est nécessaire pour ne pas priver la base de la bouture de l'utile influence de l'air.

Bouture par plançons (fig. 94). Cette bouture consiste en une branche de trois à cinq ans, droite, vigoureuse, coupée à la longueur de deux à trois mètres ; on la débarrasse de toutes ses ramifications, on la taille en pointe triangulaire, et on l'enterre, à la profondeur de 0^m 50, comme on plante un jeune arbre.

Cette bouture est très-bonne pour former à demeure, dans les sols humides, des têtards de peupliers, de saules, d'aunes, etc., destinés à fournir des échalas ou de l'osier.

Bouture par étranglement (fig. 95). On pratique, sur un rameau, au-dessous d'un bouton, une ligature au-dessus de laquelle il se forme bientôt un bourrelet (A). Lorsque ce bourrelet est bien développé, ce qui a lieu au bout d'un à deux ans, on coupe le rameau immédiatement au-dessous, on lui donne une longueur de 0^m 20 environ, puis on le plante comme les autres boutures.

Ce procédé peut être employé pour les espèces à bois très-dur et qui s'enracinent difficilement.

Boutures par ra-mée (fig. 96). Ces boutures se composent de branches de troisième et de quatrième ordre, garnies d'un grand nombre de rameaux, et présentant une longueur de cinq à six mè-

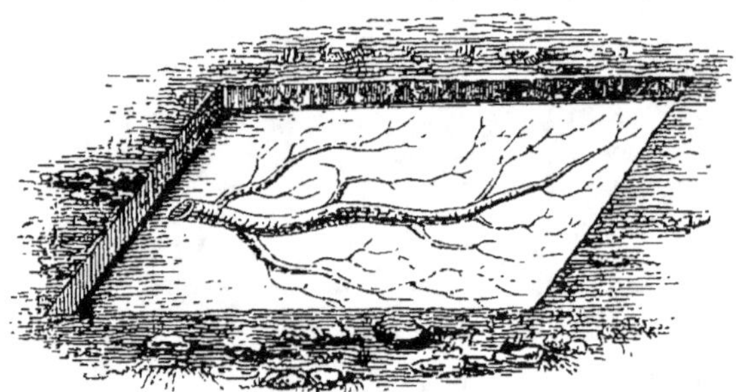

Fig. 96. *Bouture par ramée.*

tres. On couche ces branches horizontalement dans une fosse de 0^m 25 de profondeur, dont on a bien ameubli le fond, puis on les recouvre de terre. Les plus grosses branches sont enterrées à 0^m 20 de profondeur, les plus petites à 0^m 10, et les rameaux à 0^m 04. Tous les rameaux sont coupés vers leur sommet de manière à ce qu'ils ne présentent hors de terre que deux boutons. Chacun de ces rameaux venant à s'enraciner, il en résulte autant d'individus qu'on sépare les uns des autres. Tou-tes les espèces à bois mou, peuvent être mul-tipliées de cette manière.

Fig. 97. *Bouture semée.*

Bouture semée (fig. 97). Toutes les parties suffisamment aoûtées d'un rameau de l'année précédente sont coupées par petits tronçons, munis chacun d'un seul bouton. Ces fragments sont semés en rigole, en terre très-légère, au moment de la séve du printemps ; on les recouvre de 0^m 01 de terre, en ayant soin de tenir le sol suffisamment humide. Le bouton se développe bientôt, tandis que le côté opposé émet un faisceau de racines. On peut employer ce mode de multiplication pour toutes les espèces à bois mou, et particulièrement pour les mûriers, mais seulement dans le midi de la France où l'on peut joindre à l'humidité une température suffisante.

Deuxième section : Boutures au moyen de fragments de racine. Les boutures de cette seconde section sont d'une application beaucoup moins étendue que celles de la précédente ; leur emploi peut cependant devenir utile dans quelques circonstances. Nous ne citerons qu'une sorte de boutures par fragments de racine.

Bouture par tronçons de racine (fig. 98). Lorsqu'on déplante un arbre pour le détruire ou pour le changer de place, ou bien lorsqu'en labourant dans son voisinage on supprime celles de ses racines qui nuisent aux cultures voisines, on peut réunir toutes les racines qui se trouvent détachées de leur pied-mère et en faire des boutures. A cet effet on les divise par tronçons de 0^m 10 à 0^m 16 de long ; puis on les plante en élevant leur gros bout à 0^m 01 environ au-dessus de la surface du sol. En général, ces boutures développent des bourgeons dès la première année ; quelquefois aussi elles restent stationnaires pendant un an. Nous indiquerons plus loin les espèces pour lesquelles on peut utilement employer ce moyen.

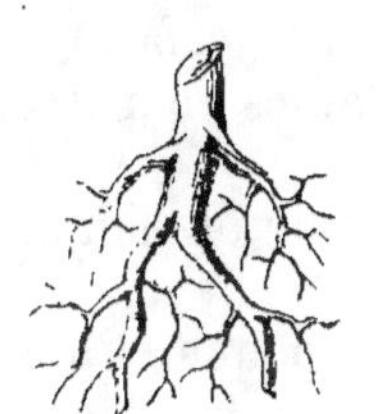

Fig. 98. *Bouture par tronçons de racines.*

Du repiquage. — Le repiquage a pour but d'enlever les jeunes plants des plates-bandes des semis, parce qu'ils sont trop serrés, et se nuisent mutuellement pour les placer dans un autre carré où ils s'habituent à l'ardeur du soleil, et où leurs racines, dérangées par ce déplacement, cessent de s'allonger pour se ramifier davantage.

Les pépiniéristes ont généralement la fâcheuse habitude, dans le but de gagner un peu de temps et surtout pour économiser la main-d'œuvre, de placer les jeunes plants d'arbres forestiers dans le carré des transplantations, à la sortie du carré des semis. Ces jeunes arbres séjournent dans ce carré jusqu'au moment de leur plantation à demeure, c'est-à-dire pendant quatre à cinq ans. Il résulte de ce mode d'opérer deux inconvénients : le premier, c'est que les jeunes plants, âgés d'un ou deux ans. et qui, dans le carré des semis, se sont développés très-rapprochés les uns des autres souffrent beaucoup lorsqu'on vient à les placer tout à coup à une grande distance les uns des autres. Privés instantanément de l'abri qu'ils se procuraient mutuellement, un grand nombre est desséché par l'ardeur du soleil et ne fournit qu'une végétation languissante. Le second inconvénient, c'est que les jeunes arbres occupant, dans le carré des transplantations, la même place jusqu'au moment où ils peuvent être plantés à demeure, présentent, lorsqu'on vient à les déplanter, des racines très-longues, mais peu nombreuses et peu ramifiées dont on est obligé de sacrifier une partie ; les arbres ont alors mauvais pied, et reprennent moins bien.

A l'aide du repiquage, au contraire, les jeunes plants, placés à des distances plus grandes que dans le carré des semis, mais plus rapprochées que dans celui des transplantations, s'habituent progressivement à l'ardeur du soleil. Le dérangement qu'ils éprouvent pour passer de ce carré dans celui des transplantations suffit pour empêcher l'allongement démesuré de leurs racines, et favorise leurs ramifications ; de sorte que, tout aussi abondantes en masse, elles occupent une moins grande surface.

D'après ce qui précède, on conçoit que plus tôt on fait le repiquage des jeunes plants, et mieux cela vaut.

L'âge le plus convenable est un an ; à cette époque, les racines ne sont pas encore très-longues, et l'on peut les enlever toutes sans les endommager. Toutefois, lorsque les semis auront été faits en ligne et que les graines auront été assez espacées, on pourra attendre jusqu'à deux ans ; c'est l'époque que l'on choisit pour plusieurs arbres forestiers ; mais, pour les arbres fruitiers, il sera toujours plus avantageux de repiquer à un an.

Le repiquage comprend trois opérations distinctes, la *déplantation*, la *préparation* ou l'*habillage* et la *plantation*.

La *déplantation* se fait en creusant à l'une des extrémités de la plate-bande une tranchée dont la profondeur dépasse de quelque peu l'extrémité inférieure des racines. En minant ensuite le terrain de proche en proche, on soulève les jeunes plants sans détruire ni désorganiser le chevelu de leurs racines. Aussitôt que cette opération est terminée, le jeune plant doit être mis en jauge, s'il n'est pas planté immédiatement, car l'air dessécherait rapidement les radicelles et nuirait singulièrement à la reprise. Il est quelques espèces qui souffrent plus que les autres de l'action de l'air sur les racines, ce sont, surtout, les arbres résineux au pied desquels il sera toujours plus convenable de conserver un peu de terre. Si l'on opère sur un terrain très-friable, ou si le sol est très-sec, il sera difficile d'obtenir ce dernier résultat ; dans ce cas, on pourra, la veille de la déplantation, arroser le sol des plates-bandes pour que la terre ait plus d'adhérence.

Pour toutes les espèces, lorsque le jeune plant sera destiné à voyager pendant quelques jours, il faudra le réunir par petits paquets, et tremper immédiatement les racines dans un mélange liquide de bouse de vache et de terre glaise lequel empêchera l'influence desséchante de l'air.

Le jeune plant ayant été déplanté, on procède à son habillage.

L'habillage des racines consiste à couper avec un instrument bien tranchant celles qui ont été endommagées, et cela immédiatement au-dessus du point où la blessure a été faite, puis supprimer une partie du pivot de la racine. Ces opérations ont pour but de favoriser la cicatrisation des plaies faites aux racines, et de forcer celles-ci à se ramifier davantage, pour que les transplantations suivantes s'effectuent avec plus de succès.

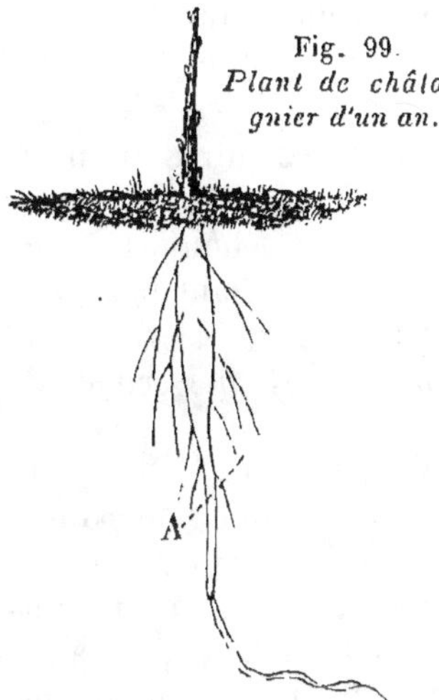

Fig. 99.
Plant de châtaignier d'un an.

On ne doit amputer les pivots, soit simples, soit ramifiés, qu'au tiers de leur longueur ; c'est-à-dire, vers le point où ils commencent à diminuer sensiblement de grosseur (A , *fig.* 99).

On s'est souvent élevé contre la suppression d'une partie du pivot de la racine, surtout pour les espèces destinées à former des arbres de haut jet. On a dit que cette opération nuisait à leur développement futur et surtout à la beauté de leur tige. Mais l'expérience a démontré que les très-faibles inconvénients de cette pratique sont bien plus que compensés par les avantages qu'elle procure. En effet, ce pivot ne sert aux jeunes arbres qu'à les fixer au sol pendant les deux ou trois premières années de leur végétation ; passé ce temps, il ne prend plus d'accroissement, et est remplacé par des ramifications d'autant plus grosses qu'elles naissent plus près de la surface du sol ; dans les arbres déjà âgés on n'en remarque même plus aucune trace. En retranchant une petite étendue de ce pivot, on ne fait donc que devancer la nature de quelques années, et l'on favorise le développement de nombreuses ramifications qui, placées plus près de la surface du sol, fonctionnent avec bien plus d'énergie.

Cependant, l'on doit s'abstenir de cette opération sur les arbres résineux, car ils se ramifient très-difficilement.

Après l'habillage des jeunes plants, vient la *plantation*.

Les espèces destinées à former des arbres de haut jet et qui doivent être transplantées peu de temps après, sont repiquées dans des plates-bandes, en lignes distantes de 0^m 20 en tous sens. Les arbrisseaux d'ornement sont plantés de même, seulement les lignes sont placées à 0^m 32 en tous sens. Les espèces qui doivent servir de sujets pour la greffe sont plantées dans le carré des greffes. Celles greffées dès l'âge de deux ans sont plantées en lignes distantes de 0^m 80 en tous sens. Si elles ne sont greffées que dans un âge plus avancé, on les plante à une distance de 0^m 64 en tous sens.

Les pépiniéristes ont le tort habituel de planter les arbres qui doivent être greffés beaucoup trop près les uns des autres. Il en résulte que les arbres à basse tige ou en pyramide sont trop dégarnis de ramifications vers la base, et que les arbres à haute tige, ne présentant pas une grosseur proportionnée à leur hauteur, peuvent à peine se soutenir lorsqu'on vient à les planter à demeure. On est alors obligé de les mutiler en supprimant une partie de leur tige.

Le mode de plantation le plus convenable pour le repiquage consiste à creuser au cordeau, au moyen de la bêche, une rigole d'une profondeur et d'une largeur proportionnées à la longueur et au volume des racines. On y met un à un les jeunes plants en les appuyant contre la terre d'un des côtés ; on ouvre ensuite, parallèlement à la première, une seconde rigole, dont la terre est rejetée sur les racines du rang précédent ; on continue ainsi sur toute la longueur du carré ou de la plate-bande. Il ne reste plus qu'à tasser le sol avec les pieds pour l'affermir autour des racines, puis à dresser convenablement la tige des plants à mesure que la terre est comprimée.

L'époque que l'on doit choisir est après la chute des feuilles, par un temps plus humide que sec, lorsque la terre peut être facilement ameublie par les labours. En général, il est bon de pratiquer les repiquages de très-bonne heure à l'automne, afin que les racines puissent se développer de nouveau avant l'hiver ; mais, dans les terres argileuses, exposées à l'humidité, il faudra différer jusqu'au printemps.

De la transplantation. — Au bout de deux à trois ans, suivant les espèces, les jeunes arbres qui ont été repiqués se trouvent trop gênés et ont besoin d'être transplantés ; ils ont d'ailleurs acquis les qualités qu'on voulait leur donner ; ils peuvent, sans souffrir, supporter l'ardeur du soleil, et leurs racines sont plus abondantes.

Pour les arbrisseaux d'ornement, pour les arbres fruitiers qui ont été greffés pour former des basses tiges, pour les arbres forestiers destinés à la plantation des bois ou des massifs, c'est le moment de les planter à demeure ; mais les espèces réservées pour les plantations d'alignement ou les bordures n'ont pas encore acquis assez de développement pour se défendre convenablement des divers accidents auxquels elles sont exposées, elles ont besoin de subir une transplantation dans la pépinière, après le repiquage.

La transplantation n'a pas seulement pour but de favoriser le développement de la tige des arbres, elle agit encore en forçant les racines à se ramifier davantage, à produire plus de chevelu et à favoriser ainsi la reprise des arbres qu'on ne veut planter à demeure que dans un âge un peu avancé.

Parmi les espèces pour lesquelles la transplantation est indispensable, les arbres résineux sont en première ligne. Leurs racines, surtout celles des pins et des sapins, se ramifient difficilement, sont peu nombreuses, s'allongent beaucoup, et, dans cet état, supportent difficilement les déplacements ; on ne parvient à en augmenter le nombre et à diminuer leur allongement, qu'en les transplantant souvent. Ces arbres auraient en quelque sorte besoin, après le repiquage, d'être déplacés tous les deux ans, jusqu'à l'époque de leur plantation à demeure. On obtiendra ainsi qu'une certaine quantité de terre pouvant être maintenue autour des racines, celles-ci seront protégées contre l'action de l'air, lors des transplantations, et la tige résistera plus facilement à l'ébranlement déterminé par le vent.

La transplantation comprend, comme le repiquage, la déplantation, l'habillage du plant et la plantation.

La *déplantation* s'opère, comme pour le repiquage, à jauge ouverte. C'est ici surtout qu'il devient indispensable de réserver une motte aux arbres résineux, afin que les racines n'abandonnent point leur position naturelle.

L'*habillage* se fait aussi d'après le même principe que pour le repiquage ; on coupe avec un instrument bien tranchant l'extrémité des racines qui ont été brisées, puis on raccourcit sur la tige un nombre de ramifications en rapport avec le retranchement opéré sur les racines. Cette suppression ne doit jamais porter sur le rameau terminal. Il est bien entendu qu'ici, comme pour le repiquage, nous excluons de cet habillage les arbres résineux.

Enfin, les arbres sont plantés en quinconce dans le carré des transplantations. Ils y sont placés à des distances proportionnées à leur accroissement futur : assez loin les uns des autres pour que l'air et la lumière puissent pénétrer dans la plantation, mais assez près pour qu'ils soient forcés de s'élever au lieu de s'étendre latéra-lement plus qu'il ne convient.

Dans un sol profondément et complétement ameubli, comme celui des pépinières, il y aurait peu d'avantage à ouvrir des tranchées continues comme pour les repiquages ; on se contente de faire, avec la bêche, des trous assez grands pour recevoir les racines à l'aise. L'arbre doit y être placé de manière à ce qu'il ne soit pas plus enterré qu'il ne l'était précédemment ; et, tandis qu'un ou-vrier rejette la terre sur les racines, un autre donne à la tige un mouvement de va-et-vient de haut en bas, pour faire pénétrer la terre dans les interstices des racines. Enfin, lorsque le trou est en partie comblé, on tasse la terre en appuyant d'autant plus que le sol est plus léger.

Formation de la tige et de la tête des jeunes arbres. — Pendant les premières années qui suivent la transplantation des arbres de haut jet, ou la greffe des arbres fruitiers, les uns et les autres exi-gent quelques soins qui ont pour but la formation de leur tige, ou la disposition convenable de la tête des arbres fruitiers. Ces opéra-tions sont le recepage et la taille.

Le *recepage* est la suppression de la tige des jeunes arbres, deux ans après leur transplantation, à quelques centimètres seulement au-dessus du collet de la racine ; il a pour but de remplacer cette tige par une nouvelle plus droite et surtout plus vigoureuse. L'époque la plus favorable pour effectuer cette opération est le mois de février. La coupe (A) du recepage (*fig.* 100) doit toujours être dirigée vers le nord, afin que n'étant pas desséchée par l'ardeur du soleil, elle puisse se cicatriser promptement. Vers le printemps, il se développe au-dessous un certain nombre de bourgeons. Au com-mencement de l'été, on choisit le plus vigou-reux et, autant que possible, celui qui naît à 0ᵐ 02 environ au-dessous de la coupe du re-cepage et du côté qui lui est opposé en B , par exemple. On coupe, rez l'écorce , tous les autres, et l'on maintient celui que l'on a réservé dans une position verticale à l'aide d'un tuteur (C). Enfin, dans le courant de l'hi-ver suivant, on coupe tout près de la nouvelle tige le sommet (D) de la tige primitive.

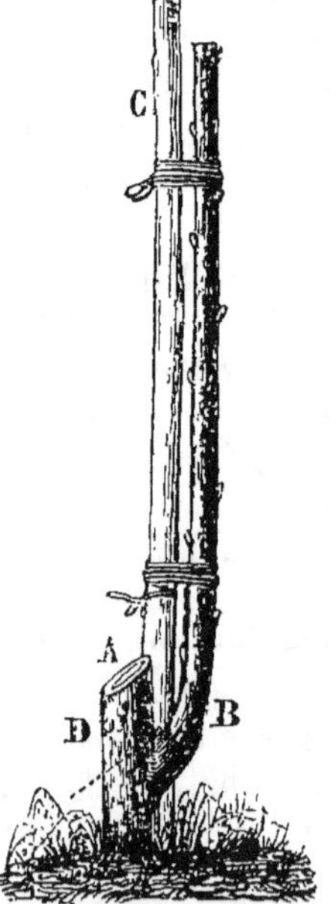

Fig. 100. *Jeune arbre d'un an de recepage.*

Le recepage peut être appliqué à un grand nombre d'espèces. La plupart des arbres fruitiers et toutes les espèces forestières à bois mou s'en accommodent parfaitement ; mais il devient très-nuisible pour les espèces à bois dur, les espèces résineuses et beaucoup d'autres que nous indiquerons en faisant plus loin l'application de ces opérations aux diverses espèces en pépinière.

Quant à *la taille*, nous l'envisagerons, sous les deux points de vue suivants : *la formation de la tige des arbres forestiers de haut jet et des arbres fruitiers destinés à être greffés en tête, et la première formation des arbres fruitiers greffés.*

La tige des arbres forestiers de haut jet et des arbres fruitiers destinés à être greffés en tête exige quelques soins particuliers pendant son premier développement. Souvent la tige de ces arbres se couvre, dès la seconde année de leur transplantation ou de leur recepage, de bourgeons latéraux dont quelques-uns plus favorisés par la lumière ou leur position, se transforment en branches vi-

Fig. 101. *Jeune arbre en pépinière avec branches latérales trop vigoureuses.*

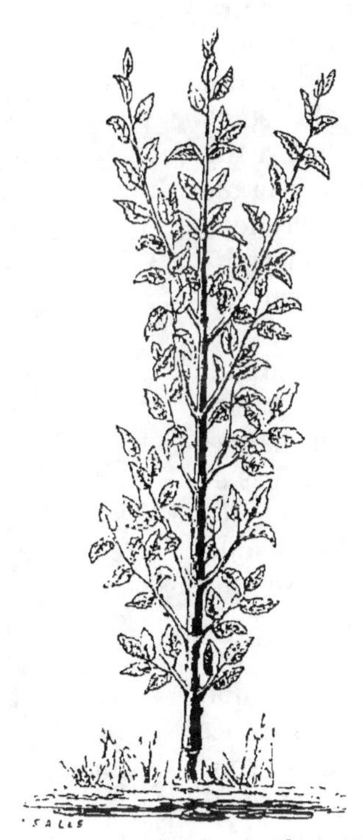

Fig. 102. *Jeune pommier de trois ans de repiquage.*

goureuses (A, *fig.* 101) qui disputent au rameau terminal la prééminence qu'il doit conserver pour prolonger la tige de l'arbre.

Pour empêcher le développement trop vigoureux de ces ramifications, on devra, chaque année, jusqu'à l'époque de la plantation
à demeure, visiter ces arbres vers le mois de juillet, et pincer l'extrémité herbacée des bourgeons latéraux les plus vigoureux, c'est-
à-dire ceux qui naissent dans le voisinage du bourgeon terminal (A,
fig. 102). Cette mutilation suffira pour arrêter leur vigueur. Si l'on
négligeait ce soin, les bourgeons seraient transformés en rameaux,
puis bientôt en branches qui affameraient le sommet de l'arbre. Si
cela arrivait, le seul remède serait de tordre ces branches vers les deux
tiers de leur longueur, comme en B (fig. 101), et cela un peu avant
la séve d'août; pendant l'hiver suivant, on les couperait rez tronc.

Il faut bien se garder de supprimer, comme on le fait quelquefois,
tous les rameaux latéraux, à mesure qu'ils se développent, sous le
prétexte de favoriser l'allongement rapide de la tige. On arrive en
effet, de cette ma-
nière, à la faire
croître rapidement
en hauteur; mais,
privée du plus
grand nombre de
ses feuilles, orga-
nes qui dévelop-
pent les filets li-
gneux et corticaux
descendants, elle
ne prend plus qu'un
très-faible accrois-
sement en diamè-
tre, ne peut pas se
soutenir d'elle-mê-
me, et l'on est obli-
gé d'en enlever une
partie lors de la
plantation à de-
meure. On doit
donc laisser les
jeunes arbres con-
tinuellement gar-
nis de ramifica-
tions du haut en
bas (fig. 103), et

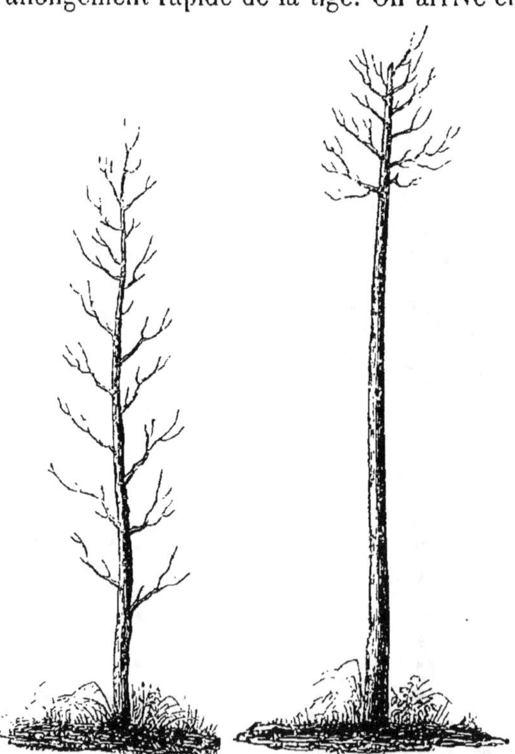

Fig. 103. *Jeune arbre en pépinière avec bran-ches latérales d'une vigueur convenable.*

Fig. 104. *Sujet de pommier franc en pépinière, deux ans avant l'opération de la greffe.*

se borner à supprimer celles qui tendent à prendre un accroissement disproportionné.

Toutefois, les arbres fruitiers destinés à être greffés en tête exigent sous ce rapport quelques soins différents. Ainsi, lorsque leur tige a acquis une grosseur convenable, vers l'âge de 4 à 5 ans, on arrête leur rameau terminal à 2ᵐ 64 d'élévation environ, puis on coupe, rez tronc, toutes les petites ramifications à l'exception de quelques-unes que l'on réserve au sommet. Cette opération est effectuée deux années avant la greffe et dans le courant de l'hiver. Les arbres ainsi préparés offrent l'aspect de la figure 104.

La première formation des arbres fruitiers qui ont été greffés est une des opérations les plus négligées par les pépiniéristes. Le plus souvent, ils abandonnent à lui-même le développement de la greffe, bornant leurs efforts à ce que celle-ci acquière les plus grandes dimensions possibles dans un temps donné, sans songer à lui imprimer une forme en rapport avec la destination des arbres. Il s'en-

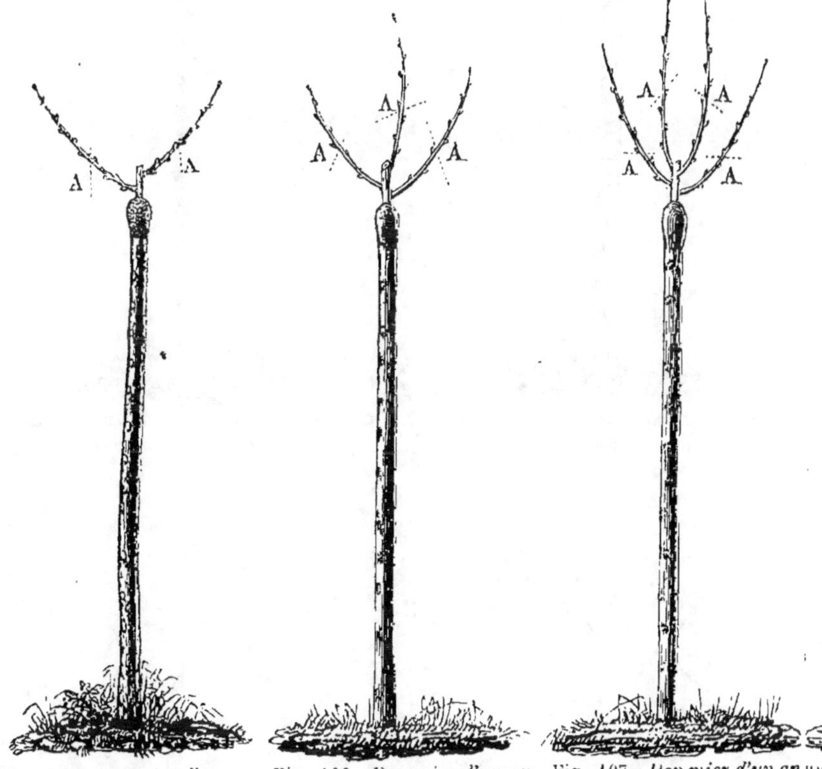

Fig. 105. *Pommier d'un an de greffe avec 2 rameaux.*   Fig. 106. *Pommier d'un an de greffe avec 3 rameaux.*   Fig. 107. *Pommier d'un an de greffe avec 4 rameaux.*

suit que lorsqu'on plante ceux-ci à demeure, il est impossible de leur imposer une forme régulière, et qu'il faut supprimer la plus grande partie des ramifications de la greffe ; de là, une perte de temps et des plaies considérables toujours nuisibles à l'arbre.

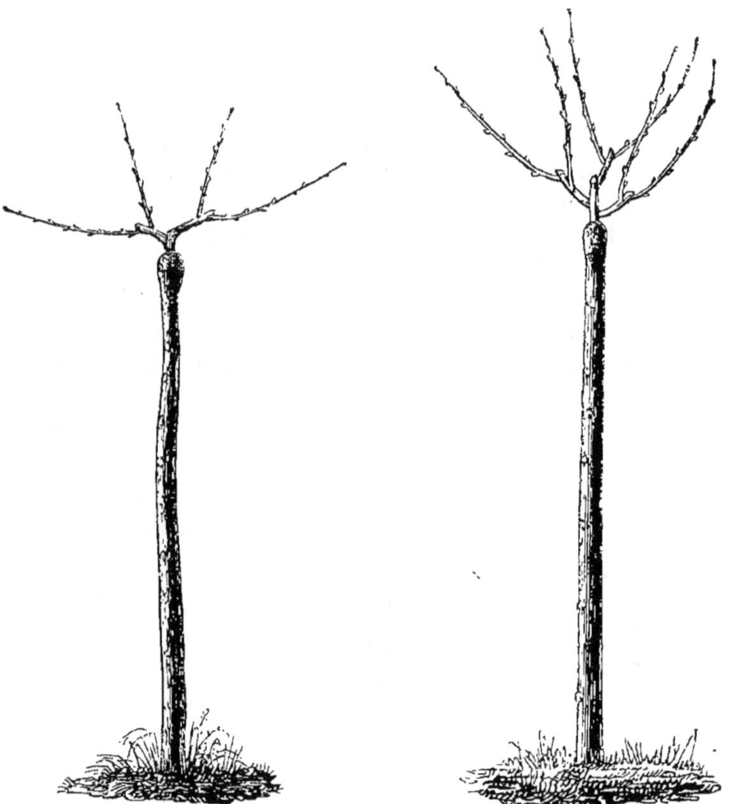

Fig. 108. *Pommier de deux ans de greffe avec 4 rameaux.*

Fig. 109. *Pommier de deux ans de greffe avec 6 rameaux.*

(A) *Tête de l'arbre vue à vol d'oiseau.*

La direction à donner au développement des greffes varie nécessairement suivant la forme à laquelle on veut soumettre les arbres. S'il s'agit d'arbres en tête en plein vent, à fruits à pepins ou à noyau, voici comment on devra procéder.

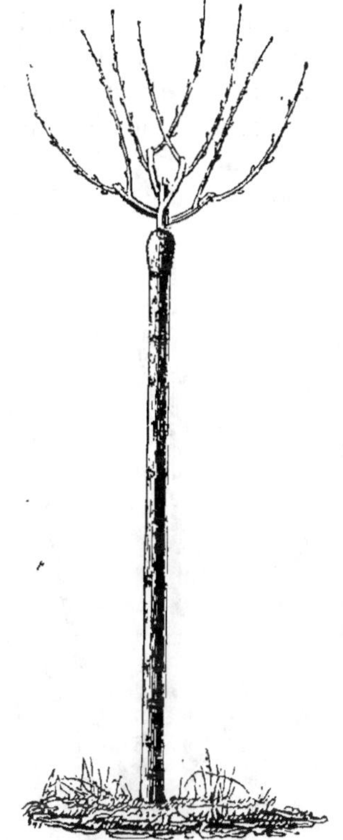

Fig. 110. *Pommier de deux ans de greffe avec 8 rameaux.*

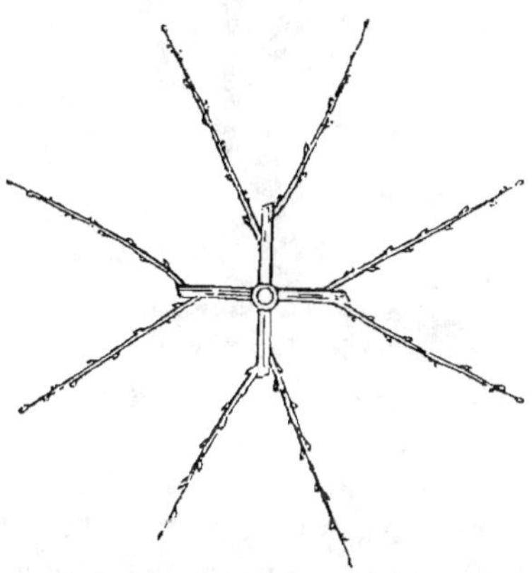

(A) *Tête de l'arbre vue à vol d'oiseau.*

Pendant l'année de la reprise de la greffe, on veillera à ce qu'il ne se développe sur celle-ci que deux, trois ou quatre bourgeons. S'il n'y en a que deux, ils devront être opposés (*fig.* 105); s'il y en a trois, ils devront former un triangle (*fig.* 106); s'il s'en développe quatre, ils devront être opposés en croix (*fig.* 107). S'il en apparaît un plus grand nombre, ou si quelques-uns sont mal placés, on arrêtera leur allongement en pinçant leur extrémité herbacée quelque temps après la première végétation. On veillera également à ce que les bourgeons réservés conservent la même force, et l'on pincera vers le mois d'août, l'extrémité herbacée de ceux qui deviendraient trop vigoureux. L'arbre présentera, à la fin de la première année de greffe, l'aspect des figures 106, 107 ou 108, selon le nombre des bourgeons conservés.

Pendant l'hiver suivant on raccourcira les rameaux conservés, en A, à 0ᵐ 20 environ de leur naissance, sur deux boutons placés de chaque côté, lesquels devront seuls, pendant l'été qui suit, se développer vigoureusement.

A la fin de l'été, l'arbre, composé de rameaux principaux d'égale force (*fig.* 108, 109, 110), est en état d'être planté à demeure.

Dès que la tête des arbres sera composée de huit rameaux principaux d'égale force (fig. 104, 105, 106), est en état d'être planté à demeure.

Dès que la tête des arbres sera composée de huit rameaux principaux comme la fig. 110, elle aura acquis sa formation complète et il n'y aura plus qu'à en favoriser l'accroissement. Quant à ceux dont la tête n'offre encore que quatre ou six rameaux, c'est après leur plantati on à demeure, qu'on complétera le nombre des branches principales.

On opérera de même, pour les arbres à haut vent, s'il s'agit de former des arbres en vase à basse tige ou en buisson.

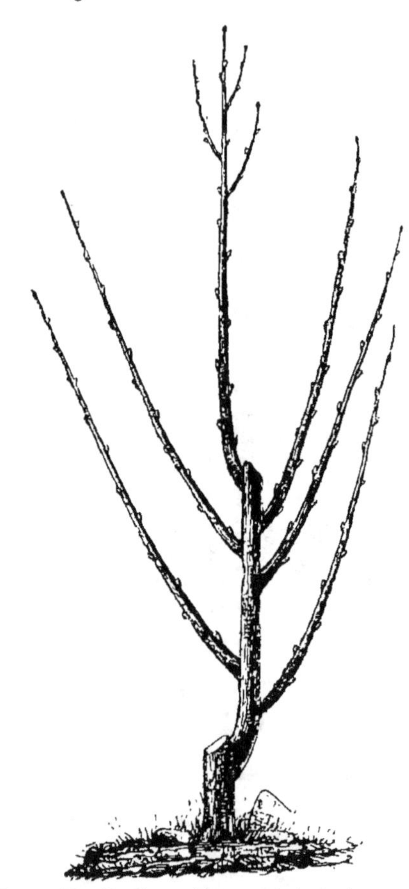

Fig. 111. *Greffe en écusson âgée d'un an, p. former une pyram.*   Fig. 112. *Greffe en écusson, âgée de deux ans, pour former une pyramide.*

Sur les arbres auxquels on veut imposer la forme en pyramide, on laissera la greffe se développer en ne conservant qu'un seul bourgeon (*fig. 111*); au mois de février suivant on coupera ce bourgeon à 0ᵐ 30 de sa naissance environ, en A; pendant l'été, le plus grand

nombre des boutons placés au-dessous de la coupe se développera ;
on veillera à ce que le bourgeon terminal conserve la prééminence ;
et, pour que les bourgeons latéraux présentent la même vigueur
entre eux, on pincera l'extrémité herbacée de ceux qui menaceraient
de devenir trop forts. A la fin de l'année, l'arbre présentera la figure 112 et pourra être planté à demeure.

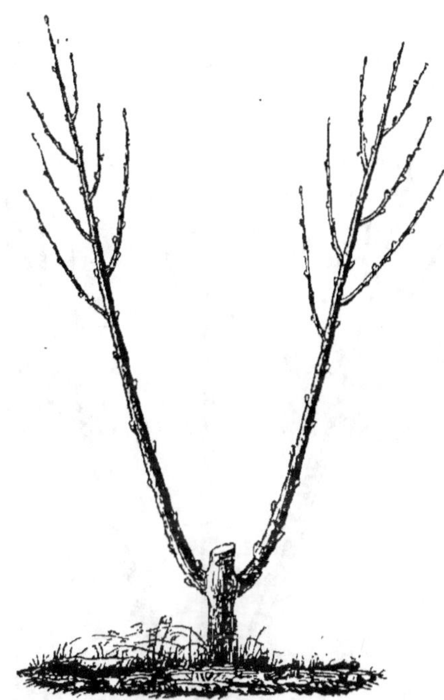

Fig. 113. *Greffe de pêcher en écusson de Semel,*
âgée d'un an, pour former un arbre en espalier.

Enfin, si les arbres sont destinés à former des basses tiges pour les espaliers, on aura dû faire usage de
la greffe en écusson de Se-
met ou double, et l'on
aura placé sur chaque su-
jet deux ou trois écussons,
comme dans les figures 113
et 114. Pendant l'été suivant, on veillera à ce que
ces écussons se développent
avec une égale vigueur. A
la fin de l'année, on aura
obtenu des arbres présen-
tant les figures 113 ou 114,
selon que l'on aura posé
deux ou trois écussons. On
pourra appliquer à ces arbres toutes les formes usitées pour les espaliers. Les
arbres arrivés à ce point devront être plantés à demeure
pendant l'hiver suivant.

Il est bien peu de cultivateurs qui mettent ces soins en pratique :
mais le manque de savoir ou l'indifférence n'en sont pas toujours
la cause. Beaucoup de propriétaires, ne sachant pas distinguer un
arbre bien formé d'un autre qui aura été abandonné à lui-même,
préfèrent celui-ci parce qu'il coûte moins cher ; en sorte qu'un pépiniériste qui donnerait à ses arbres les soins que nous venons d'indiquer serait exposé à perdre sa clientèle parce qu'il vendrait un
peu plus cher que ses confrères.

Que résulte-t-il, cependant, pour les propriétaires de la parcimo-
nie qu'ils apportent dans le choix de leurs arbres ? C'est que, ceux-
ci étant plantés, on est obligé de les rabattre presque entièrement ;
plusieurs ne résistent pas à cette mutilation, et les autres emploient
quatre ou cinq ans à développer une nouvelle charpente. De sorte

que, pour avoir fait une faible économie d'argent, on éprouve une
perte notable de temps et que l'on n'a jamais que des arbres difformes.

Sécheresse, plantes nuisibles et gelée. — Les diverses opérations
propres à défendre les pépinières de l'influence de la sécheresse, de
la croissance des plantes nuisibles et de la gelée sont, les *labours*,
les *arrosements*, les *binages* et les *couvertures*.

Les *labours* détrui-
sent les plantes nuisi-
bles en ramenant à la
surface du sol les raci-
nes traçantes des plan-
tes vivaces, telles que
liserons, *chiendent*, etc.
En outre, ils maintien-
nent le sol dans un état
de division convenable,
et le rendent plus per-
méable à l'air et aux
racines. La nature du
sol influe sur le nom-
bre des labours. Ils
sont surtout indispen-
sables dans les ter-
res un peu compactes
qui doivent en rece-
voir au moins un cha-
que année, au commen-
cement de l'hiver. Dans
les terrains très-légers,
le labour peut être re-
tardé jusqu'au prin-
temps.

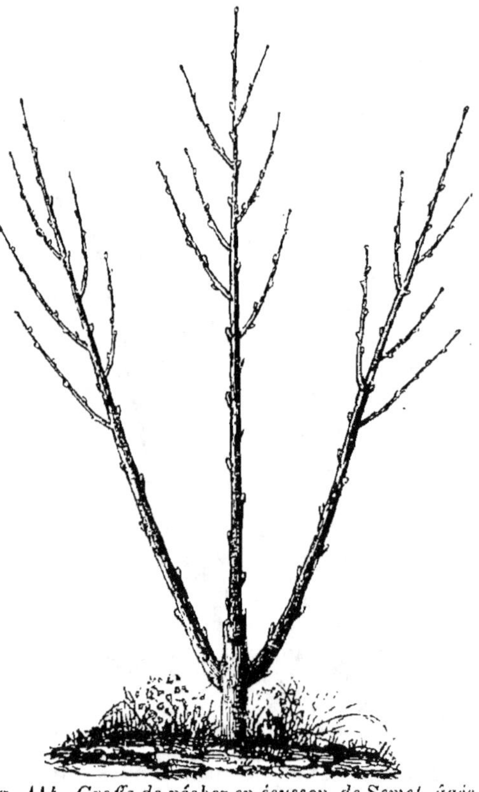

Fig. 114. *Greffe de pêcher en écusson de Semet, âgée
d'un an, pour former un arbre en espalier.*

Un point essentiel est le choix d'un instrument convenable. La
bêche doit être exclue ; un trop grand nombre de racines des jeunes
plants seraient coupées ; on doit se servir exclusivement de la fourche à dents plate ou trident.

Les *arrosements* ne peuvent être employés que pour les semis,
les marcottages, les boutures et les repiquages ; mais cette opération ne doit être exécutée que lorsque le besoin s'en fait absolument
sentir, lors des grandes sécheresses de l'été ; sans cela, le plant prend
trop de développement, ses racines sont dépourvues de chevelu, et
il reprend difficilement. Ces arrosements doivent être exécutés après
le coucher du soleil. On pourra négliger cette opération pour les

arbres forestiers et la réserver uniquement pour les espèces d'ornement, toujours plus délicates, et notamment pour celles qu'on élève en terre de bruyère.

Quant aux greffes et aux transplantations, on les préserve de la sécheresse à l'aide des *binages* et des *couvertures*.

Le binage consiste à remuer et à pulvériser le sol, à la profondeur de 0^m 05 environ, aussitôt que sa surface commence à se dessécher et à se crevasser.

Voici comment on explique l'influence des binages contre la dessiccation du sol. La chaleur du soleil dessèche la terre d'autant plus profondément que celle-ci est plus affermie, parce que, les particules qui la composent étant en contact immédiat les unes avec les autres, celles de la surface, desséchées par les rayons du soleil, réparent l'humidité qu'elles perdent aux dépens de celles placées immédiatement au-dessous d'elles. Celles-ci produisent le même effet sur les particules inférieures, et c'est ainsi que de proche en proche la sécheresse parvient à de grandes profondeurs.

A l'aide du binage, on ameublit la superficie du sol ; cette couche supérieure ainsi pulvérisée perd, il est vrai, rapidement son humidité, mais, n'étant plus adhérente à la partie inférieure, elle ne répare plus aux dépens de celle-ci la perte qu'elle a éprouvée, et, s'interposant entre l'action du soleil et la couche inférieure, elle devient un obstacle au desséchement de cette dernière. Pour maintenir cet état de choses, il faut donner un nouveau binage après chaque ondée de pluie ; car celle-ci, en mouillant la surface, lui fait contracter une nouvelle adhérence avec la couche inférieure, et détruit les effets du premier binage.

Les binages peuvent être surtout utilement employés dans les terres argileuses, qu'ils maintiennent dans un état convenable d'ameublissement. Quant aux terres légères, trop perméables déjà, et toujours trop exposées à l'évaporation, il sera plus avantageux, quand les circonstances le permettront, d'employer les couvertures.

Ces couvertures, que l'on pourra composer de tiges de jonc marin, de fougère, ou de bruyère, de feuilles sèches, de paille en décomposition, ou de marc de pommes déjà ancien et ayant perdu une grande partie de son acidité, offriront le triple avantage d'empêcher les effets de l'évaporation sur le sol, de s'opposer à la croissance des plantes nuisibles, de pouvoir être enterrées et de servir ainsi d'engrais lors de l'enlèvement des plants. Leur action sera la même que celle des binages, c'est-à-dire que, non adhérentes avec la surface du sol, elles seront un obstacle à l'action des rayons solaires.

Certaines espèces d'arbres et d'arbrisseaux redoutent, dans le nord de la France, pendant leur première jeunesse, l'intensité des gelées ;

surtout lorsque, sous l'influence d'un été humide, les jeunes tiges sont mal *aoûlées*. Pour éviter les accidents que déterminent quelquefois les hivers rigoureux, il conviendra de répandre, au commencement de l'hiver, sur les plates-bandes où sont placés ces jeunes plants et particulièrement ceux à feuilles persistantes, une couche de feuilles sèches de 0^m 12 à 0^m 15 d'épaisseur.

Pour terminer l'exposé des principes qui doivent servir de guide dans la culture des pépinières en général, il nous reste à dire un mot de l'influence des assolements sur le succès de cette culture.

Des Assolements.— On entend par assolement l'art de faire alterner les diverses espèces de plantes sur le même terrain, pour tirer de celui-ci le plus grand produit, aux moindres frais possibles. La grande loi des assolements s'applique, non-seulement aux plantes herbacées, mais encore aux jeunes plants cultivés en pépinière.

La théorie des assolements, pour les pépinières, repose sur l'observation des deux faits suivants :

1° Si l'on cultive sans interruption la même espèce de plant dans le même terrain, la vigueur des dernières levées diminue progressivement, quoique avant chaque ensemencement on ait ajouté au sol la quantité de principes fertilisants que la levée précédente y a absorbée ; mais ce sol, devenu stérile pour l'espèce qu'on y a cultivée pendant plusieurs années, peut être très-fertile pour des plants appartenant à d'autres familles de plantes.

Cette action des jeunes plants sur le sol, action à laquelle on donne le nom d'*effritement*, n'a pu jusqu'à présent être expliquée d'une manière bien satisfaisante. De Candolle prétend que les plantes sécrètent par leurs racines certaines substances qui, accumulées dans le sol, rendent celui-ci impropre à la végétation de l'espèce qui a produit ces sécrétions ; cette explication serait très-satisfaisante, mais rien n'est moins prouvé que ces sécrétions.

2° On a également remarqué que tous les jeunes arbres n'absorbent pas, à volume égal, la même quantité de fumure dans le sol, c'est-à-dire qu'ils ne sont pas également *épuisants*. C'est ainsi que le chêne, le frêne, paraissent être au nombre des espèces les plus épuisantes, tandis que l'orme, les robiniers le sont beaucoup moins. Cette différence doit être attribuée à la cause suivante.

Nous savons que les plantes sont pourvues de deux appareils nourriciers : les racines, qui puisent des matières nutritives dans le sol ; les feuilles, qui remplissent les mêmes fonctions dans l'atmosphère. Or, l'équilibre entre les fonctions de ces deux organes existe rarement ; tantôt c'est l'absorption des racines qui domine, tantôt c'est celle des feuilles. On conçoit bien, d'après cela, que les espèces dans lesquelles la force d'absorption des racines sera très-considérable épuiseront bien plus le sol que celles dans lesquelles l'absorption des feuilles sera dominante, puisque l'une et l'autre de ces deux plantes ne s'assimileront que la même quantité de principes nutritifs.

Il sera donc avantageux d'éloigner le plus possible le retour sur le même sol des mêmes espèces, des espèces du même genre ou de la même famille, et de remplacer dans le carré des semis, des repiquages, des greffes et des transplantations, chaque levée de plant par des espèces qui s'éloignent le plus possible de celles auxquelles elles succèdent. Si le nombre trop restreint des espèces cultivées dans la pépinière forçait à faire reparaître trop souvent le même plant sur le même sol, il serait plus avantageux, plutôt que d'obtenir des produits sans valeur, de cesser alternativement et périodiquement la culture des arbres sur chacune des parties de chaque carré principal de la pépinière, et de la consacrer pendant un an ou deux à la culture des gros légumes. C'est un excellent moyen de rendre la fertilité à un terrain fatigué par la culture trop souvent répétée des mêmes arbres.

APPLICATION DES OPÉRATIONS PRÉCÉDENTES A LA CULTURE DES PRINCIPAUX GROUPES DES VÉGÉTAUX LIGNEUX DANS LES PÉPINIÈRES.

Pour résumer tout ce que nous avons dit relativement aux pépinières, nous allons, maintenant, considérer isolément la culture de chacun des groupes précédemment établis parmi les diverses espèces ligneuses propres à notre climat, et leur faire l'application des opérations que nous venons d'étudier.

Pépinière d'arbres forestiers à feuilles caduques.—Nous ne rappellerons pas les principes qui s'appliquent soit au choix d'un emplacement convenable, soit à la première préparation du terrain, etc.; les considérations générales dans lesquelles nous sommes entré à cet égard, au commencement de cette section, renferment des indications suffisantes pour les diverses sortes de pépinières.

Nous avons réuni dans le tableau ci-après la liste des principaux genres d'arbres forestiers rangés par ordre alphabétique. On trouvera, en regard de chacune d'elles, le mode de multiplication et quelques-uns des soins de culture qui peuvent leur être le plus utilement appliqués.

Ainsi qu'on le voit, la plupart des espèces forestières peuvent être multipliées par semences. Voici quels sont les principaux soins qu'exigent les jeunes plants obtenus de cette manière.

En général, les graines devront être stratifiées après leur récolte, puis semées, au printemps suivant, dans un sol bien préparé et avec les précautions que nous avons indiquées en parlant des se-

LISTE DES PRINCIPAUX GENRES D'ARBRES FORESTIERS

A FEUILLES CADUQUES.

NOMS DES GENRES.	MODE DE MULTIPLICATION.			
	SEMIS.	NON RECEPÉS.	BOUTURES.	MARCOTTES.
Aliziers..............	Semis.			
Aubépine	Semis.			
Aunes.............	Semis.	....	Bout. par plançon.	
Bouleaux..........	Semis.			
Bourgène..........	Semis.			
Charme commun......	Semis			
Châtaigniers......	Semis.			
Chênes............	Semis.	Non recepé.		
Cornouiller mâle......	Semis.			
Cytises............	Semis.			
Erables............	Semis.	Non recepé.		
Frènes.............	Semis.	Non recepe.		
Fusain.............	Semis.			
Hêtres.............	Semis.	Non recepé.		
Merisiers..........	Semis.			
Micocouliers..........	Semis.			
Noiseliers..........	Semis.			
Noyers.............	Semis.	Non recepé.		
Orme commun........	Semis.			
— — tortillard.....		....	Bout. par rameaux avec talou et par ramée.	Marcottes en archet, chinois, et greffe en écusson sur l'orme commun.
— — à larges feuill	Semis.			
— — subéreux.....	Semis.			
— d'Amérique......	Semis.	....	Bout. par rameaux et avec talon.	Marcott. en archet.
Peupliers..........		....	Bout. par rameaux avec talon, par ramée et plançon.	Marcott. en archet et chinois.
Planera............	Semis.	....	Greffe en écusson sur l'orme commun.	Marcottes par double incision.
Platanes...........	Semis.	....	Bout. par rameaux et avec talon.	Marcott. en archet et chinois.
Prunier mahaleb......	Semis.			
Robinier faux-acacia...	Semis.	....	....	Marc. par racines.
Sorbier domestique....	Semis.			
Saule blanc..........		....	Bout. par rameaux et avec talon.	Marcottes chinois.
— marceau..........	Semis.	....	Id.	Id.
Sureau noir	Semis.	....	Bout. par rameaux avec talon, par plançon et par ramee.	Marcottes chinois.
Tilleuls	Semis.	....	Bout par rameaux et avec talon.	Id.
Vernis du Japon........	Semis.	....	....	Marcottes par racines.

mis. Si cependant, le terrain était léger et exposé à se dessécher dès le printemps, il vaudrait mieux semer à l'automne, aussitôt après la récolte des graines ; toutefois, la graine des ormes devra toujours être semée immédiatement après la récolte, sans avoir égard à la nature particulière du terrain. Les plates-bandes ensemencées doivent être recouvertes d'une petite couche de paille, de fumier usé ou de feuilles sèches. Ces semis ne demandent, pendant la première année, que deux ou trois sarclages ; on les éclaircit lorsqu'ils ont été semés trop dru. Au bout de l'année et plus souvent au bout de deux ans, les jeunes plants seront repiqués à l'automne ou au printemps, selon que le sol sera plus ou moins exposé à la sécheresse. La tige ne devra subir aucune suppression.

Ces plants pourront rester environ deux ans dans le carré des repiquages, lesquels, si le sol est compacte, argileux, recevront deux binages dans le courant de l'été. Si le terrain est léger, on se contentera d'en tapisser la surface à l'aide des couvertures précédemment indiquées. Au bout de dix-huit mois ou deux ans, les plants destinés à former des massifs, des taillis, etc., seront bons à planter à demeure. Ceux destinés à former des arbres de haut jet seront placés dans le carré des transplantations, où ils recevront les soins de recepage et de taille que nous avons recommandés pour la formation de la tige. Nous avons noté, dans le tableau qui précède, les espèces pour lesquelles on devra s'abstenir du recepage.

Ces arbres devront rester trois à quatre ans environ dans ce dernier carré avant d'être plantés à demeure. Cet emplacement recevra chaque année, suivant la nature du sol, les soins que nous avons prescrits contre la croissance des plantes nuisibles et l'influence de la sécheresse.

Un certain nombre d'espèces forestières peuvent aussi être multipliées au moyen des boutures. Les procédés employés sont particulièrement les *boutures par rameaux, avec talon, et par racines.* Ces boutures, pratiquées avec les soins décrits pour chacune d'elles sont faites à l'automne ou au printemps, suivant la nature du sol, dans des plates-bandes abritées du soleil, tapissées à l'aide de couvertures.

Les boutures séjournent à la même place pendant deux ans ; on emploie ce temps à la première formation de la tige des individus destinés à devenir des arbres de haut jet, et on leur applique aussi les opérations dont nous avons parlé à l'article des boutures; après quoi, on les place dans le carré des transplantations, où elles reçoivent les mêmes soins que les plants de semences ; celles qui doivent former des taillis ou des massifs sont plantées à demeure.

Presque toutes les espèces forestières qui peuvent être multipliées au moyen des boutures, peuvent l'être, à plus forte raison, au moyen du marcottage. Les marcottes usitées pour ces arbres sont surtout les marcottages en archet et chinois.

Au bout d'un ou deux ans, suivant que les rameaux s'enracinent plus ou moins facilement, les marcottes peuvent être sevrées. Celles qui sont destinées à former des arbres de haut jet sont placées dans le carré des transplantations; les autres sont repiquées pendant un an, puis plantées ensuite à demeure.

Pépinière d'arbres et d'arbrisseaux d'ornement à feuilles caduques. — La liste ci-jointe contient les principaux genres d'arbres et d'arbrisseaux à feuilles caduques qui peuvent servir à l'ornement de nos parcs et de nos jardins. Cette liste est d'abord partagée en deux séries principales, rangées chacune par ordre alphabétique : la première comprend les genres qui exigent la terre de bruyère ; la seconde, tous ceux qui s'accommodent de la terre franche ou de la terre ordinaire. Nous avons, comme pour les espèces forestières, indiqué en regard de chaque genre les procédés de multiplication les plus convenables, ainsi que quelques autres détails de culture.

A cette liste nombreuse, il convient de joindre toutes les espèces forestières précédentes qui peuvent aussi concourir à l'ornement des parcs. Nous nous sommes suffisamment étendu sur leur culture dans la pépinière; nous nous bornerons donc à dire un mot des genres compris dans cette seconde liste, et qui sont plus spécialement appelés à former la plantation des jardins. Nous envisagerons séparément la culture des genres qui exigent la terre de bruyère, et ceux qui s'accommodent de la terre franche ; les soins qu'ils réclament diffèrent sous plusieurs rapports.

Toutes les graines qui exigent la terre de bruyère peuvent être stratifiées, particulièrement les plus grosses, comme celles des anones, des chionanthes, des lauriers, des magnoliers, etc. Elles doivent être semées au printemps sur des plates-bandes de terre de bruyère ombragées du côté du midi et entretenues suffisamment fraîches, pendant l'été, au moyen d'arrosements. Pour empêcher l'eau de ces arrosements ou des pluies violentes de battre leur surface, on les recouvrira de mousse coupée en très-petits fragments. Ce soin est surtout indispensable pour les graines très-fines, telles que celles des azalées, des cléthras, des rhodoras, etc., qui, semées à la surface du sol, seraient facilement dérangées par l'eau des pluies ou des arrosements.

Il sera également indispensable, pour ces dernières espèces, de couvrir les plates-bandes avec des châssis vitrés. Ces châssis (A, *fig.* 115) sont portés sur une caisse en bois (B) présentant une hauteur de 0ᵐ 30 à l'une de ses extrémités, et de 0ᵐ 20 seulement du côté opposé. Les graines très-fines sont semées de la manière suivante : la surface de la terre de bruyère ayant été complétement divisée et parfaitement nivelée, on la tasse, puis on y répand les semences que l'on recouvre d'une couche très-mince de mousse hachée ; l'on termine l'opération par un arrosement copieux pratiqué avec une seringue très-fine. Cet arrosement, qui a surtout pour but d'attacher les semences à la terre, doit être répété le plus rarement possible. Les semences commen-

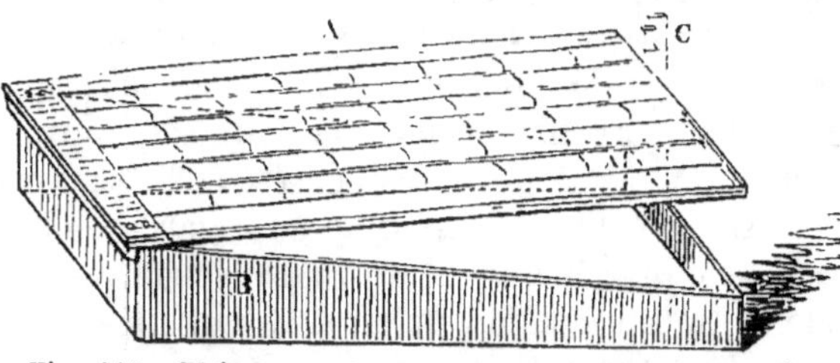

Fig. 115. *Châssis vitré pour les semis en terre de bruyère.*

cent à germer trois semaines environ après l'opération. Dès que l'on s'aperçoit de cette germination, on donne accès à l'air extérieur, pendant la nuit, en maintenant le châssis écarté de la caisse à l'aide d'une sorte de crémaillère en bois (C). On augmente progressivement la quantité d'air jusque vers le mois d'août, époque à laquelle, les jeunes plants étant levés, on remplace les châssis par des claies en bois dont les mailles ne doivent pas présenter plus de 0^{m}03 carrés. Ces claies, qu'on laisse séjourner jusqu'au printemps suivant, empèchent les pluies d'orage de fatiguer les jeunes plants.

Au bout de deux ans, ces jeunes plants sont repiqués dans des plates-bandes de terre de bruyère ombragées comme les premières. On les y laisse séjourner deux ans, après lesquels les espèces destinées à former des arbres de haut jet, telles que les ginckos, les anones, certains lauriers, peuvent être transplantées en terre franche jusqu'au moment de leur plantation à demeure ; les autres genres sont repiqués une troisième fois dans des plates-bandes de terre de bruyère toujours ombragées, et peuvent être plantés à demeure au bout de deux ans.

Tous les genres précédents peuvent être multipliés au moyen du marcottage. Les marcottes sont pratiquées dans des plates-bandes de terre de bruyère ombragées comme celles destinées au semis. On les sèvre l'année suivante, si elles sont suffisamment enracinées. Celles qui sont destinées à former des touffes subissent un repiquage sur des plates-bandes ombragées ; puis on les plante à demeure au bout d'un an. Celles des arbres de haut jet sont transplantées en terre ordinaire.

Quant aux quelques espèces qui peuvent être multipliées au moyen des boutures, on pratique cette opération dans des plates-bandes de terre de bruyère ombragées et couvertes de mousse hachée. On emploie, pour la formation de la tige des espèces de haut jet, le moyen décrit à l'article des boutures.

Tout ce que nous avons dit relativement au semis, aux boutures et au marcottage des espèces forestières s'applique également aux genres d'ornement qui s'accommodent de la terre franche.

Pépinière d'arbres et d'arbrisseaux à feuilles persistantes. — La liste suivante indique les genres dont se compose ce troisième groupe de plantes ligneuses. Nous les avons partagés en deux séries, rangées par ordre alphabétique : les espèces résineuses, et les espèces non résineuses. Nous avons également indiqué, en regard de chaque genre, la nature du sol dans lequel ils doivent être cultivés en pépinière, et le mode de multiplication qu'on doit leur appliquer.

Presque toutes les espèces appartenant aux genres résineux sont multipliées au moyen des semences. Les graines, que l'on stratifie seulement pour les genévriers et les ifs, sont semées au printemps dans des plates-bandes de terre de bruyère abritées du soleil et maintenues suffisamment fraîches.

Lorsque les jeunes plants ont atteint 0ᵐ 02 à 0ᵐ 03 d'élévation, on repique le plant dans une plate-bande disposée comme celle des semis. Les plants y restent environ deux ans ; après quoi on les place dans le carré des transplantations ; ils peuvent alors être plantés en terre franche et supporter le soleil.

Ces plants ne peuvent occuper le carré des transplantations que pendant trois ans au plus ; car les racines s'allongent beaucoup, et, plus tard, leur reprise deviendrait plus difficile.

Pour éviter la souffrance qu'éprouvent toujours les jeunes plants résineux au moment de leur plantation à demeure, quelques pépiniéristes ont adopté l'usage de les placer, lors de leur transplantation, dans des pots assez grands, enterrés à 0ᵐ 03 ; le plus grand nombre des racines se trouve ainsi conservé quand on les plante à demeure, et il suffit alors de briser le vase avant de les mettre en terre. Ce procédé pourra être utilement employé pour les espèces les plus délicates, telles que le cèdre du Liban, le pin pignon, etc.

Nous distinguerons dans les genres non résineux ceux qui s'accommodent de la terre franche, de ceux qui exigent la terre de bruyère.

A ceux qui peuvent vivre dans la terre franche, on appliquera les soins que nous avons prescrits pour les semis, marcottes et boutures des espèces forestières. Quant aux genres qui demandent la terre de bruyère, on suivra les indications que nous avons données pour les semis, le marcottage et les boutures des genres d'ornement à feuilles caduques de terre de bruyère. Il sera surtout indispensable, pour les espèces à semences très-fines, comme celles des rosages, des bruyères, etc., d'opérer comme nous avons conseillé de le faire pour les azalées, les cléthras, etc.

Pépinière d'arbres et d'arbrisseaux fruitiers. — Les arbres et arbrisseaux fruitiers multipliés dans les pépinières appartiennent surtout aux genres indiqués dans le tableau ci-joint. Ces genres peuvent être partagés en plusieurs séries caractérisées par leurs fruits. Nous avons placé, en regard de chaque genre, l'indication des divers modes de multiplication.

Les diverses variétés d'*arbres à fruits à pepins* sont toutes multipliées au moyen de la greffe. Arrêtons-nous d'abord au mode de multiplication des sujets.

Les sujets de pommier et de poirier francs sont obtenus au moyen des semis. Les pepins, stratifiés, sont semés au printemps avec les soins prescrits pour les espèces forestières. Au bout d'un an tous ces plants sont repiqués dans le carré des greffes. Il n'y a aucun inconvénient à retrancher une partie de la jeune tige si l'état des racines rend cette opération nécessaire, car tous ces plants sont destinés à être greffés en pied, ou à être recepés pour être greffés en tète.

Pour les arbres qui doivent former des hautes tiges, et qui sont repiqués dans des carrés spacieux semblables à ceux des transplantations, on devra toujours choisir les plus beaux plants, connus par les pépiniéristes sous le nom de *baliveaux*.

Dans l'intérêt de la formation de leur tige, les arbres qui doivent être greffés en tète sont à cet effet recepés l'année qui suit celle de leur repiquage.

Quelques pépiniéristes ont récemment adopté l'usage de greffer en pied les sujets du pommier franc destinés à former des hautes tiges, au lieu de les receper. Ils emploient comme greffes certaines variétés de pommiers à cidre très-peu productives, mais d'une vigueur extraordinaire. Ils posent des écussons sur les jeunes plants, l'année qui suit celle du *repiquage*, puis ils forment la tige de l'arbre aux dépens de l'écusson. La végétation est si rapide qu'ils gagnent quelquefois deux ans sur la formation de cette tige. Nous pensons qu'on pourra très-avantageusement remplacer le recepage par ce procédé, pour les jeunes plants les moins vigoureux.

Lors du repiquage, on aura dû, si le sol est exposé à la sécheresse, faire emploi des couvertures. Si le terrain est compacte, on remplacera les couvertures par plusieurs binages pratiqués pendant l'été. Lorsque les tiges ont atteint une hauteur et une grosseur convenables, on leur applique les soins indiqués précédemment pour les disposer à recevoir la greffe. Les sujets de coignassier, de doucain et de paradis, multipliés à l'aide des procédés que nous avons indiqués, sont repiqués dans le carré des greffes

Les sujets de poirier franc destinés à former des arbres à haute tige sont greffés en fente Atticus, en fente double, ou en fente Bertemboise, vers l'âge de 6 à 7 ans, à 2^m 50 de hauteur environ. Si ces greffes ne réussissaient pas, au lieu de rabattre une seconde fois le sujet, on pose, pendant l'été même, des écussons à œil dormant sur trois ou quatre des bourgeons qui se développent vers le sommet de sa tige tronquée.

Si le sol de la pépinière est un peu compacte et argileux, il pourra arriver qu'en pratiquant la greffe en fente sur les arbres à haute tige la suppression de la tête donne lieu à des chancres nombreux sur la tige, et cela, parce que la séve très-abondante des racines, ne trouvant plus d'issues dans la tête de l'arbre, s'extravasera en perçant l'écorce. Pour éviter cet accident, on transplantera les arbres une année environ avant de les greffer ; leur vigueur diminuera, et on pourra les opérer sans inconvénient.

Les individus destinés à former des arbres à basse tige ou en pyramide sont greffés en pied à l'âge de 2 ou 3 ans, selon leur degré de vigueur. Les sujets de coignassier, de doucain et de paradis sont greffés en écusson Vitry, l'année même de leur repiquage, s'ils présentent assez de vigueur ; sinon, on retarde jusqu'à l'année suivante, mais alors on peut, en outre, leur appliquer la greffe en fente Bertemboise ou en couronne Varin.

Les espèces à *fruits à osselets*, les néfliers et les cormiers, sont greffés le plus souvent sur l'aubépine. On leur applique les mêmes soins qu'aux arbres à fruits à pepins greffés sur franc, soit qu'on veuille en faire des arbres à haute tige, ou seulement des pyramides.

Comme les espèces précédentes, les *arbres à fruits à noyau* sont tous multipliés au moyen de la greffe. Étudions le mode de multiplication des sujets.

Les noyaux des divers sujets sont stratifiés et semés au printemps avec les soins prescrits pour les arbres forestiers, à l'exception des amandes pour lesquelles on attend que la radicule ait atteint, dans la terre où on les a mises en stratification, une longueur de 0^m 03 à 0^m 04 ; c'est seulement alors qu'on les enlève avec soin, et qu'on les sème en ligne dans le carré des greffes, en les plaçant à la distance de 0^m 50 environ. A mesure qu'on plante les amandes on rompt une partie de la radicule à peu près à la moitié de sa longueur ; cette suppression fait ramifier le pivot immédiatement, et les jeunes amandiers sont ensuite transplantés avec plus de succès. Comme la racine de cet arbre a peu de tendance à se ramifier, et comme beaucoup de ces plants doivent être greffés l'année même de leur ensemencement et rester deux ans à la même place, si l'on ne prenait pas le soin que nous venons de prescrire, les racines s'allongeraient beaucoup sans se diviser, et la reprise de ces jeunes arbres deviendrait très-douteuse.

Au bout d'un an de semis, tous les jeunes plants doivent être repiqués dans le carré des greffes, même les amandiers qui doivent être greffés en tête. Nous exceptons, bien entendu, ceux de ces derniers arbres qui seront greffés en pied ; ceux-ci ne doivent être déplantés qu'après un an de greffe.

L'année même du repiquage, s'ils sont assez vigoureux, ou l'année suivante, tous les sujets destinés à former des arbres à basse tige, ou en pyramide, sont greffés en écusson Vitry s'ils ne doivent présenter qu'une seule tige, ou en écusson de Semet s'ils doivent être placés en espalier. Les amandiers qui doivent former des pêchers à basse tige peuvent seuls être greffés l'année même de leur ensemencement, et recevoir la greffe en écusson de Semet. Les sujets d'amandier et de prunier Mahaleb ou de Sainte-Lucie ne doivent être greffés en écusson que très-tard, vers le mois de septembre. Comme la végétation de ces arbres se prolonge beaucoup, si l'on greffait au commencement d'août, les écussons seraient *noyés par la séve*, comme disent les pépiniéristes, et ne reprendraient pas. Les sujets d'amandier, de merisier et de prunier, qui devront former des arbres à haute tige, recevront les soins indiqués pour la formation de cette tige, puis seront greffés en tête en employant, suivant la grosseur de la tige, les greffes en écusson Vitry, de Semet, en fente Atticus, double, ou Bertemboise.

Les mêmes espèces d'arbres fruitiers à fruits à pepins ou à fruits à noyau pouvant être greffés sur des sujets différents, nous indiquerons, en traitant du *jardin fruitier*, le choix que l'on devra faire parmi ces sujets en raison de la variété que l'on aura à greffer, du sol où les arbres seront plantés, ou de la forme qu'on voudra leur imposer.

Les diverses espèces d'*arbrisseaux à fruits en baies* se multiplient au moyen des marcottes et des boutures. On suivra pour ces arbrisseaux les indications que nous avons données pour les arbres forestiers à feuilles caduques.

Pour le semis et le marcottage des espèces à *fruits en noix* on suivra les moyens prescrits pour les espèces forestières. Quant à la greffe du noyer, nous renvoyons à notre article *greffe* pour les soins qu'exigent celles que nous conseillons pour cet arbre.

Les châtaigniers, qui forment seuls la série des *fruits en capsule*, peuvent être multipliés au moyen des semis effectués comme pour les arbres forestiers ; mais les bonnes variétés, connues sous le nom de *marrons*, ne se reproduiraient pas avec toutes leurs qualités, et l'on est obligé de les greffer. On les greffe sur le châtaignier commun, soit en pied, sur des sujets âgés de 2 ans environ (c'est le meilleur moyen), soit en tête lorsque la tige du sujet est bien formée.

DEUXIÈME SECTION.

CULTURE SPÉCIALE DES ARBRES FORESTIERS OU SYLVICULTURE.

La culture des arbres forestiers peut être envisagée sous les trois points de vue suivants :

1º Lorsque les arbres, répartis sans ordre sur toute la surface du sol, sont reproduits, après leur exploitation, soit à l'aide de nouvelles tiges qui naissent sur les anciennes souches, soit au moyen d'ensemencements naturels ou artificiels. Si ces surfaces boisées présentent une étendue considérable, elles prennent le nom de *forêts*, et celui de *bois* lorsqu'elles sont plus restreintes ;

2º Lorsque les arbres sont régulièrement plantés en lignes parallèles, plus ou moins nombreuses, qu'on leur laisse acquérir tout leur développement avant de les abattre, et qu'ils sont renouvelés seulement à l'aide de nouvelles plantations. Ce mode de culture prend le nom de *plantations d'alignement* ;

3º Enfin, quand ces arbres, maintenus à une faible hauteur, sont disposés de manière à servir de clôture et forment ce que l'on nomme une *haie vive*.

Nous allons d'abord étudier les principales opérations qui constituent chacun de ces trois modes de culture ; puis, examinant les principales espèces d'arbres forestiers, nous leur ferons l'application de ces opérations.

BOIS ET FORÊTS.

Les forêts doivent leur formation soit à des ensemencements naturels, soit à des ensemencements artificiels ou à des plantations. Le repeuplement des forêts par l'ensemencement naturel est à la fois le plus économique et le plus durable ; nous verrons, en traitant de l'entretien et de l'exploitation, les soins que l'on doit apporter dans les opérations pour favoriser le repeuplement. Malheureusement, il n'est pas toujours possible d'en profiter pour perpétuer les forêts. Souvent, le petit nombre ou l'infertilité des arbres existants dans un canton de bois ne permettra pas d'en attendre une quantité suffisante de semences pour le repeuplement naturel. D'autres fois, l'espèce de bois existante sera tellement mauvaise ou chétive, qu'un changement d'espèce deviendra nécessaire. Enfin, certaines circonstances pourront forcer de couper une jeune forêt avant qu'elle puisse fournir elle-même les semences nécessaires à son entretien. Dans ces diverses circonstances on sera donc obligé d'avoir recours, soit aux ensemencements artificiels, soit aux plantations ; mais hors ces exceptions, il sera toujours plus profitable d'avoir recours aux ensemencements naturels.

La main de l'homme étant étrangère à la formation des forêts naturelles, nous n'avons pas à nous occuper des phénomènes qui les ont produites ; ce que nous devons étudier d'abord, c'est la série d'opérations nécessaires pour créer les forêts artificielles. Nous confondrons d'ailleurs ces dernières avec les forêts naturelles lorsque nous en serons à examiner les soins que réclament leur entretien et leur exploitation.

Les forêts en général peuvent être partagées en *taillis* et en *futaie* ; on distingue également des *forêts d'arbres d'une seule espèce* et des *forêts mixtes*.

Les taillis sont des bois que l'on coupe ordinairement assez jeunes, soit pour les employer au chauffage, soit pour en faire du charbon, des échalas, des cercles, etc. Ce qui les distingue surtout des futaies, c'est qu'ils repoussent de leur souche. On divise ordinairement les bois taillis en trois classes : Les jeunes taillis qui s'exploitent à l'âge de 7, 8 ou 9 ans ; ils sont généralement composés de saules marceau, coudriers, châtaigniers, bouleaux, employés à divers usages, et surtout au chauffage des habitants de la campagne. Les taillis moyens sont ceux que l'on exploite à l'âge de 18 à 20 ans pour en tirer du charbon ou du petit bois de chauffage. Les hauts taillis s'exploitent à l'âge de 25 à 40 ans et fournissent du bois de chauffage pour les villes, de petites pièces de charpente et de charronnage, et surtout des bois de fente pour la latte, les échalas, etc. La futaie se distingue du taillis en ce qu'elle se repeuple presque entièrement par les semis. On divise les futaies en plusieurs classes caractérisées par leur âge. Ainsi on distingue les recrus âgés de 1 à 10 ans ; les gaulis, âgés de 11 à 30 ans ; les perchis ou jeune futaie, âgés de 30 à 70 ans ; la haute futaie, âgée de 70 à 100 ans ; les vieilles écorces, âgées de plus d'un siècle. On nomme futaie sur taillis les jeunes arbres ou baliveaux de tous les âges réservés dans les taillis.

Il existe peu de forêts d'arbres d'une seule espèce. Nous exceptons toutefois les arbres résineux qui exigent presque tous ce mode de culture.

Les forêts mixtes sont composées d'espèces mélangées ; mais le nombre des espèces est toujours d'autant moins grand que le bois a vieilli davantage, les grandes espèces, comme le hêtre, le chêne, survivant à toutes les autres.

FORÊTS ARTIFICIELLES.

Les travaux relatifs à cette culture consistent dans les trois opérations suivantes : la *création*, l'*entretien*, l'*exploitation*. Ces trois opérations constituent surtout la science forestière.

La création des forêts s'opère par des semis artificiels, ou par des plantations. On donne, en général, la préférence aux semis ; car les arbres sont organisés par la nature pour continuer de vivre là où la graine qui les a produits s'est d'abord développée. Les racines, non interrompues dans leur allongement progressif, se répartissent plus régulièrement dans le sol et donnent à l'arbre plus de force, et les sujets obtenus de cette manière offrent presque toujours une plus belle venue. Les transplantations, au contraire, nécessitent des mutilations plus ou moins considérables, qui altèrent toujours la vigueur des individus et influent défavorablement sur leur accroissement.

Toutefois, il est des circonstances où l'on doit préférer la plantation. Certains terrains sont tellement favorables au développement des gazons et des grandes herbes que les semis seraient étouffés pendant leur première végétation. D'autres fois, l'espèce d'arbre que l'on voudrait employer pour créer un bois redoute la rigueur du climat pendant les deux premières années de sa végétation ; il est donc préférable dans ces deux cas d'employer de jeunes plants de 3 ou 4 ans. De plus, il est certains terrains dont l'aridité est telle que les semis y sont toujours faits sans succès, tandis que les jeunes plants y réussissent convenablement. Enfin, il est certaines circonstances où, pressé de convertir une surface quelconque en bois, on manque de graines forestières. Ceci posé, examinons la manière de pratiquer le plus convenablement les deux procédés que nous venons d'indiquer, et traitons d'abord des semis.

Des semis artificiels. — C'est du bon choix des semences que dépend surtout le succès des semis. La qualité des graines résultant particulièrement de leur mode de récolte et de conservation, on devra apporter tous les soins possibles dans ces deux opérations ; mais quels qu'aient été ces soins, comme il s'agit de l'ensemencement de grandes surfaces et que l'on ne doit rien abandonner au hasard, sous peine de s'exposer à des pertes considérables, il faudra toujours, avant de pratiquer l'ensemencement, s'assurer de la qualité des graines par une expérience directe. Ainsi, on placera un nombre déterminé de ces semences, prises au hasard, dans un vase rempli de terre et déposé dans un lieu tempéré. La terre étant arrosée de temps en temps avec de l'eau tiède, on observera bientôt combien de graines lèveront sur la quantité qu'on aura semée, et l'on appréciera ainsi la qualité des semences et la quantité qu'il en faudra employer par hectare.

Quant à la saison la plus avantageuse pour exécuter ces semis, nous renvoyons à l'article *Pépinières*, où l'on trouvera des indications qui s'appliquent également à l'opération qui nous occupe. Nous avons aussi fourni plus loin, en traitant de chaque espèce forestière, les renseignements nécessaires sur la quantité de graines nécessaire pour l'ensemencement d'un hectare, suivant les sortes d'arbres, la qualité du sol et le mode d'ensemencement.

Préparation du sol. — Quand le terrain à semer en bois a été convenablement coupé de routes destinées à faciliter l'exploitation et à favoriser la croissance des arbres par la circulation de l'air, il convient de faire choix du mode de préparation du sol suivant les espèces qu'on doit ensemencer, l'état, la situation et la nature du terrain, et le prix de la main-d'œuvre. Les principaux procédés dont on pourra faire usage sont les suivants :

Labour à la charrue et en plein. — Ce mode est employé pour les surfaces couvertes de gazons, de mousses, de mauvaises herbes qui permettraient difficilement à la herse en fer d'entamer la surface. On fait labourer le terrain au printemps, on lui donne un second labour croisé à l'automne, après quoi la terre se laisse diviser convenablement par la herse de fer. On peut aussi, pour compléter cette opération, livrer le terrain à la culture des grains ou des pommes de terre pendant deux ans au plus ; mais il ne faut pas dépasser cette limite, car il serait épuisé et deviendrait moins propre à la production du bois.

Labour à la houe. — Ce procédé est employé dans les mêmes circonstances, mais lorsque le terrain est rempli de grosses pierres ou d'anciennes souches d'arbres qui s'opposeraient à l'action de la charrue.

Labour par pelage. — Si le terrain est fortement couvert de bruyères et autres plantes, on les fait enlever par un pelage pratiqué sur toute la surface. S'il s'agit d'un ensemencement de pins, on pourra répandre la semence avant le pelage, et cette semence se trouvera suffisamment enterrée par cette opération. Si cependant le terrain était très-aride, il conviendrait d'en remuer un peu plus profondément la surface afin que les graines puissent y être plus complétement enterrées.

Culture par incinération, à feu courant. — Ce procédé peut être aussi appliqué aux terrains dont nous venons de parler. Il consiste à mettre le feu aux bruyères, en automne et par un temps bien sec, puis à pratiquer un léger labour ; on sème au printemps suivant ; un ensemencement immédiat exposerait les semences à être altérées par la causticité des cendres. Mais il faut pratiquer cette opération avec les soins convenables, et, surtout, circonscrire l'espace dans lequel le feu doit être maintenu, en faisant peler la bruyère sur une largeur de 1^m 33 dans le voisinage des endroits où il pourrait s'étendre et causer du dommage.

Culture par écobuage ou fourneaux. — Lorsque le gazon et les broussailles qui couvrent le sol sont si épais que les graines ne pourraient être recouvertes de terre, on pèle le gazon, à l'automne; on le laisse sécher, puis on en forme de petits fourneaux au centre desquels on place quelques broussailles, puis on y met le feu. Quand les fourneaux sont brûlés, on en répand les cendres sur toute la surface du terrain, on pratique un léger labour et l'on ensemence au printemps suivant. On devra, en général, s'abstenir d'employer ce mode de préparation du sol pour les versants escarpés, pour les sables mouvants, pour les terrains caillouteux, enfin pour tous les sols qui se dessèchent facilement.

Culture par bandes alternées. — Sur les terrains engazonnés, on fait faire un léger pelage par bandes larges de 0^m 66 et distantes les unes des autres de 1^m. Après ce pelage on fait remuer à la houe, à une profondeur convenable, la terre des bandes pelées. Les gazons enlevés sont déposés sur la bande voisine non défrichée et du côté du midi seulement. Ce mode d'opérer est employé pour les graines qui ont besoin d'être très-peu recouvertes.

Culture par bandes en déposant une partie de la terre sur l'une des bandes voisines non défrichées. — Ici, après avoir opéré comme pour le mode précédent, on enlève une partie de la terre des bandes défrichées pour la déposer sur le bord de l'une des bandes voisines non défrichées. Ce travail est nécessaire lorsqu'il s'agit de graines qui doivent être plus profondément enterrées. Pour l'une comme pour l'autre de ces cultures, les bandes devront être dirigées de l'est à l'ouest, afin que les gazons ou les bruyères déposées sur les bandes non défrichées garantissent les jeunes plants de l'ardeur du soleil. Si, toutefois, ce travail était opéré sur un terrain en pente, il serait préférable de diriger les bandes perpendiculairement à la pente afin d'empêcher les éboulements de terre.

Culture par petits pochets ou poquets. — Le gazon et les bruyères sont enlevés symétriquement par places de 0^m 66 carrés et séparés les uns des autres par un espace égal non défriché, de manière à ce que la surface du terrain ressemble à un échiquier. Le gazon et les bruyères sont déposés sur le bord des places défrichées et du côté du midi, afin que les jeunes plants soient abrités du soleil.

Malgré l'économie de main-d'œuvre et de semences que présentent ces trois derniers modes de préparation, on ne devra les employer que dans le cas où le terrain ne pourrait pas être labouré à la charrue et lorsqu'on ne voudra pas le faire défricher à la houe sur toute sa surface, ou bien encore s'il s'agit d'une pente rapide qu'il serait dangereux de labourer sur toute son étendue, car ils présentent l'inconvénient que voici : les bandes ou les petits carrés défrichés étant entourés de points gazonnés, les bruyères et autres plantes qui couvrent leurs parties envoient bientôt leurs racines dans la terre nouvellement remuée et nuisent beaucoup à la première végétation des jeunes plants.

Culture par rigoles en rejetant la terre sur les intervalles. — Dans les terres très-humides, on pratique des rigoles de 0^m 50 d'ouverture qui divisent les terrains en bandes de 2^m 33 à 2^m 66 de large, et l'on répand la terre provenant des rigoles sur toute la surface des bandes, en ayant soin de renverser les gazons la racine en l'air. Au printemps suivant, on pratique l'ensemencement sur les bandes de terres ainsi égouttées. Nous devons faire observer que plus le terrain est humide, moins les bandes doivent avoir de largeur, et plus les rigoles doivent être multipliées et profondes. Il est essentiel aussi de les diriger dans le sens de la pente du terrain.

Culture par rigoles pour les terrains en pente rapide. — On fait ouvrir, au sommet de la pente, sur une ligne perpendiculaire à cette pente, une petite tranchée de 0^m 06 environ de profondeur et de 0^m 16 environ de largeur ; on range les gazons, les pierres et la terre qui en proviennent sur le bord de la tranchée du côté de la pente, de manière à augmenter la profondeur de la tranchée. On ouvre de pareilles tranchées parallèlement et sur toute la pente du terrain, et à 1^m 33 ou 1^m 66 de distance, suivant le plus ou moins de rapidité de la pente ; on laboure le fond de ces tranchées, et l'on y répand les semences.

Jusqu'ici nous n'avons entendu parler que des terrains dont la surface engazonnée ne permettrait pas de recouvrir les semences qu'on y aurait répandues. Quant aux terrains déjà en nature de labour, ou cultivés peu d'années auparavant et susceptibles d'être encore divisés par la charrue et par la herse, il n'y aura aucune culture à leur faire subir avant le semis ; car toutes les semences qu'on y répandra pourront être facilement recouvertes par la charrue ou la herse.

Mode d'ensemencement. — Quand il s'agit de semer une surface considérable, il faut commencer par diviser cette surface en plusieurs parties, et partager la semence en autant de portions qu'on aura fait de divisions sur le terrain ; il sera ainsi beaucoup plus facile de répandre également la semence sur toutes les parties du sol. Ce soin est surtout nécessaire lorsqu'il s'agit de semer en rayons ou par places. Si le terrain doit être semé en plein et qu'on ne veuille pas le fractionner, il sera au moins nécessaire de partager la semence en deux parties: la première sera employée à semer le terrain suivant sa *longueur*, et la seconde moitié à le semer *en travers*.

Semis en plein et à plat. — Ce mode est pratiqué sur les terrains où les graines pourront être enterrées par un léger labour ou par un hersage. Pour les grosses semences, comme celles du chêne, du hêtre, etc., on répand uniformément les graines sur le sol, puis on les recouvre à l'aide d'un léger labour. Pour les semences moins grosses, comme celles des pins, on les répand uniformément sur le sol, puis on les recouvre à l'aide d'un hersage croisé ; si le sol est léger, on le raffermit par un roulage.

Enfin, les semences très-fines, comme celles du bouleau, sont répandues à la volée par un temps calme ; après quoi on fait passer sur le sol une bourrée d'épines et l'on raffermit le terrain avec un rouleau. Si le sol était couvert de quelques gazons, il faudrait remplacer les bourrées d'épines par la herse à dents de fer.

Semis en rayons. — Ce mode est surtout pratiqué pour les grosses graines. On ouvre à la houe, ou mieux à la charrue, un rayon d'une profondeur en rapport avec la grosseur de la semence ; un ouvrier dépose les graines, un autre le suit, et recouvre les semences. Ces rayons sont généralement placés à 1^m de distance les uns des autres.

Semis en rigoles pour les terrains secs. — Le terrain est préparé comme nous l'avons indiqué pour les pentes rapides, puis on ameublit le fond des rigoles et l'on y répand les graines en les enterrant à une profondeur convenable.

Semis sur crête pour les terrains humides. — Le sol étant préparé comme nous l'avons recommandé pour les sols humides, on y répand les graines et on les recouvre à l'aide du râteau ou d'une bourrée d'épines ; ou, si elles sont très-grosses, on les sème dans des sillons tracés à l'avance sur le sol.

Semis par bandes et en pochets. — Les bandes ou les pochets étant défrichés, on laboure la surface et l'on y répand les graines en les enterrant à une profondeur convenable.

Semis avec couverture de branchages, feuilles sèches, herbes, etc. — Il est certains terrains qui, comme ceux des *dunes*, ont une mobilité telle, que pour que les semis y réussissent, il faut préalablement fixer la surface du terrain. On emploie à cet effet des branches d'arbres munies de leurs feuilles et dont on couvre uniformément le sol après l'ensemencement. On peut aussi utiliser les feuilles sèches, les herbes, etc.

Semis avec plantation d'arbres. — Le semis de plusieurs espèces d'arbres ne pourrait réussir s'il était fait sur un terrain complétement nu : les jeunes plants auraient trop à souffrir de l'ardeur du soleil ou des froids tardifs du printemps. Pour éviter ces inconvénients, on plante de jeunes plants de bouleau, de marceau ou autres bois blancs, disposés en lignes dirigées de l'est à l'ouest et distantes de 2^m les unes des autres. Lorsque ces plants sont bien repris et susceptibles d'abriter le sol, on pratique l'ensemencement en formant une ligne entre chaque rang des jeunes arbres.

Semis avec céréales ou autres graines pour servir d'abri. — Ce procédé est employé dans des circonstances semblables à celles que nous venons d'indiquer. Ce sont les céréales de printemps ou d'hiver, suivant l'époque du semis, que l'on emploie à cet usage. Si la semence d'arbres que l'on répand n'est pas plus grosse que celle de la céréale, on l'enterre par le même hersage ; si le contraire a lieu, on recouvre d'abord la graine de céréales, et l'on répand ensuite la semence d'arbres. Dans tous les cas on n'emploie qu'une demi-semence de céréale, afin que la récolte n'en soit pas un obstacle à la végétation des jeunes plants. Lors de la maturité de la céréale on la coupe seulement à moitié de sa hauteur, afin que le sommet des jeunes arbres ne soit pas atteint et que les pailles les défendent encore de la sécheresse jusqu'à la fin de l'automne. Toutefois, l'action de cet abri étant beaucoup moins prolongée que celle des plants de bois blancs, on ne devra l'employer que pour les espèces peu délicates ou dans les localités déjà en partie abritées. Le jonc marin peut servir au même usage, mais on l'utilise de préférence pour les ensemencements faits dans les rigoles d'un terrain sec, ou pour les semis pratiqués sur bandes alternées.

Semis d'espèces d'arbres mélangées. — Le mélange des espèces différentes dans une forêt est une chose utile : la nature nous en donne souvent l'exemple ; mais il faut choisir des espèces qui aient une croissance de même durée et puissent être soumises au même mode d'exploitation. Ainsi, pour former une futaie, on pourra, suivant la nature du sol, associer le chêne, le hêtre, le frêne, l'érable, l'orme ; pour les taillis, le chêne, l'érable, le frêne, l'orme, le bouleau et le charme ; ou encore, l'aune et le bouleau, le saule et le peuplier. S'il s'agit de forêts d'arbres résineux, on pourra réunir le sapin et l'épicea, ou les diverses sortes de pins qui s'accommodent du même sol.

Les semis mélangés sont encore employés pour garnir, avec des semences à bas prix, des semis d'espèces dont les semences sont chères ou rares. Il est avantageux, dans ce cas, de semer le charme et le bouleau dans les semis de chêne, de hêtre, d'érable, de frêne ou d'orme ; par la suite, on retranche petit à petit les brins de charme ou de bouleau. Quant au semis de mélèze, on peut y ajouter des semences de pin sauvage que l'on enlève ensuite successivement à mesure que les mélèzes prennent de l'accroissement.

Lorsque enfin il s'agit de procurer de l'abri aux jeunes plants, la meilleure espèce est incontestablement le pin sauvage, ou le pin maritime ; ou même le bouleau, à défaut des deux autres. Mais il est essentiel de considérer ces espèces seulement comme abri, et de les enlever aussitôt qu'ils ont produit le résultat qu'on voulait obtenir ; c'est-à-dire lorsqu'ils ont atteint une hauteur de 1^m 50 à 2^m ; car ils ne tarderaient pas à devenir, par leur ombrage, aussi nuisibles aux autres arbres qu'ils leur avaient été utiles. Quelques kilogrammes de semences de ces pins seront suffisants par hectare. Lorsqu'on veut exécuter un semis mélangé, il faut commencer par mettre en terre les semences qui ont besoin d'une plus forte couverture. Ainsi, s'il s'agit d'un mélange de chêne, de hêtre et de bouleau, et que le sol soit en nature de labour, on sèmera d'abord les glands, qu'on recouvrira à l'aide d'un léger labour ; on répandra ensuite les faînes qu'on enterrera à l'aide d'un hersage croisé ; puis, on sèmera le bouleau et on le recouvrira en traînant des bourrées d'épines sur le terrain.

Conservation et entretien des semis. — Avant de pratiquer les semis, il est utile de songer à en éloigner les lapins, lièvres, bêtes fauves, bêtes à cornes, moutons, qui tous font un tort plus ou moins considérable aux jeunes plants en broutant les feuilles et les tiges. A cet effet, on entourera le terrain d'un fossé de 2^m de largeur, d'un mètre de profondeur et de 0^m 30 de largeur au fond ; on rejette la terre qu'on en a extraite sur le bord du terrain à ensemencer, puis on y plante une haie vive. Si les animaux franchissaient cet obstacle, il faudrait remplacer cette haie par une palissade.

Si le terrain était menacé par les eaux, on l'égoutterait par des fossés d'écoulement de 0^m 50 de largeur sur 0^m 20 de profondeur.

Si l'on craint que les oiseaux ne dévorent les graines, on tâchera de les en écarter par des épouvantails jusqu'à ce que les semences soient levées.

Pendant l'été qui suit l'ensemencement, les jeunes plants ne réclament aucun soin, surtout s'ils ont été semés avec des céréales ; dans le cas contraire, on pourra les débarrasser à la main des herbes qui pourraient gêner leur développement. Pendant la seconde année on leur applique, au printemps, un binage destiné à détruire les plantes nuisibles et surtout à rendre la surface du sol perméable à l'air. Enfin, la troisième année, on donne un bon binage au printemps, et un second à l'automne. Si les plantes ont été semées en ligne, ces deux derniers binages pourront être pratiqués avec la charrue.

Un soin important, pendant les premières années qui suivent l'ensemencement, c'est de regarnir avec de jeunes plants, ou par un nouvel ensemencement, les endroits où le semis a manqué. Si l'on tarde trop, les arbres voisins s'élèvent bientôt et s'opposent par leur ombrage au succès de ces nouveaux semis ou de ces jeunes plantations.

PLANTATIONS FORESTIÈRES.

Nous avons dit dans quelles circonstances on doit préférer les plantations aux semis ; nous avons traité ce dernier mode de reproduction. Nous allons étudier ici quels sont les principales conditions à remplir pour assurer le succès des plantations forestières exécutées avec de jeunes plants. Nous parlerons d'une manière spéciale des arbres de haut jet à l'article des plantations d'alignement.

On doit éviter d'employer, dans les plantations forestières, des plants âgés de plus de 5 ans ou de moins de 3 ans. Agés de plus de 5 ans, ils ont pris un développement tel qu'il faut, pour conserver leur racine lors de la déplantation, prendre des soins qui rendent leur reprise beaucoup plus difficile ; ils sont en outre beaucoup plus exigeants sur la préparation du sol qui doit les recevoir ; enfin leur acquisition est bien plus coûteuse.

Les arbres âgés de moins de 3 ans présentent d'autres inconvénients : trop faibles pour résister à la souffrance qu'ils éprouvent de la préparation imparfaite du sol, de l'ardeur du soleil et de la sécheresse du terrain, beaucoup périssent et l'on est souvent obligé de recommencer l'opération. Trois moyens différents sont à employer pour se procurer de jeunes plants convenables : on les sème en pépinière, on les extrait des bois ou forêts où ils s'étaient semés naturellement, ou bien encore on les enlève aux semis artificiels faits à demeure quand les sujets y deviennent trop serrés. Disons un mot des qualités et des défauts de chacune de ces sortes de plants.

Plants provenant des pépinières. — Ces plants sont incontestablement les meilleurs : ils sont sains, vigoureux ; leurs racines peu allongées mais très-ramifiées peuvent être presque toutes conservées lors de la déplantation et assurent ainsi la reprise de ces jeunes arbres. Mais, pour qu'ils présentent ces qualités, il faut qu'ils aient reçu dans la pépinière les soins que nous avons indiqués en traitant de cette sorte de culture. Ces arbres coûteront nécessairement un peu plus cher que les autres, mais il y aura encore économie à les préférer, car leur reprise sera certaine.

Plants arrachés dans les forêts. — L'emploi de ces plants donne presque toujours lieu à des insuccès. Arrachés plutôt que déplantés, leurs racines, d'ailleurs peu nombreuses, sont presque toujours mutilées. D'un autre côté, ces jeunes plants qui ont été protégés par le voisinage des grands arbres, souffrent beaucoup plus que ceux des pépinières lorsqu'on vient à les isoler au grand air et sous l'influence du soleil. Lorsqu'on sera obligé d'employer de ces plants, il faudra, pour diminuer ces inconvénients, les repiquer pendant un an ou deux dans une pépinière formée près du point où la plantation devra être exécutée.

Plants extraits des semis à demeure. — Ces plants offriront à peu près la même qualité que ceux élevés dans les pépinières, s'ils sont déplantés avec soin. On devra, en outre, avoir le soin de les enlever à l'âge de 1 ou 2 ans, et de les repiquer en pépinière pendant le même laps de temps : sans cette précaution, ils seraient pourvus d'un appareil de racines peu propre à faciliter leur reprise.

Quelle que soit l'origine des plants que l'on se procurera, on devra s'assurer que leurs racines ne sont pas restées exposées trop longtemps à l'air, ce qui se reconnaîtra facilement à la surface ridée de ces racines. Quelquefois, les marchands font disparaître ce signe d'altération en faisant tremper dans l'eau le pied des plants ; mais, alors, en enlevant l'épiderme de la racine, on remarque que le liber est de couleur fauve. Ce même signe d'altération se manifeste lorsque les arbres ont subi l'influence de la gelée. Quant aux soins que l'on doit apporter pour la *déplantation* des jeunes plants dans la pépinière, pour l'*habillage* de la tige et des racines, pour l'emballage de ceux qu'on doit faire voyager, nous avons traité ces diverses questions à l'article Pépinière. Ajoutons seulement ici que si l'on croit devoir réunir quelques mois à l'avance les plants dont on aura besoin, il faudra ouvrir les paquets dès leur arrivée, et mettre immédiatement en terre les jeunes arbres en les disposant par lignes très-rapprochées les unes des autres et épaisses chacune de 0^m 06 environ.

Préparation du sol. *Labour de défoncement.* — Ce labour, qui ne peut être fait le plus ordinairement qu'à bras d'homme, doit offrir une profondeur de 0^m 40 environ ; pratiqué avant l'hiver, on lui fait succéder pendant l'été suivant d'autres labours moins profonds exécutés avec la charrue et destinés à bien ameublir le sol. Ce mode de préparation du sol est incontestablement le plus parfait, mais il est aussi le plus coûteux ; aussi ne l'emploie-t-on que pour la plantation des petits espaces. Les procédés suivants, un peu moins satisfaisants, mais beaucoup plus économiques, sont préférés lorsqu'il s'agit de planter de vastes étendues.

Labour ordinaire. — Ce labour est fait à plat si le sol absorbe facilement l'humidité, ou en planches plus ou moins bombées, s'il est humide. Ce travail est exécuté à la houe ou avec la charrue si les circonstances le permettent ; dans ce dernier cas, on répète l'opération pour bien diviser la terre.

Labour par bandes alternatives. — Nous avons décrit plus haut ce mode de préparation du sol en parlant des ensemencements artificiels. On donne aux bandes cultivées une largeur de 0m 70 à 1m, et une longueur égale aux bandes non cultivées.

Culture en potets ou poquets. — Ce mode de préparation du sol dont nous avons également parlé à l'article Ensemencement, est aussi quelquefois employé pour les plantations. C'est à coup sûr le procédé le moins coûteux, mais il réussit rarement : presque toujours les jeunes plants sont affamés et étouffés par les plantes voisines. Ce mode de plantation ne peut avoir de succès que lorsqu'on fait des trous d'au moins 0m 60 carrés, et lorsque le sol est peu garni d'arbres et d'arbustes.

Culture en rigole pour les terrains en pente. — Ce mode ne diffère de celui que nous avons indiqué sous le même nom pour les ensemencements, que par la largeur de la rigole qui doit être portée à 0m 70, et par la profondeur de couche de terre labourée qui ne doit pas avoir moins de 0m 30.

Époque favorable pour la plantation. — La transplantation produit un trouble, un désordre considérable dans l'économie des plants. Si ce trouble se manifestait pendant la végétation des arbres, il pourrait déterminer leur mort. On a donc choisi, pour effectuer cette opération, le moment où la végétation est en repos, celui où commence la chute des feuilles, à l'automne, jusqu'au moment où les boutons commencent à s'entr'ouvrir, au printemps.

Dans les terrains légers ou de consistance moyenne, dans ceux enfin qui sont exposés à la sécheresse, on plante en automne. Si le temps se maintient doux pendant les premiers jours qui suivent la plantation, les racines commenceront à développer quelques radicelles, les arbres prendront possession du sol, et lorsque viendra le printemps, ils se défendront bien plus facilement contre l'influence de la sécheresse, très-redoutable pour les nouvelles plantations dans ces terrains.

Au contraire, dans les sols compactes, chargés pendant l'hiver d'une humidité surabondante, il y a plus d'avantage à ne planter qu'au printemps. Cette humidité ferait beaucoup de tort aux arbres qu'on y planterait à l'automne, en faisant pourrir les racines, qui sont toujours plus ou moins endommagées par la déplantation.

On a longtemps recommandé de ne planter les arbres résineux qu'au printemps, quelle que soit d'ailleurs la nature du sol. Cet usage est dû à ce que ces arbres, chargés de feuilles, offrent beaucoup de prise aux vents qui, les ébranlant pendant tout l'hiver, fatiguent et rompent même le chevelu de leurs racines, et nuisent ainsi à leur reprise. Mais si ces arbres pouvaient être plantés dans un endroit abrité des vents, ou s'ils étaient maintenus par un tuteur, il y aurait tout avantage à varier pour eux, comme pour les précédents, l'époque de leur plantation selon la nature du sol. Ajoutons encore qu'il y aura danger à planter en automne dans les sols exposés au midi ; les racines des jeunes plants, souvent découvertes par l'action alternative de la gelée et du dégel sur la terre, seront souvent altérées par leur exposition à l'air.

Mode de plantation. *Forme de la plantation.* — La disposition à donner aux plantations de bois varie un peu suivant le mode de préparation que l'on a donné au sol. Lorsque le terrain a été convenablement préparé, on donne à la plantation la forme d'un quinconce. Cette plantation peut être exécutée soit à la houe, en faisant pour chaque jeune plant un trou assez vaste pour que les racines puissent y être plantées sans contrainte, soit à la charrue. Ce dernier mode est plus expéditif, mais il est moins parfait, en ce que les jeunes arbres sont plantés avec moins de soin. Voici d'ailleurs comment on opère : Les plants doivent avoir 3 ans au plus, pour que les racines puissent être suffisamment enterrées. D'un autre côté, la terre doit avoir été très-bien préparée et être surtout parfaitement meuble, pour qu'elle s'engage facilement entre les racines des arbres. Trois personnes sont nécessaires. La première conduit la charrue, la seconde pose les plants dans la raie, la troisième dresse les tiges et complète le travail pour les brins qui seraient mal plantés.

Profondeur à laquelle les racines doivent être enterrées. — Ce degré de profondeur doit varier suivant la faculté, le degré de perméabilité du sol et la dose plus ou moins grande d'humidité qu'il retient habituellement. Le degré de profondeur moyen est de 0^m 08 ; mais on devra l'augmenter de moitié dans les terrains très-secs, et se contenter, au contraire, de 0^m 05 dans les sols humides et très-compactes. Pour les terrains en pente, on plantera plus profondément à l'exposition du sud qu'à celle du nord. Dans les sols marécageux la plantation devra être faite sur buttes.

Si le sol a été cultivé seulement par bandes alternatives, on peut planter de deux manières : Lorsque les bandes cultivées présentent une largeur de 1^m, on plante une ligne de plants de chaque côté, de manière que ces lignes sont séparées de chaque côté par un espace d'un mètre. Si les bandes n'offrent qu'une largeur de 0^m 70, on plante une seule ligne au milieu, de sorte que les plants sont séparés par un espace de 1^m 40. Ce dernier mode est préférable parce que les jeunes arbres sont moins exposés à être gênés par les plantes et arbustes placés sur la bande de terre non cultivée. Si, enfin, le sol est préparé par potets, on place un ou deux plants dans chacun d'eux.

Distance à mettre entre les plants. — Cette distance doit nécessairement varier un peu, suivant le degré de fertilité du sol. Dans les mauvais terrains, les jeunes arbres étant plus exposés à périr que dans les bons, prennent moins de développement ; on peut donc les rapprocher un peu plus que dans les sols très-fertiles.

Dans les plantations faites en plein, les jeunes arbres seront placés à 1ᵐ 30 les uns des autres si le sol est de qualité médiocre ; s'il est très-bon, on portera cette distance à 1ᵐ 60. Lorsque ces plantations seront faites en vue de fournir un abri aux semis, on laissera un espace d'un mètre entre les plants sur les lignes.

Opérations contre la sécheresse. — Les jeunes plantations redoutent par-dessus tout la sécheresse. Le meilleur moyen de la prévenir est de maintenir la surface du sol suffisamment ameublie à l'aide de binages. Si la plantation a été faite sur un terrain labouré en plein, ces binages pourront être exécutés à l'aide de la charrue ; on se servira de la houe pour biner le pied des plants et les espaces qui les séparent sur la même rangée. Lorsque la plantation est faite en rigole, par bandes alternatives, ou en potets, on se sert de la houe pour biner toute la partie du terrain qui a été cultivée en premier lieu. Ces binages ont lieu trois fois par an : le premier au commencement du printemps, le second au milieu de l'été, le troisième à l'automne. On les répète pendant trois, quatre ou cinq ans, selon que le sol est plus ou moins exposé à la sécheresse ou à la croissance des plantes nuisibles.

Du recepage. — Cette opération que nous avons décrite et dont nous avons indiqué les effets à l'article des Pépinières est souvent indispensable pour les jeunes plantations. Ces jeunes arbres éprouvent toujours une souffrance telle, lors de leur transplantation, qu'ils languissent longtemps avant de développer un nouvel appareil de racines qui leur rende leur vigueur première. Nous avons vu que le recepage a pour effet de hâter beaucoup ce résultat ; seulement il faut bien se garder de le pratiquer au moment de la plantation comme l'ont fait à tort quelques forestiers, car on nuit à la reprise des plants en les privant d'un grand nombre de boutons qui auraient favorisé le développement des nouvelles racines ; il ne faut supprimer qu'une étendue de la tige en rapport avec les pertes éprouvées par les racines, afin de rétablir l'équilibre entre l'étendue de ces deux organes. Le recepage ne produira donc d'heureux effets qu'autant qu'on le pratiquera après la reprise des plants, c'est-à-dire deux ans après la plantation. Toutefois cette pratique est plus convenable pour les jeunes arbres destinés à former des taillis que pour ceux dont on veut faire des arbres de haut jet. On ne l'emploiera donc pour ces derniers que lorsqu'elle deviendra rigoureusement nécessaire, et l'on essayera d'y suppléer en supprimant seulement les rameaux latéraux des jeunes tiges.

BOISEMENT DES MONTAGNES.

La destruction inconsidérée des bois sur les sommets et les pentes rapides des montagnes, en privant le pays d'une production de première nécessité, est devenue la cause de nombreuses calamités. Les eaux, ne trouvant plus d'obstacles, ont entraîné les terres dans les vallées ; et les rochers, restés à nu, ont perdu la faculté qu'ils devaient aux bois dont ils étaient couverts, d'arrêter les eaux, qu'ils forçaient à ne s'échapper que par infiltration, et à alimenter des sources qui n'existent plus aujourd'hui. Plusieurs contrées voisines des montagnes ont vu disparaître les ruisseaux et fontaines auxquelles elles devaient leur fertilité, et s'anéantir leur agriculture. Il est donc du plus grand intérêt de repeupler les pentes et les sommets des montagnes. Malheureusement, l'aridité du terrain, son peu de profondeur, la rigueur du climat, l'inclinaison souvent rapide du sol, sont autant de circonstances qui rendent cette opération lente, difficile et dispendieuse. Voici les principaux moyens qui, employés suivant les circonstances, ont donné les meilleurs résultats.

Quand les pentes sont roides, ravinées, qu'elles offrent des traces de bouleversements anciens, il est indispensable de consolider le terrain avant de le boiser ; pour cela, on construit des arêtes gazonnées, ou en pierres sèches, qui permettent de semer autant que possible sur des surfaces horizontales. On établit aussi des retenues d'eau proportionnées à l'étendue et à la rapidité de la pente. Si l'on néglige ces soins, on s'expose à voir les travaux difficiles et dispendieux que l'on aura exécutés, détruits par de nouveaux éboulements.

Lorsque le sol sera de nature calcaire, comme cela a souvent lieu, on devra renoncer aux semis, car ils donnent rarement de bons résultats. L'action alternative de la gelée et du dégel soulève et abaisse successivement ces terrains, de telle sorte que les jeunes produits de semis sont bientôt déracinés et exposés à l'action de l'air et du soleil. C'est ce même motif qui a fait remplacer les semis de pins, dans les terres blanches de la Champagne, par la plantation de jeunes arbres. Lors donc qu'il s'agira du boisement de pentes calcaires, il sera préférable d'avoir recours aux plantations. Le terrain destiné à les recevoir sera défoncé par bandes alternatives larges de 0^m 80 environ et profondes de 0^m 40 ; ce travail sera exécuté de telle sorte que les gazons enlevés sur cette zone soient précipités au fond de la tranchée et que la terre du fond soit ramenée à la surface. On laissera un intervalle de 1^m 50 à 2^m entre chacune de ces bandes, suivant la rapidité de la pente. Les jeunes plants y seront plantés en échiquier, laissant entre eux, sur chaque ligne, un intervalle de 1^m. Lorsqu'on préparera le terrain, ou qu'on fera la plantation, on devra accumuler sur le bord de chaque bande cultivée, et du côté de la pente, toutes les pierres qu'on rencontrera ou, à leur défaut, une certaine quantité de terre, de manière à ce que la surface de ces bandes présente une inclinaison prononcée dans le sens opposé à la pente du terrain : il en résultera que les eaux descendant des parties supérieures ravineront moins le sol et que, s'infiltrant dans la terre, elles profiteront à la jeune plantation.

Les plantations en potets, quoique moins favorables que les premières, peuvent aussi être employées dans cette circonstance ; mais il faut avoir le soin de surélever le côté des potets placés vers la pente, de manière à retenir les eaux autour de chaque jeune arbre. Cette plantation devra aussi être disposée en échiquier.

S'il s'agit de pentes non calcaires, on pourra recourir avec avantage au semis ; on emploiera alors le procédé indiqué à l'article Semis. Ajoutons que, toutes les fois qu'on le pourra, il sera convenable de joindre les plantations aux semis. Ainsi, on exécutera avec des espèces à bois blanc et à végétation prompte, une plantation par bandes horizontales semblable à celle que nous venons de décrire ; seulement, les lignes de jeunes plants seront placées à 2^m de distance les unes des autres. Lorsqu'ils seront bien repris, c'est-à-dire deux ans après leur plantation, on pratiquera entre chaque ligne une rigole et l'on y répandra les semences.

C'est surtout pour le boisement des montagnes qu'il faut s'appliquer à donner à chaque nature d'arbre l'espèce de sol, le climat, l'exposition qui lui conviennent. Il faudra aussi, quel que soit le moyen choisi pour boiser les pentes rapides, s'efforcer de laisser intact le gazon qui couvrira ces terrains ainsi que les arbustes ou arbrisseaux qui pourraient s'y être développés. Cette végétation naturelle abritera les jeunes semis ou plantations et concourra avec elles à arrêter la rapidité des eaux torrentielles.

BOISEMENT DES DUNES.

Les dunes sont des monticules ou collines de sables déposés par la mer sur ses rivages et livrés à l'action des vents, qui les agitent, les tourmentent, les poussent et repoussent sans cesse.

Toutes les côtes sablonneuses de l'Océan offrent des lignes de dunes plus ou moins étendues, plus ou moins élevées. Les plus remarquables, en France, sont celles de la mer du Nord, entre Dunkerque et Nieuport ; de la Manche, entre Calais et Boulogne ; de l'Atlantique, entre Bordeaux et Bayonne. On évalue à 400 kilomètres carrés l'étendue occupée par les dunes sur le sol français.

La mobilité des dunes est un de leurs caractères essentiels ; et cette mobilité, qui menace sans cesse d'envahir et de détruire les cantons que les dunes dominent, a dû porter les habitants à chercher les moyens d'arrêter les effrayants progrès de ce fléau. Ce progrès, pour les dunes de Gascogne, n'était pas de moins de 24 mètres par an. Des essais nombreux ont été faits pour fixer et fertiliser ces masses de sables ; mais ce n'est qu'en 1800 que l'ingénieur Brémontier sut, dans un mémoire qu'il publia, appeler sérieusement l'attention du gouvernement sur ce sujet et le décider à prendre des mesures qui devaient conduire à de grands résultats. Depuis cette époque, les moyens de boisement proposés par cet habile ingénieur n'ont cessé d'être appliqués avec le plus grand succès sur plusieurs parties de nos dunes françaises, et notamment sur les dunes de Gascogne dont une grande partie est aujourd'hui transformée en une magnifique forêt de pins maritimes. Voici, en résumé, le mode de boisement imaginé par Brémontier et auquel une longue expérience a permis d'apporter quelques améliorations.

On trouve généralement entre le pied des dunes et la laisse des hautes marées, un espace de 200^m et plus, dont la surface est plane et presque de niveau, et sur laquelle les sables poussés par la mer glissent sans s'arrêter. C'est cette partie qu'il faut d'abord fixer par des semis, afin d'empêcher les sables d'abandonner la plage et de prévenir ainsi les dégâts qu'ils pourraient faire au delà, dans les semis trop jeunes encore pour résister à leur envahissement.

Pour défendre de l'irruption des sables le semis que l'on veut faire sur cette zone, on établit un cordon de châssis en planches de 1^m à 1^m 60 de hauteur placé parallèlement à 10 ou 15^m de la laisse des vives eaux, puis l'on sème en graine de pin mélangée de genêt ordinaire et d'ajonc toute la surface comprise entre ces châssis et le pied des dunes. Dans le midi de la France, on emploie le pin maritime ; dans les autres contrées on préfère le pin sauvage. Les châssis protégent les jeunes plants pendant trois ou quatre années, après lesquelles ceux-ci forment un massif impénétrable, d'un mètre d'élévation au moins. Le but que l'on se proposait est alors atteint ; les nouveaux sables que chasse annuellement la mer, sont retenus par ces plantations, s'accumulent à la longue et forment une nouvelle dune qui protége à son tour le terrain et les plantations qui sont derrière elle.

Cette première zone de terrains étant ainsi fixée, et lorsque les jeunes plants ont acquis une certaine vigueur, c'est-à-dire au bout de cinq à six ans, on continue le boisement en remontant vers les terres jusqu'à ce qu'on arrive jusqu'au sommet des montagnes formées par les dunes les plus anciennes. Cette deuxième partie exécutée, on en entreprend une troisième et successivement, mais toujours par zones de 50 à 100^m de largeur, et en observant bien exactement de ne laisser aucun vide bien sensible entre les divers ensemencements.

Bien que le boisement de la première bande arrête le sable que les vents de mer pourraient chasser sur les jeunes semences, il serait insuffisant pour empêcher les sables des dunes déjà formées d'être déplacés par les vents de mer et de nuire à de nouveaux ensemencements ; il faut donc leur opposer de nouveaux obstacles. Les moyens à employer pour fixer ces sables varient selon la conformation de la surface du sol et suivant que le terrain est plus ou moins exposé à la violence des vents. On peut, sous ce rapport, partager ces surfaces en quatre classes.

Dans la première sont les sommets et les rampes les plus directement exposées à la fureur des vents régnants. Pour ces surfaces, on emploie des châssis en planches disposés en lignes parallèles , plus ou moins rapprochées suivant le degré d'action des vents; d'autres lignes de châssis sont en outre disposées perpendiculairement aux premières, de manière à partager le terrain en un certain nombre de cases dans lesquelles on pratique l'ensemencement. Dans la seconde classe, sont les rampes sur lesquelles les vents exercent une action moins active. Il suffit de les couvrir, immédiatement après l'ensemencement, avec des branches de pin ou d'autres arbustes, garnies de leurs feuilles. Ces branches sont déposées sur le sol, le gros bout du côté de la mer ; on place une première branche au pied de la dune, une seconde au-dessus de la première et ainsi de suite jusqu'au sommet. Le premier rang étant placé, on en pose deux autres, l'un à droite, l'autre à gauche du premier rang, et toujours de même jusqu'à ce que la surface à protéger soit entièrement couverte. On donne autant que possible une longueur uniforme à ces branches, 3^m environ, et l'on fait en sorte qu'elles se croisent à leur extrémité. On termine ce travail en fixant les branchages par des perches de pin placées transversalement et dont les deux extrémités sont fixées à la surface du sol au moyen de crochets en bois enfoncés dans le sable.

Lorsqu'on ne pourra se procurer une suffisante quantité de ces branchages, on y suppléera par l'emploi de grosses herbes telles que roseaux, joncs, etc., qu'on trouve en abondance dans les lieux bas et marécageux. Ces herbes seront uniformément répandues sur le sol.

La troisième classe comprend les rampes qui sont complétement à l'abri des vents. Pour fixer ces sortes de pentes, dont le sol est toujours très-coulant et très-mobile, il faudra, lors même que les semis seront établis sur tous les autres points de la dune, attendre que les sables aient eu le temps de se raffermir et de se tasser, parce que les éboulements occasionnés par les pluies dégraderaient les châssis en bois ou les branchages, et détruiraient les plantations. En opérant ainsi, on pourra se dispenser d'employer ni branchages ni châssis en bois, puisque ces surfaces sont complétement abritées des vents.

Enfin, on comprend dans la quatrième classe les vallons et les surfaces horizontales qui, presque toujours fixées, n'exigent aucune couverture.

Telles sont en somme les principales opérations qui constituent le boisement des dunes. Le mode d'ensemencement que nous avons recommandé pour la première zone du bord de la mer, c'est-à-dire les graines de pins mélangées à la semence du jonc marin et du genêt ordinaire, pourra être le même pour toutes les zones qu'on entreprendra successivement. Toutefois, à mesure que l'on s'éloignera du rivage et que les surfaces qui resteront à boiser seront mieux défendues des vents de mer par les plantations déjà exécutées, on pourra remplacer ces espèces d'arbres par d'autres d'une plus grande valeur.

REPEUPLEMENT DES CLAIRIÈRES.

Des circonstances accidentelles, telles que les incendies, l'abroutissement des bestiaux ou du gibier, un mode d'exploitation vicieux, etc., donnent lieu dans les forêts à des vides qu'il faut se hâter de repeupler au moyen des semis artificiels, des plantations, des couchages. Voici quels sont les soins généraux que réclame cette opération.

Il faudra d'abord éviter de repeupler une clairière avec des espèces de bois qui exigeraient une exploitation différente de celle qui existe déjà dans la forêt. On ne pourrait s'écarter de cette règle que dans le cas où la partie à repeupler serait assez considérable pour former un aménagement particulier.

S'il s'agit de repeupler des vides de peu d'étendue, on fera ce travail deux ans avant l'exploitation des arbres qui entourent ces vides. Les jeunes plants ou semis seront abrités par l'ombrage de ces arbres, et leur succès sera assuré. Exécutés après l'exploitation, ces semis ou plantations seraient brûlés par le soleil ; exécutés long-temps avant, ils seraient étouffés par l'ombrage de leurs voisins. On ne pourrait tenter ce dernier procédé qu'alors que les arbres environnants auraient seulement 8 à 12 ans d'âge, et il faudrait alors planter des arbres de 5 à 6 ans, ou tenter le repeuplement au moyen du couchage.

Quant aux moyens de regarnir les vides des clairières, ils varient suivant les circonstances. Admettons qu'un jeune bois ait été abrouti, qu'il ait été atteint par le feu, écorcé par le gibier ou les mulots ; que l'une ou l'autre de ces causes le rende mal venant, et qu'il existe trop d'espace entre chaque jeune souche ; le meilleur moyen de lui rendre sa vigueur et de le serrer davantage, ce sera le recepage, auquel on joindra un ensemencement à la volée. Cet ensemencement sera pratiqué un an avant le recepage et avec les soins que réclameront l'état du sol et la grosseur des semences répandues.

Si un bois est planté de quelques arbres clair-semés, comme cela a lieu dans les vieilles futaies usées, le repeuplement est très-simple ; on attend que ces arbres soient chargés de graines, on fait donner un labour sur tout le terrain, et ce labour, en favorisant la germination de ces graines, détermine un repeuplement abondant. On pourra également se contenter de faire enlever la mousse et de faire arracher les arbustes parasites ; ou bien, s'il s'agit de chênes ou de hêtres, de faire conduire des porcs sous les arbres, dès le commencement de la chute des graines.

On pourra aussi, s'il s'agit de jeunes taillis, regarnir des vides peu étendus en employant le marcottage ou couchage décrit à l'article des Pépinières. La même branche pourra être couchée de nouveau lorsque son sommet se sera suffisamment développé.

Enfin, si les surfaces à repeupler sont à peu près vides et qu'elles présentent une certaine étendue, on emploiera l'un des procédés que nous avons décrits plus haut en parlant des semis et des plantations. Le choix que l'on fera entre les divers moyens proposés sera déterminé par les circonstances locales.

TRAVAUX D'ENTRETIEN.

Dans tout ce qui va suivre, soit pour les travaux d'entretien, soit pour l'exploitation, nous confondrons les forêts artificielles et les forêts naturelles, car les soins qu'elles réclament à cet égard ne présentent aucune différence.

Assainissement. — Quoiqu'il soit possible de cultiver en bois les terrains les plus humides, il y aura tout avantage à débarrasser ceux-ci de leur humidité surabondante ; les bois qu'on y fera croître y acquerront une plus grande valeur. Toutes les fois donc que le sol forestier sera exposé à un excès d'humidité, surtout à la stagnation des eaux, on étudiera la configuration du terrain et l'on s'efforcera de diriger ces eaux hors de la forêt, à l'aide de rigoles et de fossés multipliés.

Clôtures. — Il serait désirable de pouvoir entourer les forêts d'une clôture impénétrable ; on éviterait ainsi les dégâts occasionnés par les maraudeurs et par l'abroutissement des bestiaux. Mais ce résultat ne pourrait être atteint qu'à l'aide de clôtures murées ou de fortes palissades dont la dépense excéderait de beaucoup les avantages qu'on en obtiendrait ; aussi ces sortes de clôtures sont-elles réservées seulement pour les petits bois ou pour les parcs. Toutefois il sera utile d'entourer les forêts d'un fossé de 2^m de largeur environ, sur 1^m 50 de profondeur, en ayant soin de rejeter la terre du côté de la forêt. Ces fossés se rempliront bientôt de ronces et de broussailles qui en feront une clôture solide.

Abris. — Sur les bords de la mer où il est si difficile de faire réussir les plants forestiers sans avoir formé des abris préalables, il est nécessaire de conserver, lors des exploitations, des massifs d'une dizaine de mètres de largeur destinés à protéger contre les vents la végétation des jeunes plants ou le recru des taillis. On réservera dans le même but, autour de chaque coupe, des lisières de 2 à 3 mètres de largeur, particulièrement dans les localités dont le sol est sec et élevé.

Nettoiement des taillis. — L'opération du nettoiement consiste à faire couper, dans les taillis âgés de 5 à 10 ans, les épines, les ronces, les viornes, les genêts, la bruyère, les brins ou jeunes tiges difformes qui croissent sur les mêmes souches que les brins bien venants, les plants de nerprun, bourdaines et autres arbrisseaux semblables qui n'ont qu'une courte durée ; enfin, les plants de charme et autres espèces inférieures, lorsque le sol est suffisamment garni d'espèces du premier ordre. Toutefois, on ne devra pas oublier, en pratiquant le nettoiement, que le sol forestier ne doit rester découvert dans aucune de ses parties, pas même dans les endroits uniquement garnis d'épines ou autres arbrisseaux de peu de valeur ; car aussitôt qu'un vide se produit, le sol desséché par le soleil devient stérile et les arbres voisins dépérissent.

Éclaircie et élagage des taillis. — Pendant l'été qui suit la coupe d'un taillis, il se développe sur chaque souche un certain nombre de bourgeons qui donnent lieu à autant de brins. Ceux-ci sont généralement trop nombreux pour pouvoir acquérir tous un développement convenable ; de là, la nécessité d'en supprimer plusieurs afin de concentrer l'action de la séve sur quelques-uns seulement. Mais cette éclaircie doit être faite avec prudence. Si, pour un taillis qui sera exploité à l'âge de 30 ou 40 ans, on supprimait d'un seul coup, et pendant l'une des premières années, tous les brins qui ne doivent pas être conservés jusqu'à cet âge, il en résulterait un grand vide entre chaque souche, et, le soleil desséchant alors la terre, la croissance du bois en souffrirait beaucoup. L'éclaircie des taillis, et surtout de ceux qui doivent avoir une longue durée, doit donc être faite progressivement et de manière à ce que le sol étant toujours couvert il ne se dessèche pas autant. Il faudra veiller aussi à ce que les brins, suffisamment rapprochés, croissent plus droit et plus élevés, et que les nouveaux bourgeons qui pourraient naître intempestivement sur la souche après chaque éclaircie, soient étouffés par le manque de lumière. Pour remplir ces diverses conditions on opérera de la manière suivante.

Deux ans après la coupe des taillis dont la durée doit être portée à 30 ou 40 ans, on éclaircit une première fois. On laisse sur chaque souche 12 à 14 brins, en choisissant de préférence ceux qui sont les plus rapprochés du sol, et on les répartit le plus régulièrement possible sur tout le périmètre de la souche.

Vers la dixième année, on applique aux souches une seconde éclaircie. Le nombre de brins qu'on laisse sur chacune d'elles est déterminé par la vigueur de ces brins et par la distance qui sépare les souches ; mais on ne doit pas, en général, en conserver plus de 8 ou 10 sur chaque souche.

Pour les taillis qui ne doivent durer que de 15 à 20 ans, on n'éclaircit qu'une seule fois, à l'âge de 8 ans, et on laisse sur chaque souche un nombre de brins un peu plus grand que pour les taillis de plus longue durée. C'est à ce moment qu'on pratique aussi le nettoiement et l'élagage des brins.

Si, malgré toutes les précautions que l'on a prises pour prévenir le développement de nouveaux jets à la place de ceux qu'on a coupés lors des éclaircies, quelques bourgeons paraissaient au pied des souches, on ferait passer dans ce taillis, âgé au moins de 10 ans, un troupeau de bétail pour brouter ces brins afin d'en accélérer la destruction.

Éclaircie des futaies d'arbres non résineux. — La première opération à faire dans les jeunes massifs de futaie de chêne ou de hêtre, repeuplés au moyen de l'ensemencement, consiste à enlever, vers la vingt-quatrième année, tous les bois blancs dont la présence est devenue inutile pour abriter les autres espèces, et qui en gênent le développement. Mais cette première suppression est insuffisante pour des arbres dont l'exploitation n'aura lieu qu'à 80 ou 100 ans, et qui sont souvent placés à moins d'un mètre de distance les uns des autres. Ils devront donc être eux-mêmes successivement enlevés jusqu'à ce qu'il existe entre chacun d'eux un espace suffisant pour qu'ils puissent attendre sans se gêner le moment de l'exploitation. Quant à cet espacement, il est subordonné au degré de fertilité du sol, à la nature des espèces qui peuvent croître plus ou moins serrées, enfin à l'âge qu'on laissera acquérir à la futaie. Dans tous les cas, ces éclaircies successives devront toujours être faites au moment où les arbres à enlever commencent à souffrir, et de manière à ce que le sol soit constamment assez couvert pour ne pas être desséché par le soleil ; les arbres devront toujours rester suffisamment rapprochés pour qu'ils tendent à croître en hauteur. Dans le plus grand nombre des cas, ces éclaircies seront faites tous les 12 ou 15 ans.

Éclaircie des foréts résineuses. — Les massifs d'arbres résineux doivent aussi recevoir des éclaircies successives ; mais l'expérience a démontré que, pour développer des tiges bien filées, ils avaient besoin d'être plus rapprochés que les arbres non résineux. Quant à la distance à laisser entre eux, elle varie aussi suivant les espèces et la nature du sol : le mélèze et les épicéas seront tenus plus serrés que les pins. D'un autre côté, les mêmes espèces devront être plus rapprochées dans un terrain sec et peu profond que dans un sol substantiel et profond. Lors de ces éclaircies progressives, on ne supprimera chaque fois que les arbres qui sont dépassés par les autres et qui sont sur le point d'être étouffés.

Élagage des arbres de haut jet. — L'élagage des arbres plantés en plein bois et destinés à former des futaies est presque toujours inutile. En effet, ces arbres sont toujours maintenus tellement serrés que la lumière ne peut pénétrer au-dessous de leur tête et favoriser le développement des ramifications inférieures. A mesure que les arbres grandissent, ces ramifications se détruisent d'elles-mêmes sans qu'il soit besoin de les retrancher. Toutefois, lorsque, par une circonstance quelconque, ces arbres se trouvent plus ou moins isolés pendant leur jeunesse, tels que ceux qui, sous le nom de baliveaux, sont réservés dans les taillis, ou bien encore ceux qui croissent sur la lisière des futaies, il faut, si l'on veut avoir des troncs bien droits et suffisamment élevés, leur appliquer l'opération de l'élagage. Mais cette opération, tout exceptionnelle, doit être pratiquée avec une grande circonspection et avec les soins que nous indiquons plus loin, en parlant de l'élagage des plantations d'alignement.

Du marnage des bois. — L'emploi de la marne a pour effet de rendre les sols compactes plus perméables à l'air et à l'eau, et de favoriser la nutrition des plantes en rendant solubles dans l'eau certains principes utiles à la végétation. L'action de cet amendement calcaire, presque exclusivement employé jusqu'ici pour la culture des plantes herbacées, paraît agir aussi efficacement sur l'accroissement des arbres. Plusieurs observations nous l'ont démontré. Nous citerons, entre autres, un marnage exécuté sur un taillis situé dans la commune de Bacqueville (Seine-Inférieure) et assis sur un sol argilo-sableux. Cette opération, faite immédiatement après la coupe du taillis, et pratiquée seulement sur la moitié de la surface d'un terrain parfaitement homogène et soumis aux mêmes influences dans toute son étendue, a donné lieu à une végétation moitié plus vigoureuse sur la partie qui avait été marnée. L'efficacité de la marne pourrait être expliquée, selon nous, par la présence dans les terrains couverts de bois d'une grande quantité de débris organiques à l'état acide et par conséquent non solubles dans l'eau, et que la présence de l'amendement calcaire transforme en éléments nutritifs. Les terrains humides et surtout ceux qui sont privés de l'élément calcaire devront donc être soumis à cette pratique. On choisira pour l'effectuer le moment de la coupe des bois, afin que la marne, entièrement exposée à l'action des intempéries et surtout de la gelée, se délite plus complétement. Quant à la quantité de marne à répandre sur une surface donnée, et au laps de temps qui devra s'écouler entre chaque marnage, on pourra suivre les indications fournies par la pratique de chaque contrée à l'égard des terres labourées.

EXPLOITATION DES BOIS ET FORÊTS.

L'exploitation des bois se compose en général de deux opérations bien distinctes : l'*aménagement* et l'*exploitation proprement dite*.

De l'aménagement. — L'aménagement est l'art de diviser une forêt en coupes successives, ou de régler l'étendue ou l'âge des coupes annuelles, de manière à assurer une succession constante de produits. Admettons qu'il s'agisse d'un bois de 10 hectares exploité intégralement à chaque dixième année ; si l'on veut convertir ce produit périodique en un revenu annuel, on divise ce bois en 10 fractions égales qu'on exploite successivement d'année en année : l'effet de cette nouvelle disposition est de permettre à chaque fraction de croître jusqu'à 10 ans tout en assurant à perpétuité une coupe annuelle.

En général, l'exploitation la plus restreinte doit embrasser un intervalle d'au moins 10 ans, parce que ce laps de temps est nécessaire pour que les produits ligneux soient susceptibles de quelque valeur. Mais on a toute latitude pour choisir une période d'aménagement beaucoup plus longue ; elle peut varier de 10 à 150 ans et même plus. La principale question à résoudre est de savoir *à quel âge on doit régler l'aménagement d'une forêt pour en obtenir le produit le plus avantageux possible*.

Si un bois âgé de dix ans ne développait chaque année qu'une masse de produit ligneux égale à la quantité développée pendant chacune des années précédentes, il n'y aurait d'autre avantage à l'exploiter à un âge plus ou moins avancé que celui d'avoir du bois d'un échantillon plus ou moins fort ; mais l'expérience a démontré que le volume des arbres se développe suivant une progression qui s'approche de celle des carrés des nombres naturels. Ainsi, si le produit d'un hectare de bois âgé de 10 ans équivaut à 100, le produit du même bois présentera la progression suivante en avançant en âge :

A 20 ans,	il équivaudra à		400
A 30	—	—	900
A 40	—	—	1600
A 50	—	—	2500
A 60	—	—	3600
A 70	—	—	4900
A 80	—	—	6400

On pourrait donc en conclure que l'aménagement devrait toujours être conçu de manière à ce que l'exploitation n'arrive pour chaque fraction de la forêt qu'au moment où le plus grand nombre des arbres présentent des signes de décrépitude, c'est-à-dire à l'âge de 100 à 250 ans et plus.

A la vérité, on a cru reconnaître que le plus grand produit en matière ligneuse n'était pas en rapport avec le plus grand produit en argent ; on a prétendu que plus l'aménagement avait de durée, moins le bénéfice net était élevé, et cela en raison des intérêts composés des capitaux engagés dans cette culture ; mais les recherches publiées récemment par quelques forestiers, ont fait voir que la valeur de la superficie permanente, ou la richesse propre des forêts, augmentait sans cesse à mesure que l'on augmentait la durée de l'aménagement, et que cette plus grande valeur compensait et au delà la perte occasionnée par les intérêts composés. D'où il suit que l'on devrait s'en tenir à notre première conclusion.

Mais on conçoit qu'il n'y a qu'un être moral comme l'État, dont l'existence est continue, qui puisse adopter un aménagement de 100 à 300 ans et attendre pendant ce laps de temps la réalisation de ce produit. Les communes, les particuliers ont besoin d'adopter des aménagements beaucoup moins prolongés. D'un autre côté, comme la durée de l'aménagement influe nécessairement sur le mode de reproduction du bois après chaque exploitation, on a dû adopter, suivant la durée de chaque aménagement, un mode de culture différent. De là, les futaies qui se reproduisent uniquement au moyen des semences ; les taillis sous futaies qui se régénèrent à la fois au moyen des souches et des semences ; enfin, les taillis proprement dits qui sont entretenus seulement au moyen du recru des souches. Disons maintenant un mot de la durée de l'aménagement qui convient le mieux à chacune de ces sortes de forêts.

Aménagement des futaies. — Nous venons de le dire, l'aménagement des forêts en futaie ne convient guère qu'à l'État, qui peut attendre la réalisation de pareils produits. Quant à la durée de l'aménagement, au point de vue du maximum du produit, il devra nécessairement varier suivant la nature des espèces qui composeront la futaie. Nous indiquons ici cette variation :

ESPÈCES composant la futaie.	DURÉE de l'aménagement.
Chêne Hêtre	140 à 160 ans.
Epicéa Sapin	110 à 120 ans.
Erable Frêne Orme Tilleul	100 à 110 ans.
Pin Mélèze	70 à 80 ans.
Bouleau Aune	55 à 65 ans.

Ces indications sont pour un sol de fertilité moyenne. Dans un terrain d'excellente qualité, la durée de l'aménagement devra être un peu augmentée; elle sera restreinte, au contraire, dans les sols de qualité inférieure.

Aménagement des futaies sur taillis. — Nous savons qu'on nomme futaies sur taillis les forêts composées de baliveaux réservés dans les taillis à chaque exploitation. L'usage le plus général est de réserver 50 baliveaux par hectare. Supposons que la durée de l'aménagement du taillis soit de 25 ans, on réservera, lors de la première coupe, 50 baliveaux par hectare, en choisissant de préférence les brins provenant des semences. Lors de la seconde coupe, on ne réserve plus par hectare que 18 de ces baliveaux, et l'on abattra de préférence ceux qui sont faibles, difformes ou trop rapprochés les uns des autres; ces 18 baliveaux seront alors âgés de 50 ans. A la troisième coupe, ces baliveaux, alors âgés de 75 ans, seront réduits au nombre de 8 par hectare. A la quatrième coupe ils auront 100 ans, et l'on n'en conservera plus qu'environ 3 par hectare; enfin, aux coupes suivantes, on pourra encore, lorsque le sol sera de bonne qualité et que ces baliveaux continueront de croître, en réserver un ou deux par hectare. Lorsque tous les baliveaux ont ainsi successivement disparu, on fait une nouvelle réserve semblable à la première.

Toutefois, le nombre des baliveaux que nous venons d'indiquer comme devant être réservé sur le taillis, devra être un peu diminué dans les terrains humides qui ont besoin d'être aérés ; on l'augmentera, au contraire, dans les terrains secs qui doivent être abrités contre l'ardeur du soleil.

Cette espèce de forêt présente en quelque sorte les avantages réunis de la futaie et des taillis. Ainsi, la coupe du taillis permet au propriétaire de réaliser une partie du produit à des époques rapprochées, et les réserves de baliveaux lui fournissent, comme la futaie, des bois de construction. D'un autre côté, lorsque les baliveaux arrivent à un certain âge, ils répandent des graines qui concourent à la régénération du taillis.

Mais ces avantages ne peuvent se produire sans inconvénient dans toutes les circonstances. En effet, il faut d'abord admettre, comme première condition de succès, que l'aménagement du taillis sera réglé au moins à 20 ou 25 ans. Si les réserves étaient faites sur un taillis coupé à 10 ans, par exemple, les jeunes baliveaux n'étant plus serrés ne croîtraient plus assez en hauteur, et l'on n'aurait ainsi que des arbres mal faits ; en outre, leur tête étant très-large et peu élevée, le taillis du dessous serait bientôt étouffé.

Le succès des futaies sur taillis exigeant une longue durée dans l'aménagement du taillis, cette sorte de forêt ne convient que pour les communes aisées ou les riches particuliers.

Aménagement des taillis. — Si l'on a en vue, dans l'aménagement d'un taillis, d'obtenir le produit le plus avantageux sous tous les rapports, on devra, par suite du principe que nous avons posé plus haut, conduire la durée de l'aménagement jusqu'à sa dernière limite. Cette limite est déterminée par l'âge auquel les souches de chaque espèce d'arbres peuvent donner lieu à une nouvelle végétation, après la coupe des tiges qu'elles portaient. On conçoit, en effet, que si l'on dépassait cet âge, on verrait bientôt disparaître le taillis, puisqu'il ne se perpétue que par le recru successif des souches. Nous indiquons ici l'âge auquel les souches de chaque espèce cessent en général de donner de nouveaux recrus, après que le taillis a été exploité plusieurs fois.

ESPÈCES D'ARBRES.	DURÉE extrême des souches.
Chêne	150 à 220 ans.
Hêtre	60 à 90
Charme	80 à 100
Châtaignier	50 à 60
Érable	80 à 120
Orme	100 à 150
Frêne	80 à 120
Bouleau	50 à 60
Aune	50 à 80
Tilleul	100 à 150
Alizier des bois	50 à 80

ESPÈCES D'ARBRES.	DURÉE extrême des souches.		
Allouchier	50	à	80
Peupliers	40	à	60
Saules	30	à	40
Tous les autres arbrisseaux	20	à	40

Mais si un taillis était aménagé à l'âge moyen de 80 ans, par exemple, beaucoup de souches auraient disparu au moment de l'exploitation, parce que leur recru aurait été étouffé par la végétation des brins les plus vigoureux ; de sorte, qu'après la coupe, les souches se trouveraient beaucoup plus espacées que lors de la première année ; le sol présenterait beaucoup de vides, et le terrain n'étant pas assez couvert, la végétation en souffrirait. De là la nécessité de ne pas donner aux aménagements des taillis une durée aussi longue que celle que l'on pourrait adopter si l'on tenait compte seulement de la durée des souches du taillis. Aussi les aménagements ne dépassent-ils guère 40 ans. Il s'en faut même de beaucoup que tous les taillis soient conduits jusqu'à cette limite. Le plus grand nombre sont exploités à des époques qui varient entre 10 et 30 ans.

Quant au choix entre ces diverses époques d'exploitation, il est déterminé, soit par les besoins du propriétaire, besoins qui exigent que les produits soient réalisés à des époques plus ou moins rapprochées ; soit par la nature du sol et par les espèces qui dominent dans le taillis et font que celui-ci arrive plus ou moins vite au degré d'accroissement qu'il doit avoir pour être exploité avec avantage ; soit enfin par l'usage auquel on destine les produits. Veut-on faire servir les bois aux ouvrages de fente, à l'exploitation des mines, etc., il faudra laisser vieillir le taillis. Possède-t-on un taillis composé uniquement de châtaignier, de coudrier, destinés à faire des cercles, il faudra le couper au moment où les brins seront propres à cet usage. Un taillis de frêne s'exploite lorsque les perches ont atteint les dimensions propres aux ouvrages de charronnage. Un taillis de chêne doit être coupé avant l'époque où la qualité de l'écorce commence à se détériorer.

Tout ce que nous venons de dire relativement aux taillis, démontre que cette sorte de bois convient surtout aux particuliers qui ne peuvent, comme l'État ou les communes riches, attendre une époque très-reculée pour réaliser les produits.

Exécution de l'aménagement. — *Abornement*. — Lorsque ces diverses questions sont résolues, on partage la surface de la forêt en autant de fractions que la révolution du mode de l'aménagement choisi compte d'années, et on limite chacune de ces fractions par un abornement. Autrefois, lorsque le sol avait peu de valeur, on marquait les limites de chaque coupe par des arbres auxquels on donnait le nom de *pieds corniers* ; ces arbres qui acquéraient des dimensions souvent colossales étaient destinés à pourrir sur pied. Mais aujourd'hui que les arbres et le sol ont acquis une plus grande valeur, les limites entre les coupes sont déterminées par des bornes en pierre portant le numéro d'ordre des coupes. On emploie le même moyen, ainsi que des fossés, pour séparer les forêts contiguës ; mais il est plus convenable d'ouvrir une route mitoyenne sur tous les points de la propriété qui sont limitrophes d'une autre forêt. Cette route, bordée de fossés, ouvre une voie commode pour l'extraction des bois.

Reconnaissance des coupes précédentes. — S'il s'agit de changer l'aménagement d'une forêt, on devra le faire d'une manière pro-

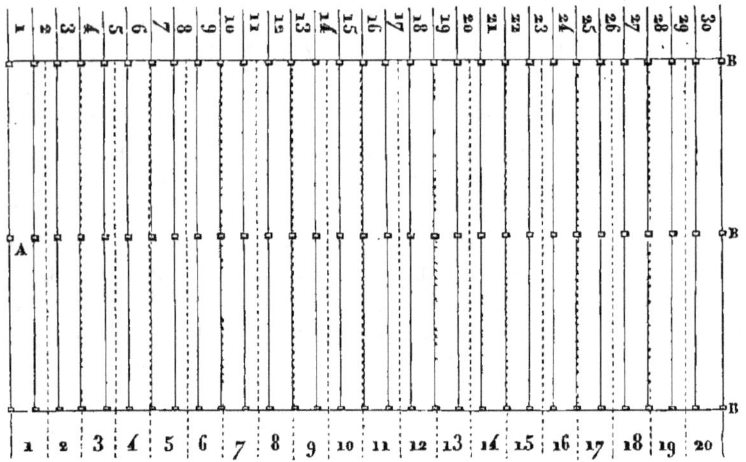

Fig. 116. *Changement de l'aménagement d'une forêt.*

gressive ; les changements brusques, lorsqu'ils ne sont pas impossibles, ont au moins pour effet de priver momentanément le propriétaire de ses revenus. On évitera cet inconvénient en reconnaissant les coupes précédentes et en augmentant ou en diminuant leur étendue, selon que l'on voudra diminuer ou augmenter la durée de l'aménagement. Admettons, par exemple, qu'un taillis (fig. 116), de 30 hectares, aménagé d'abord à 20 ans, doive être exploité avec plus d'avantage à 30 ans : les coupes qui présentaient d'abord une étendue de 1 hectare 50 centiares comme l'indiquent les lignes ponctuées de notre figure, seront réduites à 1 hectare, et le nombre s'élèvera de 20 à 30. Puis, au lieu de suspendre les coupes pendant 10 ans, pour laisser à la plus ancienne (A) le temps d'acquérir 30 ans d'âge, on commencera l'exploitation l'année même, en coupant d'abord la parcelle (A) qui est la plus âgée. On conçoit qu'en opérant ainsi, le résultat cherché sera obtenu à la fin de la révolution de l'aménagement. On remarquera toutefois que le revenu du propriétaire sera diminué d'un tiers pendant les premières années ; mais, le taillis avançant en âge à mesure que l'on s'éloignera de la première année d'exploitation, il en résultera une augmentation telle dans le revenu, qu'à la 14e année ce revenu sera égal à ce qu'il était lors de l'aménagement de 20 ans, et qu'à la 30e année l'augmentation de produit sera dans la proportion de 2 à 3.

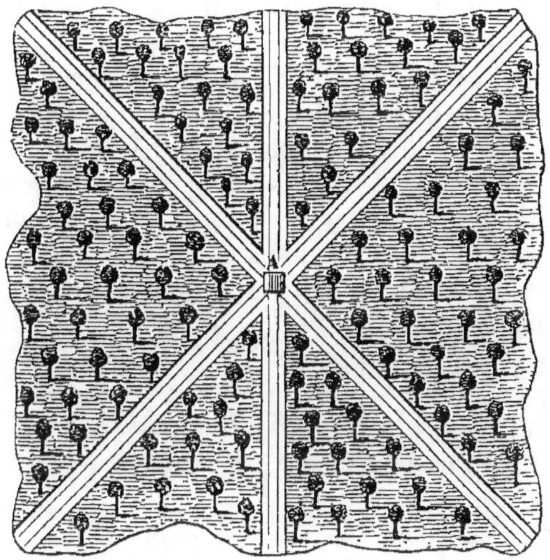

Fig. 117. *Séparation des coupes d'une forêt.*

Forme et étendue des coupes. — La configuration des coupes ou ventes doit être déterminée de manière que l'exploitation soit d'une surveillance facile et que chaque vente aboutisse sur une route destinée à l'extraction des bois. Ces ventes sont ordinairement séparées par des chemins tracés en ligne droite (fig. 117). S'il s'agit de forêts aménagées en futaie, et destinées à se repeupler au moyen d'ensemencements naturels, il est bon de donner aux coupes une forme et une étendue qui facilitent ces réensemencements ; sur une surface plane, ou peu tourmentée, les coupes auront la disposition de rectangles très-allongés, de manière à ce que les jeunes plants soient abrités par les arbres voisins. On dirigera autant que possible ces bandes de l'est à l'ouest pour procurer de l'ombrage aux plants. Pour les mêmes forêts en futaie, mais assises sur des terrains en pente rapide, on fait tourner les coupes suivant la pente du terrain, afin d'empêcher l'eau des pluies d'entraîner les graines ; ce qui aurait lieu si ces coupes étaient dirigées parallèlement à la pente.

Il est bien important de conserver autant que possible la contiguïté des coupes qui doivent être exploitées successivement, et d'éviter que la traite des coupes se fasse à travers les jeunes recrus. Il faut éviter aussi d'ouvrir la série des coupes au sud et au sud-ouest, à cause des influences trop vives de la chaleur et des vents d'orage.

Quant à l'étendue des coupes, doivent-elles offrir une étendue égale en superficie, ou donner seulement des produits égaux? Il est évident que, l'intérêt du propriétaire étant surtout d'avoir un revenu égal chaque année, les coupes devront avant tout présenter des produits égaux. Ces deux conditions se trouveront remplies si l'on a eu le soin d'aménager chaque partie différente suivant la nature du sol, les espèces qui forment les massifs, et l'usage le plus avantageux que l'on peut en faire.

EXPLOITATION PROPREMENT DITE.

En général, les coupes de forêts sont vendues sur pied, et ce sont les acquéreurs qui tirent ensuite le meilleur parti possible de la vente, en donnant à chaque espèce d'arbre ou à chaque partie du même arbre la destination la plus avantageuse. Mais, quelquefois aussi, le propriétaire se charge de ces soins, il vend séparément les divers produits de son exploitation. Toutes les fois qu'on pourra s'occuper de ces détails, on ne devra pas hésiter à le faire, car on tirera un bien meilleur parti des coupes; mais ce mode exige des connaissances spéciales, et il faut savoir séparer les arbres qui sont les plus propres aux usages suivants :

1º Bois de chauffage.

2º Cercles de futailles.

3º Echalas.

4º Perches propres à divers usages.

5º Écorces pour le tannage.

6º Bois propres à faire le charbon.

Dans une futaie il faudra pouvoir distinguer :

1º Les bois propres à faire des pièces de marine ou de charpente.

2º Les bois propres aux ouvrages de fente.

3º Ceux propres à la menuiserie et à l'ébénisterie.

4º Ceux propres au charronnage.

5º Les bois recherchés par les sabotiers.

6º Les bois de chauffage.

7º Les menus bois et copeaux.

Ces divers produits sont d'abord mis à part, à mesure que l'on exploite; on les façonne ensuite selon leur destination. Nous indiquerons plus loin, en faisant l'étude spéciale des principales espèces d'arbres forestiers, les divers usages auxquels le bois de chacun d'eux peut être employé.

Évaluation des produits d'une coupe. — Si la coupe est exploitée par le propriétaire et vendue en détail après qu'il en a fait façonner les diverses sortes de bois, il n'est pas difficile d'évaluer les produits de cette coupe, car il suffit de faire réunir en masse régulière ces diverses qualités et d'en déterminer la quantité en mètres cubes ; mais, si l'on veut évaluer les produits d'une coupe sur pied, l'opération présente plus de difficultés.

Pour un bois en futaie, il faudra, si l'on veut une évaluation exacte, mesurer isolément chaque tige pour en connaître le volume en mètres cubes. On mesurera d'abord la circonférence à 1ᵐ 16 du sol, à l'aide d'une chaînette en fil de fer divisée en centimètres.

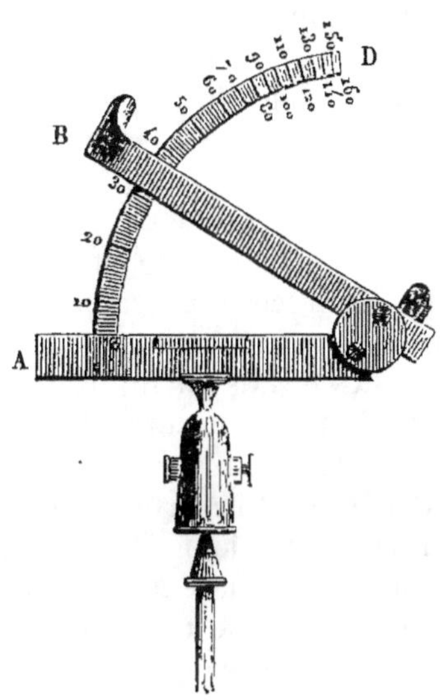

Fig. 118. *Instrument pour mesurer la hauteur des arbres.*

On détermine ensuite la hauteur de la tige à l'aide de l'instrument imaginé par M. Noirot (fig. 118). On place cet instrument, au moyen d'un pied planté en terre, à 10ᵐ de l'arbre ; on dispose horizontalement l'alidade fixe (A), au moyen du petit niveau (C) en la dirigeant vers la tige de l'arbre. On fait monter l'alidade mobile (B) jusqu'au point où elle permet de voir dans sa direction le sommet de la tige ; on la fixe au moyen d'une vis de pression, et il ne s'agit plus que de lire sur le limbe (D) de l'instrument le nombre de mètres et de décimètres qui expriment la hauteur de la tige au-dessus du niveau de l'instrument. Il faut ajouter à cette hauteur la distance entre le sol et le point de la tige où l'alidade fixe est dirigée.

La grosseur du sommet de la tige est également déterminée à 1ᵐ 16 de ce sommet. Pour connaître cette troisième mesure, il faut tenir compte de la grosseur de la tige vers sa base et de sa hauteur, puis se rappeler que dans les futaies sur taillis la grosseur de la tige d'un arbre décroît de 0ᵐ 08 par mètre de hauteur, et que, dans les futaies pleines, cette décroissance n'est que de 0ᵐ 04 par mètre. On arrivera facilement de cette manière à estimer la grosseur du sommet, et comme on connaîtra d'ailleurs la grosseur de la base, on pourra établir la grosseur moyenne qui, jointe à la hauteur, permettra de transformer facilement la tige de chaque arbre en mètres cubes. Ajoutons qu'en prenant la circonférence du sommet et de la base de chaque tige, on devra déduire l'épaisseur de l'écorce, laquelle équivaut au cinquième de ces circonférences.

Pour évaluer le produit d'une coupe de taillis sur pied, on peut faire abattre un quart d'hectare dans la meilleure partie de la coupe, un quart d'hectare dans la partie médiocre, et un quart dans la plus mauvaise partie. On fait soigneusement débiter le bois provenant de chacune de ces portions, on additionne leurs produits réunis, et le tiers du total forme la valeur moyenne d'un quart d'hectare. Quoi qu'il en soit de ces divers modes d'estimation des produits sur pied, il est certain qu'ils laissent toujours un vaste champ à l'incertitude, et que l'estimation à vue d'œil, par des hommes entendus et rompus à ce genre de travaux, présentera toujours plus de précision et sera en même temps d'une exécution plus simple et plus facile.

Exploitation des futaies. — Les futaies peuvent être exploitées de différentes manières ; mais elles sont loin de présenter toutes les mêmes avantages.

Jardinage. — Ce mode consiste à parcourir toute l'étendue de la forêt et à enlever çà et là les arbres qui dépérissent et ceux qui sont parvenus à l'époque de leur maturité. Ce procédé présente surtout les inconvénients suivants. Il donne un revenu beaucoup plus faible ; l'extraction des arbres occasionne des dégâts notables ; les jeunes plantes de recru étouffés par les grands arbres se développent très-lentement et un grand nombre périssent pendant leur jeunesse.

Coupes par bandes. — Au lieu de chercher çà et là les arbres mûrs ou dépérissants, on fait chaque année une coupe pleine à laquelle on donne la forme d'un rectangle très-allongé ou d'une zone. Tous les arbres qui se trouvent dans cette surface sont abattus à l'exception de quelques porte-graines. Cette bande forme la coupe annuelle qui se repeuple naturellement par de jeunes plants qui se trouvent déjà sur le sol et surtout par ceux qui doivent provenir des graines qui tombent des massifs d'arbres entre lesquels cette lisière est resserrée. Dans la vue de favoriser les semis naturels, on enlève les herbes en grattant le terrain à la pioche. Les arbres isolés que l'on a laissés de distance en distance, pour aider au repeuplement, doivent être coupés aussitôt que le plant est assez épais et assez fort pour se passer d'abri. Toutefois, on reproche à ce mode d'exploitation les deux inconvénients suivants : les réensemencements s'y font incomplétement, et souvent, les recrus périssent faute d'un abri suffisant ; en second lieu, ce mode donne prise aux vents qui, pendant l'hiver. renversent un grand nombre des arbres réservés.

Coupes par éclaircies. — Lorsqu'un massif est jugé prochainement exploitable, il est mis en défense quelques années à l'avance ; c'est-à-dire que, pour conserver les graines, le pâturage et le pacage y sont interdits. Quand le moment de l'exploitation est arrivé, on procède à l'assiette de la première coupe ou *coupe sombre*, en désignant pour l'abatage les arbres situés dans les endroits les plus épais. de manière que ceux qui restent conservent un ombrage égal à toute l'étendue du sol. Cette opération importante et délicate a le double objet : de permettre au semis de lever, et d'empêcher l'accroissement des herbes. L'air circulera à travers le massif, la lumière commencera à s'y introduire, et les jeunes plants se développeront, en même temps qu'ils seront protégés contre les gelées et la chaleur.

Lorsque le plant, répandu uniformément sur le sol, a pris une hauteur de 0ᵐ 30 à 0ᵐ 40, lorsqu'on n'a plus lieu de craindre que le soleil et la sécheresse le fassent périr, lorsqu'enfin le massif est bien garni, on procède à la coupe secondaire ou *coupe claire*. Dans celle-ci on comprend une grande partie des arbres restants, en observant pour l'espacement de ceux que l'on conserve des règles à peu près semblables à celles de la coupe sombre. Ces arbres conservés subsistent jusqu'à l'époque où, le semis ayant atteint une hauteur moyenne d'un mètre, est devenu assez robuste pour être exposé sans inconvénient à l'influence de l'air, du soleil et des météores. A cette époque on procède à la *coupe définitive*, laquelle comprend tous les arbres restants, sauf quelques-uns, destinés à servir de porte-graines dans les endroits que l'on ne juge pas suffisamment repeuplés.

Ces trois exploitations embrassent ordinairement une période d'environ 10 années. La rareté ou l'abondance des graines, la rapidité ou la lenteur de la croissance des plants en déterminent les époques respectives. Dans les sols de bonne qualité deux coupes suffisent pour opérer le repeuplement. Les trois coupes ne sont indispensables que dans les terrains trop secs.

Des trois modes d'exploitation que nous venons d'indiquer, on devra généralement préférer le dernier, car il facilite surtout le repeuplement naturel.

Exploitation des taillis. — Deux procédés peuvent être employés pour l'exploitation des taillis, la *coupe pleine* et le *furetage*. Le premier procédé est le plus généralement employé.

Du furetage. — On appelle ainsi le mode d'exploitation qui consiste à couper dans un taillis les plus gros brins, en laissant subsister les petits jusqu'à l'époque où ils auront atteint la dimension des premiers. Dans les bois où le furetage s'exerce, l'exploitation revient tous les 10 ans dans la même partie de la forêt. Sur chaque souche il y a des brins de trois âges différents. On coupe tous ceux qui ont plus de 0ᵐ 33 de tour, et on laisse subsister les autres. On conserve tous les brins de semence.

Les coupes nouvellement furetées sont couvertes d'herbes, de genêts, de brins cassés ou pliés ; mais quelques années après, on n'aperçoit aucune trace des dégâts que l'exploitation avait occasionnés et les arbustes parasites sont étouffés. Les petits brins, trouvant l'espace nécessaire pour se développer, croissent avec force ;

et comme le sol n'est jamais découvert, les racines reçoivent une nourriture abondante ; le taillis procure aux derniers jets des souches un abri contre les vents desséchants et contre les gelées. Ce mode d'exploitation peut être avantageusement employé dans les terrains secs et légers, surtout pour le hêtre. Nous devons cependant faire remarquer que le furetage ayant pour effet de rendre impossibles les repeuplements naturels, les souches s'épuisent, ne produisent plus après un certain laps de temps, et laissent bientôt des vides nombreux dans les taillis.

Coupe et abatage des bois. *Futaies.* — L'abatage des futaies se fait de deux manières : les arbres sont coupés *à blanc* ou *en pivotant.*

Pour la coupe à blanc on se sert ordinairement de la cognée. On fait d'abord une entaille tout à fait à la base de la tige et du côté où l'arbre doit tomber ; et lorsque cette première entaille est assez profonde, c'est-à-dire lorsqu'elle comprend environ la moitié du diamètre de l'arbre, on en pratique une seconde du côté opposé, en augmentant progressivement sa profondeur jusqu'à la chute de l'arbre ; si l'arbre penche du côté opposé à celui où l'on veut qu'il tombe, on fixe, près du sommet, un câble avec lequel on le tire.

On commence à remplacer, dans cette sorte d'abatage, la cognée par la scie. Dans ce cas, on fait d'abord une légère entaille avec la cognée, du côté de la tige où l'arbre doit tomber ; cette entaille doit être placée le plus bas possible, afin de ne pas diminuer la longueur du tronc. Puis on introduit dans cette entaille la scie appelée *passe-partout*, et on la fait manœuvrer par deux ouvriers. Lorsque cette première section est assez profonde, on en pratique une semblable du côté opposé, on y introduit un coin, et, en le chassant lentement, on détermine la chute de l'arbre.

La coupe en pivotant consiste à faire une tranchée autour de l'arbre et à couper ses racines latérales ; l'arbre tombe, et l'on gagne ainsi 0^m 40 ou 0^m 50 sur sa longueur. C'est à ce dernier procédé qu'on devra généralement donner la préférence : on ne perd alors aucune partie de la tige, et les racines ainsi coupées donnent souvent lieu à un nouveau recru. Quel que soit le mode d'abatage employé pour les futaies, il est d'un grand intérêt d'employer des bûcherons adroits, afin d'éviter que la chute des arbres ne brise d'autres arbres voisins, ou que l'arbre abattu ne soit lui-même endommagé dans sa chute. Le mieux est d'élaguer sur place les arbres dont les branches ont quelque valeur.

Coupe des taillis. — Les taillis se régénèrent surtout par les nouveaux jets qui naissent des souches, après chaque coupe ; il importe donc de les exploiter de manière à placer ces souches dans les conditions les plus favorables pour donner lieu à de nouvelles productions. Le mode de coupe le plus en usage consiste à couper les brins sur les souches sans attaquer celles-ci, de sorte qu'après trois ou quatre coupes successives les souches s'élèvent au-dessus du sol et deviennent volumineuses. Mais comme, lorsque ces souches dont le produit se développe toujours vers le sommet viennent à périr, rien ne remplit le vide qu'elles laissent, on a proposé de les couper entre deux terres, à chaque exploitation, ou, tout au moins, de les ravaler immédiatement au-dessus du collet. Il en résulte que les nouveaux brins qui se développent, naissant presque toujours du sol, s'y enracinent; la souche principale meurt, mais chacun des brins donne lieu à une souche nouvelle. Ce nouveau procédé n'est pas sans inconvénient : il arrive souvent, en effet, qu'un certain nombre de souches ravalées à la surface du sol ou même entre deux terres, ne repoussent pas. On évitera ces accidents en laissant intactes les souches de hêtre, d'aune, les grosses souches de chêne et de frêne qui ont encore produit des brins vigoureux, et en ravalant, au contraire, les souches de charme, d'orme, de tremble, ainsi que les vieilles souches de chêne et de frêne.

Dans tous les cas, la coupe des brins devra être faite le plus près possible de la souche, et, lorsque cette dernière devra être ravalée, on le fera immédiatement au-dessus du collet. Ces diverses coupes devront toujours être légèrement inclinées afin que l'eau des pluies ne puisse y séjourner et déterminer la carie.

Époque la plus favorable pour la coupe des bois. — De nombreuses expériences ont démontré que la saison la plus favorable pour la coupe des bois est l'hiver. On a reconnu que les bois coupés pendant le repos de la végétation, ne se gâtent pas aussi promptement et ne se gercent pas aussi facilement; ils sont moins vite attaqués par les insectes et fournissent plus de chaleur que ceux abattus en temps de sève.

L'abatage des bois pendant la végétation présente, lorsqu'il s'agit de taillis, un autre désavantage : la sève du printemps ayant été dépensée au profit des brins que l'on exploite, les recrus qui naissent sur les souches immédiatement après la coupe, sont maigres, chétifs, et ont à peine le temps de s'aoûter avant l'hiver. C'est donc du mois d'octobre au mois d'avril que la coupe devra être pratiquée. Il est toutefois une époque plus précise encore pour l'abatage des taillis; car si on les exploite au commencement de l'hiver, la coupe restera exposée jusqu'au printemps à toutes les intempéries, et le recru sera moins vigoureux ; il sera donc préférable, surtout dans le Nord, de ne commencer cette exploitation qu'après les grands froids, c'est-à-dire en février, et de la terminer en mars.

Quant à la question de savoir si l'on doit avoir égard aux phases

de la lune, nous pensons avec Duhamel, Baudrillard, de Burgs-
dorf, etc., que rien ne justifie l'opinion qu'on ne doive abattre les
arbres que pendant son décours; il est donc indifférent de les
exploiter pendant les différentes phases de cet astre.

Écorcement du chêne. — La meilleure écorce pour faire le tan est
celle qui provient des taillis de chêne âgés de 18 à 30 ans. L'écorce
des chênes de 50, 75 et 80 ans sert bien au même usage; mais il faut
qu'elle soit nettoyée, c'est-à-dire que les rugosités soient enlevées. C'est
du 10 mai au 10 juin que l'on enlève l'écorce sur les brins de chêne.

L'ouvrier abat la tige à la cognée, et, au moyen de sa serpe, il
fend l'écorce, et l'enlève ensuite à l'aide d'une espèce de spatule
appropriée à cet usage. L'écorce enlevée est immédiatement mise en
paquet. Quelquefois, l'écorcement se fait sur pied, ce qui est plus
facile qu'après l'abatage, parce que la séve se retire presque aussitôt que le brin est coupé; mais si l'on est obligé de souffrir ce mode,
il faut exiger que le brin soit abattu aussitôt après son écorcement:
car si l'on tardait et que la souche eût le temps de pousser des bourgeons, on les détruirait infailliblement en coupant plus tard le
brin écorcé. On doit également veiller à ce qu'avant l'écorcement
sur pied, l'ouvrier coupe circulairement l'écorce à la base de la
tige; sans cette précaution, les lanières d'écorce enlevées pourraient
se prolonger au-dessous du collet du brin et nuire à la nouvelle
production de la souche.

Vidange des coupes. — Il est de la plus grande importance de
ne point laisser trop longtemps dans les coupes le bois abattu: il
empêche une partie des nouveaux jets de pousser, et le passage
des hommes, des bestiaux et des charrettes nuit beaucoup à ceux
qui sont nés. Pour les taillis, la vidange doit être faite avant la végétation des souches. Quant aux futaies exploitées par éclaircies,
elle doit être effectuée à l'instant même, avant le développement
des jeunes plants. Lorsque le commerce du sabotage, des cercles,
ou d'autres circonstances imposeront la nécessité de laisser séjourner le bois dans la forêt au delà des époques que nous venons de
fixer, on devra au moins le faire réunir le long des chemins ou dans
les endroits vides.

PLANTATIONS D'ALIGNEMENT.

La première condition à remplir pour assurer le succès d'une
plantation d'alignement, c'est de choisir les espèces les plus convenables pour la localité. Chaque espèce étant organisée pour vivre
au milieu de certaines circonstances données, ce sera toujours en
vain que l'on voudra faire croître les arbres destinés aux terrains
compactes dans des sols secs et légers, et ceux des terrains sablonneux dans des sols compactes et humides.

Nous indiquons plus loin, en étudiant séparément chaque espèce forestière, les conditions de sol, de climat et d'exposition les plus favorables.

PRÉPARATION DU SOL.

Après le choix des espèces d'arbres les plus convenables pour chaque localité, la préparation du terrain est l'opération la plus importante ; car la transplantation que subissent les arbres les privant, quoi qu'on fasse, d'une certaine quantité de leurs racines, et le sol où on les plante à demeure étant presque toujours de moins bonne qualité que celui où ils ont été élevés, leur végétation se trouve singulièrement contrariée. Si, sous l'influence de cet état de choses, on se contente de pratiquer une petite excavation juste assez grande pour recevoir les racines, celles-ci, déjà mutilées et ne rencontrant qu'un terrain de qualité assez médiocre, ne prendront qu'un développement insuffisant, l'arbre languira et finira par périr. Il faut donc, pour remédier à ces deux causes de souffrances, une bonne préparation du sol.

Cette opération a d'abord pour objet de pulvériser, de diviser la terre qui entoure les racines, de manière à ce qu'elles puissent s'y développer facilement, puis ensuite de placer ces racines en contact immédiat avec une terre de meilleure qualité, plus fertile que le terrain où l'on plante.

Le moyen d'atteindre ce résultat varie en raison de l'espèce de plantation. Pour les plantations d'alignement, on peut employer deux procédés. Le premier consiste en trous ou excavations plus ou moins grands à chacun des points qui doivent recevoir un arbre ; le second s'exécute au moyen de tranchées continues ouvertes à la place de chacune des lignes d'arbres.

Trous. — La confection des trous doit être considérée sous quatre points de vue différents : leur forme, leurs dimensions, l'époque où on doit les exécuter, la manière dont ils doivent être faits.

Les trous destinés à la plantation des arbres de haut jet peuvent être circulaires ou carrés. Sans attacher une grande importance à cette question, nous pensons qu'on devra donner la préférence à la forme circulaire, parce que l'arbre étant placé au centre, ses racines trouveront un espace égal à parcourir de tous les côtés, tandis qu'au milieu d'un trou carré les racines qui se dirigeront perpendiculairement sur les côtés, se heurteront plutôt contre la terre non remuée que celles qui prendront une direction diagonale.

On a remarqué que les racines, ayant constamment besoin de l'influence de l'air, tendent plus à se développer horizontalement que verticalement ; les trous devront donc être plus larges que profonds. Cette largeur doit varier, selon que le sol est plus ou moins fertile. En effet, plus il y aura de différence entre la fertilité de la pépinière et celle du nouveau terrain, et plus on devra retarder le moment où les racines des arbres seront obligées de s'engager dans la terre non remuée. On pourra, au contraire, diminuer l'étendue des trous lorsque le terrain à planter s'éloignera peu par sa fertilité de celui de la pépinière. Les deux limites extrêmes seront, pour les terrains les plus médiocres, au moins 2 mètres de largeur, et pour les terrains les plus fertiles, un mètre. Il sera facile de prendre des largeurs intermédiaires, selon que le sol se rapprochera plus ou moins de ces deux points extrêmes. Dans tous les cas, il n'y aura qu'avantage pour les arbres à étendre les limites que nous venons de poser, tandis qu'il y aurait de graves inconvénients à les restreindre. Il n'y a qu'une seule circonstance où l'on puisse, sans inconvénient, faire des trous moindres d'un mètre de largeur ; c'est lorsqu'on plante un sol qui a été défoncé uniformément sur toute son étendue, ou lorsqu'on plante la levée d'un fossé dont le sol a été aussi ameubli.

La profondeur des trous doit être moins considérable que leur largeur ; elle varie en raison de la plus ou moins grande dose d'humidité que retient le sol. Plus le sol est exposé à la sécheresse, plus les arbres doivent être plantés profondément pour que leurs racines trouvent l'humidité qui leur est nécessaire. Dans les terrains humides, au contraire, les racines ont une tendance bien prononcée à se rapprocher de la surface pour éviter l'humidité surabondante qui les empêche de recevoir l'influence de l'air.

Dans les terrains les plus secs, les trous ne devront pas avoir moins de 0^m 80 de profondeur, et ne pas dépasser 0^m 35 dans les sols les plus humides.

On n'a pas jusqu'à présent attaché assez d'importance à l'époque la plus convenable pour ouvrir les trous destinés aux plantations. On fait généralement cette opération au moment même de la plantation ; nous pensons que cette pratique est vicieuse, et qu'il y a tout avantage à faire ce travail quelques mois avant la plantation. La couche de terre placée au-dessous de la surface, et qui est généralement peu propre à la végétation parce qu'elle n'a pas encore reçu l'influence fertilisante de l'air, se trouvera suffisamment aérée lorsque viendra la mise en terre des arbres, et sera surtout beaucoup plus meuble.

Lorsque le point que doit occuper chaque arbre est déterminé, on prend un bout de cordeau présentant, en longueur, exactement le rayon de la circonférence du trou à ouvrir. On fixe à chaque extrémité une cheville pointue, on enfonce l'une d'elles au point qui doit être occupé par la tige, on tend le cordeau, et l'on trace avec l'autre

cheville la circonférence du trou. Ceci fait, on pratique l'excavation en se servant de la bêche, de la pioche ou de la pelle, suivant
que la terre est plus ou moins meuble. Il est important de séparer
les différentes couches du sol à mesure qu'on les extrait. Ainsi on
lève d'abord toute la couche superficielle, le gazon (A, *fig.* 112), jus-

Fig. 119. *Trou préparé pour la plantation.*

qu'à 0ᵐ 11 de profondeur, et on le met à part sur l'un des côtés du
trou. On attaque ensuite la couche inférieure (B), dont on enlève
une épaisseur de 0ᵐ 20 environ, que l'on sépare de la couche (A)
mise à part. La couche de terre (C) est également enlevée et mise
de côté. Puis le fond du trou (E) est remué, afin de l'ouvrir à l'influence fertilisante de l'atmosphère.

Après avoir exécuté le trou, il sera bon de se procurer, pour les
terrains légers et exposés à la sécheresse, des débris de démolition de
mur en argile ; pour les sols exposés à une humidité surabondante,
on prendra des mortiers, des plâtras concassés, des sables graveleux ou même de la marne délitée ; pour les sols précédents et pour
tous les autres, ce seront des curures de mares, d'étangs ou de fossés, exposées à l'air depuis une année, ou encore des gazons recueil-
lis à l'avance et décomposés. On déposera au bord de chaque
trou] (en D et en F) environ 0ᵐ 2 cubes de chacune de ces substances. L'argile forcera le terrain à retenir plus d'humidité ; les
plâtras et mortiers diminueront, au contraire, la compacité du sol et
faciliteront l'écoulement des eaux surabondantes ; enfin les dernières
substances amélioreront la terre par les débris organiques qu'elles
contiennent. Après ces travaux, on abandonnera le trou jusqu'au
moment de la plantation.

Tranchées. — Le mode de préparation du sol au moyen de
tranchées consiste à ouvrir une tranchée continue à la place que doit
occuper chaque ligne d'arbres. La profondeur et la largeur en sont
déterminées par les circonstances que nous avons indiquées pour la

dimension des trous. Voici comment on opère : soit une tranchée
de 1ᵐ 50 de large sur 0ᵐ 50 de profondeur à défoncer d'A en B
(*fig.* 120) ; on commence par ouvrir la tranchée de C en I sur une

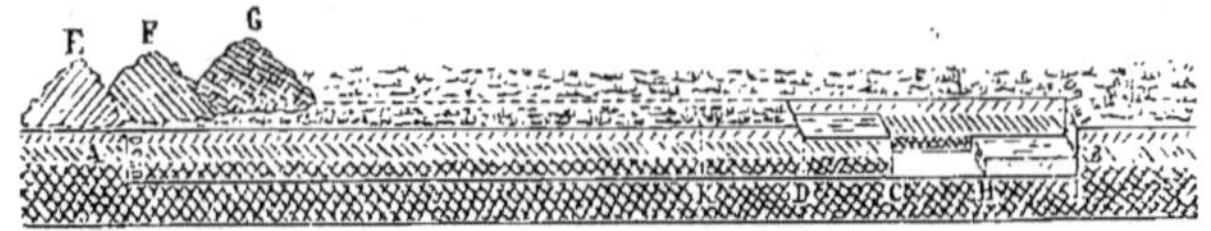

Fig. 120. *Préparation du sol au moyen d'une tranchée.*

longueur de 2 mètres. La terre qu'on en extrait est portée à l'extrémité opposée où elle est déposée en trois tas distincts (E, F, G), ainsi
que nous l'avons recommandé pour les trous. Ceci fait, on continue
d'entamer la terre de la tranchée de C en D sur une longueur d'un
mètre, en commençant par la surface. Cette première couche, bien
pulvérisée, est placée de H en I, de manière à lui faire occuper la
même étendue ; l'ouvrier conserve ainsi, au fond de la tranchée, un
espace suffisant pour travailler sans gêne. Le restant de la tranche
est successivement placé au-dessus de la partie déplacée, jusqu'à ce
qu'on soit arrivé à la profondeur voulue. On reprend alors une nouvelle tranche de D en K pour la placer à côté de la première, et
ainsi de suite jusqu'à ce qu'on soit arrivé à l'extrémité opposée ;
puis, on ferme la tranchée à l'aide de la terre apportée à ce point
en commençant le travail. Il résulte de cette opération que toute la
terre de la tranchée est remuée, pulvérisée, et surtout que les parties les plus fertiles du sol, celles de la surface, sont placées au fond
de la tranchée, en contact avec les racines, tandis que la terre du
fond, peu propre à la végétation, est ramenée à la surface, où elle
acquiert bientôt les qualités qui lui manquaient.

Ce mode de préparation du sol est certainement préférable au
premier, car il améliore une bien plus grande surface de terrain et
rend plus vigoureuse la végétation des arbres ; mais aussi la dépense est beaucoup plus élevée.

FORME A DONNER AUX PLANTATIONS.

Les différentes sortes de plantations d'alignement se rattachent
toutes aux deux formes suivantes : les *plantations en bordure et en
avenue*, et les *plantations en futaie*. Le choix entre ces deux formes
est déterminé soit par la nature du sol, ou le but que l'on se propose d'atteindre.

Plantations en bordure et en avenue. — Ces plantations sont de
la plus grande utilité pour certaines localités exposées aux vents
violents. Tous les corps de ferme du pays de Caux en sont entourés.

Les pâturages, les prairies peuvent aussi être entourés de bordures, mais seulement des côtés du nord et de l'ouest, car, des cô-

tés du midi et de l'est, elles nuiraient à la qualité de l'herbe en la privant d'une partie de l'influence du soleil.

Les routes nationales et départementales, les chemins vicinaux doivent recevoir ces sortes de plantations, qui en rendent le parcours moins brûlant pendant les chaleurs de l'été, et plus sûr pendant l'hiver sous l'influence des neiges abondantes ; seulement les arbres doivent y être placés à de grandes distances les uns des autres, pour éviter l'humidité qu'ils entretiendraient.

Les avenues sont aussi d'une importance réelle pour les villes, où elles forment de magnifiques promenades publiques et purifient l'air vicié par ces grands centres de population.

On ne peut trop engager les propriétaires à faire de semblables plantations, car elles compensent largement les frais occasionnés par leur établissement, par l'occupation du sol et le tort minime qu'elles peuvent faire aux cultures voisines. Leur produit présente de très-grands avantages, et rentre presque intact dans les mains de celui qui a planté.

Pour les plantations en bordure ou en avenue, il convient d'étudier : 1° la distance à réserver entre les arbres ; 2° le nombre de lignes d'arbres de la bordure ou de l'avenue ; 3° la disposition des lignes les unes par rapport aux autres ; 4° la disposition des arbres les uns par rapport aux autres sur les différentes lignes.

La distance à réserver entre les arbres est de la plus grande importance. Beaucoup de plantations de ce genre n'ont donné que de chétifs résultats pour n'avoir pas été suffisamment espacées.

En général, les propriétaires ont une tendance fâcheuse à planter à des distances beaucoup trop rapprochées. Ils veulent hâter leur jouissance, et croient qu'en plantant très-dru ils se feront un produit plus considérable. On obtient, en effet, en plantant très-serré, une avenue plus tôt garnie de branches et de verdure ; mais les arbres, se joignant par leurs branches et leurs racines longtemps avant d'être arrivés au maximum de leur développement, se gênent les uns les autres, se disputent la terre et la lumière, restent rabougris, et les plus vigoureux étouffent les plus faibles et créent dans la plantation des vides nombreux.

C'est une grande erreur de penser que plus on plantera dru, plus le produit en bois sera considérable. Il est pour chaque espèce et pour chaque sol certaines limites qu'on ne peut dépasser sans voir le produit diminuer dans la même proportion. Si les arbres d'une avenue d'ormes ou de hêtres sont plantés à une distance moitié moins considérable qu'ils ne devraient l'être, le produit sera diminué de moitié ; et cela parce que les arbres se seront mutuellement privés d'une partie du sol et de la lumière nécessaires à leur développement.

Quelques propriétaires, croyant profiter du bénéfice des plantations très-drues, tout en échappant à leurs inconvénients, ont planté dans la même ligne deux espèces d'arbres différentes s'accommodant du même terrain et se développant beaucoup plus rapidement l'une que l'autre. Ainsi, entre des chênes ou des ormes plantés à une distance convenable, on intercalait un frêne ou un peuplier. On espérait que le frêne ou le peuplier, poussant beaucoup plus vite que le chêne ou l'orme, pourrait arriver à l'âge d'exploitation sans avoir nui à ceux-ci. Malheureusement tous les essais qui ont été tentés sous ce rapport ont échoué.

Ce résultat était, du reste, facile à prévoir ; car, l'espèce la plus vigoureuse s'emparant bientôt, aux dépens de celle qui l'est moins, du sol et de la lumière, on est bientôt obligé, si l'on ne veut pas voir étouffer l'espèce à végétation lente, de mutiler la tige de l'espèce vigoureuse, afin d'arrêter sa végétation ; encore ses racines nuisent-elles toujours au développement de celles de la première. De telle sorte qu'en définitive, on n'obtient de ce mode de plantation que des arbres chétifs. Lors même que l'on réussirait à faire croître ainsi deux espèces différentes, on rencontrerait encore, au moment de l'exploitation, un inconvénient qui suffirait pour faire abandonner cet usage. Si l'on exploite le peuplier ou le frêne à l'âge de 40 ou 50 ans, les ormes ou les chênes, habitués jusqu'alors à vivre pressés les uns contre les autres, se trouvant isolés tout à coup, seront exposés à l'influence brûlante du soleil, leurs écorces se durciront et leur végétation deviendra languissante. D'un autre côté, privés de l'appui mutuel qu'ils recevaient contre la violence des vents, beaucoup seront renversés.

La distance qu'il convient de réserver entre les arbres plantés en bordure ou en avenue est déterminée par trois circonstances : 1° la nature du sol ; 2° les espèces d'arbres ; 3° le nombre de lignes qui sont placées l'une près de l'autre.

On comprend bien que la *nature du sol* doive influer sur la distance à réserver entre les arbres, puisqu'ils prennent plus ou moins de développement, selon que le sol est plus ou moins fertile. D'un autre côté, les *diverses espèces d'arbres* étant loin d'acquérir le même développement, toutes choses égales d'ailleurs, il ne faudra pas réserver le même espace entre toutes les espèces.

Enfin, des arbres plantés sur une seule ligne isolée pourront être beaucoup plus rapprochés les uns des autres que si cette ligne est bordée de chaque côté par deux autres lignes. Dans le premier cas, les racines pourront s'étendre sans obstacle dans la direction perpendiculaire à la ligne, et il en sera de même pour les branches qui recevront sans partage l'influence de la lumière. Dans le second cas, au contraire, chacun de ces arbres étant entouré de toutes parts par d'autres individus, l'allongement de leurs racines sera bientôt arrêté par celui des racines voisines, et leurs branches seront privées d'une partie de la lumière.

Le tableau suivant indique la distance la plus convenable à réserver entre les arbres de ces sortes de plantations dans un sol de fertilité moyenne.

NOMS DES ESPÈCES D'ARBRES.	SUR 1 LIGNE	SUR 2 LIG.	SUR 3 LIG.	SUR 4 LIG. et plus.
Chêne rouvre..............	8ᵐ 00	10ᵐ 00	12ᵐ 00	13ᵐ 32
Ormes....	Id.	Id.	Id.	Id.
Châtaignier commun..........	Id.	Id.	Id.	Id.
Hêtre.	Id.	Id.	Id.	Id.
Platanes................	Id.	Id.	Id.	Id.
Tilleuls	7ᵐ 00	8ᵐ 50	10ᵐ 50	11ᵐ 66
Frênes................	Id.	Id.	Id.	Id.
Marronnier d'Inde............	Id.	Id.	Id.	Id.
Vernis du Japon..............	Id.	Id.	Id.	Id.
Noyer commun..............	Id.	Id.	Id.	Id.
Cèdre du Liban............	Id.	Id.	Id.	Id.
Sapin de Normandie..........	Id.	Id.	Id.	Id.
— épicéa	Id.	Id.	Id.	Id.
Peuplier de la Caroline.........	Id.	Id.	Id.	Id.
— de Virginie..........	6ᵐ 00	7ᵐ 50	9ᵐ 00	10ᵐ 00
— blanc..........	Id.	Id.	Id.	Id.
— blanc de Hollande......	Id	Id.	Id.	Id.
— du Canada..........	Id.	Id.	Id.	Id.
Sapinette blanche..........	Id.	Id.	Id.	Id.
— noire	Id.	Id.	Id.	Id.
Pin maritime	Id.	Id.	Id	Id.
— laricio..............	Id.	Id.	Id.	Id.
— de Weymouth..........	Id	Id.	Id.	Id.
Mélèzes..............	Id.	Id.	Id.	Id.
Février sans épines..........	Id.	Id.	Id.	Id.
Erable sycomore............	Id.	Id.	Id.	Id.
— plane.............	Id.	Id.	Id.	Id.
Frênes................	Id.	Id.	Id.	Id.
Noyer noir............	Id.	Id.	Id.	Id.
Pin sylvestre..........	5ᵐ 00	6ᵐ 25	7ᵐ 50	8ᵐ 32
Robinier faux-acacia..........	Id.	Id.	Id.	Id.
Micocouliers............	Id.	Id	Id.	Id.
Février à trois pointes..........	Id.	Id.	Id.	Id.
— à grosses épines........	Id.	Id.	Id.	Id.
Planeras............	Id.	Id.	Id.	Id.
Bouleau à canot............	Id.	Id.	Id.	Id.
Merisier commun	Id	Id.	Id.	Id.
Aune commun............	Id	Id.	Id.	Id.
Bouleau blanc............	4ᵐ 00	5ᵐ 00	6ᵐ 00	6ᵐ 66
Noisetier de Byzance........	Id.	Id.	Id.	Id.
Peuplier d'Italie..............	Id.	Id.	Id.	Id.
Charme commun............	Id.	Id	Id.	Id.
Aubépines..........	3ᵐ 00	3ᵐ 57	4ᵐ 50	5ᵐ 00
Alisiers............	Id.	Id.	Id	Id.
Sorbiers............	Id.	Id.	Id.	Id.
Prunier mahaleb..............	Id.	Id.	Id.	Id.

Les indications qui précèdent s'appliquent seulement à une seule espèce de terrain, celui de qualité moyenne, mais il sera toujours facile d'augmenter ou de diminuer la distance, selon que les arbres seront plantés dans un sol qui leur conviendra plus ou moins.

Quant aux bases qui nous ont servi, ce sont les suivantes : la distance convenable pour des arbres sur une ligne étant 8 mètres, nous avons pensé que, placés sur deux lignes, ces arbres étant privés du côté intérieur, vers la tête et vers les racines, d'un quart de l'espace dont jouissent les arbres sur une ligne, il fallait augmenter la distance d'un quart, soit 2 mètres ; pour trois lignes nous avons augmenté de moitié ; pour quatre lignes et plus, nous avons ajouté deux tiers.

Ces indications ne s'appliquent pas aux plantations exécutées sur le bord des routes nationales, départementales, des chemins de fer et des chemins vicinaux, où les arbres doivent être placés à une grande distance les uns des autres, de même qu'ils doivent être plus éloignés de la rive de ces routes ou chemins que des autres propriétés.

Nous donnons en note un extrait des lois et arrêtés qui servent de guides à cet égard (1).

(1) *Extrait de l'arrêté du préfet de la Seine-Inférieure, en date du 6 novembre 1815, relatif aux plantations sur le bord des routes impériales.*

« Vu la disposition de la section II, titre 8, du décret impérial du 16 décembre 1811 ;

« Vu la circulaire de M. le conseiller d'État, directeur général des ponts et chaussées, en date du 14 août 1812,

« Arrêtons ce qui suit :

« Aut. 1er. . . . .

« 4. Les arbres seront plantés aux distances ci-après déterminées de l'arête extérieure « des fossés qui bordent les grand'routes ; savoir :

« Les pommiers et poiriers à . . . . 4 mètres.

« Les ormes, chênes, frênes et hêtres à 2

« Les peupliers à 1

« 5. Les arbres seront distants entre eux, savoir :

« Les pommiers et poiriers, de . . . . 10 mètres.

« Les ormes, chênes et hêtres, de 6

« Les peupliers, de 4

« 7. Lorsqu'une plantation sera composée d'arbres de différentes essences, qui seront « néanmoins plantés sur une seule et même ligne, ceux plantés à la plus grande des « distances déterminées par l'art. 4 détermineront l'alignement de la plantation. »

Un nouvel arrêté du préfet, en date du 25 octobre 1854, étend aux *routes départementales* les dispositions qui précèdent.

Les prescriptions que nous venons d'indiquer s'appliquent seulement aux plantations formées d'une seule ligne. L'administration a jugé convenable d'adopter la mesure suivante relativement aux plantations composées de plusieurs lignes.

« Si la clôture consiste en une plantation de plus d'une rangée d'arbres en lignes « parallèles et rapprochées, la ligne la plus voisine de la route en sera éloignée de

Le nombre des lignes d'arbres qui composent une plantation en bordure ou en avenue peut varier suivant les circonstances. S'il s'agit de bordures devant servir d'abri dans les localités exposées aux grands vents, le nombre des lignes varie d'une à quatre, suivant l'espace dont on peut disposer et la violence des vents (*fig.* 121 à 126).

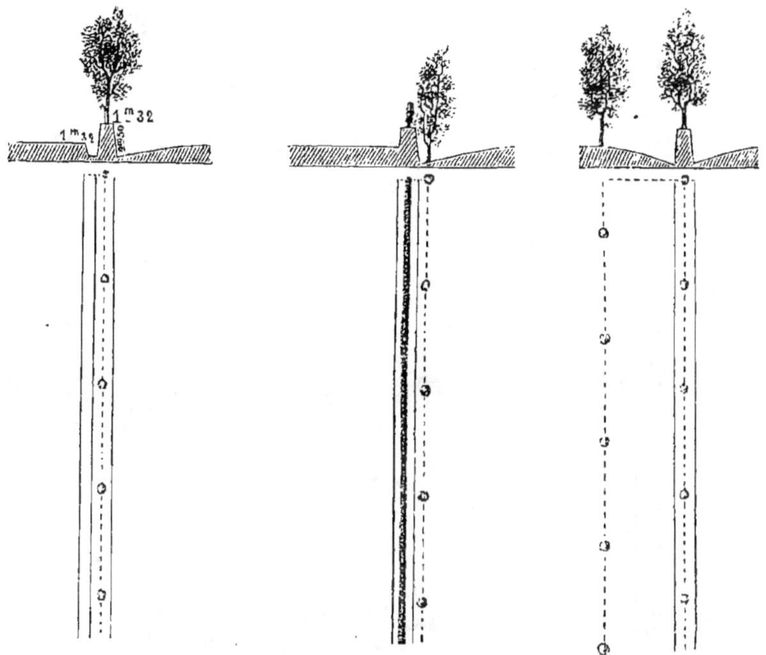

Fig. 121. *Bordure composée d'une seule ligne d'arbres.*

Fig. 122. *Bordure composée d'une seule ligne d'arbres avec haie.*

Fig. 123. *Bordure composée de deux lignes d'arbres.*

Nous ajouterons que s'il s'agit de bordures destinées à abriter du vent, il sera bon de leur donner les dispositions suivantes : Si

« 12 mètres au moins ; mais alors l'espacement des pieds sera laissé à la disposition du « propriétaire »

La loi promulguée le 15 juillet 1845, sur la police des chemins de fer, a appliqué ainsi qu'il suit les dispositions précédentes à ces nouvelles routes.

« ART. 5. Sont applicables aux propriétés riveraines des chemins de fer les servitudes « imposées par les lois et règlements sur la grande voirie, et qui concernent :

. . . .

« La distance à observer pour les plantations et l'élagage des arbres plantés.

. . . .

« ART. 10. Si, hors les cas d'urgence prévus par la loi des 16-24 août 1790, la sûreté « publique ou la conservation des chemins de fer l'exige, l'administration pourra faire « supprimer, moyennant une juste indemnité, les . . . . . . plantations. . . . . . .

l'on est propriétaire du terrain placé en dehors de celui à abriter, il sera bon de planter une ligne sur la levée du fossé qui sert de clôture, puis d'en placer également quelques-unes en dehors de l'enclos, ainsi que nous l'avons indiqué dans les figures 121, 123 et 125. Il résulte de ce mode de plantation, d'abord que la surface prise par la levée du fossé se trouve utilisée; puis que les arbres,

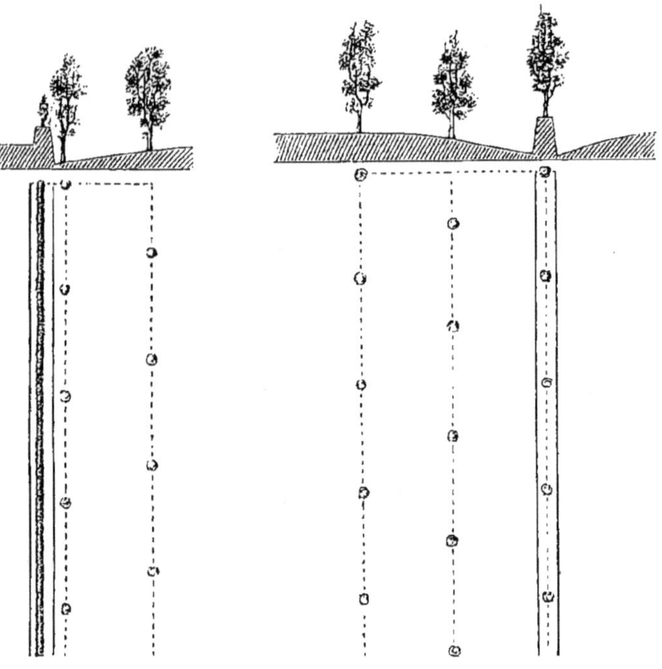

Fig. 124. *Bordure composée de deux lignes d'arbres avec haie.*   Fig. 125. *Bordure composée de trois lignes d'arbres.*

placés sur cette petite éminence, se trouvant plus élevés, abritent à une plus grande distance. Nous plaçons les autres lignes d'arbres

« existant, dans les zones ci-dessus spécifiées, au moment de la promulgation de la pré-« sente loi, et, pour l'avenir, lors de l'établissement du chemin de fer. »

Quant aux plantations qui bordent les chemins vicinaux, la distance à réserver entre les arbres et l'espace qui doit les séparer de la limite de ces chemins sont fixés par le chapitre 1er du titre IVe de la loi promulguée le 21 mai 1836 sur les chemins vicinaux. Voici le paragraphe de cette loi.

« Art. 102. Nul ne pourra planter sur le bord d'un chemin, même dans sa propriété « close, si ce n'est en observant les dispositions suivantes, qui seront calculées à partir « de la limite extérieure, soit des chemins eux-mêmes, soit des fossés pratiqués pour « l'écoulement des eaux :

« Pour les arbres à haut jet et pour ceux formant parasol à 2ᵐ 50, l'espacement des « arbres entre eux ne sera pas de moins de 5 mètres. »

plutôt en dehors qu'en dedans, parce qu'ils concourent par leur tête à empêcher ceux plantés sur la levée du fossé d'être renversés par la violence des ouragans.

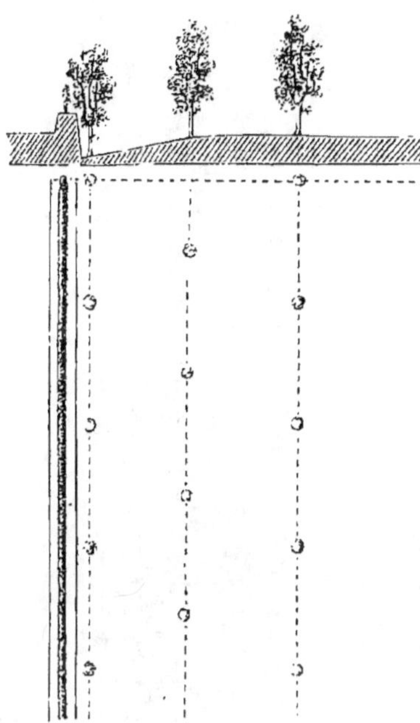

Fig. 126. *Bordure composée de trois lignes d'arbres avec haie.*

Lorsque l'on ne sera pas propriétaire du terrain extérieur, on devra nécessairement planter les arbres à l'intérieur de la clôture, ainsi que nous l'indiquons dans les figures 122, 124 et 126 ; car, si l'on plantait sur la levée du fossé en donnant à celle-ci assez de largeur pour pouvoir y placer les arbres à la distance légale, on serait encore obligé de les mutiler en élaguant toutes les branches qui dépasseraient la ligne de séparation ; le but serait alors manqué.

Quant aux avenues destinées seulement à l'ornement des habitations rurales, ou devant servir de promenades publiques, le nombre des lignes d'arbres est déterminé par la place qu'elles peuvent occuper ou par la fantaisie de celui qui les fait exécuter.

Dans tous les cas, ces avenues ne comprendront pas moins de deux lignes, comme dans la figure 127, et ne dépasseront pas le nombre de quatre, comme dans la figure 128.

Les lignes doivent être parfaitement parallèles les unes aux autres. La distance à réserver entre elles est déterminée par les indications que nous avons déjà fournies, et qui s'appliquent, non-seulement aux arbres sur la même ligne, mais encore aux lignes entre elles. Cependant s'il s'agit d'avenues d'ornement ou de promenades publiques, on augmentera ces distances ; elles seront d'autant plus grandes que ces avenues seront plus longues, afin que la perspective ne les fasse pas paraître trop étroites.

Si la plantation se compose d'une seule ligne, la place des arbres est indiquée d'une manière invariable par la distance à laquelle ils doivent se trouver les uns des autres. Mais, s'il s'agit de plusieurs lignes réunies, on peut donner aux arbres d'une ligne, par rapport à ceux des autres lignes, plusieurs dispositions différentes qui ne sont pas sans influence sur la végétation.

Ainsi on distingue deux dispositions : la plantation *carrée* et la plantation en *quinconce* (1).

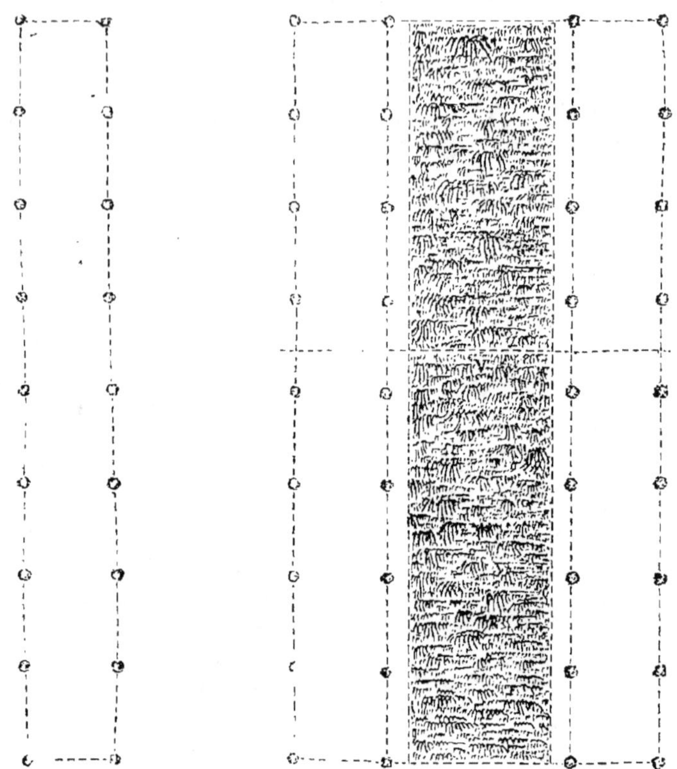

Fig. 127. *Avenue composée de deux lignes d'arbres.*

Fig. 128. *Avenue composée de quatre lignes d'arbres.*

La plantation carrée (fig. 129) présente, comme on le voit, la disposition suivante : chaque arbre se trouve, comme en A, au milieu d'un carré, dont quatre autres arbres, B, C, D, E, occupent les angles, et quatre autres plus rapprochés, F, G, H, I, le milieu du carré. Le terrain est partagé, par les lignes de plantation, en une foule de petits carrés, et offre à peu près l'aspect d'un échiquier.

Une légère attention suffit pour apercevoir les défauts de cette sorte de plantation. Chaque arbre, tendant à développer sa tête circulairement, s'y trouve de bonne heure arrêté par ses quatre plus

(1) Cette forme de plantation, usitée chez les Romains, portait le nom que nous lui donnons ici et qui dérive du mot latin *quincunx*, employé pour désigner le chiffre romain V ; il y a en effet une grande similitude entre ce chiffre et les triangles équilatéraux que forment les arbres dans cette sorte de plantation.

proches voisins. Or ces vices que nous venons de signaler n'étant

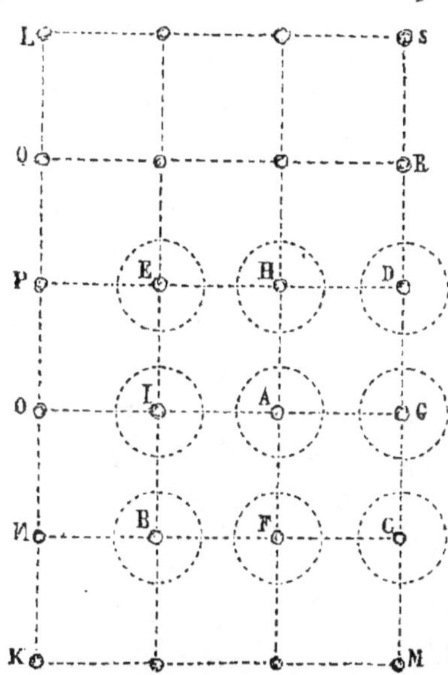

Fig. 129. *Plantation carrée.*

compensés par aucun avantage, nous pensons qu'on devra renoncer à cette forme de plantation, au moins pour celles en bordure. Pour les avenues destinées à l'ornement ou aux promenades publiques, elle présente moins d'inconvénients, en ce que les lignes rapprochées l'une de l'autre ne dépassent jamais le nombre de deux, comme on le voit dans les figures 127 et 128. D'ailleurs, il est bon que la vue puisse traverser perpendiculairement ces sortes de plantations sans rencontrer d'obstacles, comme en A (*fig.* 128).

Dans la plantation en quinconce (*fig.* 130), chaque arbre (A) est entouré par six autres arbres placés sur deux lignes inclinées à 60°, de telle sorte que chacun d'eux occupe l'un des angles d'un triangle équilatéral.

Plantés à une distance parfaitement égale de tous leurs voisins, les arbres forment une tête bien ronde, parfaitement libre de tout contact étranger, et autour de laquelle la lumière pénètre librement. Aucune partie du sol n'est perdue pour la végétation ; exposées, au contraire, par des clairières continues dans plusieurs sens aux courants d'air, aux rayons du soleil et aux bénignes influences de la rosée, les productions se rapprochent bien davantage, et pour la quantité et pour la qualité, de celles qui croissent isolées.

On est surpris qu'à côté de semblables avantages, la forme en quinconce soit si peu usitée. Cela tient peut-être à ce qu'elle exige plus de soin pour être appliquée avec succès ; car une erreur d'un centimètre ou deux dans les alignements suffit pour en détruire complétement l'harmonie. Le procédé le plus simple et le plus facile est le suivant :

Soit un terrain donné (D E F G, *fig.* 130), sur lequel on veuille planter une bordure de chênes en quinconce, à 8 mètres les uns des autres et à 0^m 75 de la levée du fossé. On commence par disposer une tringle de bois d'une longueur exacte, puis on partage cette longueur en deux. Muni de cette tringle et d'une bonne équerre d'arpenteur, on tire, à 0^m 75 de la levée du fossé et parallèlement à la plus grande dimension du terrain à planter, la ligne F G. Au moyen de la grande mesure, on détermine successivement, à 8 mètres les uns des autres, mais seulement à 4 mètres du point G, les points H, I, J, K, et l'on y place des jalons. Parvenu en F, on élève les deux perpendiculaires G D, F E. On se procure alors une seconde tringle, exactement de la même longueur que la précédente, on pose l'extrémité de l'une en H et l'extrémité de l'autre en I ; puis, en ramenant les deux autres extrémités l'une vers l'autre, on forme un triangle rectangle qui détermine le point L. On place ensuite l'une des deux tringles à quatre mètres du point H, et la distance qui existe entre M et L est ce que nous appellerons *petite mesure*.

Sur chacune des deux perpendiculaires G D et F E on marque, à l'aide de la petite mesure, à partir des points G et F, et successivement des uns aux autres, les points N, O, D, P, Q, E. La ligne D E doit être exactement parallèle à la ligne G F. Ceci fait, on place, à 8 mètres les uns des autres, des jalons sur les lignes N P, O Q et D E, en partant de la ligne G D pour les lignes paires, et à 4 mètres de cette ligne pour les lignes impaires.

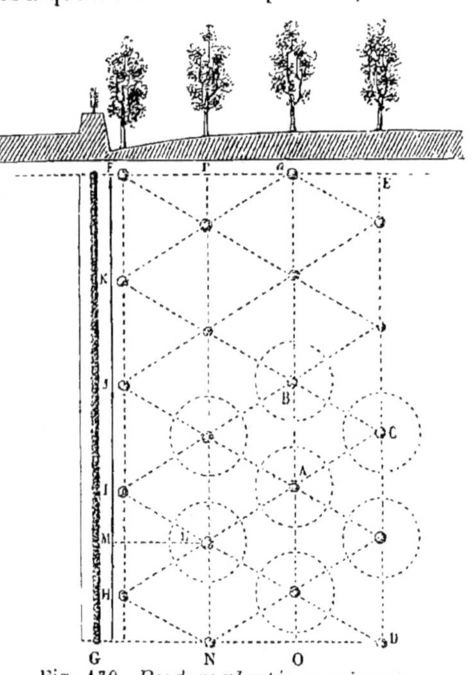

Fig. 130. *Bordure plantée en quinconce.*

. Si le quinconce ne doit se composer que d'un petit nombre de lignes, on pourra user du procédé suivant, plus simple encore que le précédent :

On se procure autant de piquets de 0ᵐ 40 à 0ᵐ 50 de long que l'on a d'arbres à planter ; on en attache solidement un à chaque extrémité d'un fil de fer assez fort, recuit et bien dressé et qui aura une longueur égale à la distance que l'on veut mettre entre les arbres. Ce fil de fer sert de mesure.

Cela fait, on jalonne avec beaucoup de soin la ligne A A (*fig. 131*) que nous supposons être la direction suivant laquelle on veut faire la plantation ; puis on marque sur cette ligne, à l'aide de la mesure, les points de B en H où doivent être plantés les arbres. On laisse à chacun d'eux un piquet que l'on enfonce peu profondément,

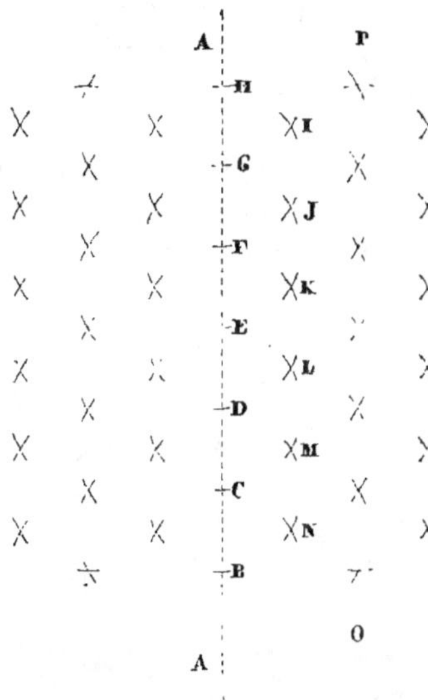

Fig. 151. *Autre procédé pour tracer un quinconce.*

de manière à pouvoir l'ôter. Nous désignons par n° 1 et n° 2 les deux personnes qui tiennent les piquets de la mesure. Quand on est arrivé en H, le n°1 y laisse son piquet ; le n°2 se porte en I et trace avec la pointe du piquet un petit arc de cercle, en tendant bien la mesure. Alors le n° 1 se porte en G, le n° 2 trace un second arc en I, qui coupe le premier, et enfonce un piquet à leur intersection ; puis il se porte en J, y trace le premier arc ; le n° 1 place son piquet en F, le n° 2 trace les points de I en N, et l'on s'en sert ensuite pour tracer ceux de la ligne O P et des suivantes. Quand l'opération est terminée de ce côté de la ligne AA, on procède de même de l'autre côté. A la fin de l'opération, l'espace est couvert de piquets dépassant la terre de 0ᵐ 30 à 0ᵐ 40, qui marquent la place de chaque arbre et permettent de juger de la régularité de la plantation. On enfonce alors les piquets à demeure pour les faire servir à tracer les trous. La ligne AA, qui sert de base à l'opération, sera toujours prise, autant que possible, dans le sens le plus étendu du terrain.

En traçant les arcs de cercle, le n° 2 doit tendre toujours également le fil de fer et tenir son piquet dans une position bien verticale ; le n° 1 doit empêcher que son piquet ne fléchisse d'un côté ou de l'autre. Malgré ces soins, on obtiendra moins de précision qu'avec le premier mode, surtout si la plantation est un peu étendue. Car, comme chaque ligne sert successivement à en tracer une autre, on conçoit que la plus petite erreur se transmettrait et pourrait même se multiplier au point de rendre la plantation irrégulière. Aussi ne conseillons-nous ce mode d'opérer que pour les plantations d'une faible étendue.

Plantations en futaie. — On a, depuis quelques années surtout, émis des doutes sur les avantages que pouvaient présenter les plantations en futaie, non pas pour le pays en général, mais pour ceux qui les font exécuter. On a pensé qu'en tenant compte du capital engagé ainsi que des intérêts composés, jusqu'au moment de l'ex-

ploitation, on arriverait à un déficit souvent considérable. Cela
était très-vrai pour les futaies plantées comme on le faisait autrefois où le peu de distance réservée entre les arbres devait amener
ce résultat; mais aujourd'hui que l'on est instruit par l'expérience,
on rapproche les arbres beaucoup moins les uns des autres, et l'on
récolte autant de bois.

Les plantations en futaie peuvent être considérées, eu égard à
leur forme, sous deux points de vue principaux : 1° la distance à réserver entre les arbres ; 2° la disposition des arbres les uns par rapport aux autres sur les différentes lignes.

La distance à réserver entre les arbres, soit sur la
même ligne, soit entre les
lignes, étant celle que nous
avons indiquée dans l'un
des tableaux précédents
pour les plantations en bordure ou en avenue compo-
sées de quatre lignes rapprochées, nous n'y revien-
drons pas ; quant à leur disposition , on peut adopter
soit la forme carrée , soit
celle en quinconce. Mais,
comme les inconvénients
que nous avons reconnus
à la forme carrée pour les
bordures se reproduisent
au moins avec la même
gravité pour les plantations
en futaie , nous pensons
qu'on devra exclusivement
employer celle en quinconce.

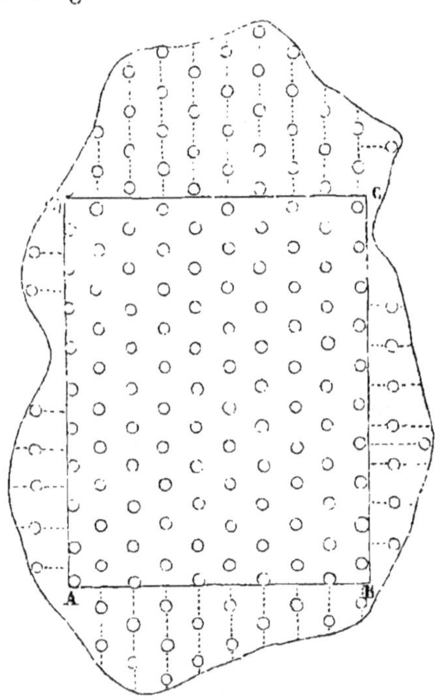

Fig. 132. *Futaie plantée en quinconce.*

Nous renvoyons, pour la manière de tracer ces sortes de plantations, à ce que nous avons dit pour les bordures composées de quatre lignes, ainsi qu'aux figures 130 et 131.

Toutefois, lorsque la plantation sera à effectuer sur un terrain
de forme irrégulière, comme celui de la figure 132. et qu'on voudra
faire usage du mode d'opérer indiqué par la figure 138, on devra
commencer par inscrire dans ce périmètre un parallélogramme
A B C D, dans lequel on tracera le quinconce ; quant aux vides existant entre le parallélogramme et le périmètre, on les remplit en
prolongeant chacune des lignes.

Choix des arbres. — On ne saurait trop recommander aux propriétaires de bien choisir les arbres qu'ils destinent aux plantations qui nous occupent; car un mauvais choix compromettrait le succès. Nous avons vu de ces plantations qu'on avait été obligé de recommencer jusqu'à trois fois ; les arbres mal choisis avaient mauvais pied, ils étaient trop âgés, ou leur tige, trop faible par rapport à son élévation, n'avait pu résister à la violence des vents. Ces arbres défectueux sont, à la vérité, ordinairement vendus à très-bas prix ; mais si l'on tient compte des frais trois fois répétés de plantation et d'acquisition, ainsi que de la perte de temps qui en résulte, on trouvera que ce mode d'agir est de beaucoup plus coûteux.

Le choix des arbres destinés aux plantations d'alignement doit être surtout déterminé: 1° par leurs dimensions; 2° par le mode de culture qu'ils ont reçu dans la pépinière ; 3° par la nature du sol de cette pépinière.

Presque tous les arbres peuvent être transplantés, même après avoir acquis un grand développement ; il suffit de pouvoir les déplanter avec toutes leurs racines, et de faire des trous assez grands pour qu'elles soient reçues à l'aise. Mais cette opération ne peut se faire, pour des arbres de 8 ou 10 mètres d'élévation, par exemple, sans des dépenses considérables dont on ne serait pas indemnisé par la formation plus prompte d'une bordure, d'une avenue ou d'une futaie. Aussi les arbres que l'on emploie pour les plantations de ce genre ont-ils toujours un développement beaucoup moins considérable.

Pour les plantations d'alignement, il suffit que les arbres soient assez développés pour se défendre convenablement de l'ardeur du soleil, à laquelle ils sont d'autant plus sensibles qu'ils en ont été en partie privés dans la pépinière ; il faut aussi qu'ils aient acquis assez de force ou de rusticité pour surmonter facilement le passage du terrain fertile de la pépinière dans celui, ordinairement moins riche, où on les plante à demeure. Il faut, en outre, choisir le moment où leur développement est tel qu'on puisse encore les déplanter facilement avec la plus grande partie de leurs racines, et qu'on ne soit pas obligé de faire des trous trop grands pour les recevoir. L'état de développement où les arbres remplissent ces diverses conditions varie beaucoup en raison des espèces. Ainsi tous les arbres dont les racines s'allongent peu et se ramifient beaucoup, comme les espèces à bois mou, peuvent être transplantés plus forts que les arbres résineux et les espèces à bois dur, qui sont pourvues de longues racines à peine ramifiées.

La dimension doit varier aussi en raison de l'espèce de plantation. S'il s'agit d'une plantation en bordure à plat terrain ou d'une plantation en avenue, les mêmes espèces devront présenter plus de force, plus de développement que s'il s'agit d'une plantation en futaie, car, dans les premiers cas, les arbres isolés sur deux ou quatre lignes seront bien plus exposés à une foule d'accidents que ceux disposés en futaie.

Les arbres plantés en bordure sur la levée d'un fossé devront également être moins forts que les premiers ; car, d'une part, ils se trouveront défendus de l'attaque des bestiaux, et, de l'autre, ils auront besoin de présenter le moins de prise possible à la violence des vents.

Nous allons indiquer dans le tableau suivant la hauteur moyenne que doivent avoir les principales espèces propres à ces plantations pour être le plus convenablement plantées à demeure.

ESPÈCES.	POUR BORDURES OU AVENUES PLANTÉES A PLAT.	POUR BORDURES OU AVENUES plantées SUR LEVÉE DE FOSSÉ.	POUR FUTAIES.
Pins	1ᵐ 50	1ᵐ	Les arbres devront présenter les mêmes dimensions que pour les plantations sur levée de fossé.
Sapins de Normandie	1 50	1	
Sapinettes	2	1 50	
Epicéas	2	1 50	
Mélèzes	2	1 50	
Chênes	2 50	2	
Hêtres	2 50	2	
Ormes	3	2	
Platanes	3	2	
Châtaigniers	3	2	
Erables	3	2	
Robinia faux-acacia	3	2	
Micocouliers	3	2	
Bouleaux	3	2	
Noyers	3	2	
Merisiers	3	2	
Aunes	3	2	
Peupliers	4	3	
Vernis du Japon	4	3	
Frênes	4	3	
Tilleuls	4	3	
Féviers	4	3	
Planéras	4	3	
Marronniers d'Inde	4	3	

Si nous avons choisi plutôt la hauteur des arbres que leur âge pour indiquer le moment où ils doivent être plantés à demeure, c'est qu'il peut arriver qu'en raison des soins plus ou moins grands qu'on leur a donnés ou du degré de fertilité du sol de la pépinière, tel arbre qui n'aura que 3 ans d'âge sera assez fort pour être planté à demeure, tandis qu'un autre individu de la même espèce, et qui aura 5 ans, ne sera pas encore assez développé.

Les soins que les arbres ont reçus dans la pépinière influent beaucoup sur le succès de leur plantation à demeure, et, par conséquent, sur le choix que l'on doit en faire. Il faut surtout examiner : 1° s'ils ont été repiqués et transplantés dans la pépinière ; 2° s'ils y ont été placés à des distances suffisantes ; 3° si la tige a été convenablement formée.

Le *repiquage* et la *transplantation* dans la pépinière sont deux opérations de la plus grande importance pour assurer le succès des plantations. Il arrive quelquefois que les pépiniéristes se contentent, pendant la première et la seconde année qui suivent un ensemencement, d'éclaircir les plants, et d'abandonner les autres à eux-mêmes jusqu'à ce qu'ils soient assez forts pour être plantés à demeure. Les propriétaires devront bien se garder de choisir de pareils arbres, car leurs racines, n'ayant pas été contrariées dans leur développement, seront très-longues, mais peu nombreuses, et surtout très-peu ramifiées. Lorsqu'on viendra à les déplanter, la plupart d'entre elles seront rompues, l'arbre languira longtemps et finira souvent par périr.

Le repiquage et la transplantation ont pour but de prévenir ces accidents. Ils concourent à faire ramifier les racines et à les empêcher de s'allonger outre mesure ; de sorte que, lorsqu'on vient à les déplanter, on les enlève sans peine.

Dans le but d'économiser le terrain, les pépiniéristes placent souvent les arbres *trop près* les uns des autres lors du repiquage ou de la transplantation. Il en résulte que les ramifications qui auraient pu garnir la tige, étant privées de lumière, meurent ou ne se développent pas ; l'arbre croît rapidement en hauteur, mais, sa grosseur n'étant pas proportionnée à son élévation, il faut, au moment de le planter à demeure, le priver d'une partie de sa tige, sous peine de le voir rompre par les vents. D'un autre côté, l'écorce de la tige, n'ayant pas été habituée à l'influence bienfaisante du soleil, se durcit, se dessèche tout à coup, et s'oppose au grossissement de l'arbre, qui languit longtemps avant de surmonter ces causes de souffrance.

On doit donc, dans les pépinières, choisir des arbres plantés à une distance telle que la grosseur de leur tige soit bien proportionnée à leur hauteur. On veillera, en outre, à ce que cette tige soit parfaitement droite, qu'elle présente une écorce bien lisse, qu'on n'y remarque pas de cicatrisations de plaies trop apparentes, résultant de la suppression tardive des branches latérales. Enfin, ces arbres auront dû recevoir, pour la formation de leur tige, les soins que nous avons indiqués en parlant des pépinières.

Il y aurait grand avantage à élever toujours les arbres dans une pépinière présentant un sol à peu près de même nature que celui du terrain qui doit les recevoir à demeure. Aussi conseillons-nous vivement aux propriétaires de faire tous leurs efforts pour créer une petite pépinière dans le voisinage de la plantation qu'ils ont à faire. Toutes les fois qu'ils le pourront, toutes les fois que la plantation à exécuter sera assez étendue pour permettre cette dépense, ils en seront largement indemnisés par les mécomptes et les insuccès auxquels ils échapperont. Malheureusement, comme cela n'est pas toujours praticable et que l'on est souvent obligé de se procurer ces arbres chez les pépiniéristes, on doit choisir une pépinière telle que la nature du sol s'éloigne le moins possible de celle du terrain à planter.

Quant à l'époque la plus favorable pour planter, nous renvoyons à la plantation des bois et forêts, où nous avons traité ce sujet.

Déplantation. — C'est une chose vraiment déplorable que le peu de soin apporté généralement à la déplantation des arbres ; cette opération, telle qu'elle est faite par la plupart des jardiniers, mérite bien plutôt le nom d'*arrachage*. On croirait, à les voir tirer sur les arbres à peine dégagés de la terre qui retient leurs racines, et couper avec la bêche ou la pioche celles qui résistent à leurs efforts, que ces racines sont des organes superflus, dont on peut, sans inconvénient, retrancher la plus grande partie, tandis que ce sont ceux dont la conservation est la plus utile au succès de la plantation. Aussi voit-on ces arbres dont on a été obligé de mutiler la tige pour rétablir l'équilibre entre elle et les racines, rester languissants et souvent même périr au bout de l'année.

On doit, lors de la déplantation des arbres de haut jet, dans les pépinières, remplir deux conditions : 1° choisir un moment convenable ; 2° employer un mode de déplantation qui conserve la plus grande quantité possible de racines.

L'instant le plus favorable pour déplanter les arbres est celui où le temps est doux et où il ne pleut pas. Il faut se garder de faire cette opération sous l'action des vents froids et desséchants, car le chevelu des racines en serait bientôt désorganisé. On devra, à plus forte raison, ne pas déplanter les arbres lorsque la température est au-dessous de zéro. Les racines sont en effet bien plus sensibles au froid que les tiges, et il suffit, pour la plupart des espèces, d'un abaissement de température de 2° cent. au-dessous de zéro pour les détériorer complétement.

Quelques propriétaires, pressés de planter au printemps, font déplanter leurs arbres avant que la couche inférieure du sol soit parfaitement dégelée ; c'est là une pratique vicieuse, car les racines, engagées encore dans la terre gelée, ne peuvent être détachées, et se brisent au grand détriment de l'arbre.

Toutes les fois qu'on sera obligé de planter au printemps, il sera convenable de faire déplanter les arbres avant l'hiver et de les faire mettre en *jauge* ou *tranchée*, soit dans la pépinière, soit dans le voisinage du terrain à planter. Le printemps venu, le premier développement de ces arbres sera retardé, et, lorsque viendra le moment de les confier définitivement au sol, on ne sera pas exposé à troubler la végétation. Cette pratique présentera surtout de grands avantages pour les plantations tardives du printemps. Nous avons souvent planté de cette manière, vers le milieu du mois de mai, des arbres déplacés à l'automne.

La déplantation s'effectuera comme nous l'avons indiqué pour les jeunes plants : on ouvrira à l'une des extrémités du carré d'arbres, une tranchée d'une profondeur telle qu'elle pénétrera un peu au-dessous du point où sont arrivées les racines ; puis, en minant le terrain de proche en proche, on enlèvera les arbres avec la plus grande partie de leurs racines.

On objectera peut-être qu'on ne pourra employer ce mode de déplantation que dans le cas où les arbres du carré seront également bons à planter à demeure, mais qu'il deviendrait impraticable dans le cas où l'on voudrait laisser encore les plus faibles. Nous pensons qu'il n'y a que le pépiniériste qui puisse avoir avantage à laisser les arbres trop faibles pour ne pas être obligé de les replanter. Nous engageons les propriétaires, pour éviter les mutilations qu'éprouveraient indubitablement les racines si l'on choisissait les arbres dans le carré, à acheter tout ou partie de ce carré et à les faire déplanter ainsi que nous venons de l'indiquer. Il y aura à cela deux avantages : le premier, que les arbres seront beaucoup moins mutilés ; le second, qu'on pourra placer en pépinière, dans le voisinage de la plantation, ceux qui seront encore trop faibles pour être plantés à demeure, et qui serviront plus tard à effectuer les remplacements.

Tous les arbres souffrent de la suppression ou du desséchement de leurs racines, mais les espèces à bois dur, telles que le chêne, le hêtre et tous les arbres résineux, sont celles qui supportent le moins facilement ces altérations. Aussi, lors de la déplantation, on devra, quoi qu'il en coûte, conserver toutes les racines de ces arbres, sous peine de ne pas les voir reprendre, et s'efforcer surtout de retenir la terre autour de ces racines. Quoique la plantation des arbres très-âgés ne se fasse qu'accidentellement, nous en dirons un mot. Cette opération ne diffère des plantations ordinaires que par le mode de déplantation. Ainsi, comme il est presque impossible de planter des arbres âgés avec le plus grand nombre de leurs racines, à cause de la longueur de celles-ci, deux ans avant la déplantation on devra retrancher un tiers environ de la longueur des branches de troisième ordre. Il en résultera que de nouvelles racines apparaîtront sur les anciennes, aux points correspondant à ceux où les suppressions auront été faites sur la tige, et que l'on pourra déplanter ces arbres avec des chances presque certaines de succès ; les parties souterraines essentiellement vivantes, occupant un moins grand espace, pourront être facilement enlevées.

Si les arbres doivent voyager avant la plantation, on prendra les plus grands soins pour que les racines ne soient pas desséchées ou gelées en route. On ne saurait trop s'élever contre la négligence de certains pépiniéristes qui ne garantissent que la tige et entourent à peine les racines par une poignée de paille qui, mal fixée, est bientôt détachée, et les laisse à nu. Lorsqu'il s'agira d'espèces à bois dur comme le chêne, le hêtre, on devra, aussitôt après leur déplantation, tremper les racines dans un mélange liquide de terre argileuse et de bouse de vache, qui, en se desséchant sur les racines, les préservera du contact de l'air. Ces arbres seront ensuite soigneusement emballés, surtout vers le pied.

Préparation ou habillage des arbres. — Lorsque l'on est prêt à effectuer la plantation, on pratique la préparation ou l'habillage des arbres. Cette préparation s'applique aux racines et à la tige.

Malgré tous les soins possibles, il y a toujours une certaine quantité de racines qui sont rompues, ou desséchées par l'impression de l'air. La préparation, dans ce cas, consiste à enlever, avec un instrument bien tranchant, l'extrémité des racines rompues ou desséchées, et à couper celles qui ont été blessées, immédiatement au-dessus du point où la plaie existe. Ces plaies se cicatrisent et donnent naissance, sur leur périmètre et au-dessus d'elles, à de nombreuses racines qui viennent bientôt remplacer celles qu'on a tronquées. Si, au contraire, on abandonnait à elles-mêmes les parties brisées ou desséchées, les plaies deviendraient chancreuses, les racines resteraient dans un état maladif et ne seraient d'aucun secours pour l'arbre. Telles sont les seules suppressions à opérer sur les racines.

Si l'on supprime, pour quelque temps, une partie des racines, il devient indispensable d'enlever également une certaine étendue de la tige, afin de maintenir un équilibre parfait entre l'étendue respective de ces deux organes. Cette suppression, pour qu'elle ne devienne pas nuisible, doit être faite avec non moins de circonspection que celle des racines, et être avec elle dans un rapport parfait.

Les amputations devront uniquement porter sur les rameaux âgés d'un an, ou tout au plus sur les ramifications de deux ans.

On ne saurait trop s'élever contre l'usage barbare qui consiste à couper entièrement la tête des arbres en les plantant, ce qui les fait ressembler, après la plantation, à autant de jalons. Cette pratique est on ne peut plus vicieuse, et cela pour deux raisons : la première, c'est que l'on prive l'arbre de tous les boutons qui auraient donné naissance aux bourgeons et aux feuilles indispensables pour développer les filets ligneux et corticaux, et préparer le cambium qui concourt à l'accroissement des racines ; la seconde, c'est que la plaie, restant longtemps exposée à l'influence de l'air avant d'être cicatrisée, se carie souvent et détermine dans le tronc de l'arbre un vice qui en diminue singulièrement la valeur.

Il n'y a que deux circonstances dans lesquelles cette opération puisse être tolérée, c'est : 1° lorsque les racines ont été tellement mutilées par la déplantation, que le retranchement des ramifications ne suffit plus pour établir l'équilibre entre l'étendue de ces racines et celle de la tige ; 2° lorsque les arbres, ayant été trop rapprochés dans la pépinière, se sont beaucoup plus développés en hauteur qu'en grosseur, et sont exposés à être rompus par les vents. Il est même quelques espèces dont la tête devra, malgré ces deux circonstances, être conservée ; ce sont particulièrement les chênes, les érables, les hêtres, les marronniers, les frênes et les noyers. Il est donc de la plus grande importance de faire déplanter les sujets de ces espèces avec soin et de les choisir assez gros de tige, puisqu'on ne pourrait pas remédier à leur faiblesse par l'amputation de la tête.

Enfin, une autre exception, plus importante encore, est relative aux arbres résineux. Pour ces espèces, on doit s'abstenir, dans quelque circonstance que ce soit, de toute espèce d'amputation sur la tige, car les suppressions ne sont jamais réparées. Cela tient à une organisation particulière de ces espèces, qui sont dépourvues de boutons adventifs ; les nouveaux bourgeons ne se développent presque jamais qu'à l'extrémité des rameaux.

Mise en terre des arbres. — La mise en terre des arbres exige aussi quelques soins particuliers : on doit considérer, dans cette opération, l'orientation des arbres, la profondeur à laquelle les racines doivent être enterrées, la manière dont les différentes couches de terre, enlevées des trous, doivent y être replacées.

Quoique l'orientation des jeunes plantations ne soit pas d'une nécessité rigoureuse, il sera bon, néanmoins, lorsqu'on le pourra, de placer la tige des arbres dans une position semblable à celle qu'elle occupait dans la pépinière. Le côté de la tige qui était exposé au midi se reconnaît facilement à une teinte plus grise de l'épiderme.

En général, les racines doivent être enterrées à une profondeur telle que, d'une part, elles puissent recevoir l'influence de l'air, et que, de l'autre, elles ne soient pas exposées à la sécheresse. Le degré de profondeur moyenne à l'aide duquel on remplit le mieux ces deux conditions est 0m 08. Ainsi, le collet de la racine devra être placé de manière à ce que, lorsque la terre du trou sera complétement affaissée, il se trouve placé à 0m 08 au-dessous de la surface du terrain. Néanmoins cette profondeur devra beaucoup varier en raison de la nature du sol. Celle que nous donnons est pour un terrain de consistance moyenne; mais, dans un sol très-léger, très-perméable, et par conséquent très-exposé à la sécheresse, cette profondeur pourra être doublée. Au contraire, dans les terrains compactes, humides, on devra la diminuer de moitié.

Les trous ayant été creusés avec les soins que nous avons indiqués pour chaque sorte de terre, voici comment on doit les remplir : on commence par ameublir le mieux possible le fond de l'excavation (G, *fig.* 133); on pulvérise la couche de terre que l'on a enlevée la première lors de la confection du trou ; on en répand au fond, en F, une suffisante quantité pour que, les racines y étant placées, l'arbre se trouve convenablement enterré. Cette première couche de terre est recouverte par des gazons décomposés ou des vases de mares ou de fossés, suffisamment aérés (E). Si l'on n'a pu se procurer ces matières, on les remplace par la couche de terre qui était placée au-dessous du gazon. C'est avec cette

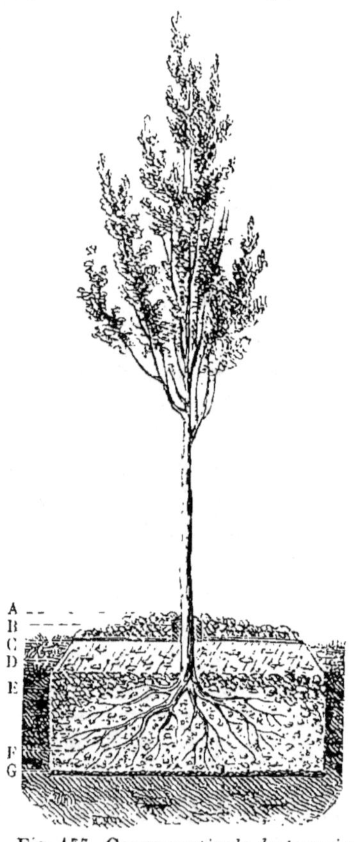

Fig. 133. *Coupe verticale du terrain après la plantation.*

dernière couche qu'on mélange des terres sableuses ou argileuses, selon que le sol est trop compacte ou trop léger. Enfin, si le trou n'est pas suffisamment comblé, l'on y ajoute une partie de la troisième couche, celle du fond (D). Pendant cette opération, il est essentiel, à mesure que l'on jette la terre sur les racines, de donner à la tige de l'arbre un mouvement vertical de bas en haut, afin de bien faire pénétrer cette terre entre toutes les racines.

Il résulte de cette manière d'opérer que la terre la plus fertile, celle qui était à la surface du trou, le gazon enfin, se trouve immédiatement en contact avec les racines, et concourt puissamment à la reprise de l'arbre.

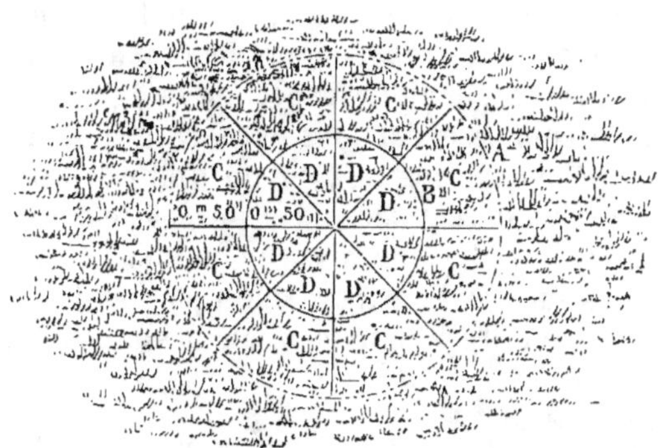

Fig. 134. *Tracé d'un trou pour la plantation des terrains très-humides.*

Les trous doivent être comblés à environ 0^m 16 au-dessus du niveau du terrain environnant, afin qu'en s'affaissant, la terre ne s'abaisse pas au-dessous du niveau du sol. Dans les terrains exposés à la sécheresse, il sera bon de creuser un peu cette saillie en cuvette, afin qu'elle retienne mieux l'eau des pluies, et que celles-ci profitent aux racines.

Lorsque les arbres ont été plantés comme nous venons de l'indiquer, la coupe verticale du trou doit présenter la figure 133.

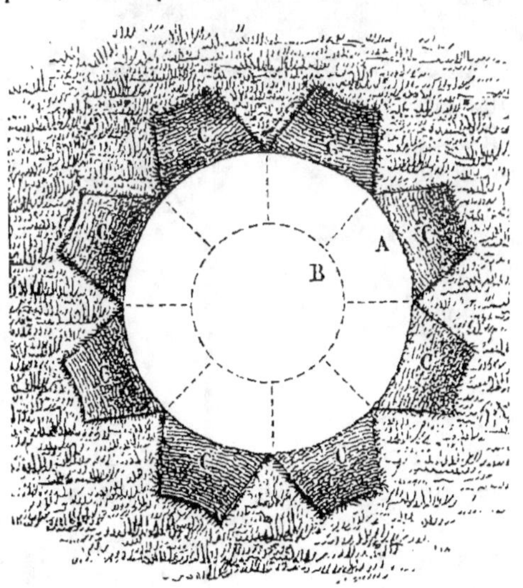

Fig. 135. *Trou pour la plantation des terrains très-humides.*

Plantation des arbres dans les terrains très-humides. — Il est certains terrains tellement humides ou exposés aux inondations périodiques, que les plantations ne peuvent y réussir qu'autant qu'elles sont effectuées à la surface du sol. Voici comment on doit opérer dans cette circonstance : à chacun des points qui devront être occupés par les arbres, on trace sur le gazon, avec le cordeau et les chevilles, une circonférence de 2 mètres de diamètre (A, *fig.* 134),

dans laquelle on inscrit un second cercle (B) de 1 mètre de diamètre, et que l'on coupe avec la bêche à la profondeur de 0^m 06 à 0^m 08 environ. On sépare de la même manière toute l'étendue comprise dans les cercles, en seize parties (C et D). Le grand cercle A doit rester intact. On enlève ensuite, en les conservant entières, toutes les plaques de gazon D comprises dans le cercle B; enfin on détache également toutes les plaques de gazon C, mais en les laissant adhérentes au bord extérieur. Cette opération terminée, on enlève les gazons C, puis on les renverse en dehors du grand cercle A. Ce premier travail présente alors l'aspect de la figure 135. On enlève ensuite la terre comprise dans les deux cercles A et B jusqu'à la profondeur de 0m 35 environ. Le fond du trou est remué et pulvérisé. La terre enlevée est remplacée par un sol de consistance moyenne et amélioré par des engrais. On en met d'abord une quantité telle, que, les racines de l'arbre étant placées dessus, le collet de celui-ci se trouve à 0m 27 environ au-dessus du ni-

veau du terrain environnant, puis on remplit le trou jusqu'à 0m 35 au-dessus du sol. La terre étant légèrement tassée, on donne à cette butte la forme d'un cône tronqué (A, *fig.* 136). Les plaques de gazon C, qui sont renversées autour de cette butte, sont ensuite relevées contre les côtés. Pour remplir les vides (B, *fig.* 136), on se sert des gazons extraits du cercle intérieur (B, *fig.* 134) que l'on taille en triangle (D, *fig.* 136). Il ne reste plus qu'à battre fortement ces gazons pour les bien appuyer sur les parois de la butte. La coupe verticale du trou présente l'aspect de la figure 136.

Nous ne saurions trop recommander cette opération pour tous les terrains très-humides, surtout pour ceux qui sont exposés aux inondations périodiques.

Mais ce n'est pas assez que de bien planter, il faut encore défendre les jeunes plantations contre l'influence de la sécheresse, et leur faire développer un tronc sain et vigoureux au moyen d'un élagage convenable.

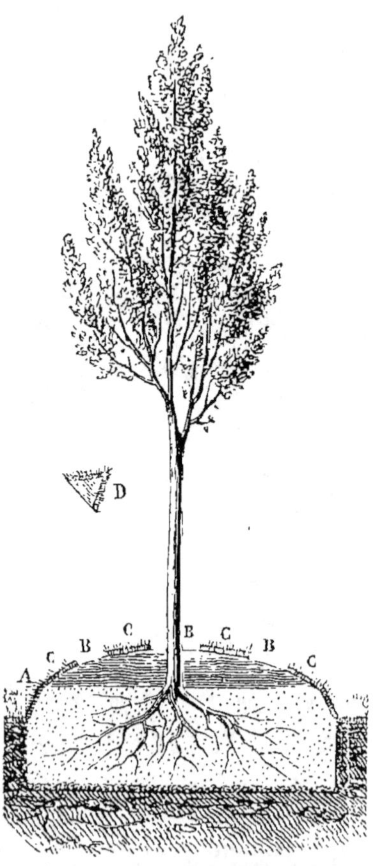

Fig. 136. *Coupe verticale d'un trou après la plantation dans un terrain très-humide.*

La sécheresse du sol, toujours nuisible pour les plantations déjà

19.

anciennes, l'est, à bien plus forte raison, pour les arbres qui, n'ayant pas encore pris possession du terrain, s'approprient plus difficilement le peu d'humidité qu'il contient. Aussi voit-on fréquemment les plantations récentes entièrement détruites par cette influence lorsqu'on n'emploie pas ses efforts pour la combattre.

Nous avons indiqué, en traitant des pépinières, les arrosements, les binages et les couvertures comme étant les meilleurs moyens d'empêcher la sécheresse du sol; les deux derniers conviennent parfaitement aux plantations d'alignement, en y joignant toutefois les ensemencements de jonc marin.

Le meilleur mode de couvertures consiste dans l'emploi simultané des tiges de joncs marins et d'une couche de cailloux (A et C, *fig.* 133). Ces tiges de joncs marins, tout en retenant l'humidité du sol, se décomposent et forment un excellent terreau dont profitent les racines. Lorsqu'on place la couche de cailloux au pied de chaque.arbre, on doit avoir soin d'entourer la base de la tige d'une motte de gazon (B, *fig.* 133). Sans cette précaution, on s'expose à ce que ces cailloux blessent l'écorce de la tige lorsque celle-ci est ébranlée par les vents.

Dès que la plantation est terminée, on répand la graine de jonc marin sur toute l'étendue du sol, et on l'enterre le plus profondément possible à l'aide d'un râteau à dents de fer. On répand cette graine dans la proportion de 18 kilog. par hectare. Cet ensemencement, qui peut être fait avec plus ou moins de succès dans tous les terrains, doit être effectué au printemps.

Il résulte de cette pratique que le sol occupé par les racines des arbres est bientôt couvert par les rameaux du jonc marin, qui le défendent de l'ardeur du soleil et l'empêchent de se dessécher. On ne doit pas redouter l'épuisement du terrain par le jonc marin, car l'expérience a prouvé qu'il rend plus de principes nutritifs à la terre qu'il n'y en absorbe, les débris de ses feuilles ne tardant pas à former à la surface une couche de terreau de plusieurs centimètres d'épaisseur.

A mesure que la plantation grandit, les joncs marins, privés de lumière, deviennent languissants, jusqu'à ce qu'ils aient été complétement anéantis; mais alors les arbres, couvrant entièrement le sol de leur ombre, l'empêchent de se dessécher et peuvent se passer du secours des joncs marins.

Élagage des plantations d'alignement. — Si, dans la culture des plantations d'alignement, on ne voulait qu'obtenir la plus grande quantité possible de bois, dans un temps et sur un espace donnés, on pourrait, lorsque les plantations ont été convenablement faites, abandonner les jeunes arbres à eux-mêmes, et se contenter de les préserver de tout ce qui peut nuire à leur prompt et vigoureux accroissement. Mais on cherche encore à former des troncs à la fois les plus longs, les plus gros possible, et, surtout, dépourvus de ces nœuds volumineux, souvent cariés, qui diminuent singulièrement la valeur des arbres.

Lorsque des chênes, des ormes ou des hêtres ont déjà acquis un certain développement, à l'âge de 8 à 10 ans, par exemple, et qu'ils ne sont pas trop rapprochés les uns des autres, leur tige est couverte de ramifications, au moins sur la moitié de leur hauteur (*fig.* 137). Si l'on abandonne l'un de ces arbres à lui-même, on verra chacune de ses ramifications prendre un développement proportionné à celui de la tige. L'arbre présentera une masse très-étendue en largeur, mais très-restreinte en hauteur. Cet accroissement en hauteur se fera lentement, parce que la sève des racines partagera son action entre les ramifications du sommet de l'arbre et celles de la base. Il arrivera même souvent que le tronc sera divisé dès sa base, ou, tout au moins, à une hauteur peu considérable, et cela parce qu'une ramification aura pu, par sa position et par sa vigueur, contre-balancer la force absorbante de la tige principale (*fig.* 138). Si, à l'époque de sa maturité, on vient à exploiter cet arbre, on aura bien une quantité de bois aussi considérable que si on l'avait soumis à un système judicieux d'élagage, mais aussi quel bois aura-t-on ! Le tronc qui, dans les arbres de haut jet, est la partie qui offre le plus de valeur, sera peu élevé, couvert de ramifications volumineuses, et tout à fait impropre aux constructions. On n'en pourra tirer parti que comme bûche, et, faute de quelques élagages peu coûteux, l'arbre aura perdu plus du tiers de son prix.

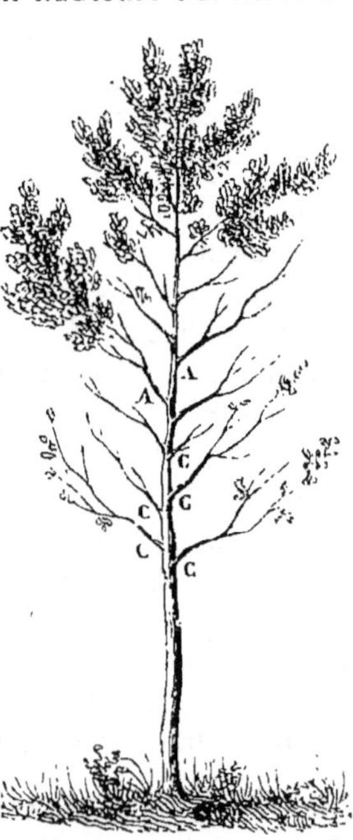

Fig. 137. *Jeune arbre forestier cinq ans après sa plantation.*

Mais si la culture des plantations d'alignement réclame chez nous, quant à l'élagage, d'importantes modifications, ce n'est pas parce qu'on néglige de le pratiquer ; c'est, au contraire, parce que cette opération est exécutée outre mesure. Guidés par un intérêt mal entendu, intérêt excité par le produit d'un abondant élagage,

la plupart des fermiers, beaucoup de propriétaires même, tombent
dans un défaut opposé.

Fig. 138. *Arbre forestier n'ayant pas reçu d'élagage.*

Après avoir opéré une plantation de haut jet, ils commencent par
n'élaguer les jeunes arbres que 8 ou 10 ans après leur mise en
terre et, ensuite, tous les 5 ou 6 ans. Il résulte de là que les branches à retrancher ont acquis un grand développement, et ont nui
à l'accroissement en hauteur de la tige. D'un autre côté, la suppression de ces branches laisse des plaies d'une grande étendue
qui, se recouvrant lentement, se transforment souvent en carie, ou
en ulcères qui gâtent pour toujours le tronc.

Ce n'est pas tout encore : si l'on se contentait d'élaguer les
arbres à une hauteur convenable, ils pourraient, avec le temps,
réparer une partie de ces mutilations; mais, malheureusement,
on les mutile souvent jusqu'aux trois quarts de leur élévation
totale, et on ne laisse à leur sommet qu'un petit faisceau de branches qui, tourmenté par le vent, est souvent rompu (*fig.* 139).

Qu'arrive-t-il de ce mode d'élagage? C'est que la tige, privée
de la plus grande partie des feuilles, organes de la nutrition, ne

prend plus aucun accroissement en grosseur. Les arbres qui sont plantés en futaie, arrivent à l'âge de la décrépitude avec un tronc noueux, couvert d'ulcères, et d'une grosseur plus de moitié moin-

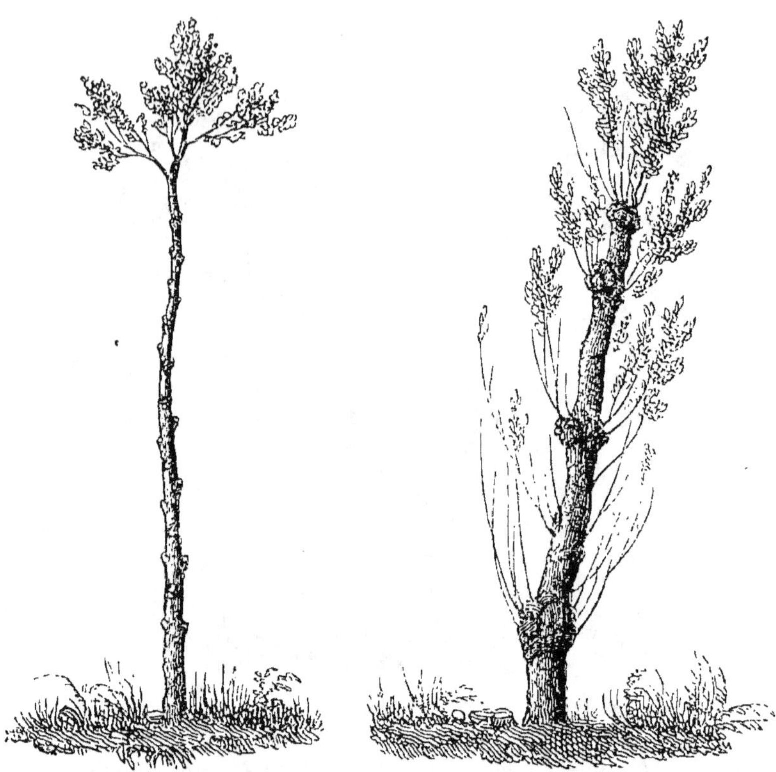

Fig. 139. *Jeune arbre élagué
outre mesure.*

Fig. 140. *Arbre transformé en têtard à la
suite d'un élagage vicieux.*

dre que si on lui eût laissé un nombre de branches suffisant pour l'alimenter. Ceux qui sont plantés en bordure ou en avenue, recevant l'influence de l'air et de la lumière, se couvrent, après un pareil élagage, d'une quantité considérable de bourgeons vigoureux qui naissent sur le bord des plaies; mais, comme ils sont enlevés tous les cinq ou six ans, la plantation devient une espèce de taillis qui ne diffère même des taillis proprement dits qu'en ce que les souches sur lesquelles se développent les produits sont très-élevées au lieu d'être à la surface du sol (*fig.* 140). Quant au tronc, privé des organes qui peuvent concourir à son accroissement, il cesse toute végétation en grosseur et même en hauteur. Ce n'est plus un arbre de haut jet, c'est ce que l'on appelle un *têtard*, et sa tige, couverte de nœuds et d'ulcères, n'est bonne qu'à faire du bois à brûler.

Tel est l'état du plus grand nombre de nos plantations d'alignement. Tâchons, par l'exposé de principes simples et concis, de décider les propriétaires à adopter un mode d'élagage plus en harmonie avec leur intérêt particulier, et avec l'intérêt général.

Les conditions d'un bon élagage comprennent : 1° le choix des instruments ; 2° l'époque à laquelle on peut appliquer aux jeunes arbres le premier élagage ; 3° la saison la plus favorable ; 4° la hauteur jusqu'à laquelle on doit élaguer les arbres ; 5° la grosseur des branches à supprimer ; 6° la manière d'opérer les suppressions.

Instruments. — Les instruments tranchants en usage sont particulièrement la serpe d'élagueur (*fig.* 141), et l'ébranchoir à crochet (*fig.* 142). Ce dernier instrument, qui mérite d'être beaucoup plus répandu qu'il ne l'est, présente cet avantage que, pour élaguer les jeunes plantations, on n'est pas obligé de monter sur les arbres, ce qui les fatigue toujours plus ou moins. On évite surtout l'emploi de ces griffes en fer que les élagueurs fixent à leurs pieds et enfoncent dans l'écorce pour arriver jusqu'aux branches. Ces griffes (*fig.* 143) déterminent toujours des plaies très - préjudiciables, surtout aux jeunes hêtres. L'ébranchoir n'a pas cet inconvénient ; on place la lame au point où la branche doit être coupée, puis, en frappant sur l'extrémité inférieure du manche, à

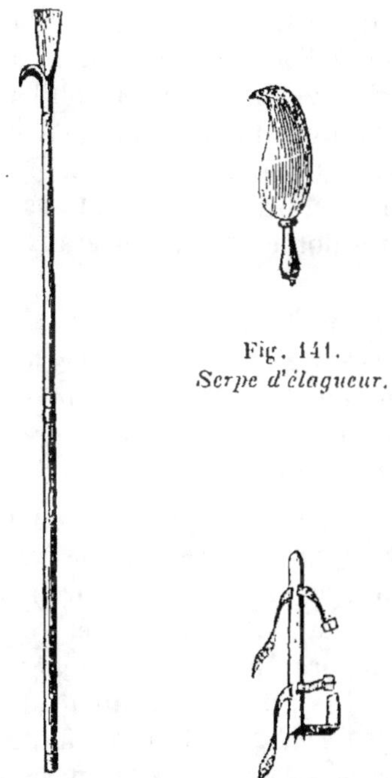

Fig. 141.
Serpe d'élagueur.

Fig. 142.   Fig. 143.
Ébranchoir à crochet. Griffe d'élagueur.

l'aide d'un maillet, on détache la branche facilement. Au moyen du crochet, on la dégage ensuite de celles dans lesquelles elle peut être retenue. Il n'y a que les branches d'une grosseur un peu considérable, ce qui ne doit pas avoir lieu lorsque l'élagage est bien conduit, ou bien celles qui sont placées trop haut, qu'on soit obligé de couper avec la serpe.

On se sert encore d'un autre instrument tranchant bien connu, le croissant (*fig.* 149). Son emploi devient utile pour couper l'extrémité flexible de certaines branches dont on veut arrêter l'accroissement.

Nous ferons observer que ces instruments doivent être parfaitement tranchants, car si les plaies sont déchirées au lieu de présenter une surface bien unie, l'humidité s'y arrête et détermine la pourriture du bois.

Époque du premier élagage. — C'est assurément une pratique vicieuse que d'attendre trop longtemps pour appliquer aux jeunes arbres le premier élagage. Mais les dommages ne seraient pas moins graves si cette opération était faite trop tôt. En effet, lorsqu'on plante un arbre, le premier soin consiste à faciliter, par tous les moyens possibles, le développement de ses racines, car c'est de ce résultat que dépend sa reprise. Or nous savons que l'accroissement des racines est d'autant plus considérable que la tige développe un plus grand nombre de bourgeons et de feuilles; il est donc essentiel de laisser sur la tige de l'arbre, lors de sa plantation et pendant les premières années qui suivent, le plus grand nombre de ramifications, puisque celles-ci portent les boutons qui donnent naissance aux bourgeons et aux feuilles.

Maintenant, à quelle époque cette suppression de branches devra-t-elle commencer? Si l'arbre pousse vigoureusement dès les premières années de sa plantation, on pourra lui appliquer un premier élagage trois ans après; si sa reprise est lente, cette opération devra être retardée jusqu'à 5 ans environ.

Saison la plus favorable. — L'élagage, supprimant un grand nombre de rameaux et de boutons, prive l'arbre d'une partie de ses organes nourriciers, les feuilles, et produit nécessairement un trouble considérable dans la végétation. Afin que ce désordre soit moins préjudiciable, on devra toujours choisir, pour élaguer, le moment où la végétation est en repos : depuis la fin de l'hiver, lorsque l'on n'a plus à craindre les fortes gelées, jusqu'au moment où les boutons commencent à s'entr'ouvrir, vers la fin de mars. La circulation de la sève s'effectuant presque immédiatement après cette opération, les plaies commencent tout de suite à se cicatriser, et restent moins longtemps exposées à l'influence désorganisatrice de l'air. Il faut cependant faire une exception pour les arbres résineux, qu'il vaut mieux élaguer à l'automne, leurs sucs résineux s'écoulant alors en moins grande abondance qu'au printemps.

Hauteur jusqu'à laquelle on doit élaguer les arbres. — Pour que le tronc puisse prendre, en grosseur et en hauteur, le plus de développement possible, l'expérience a démontré que *la tête,* c'est-à-dire l'étendue de la tige munie de branches, *doit former la moitié de la hauteur de l'arbre* (*fig.* 144).

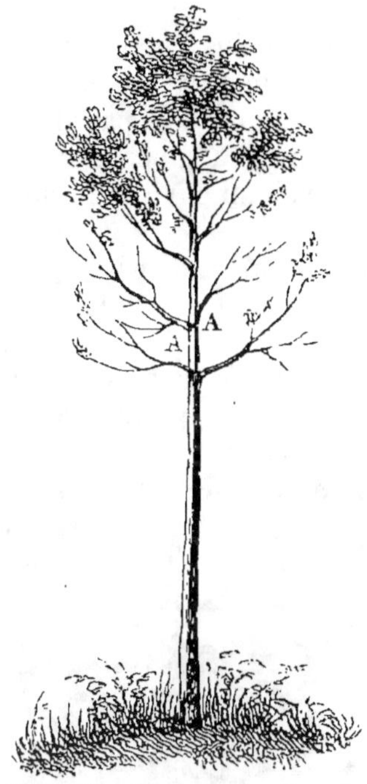

Fig. 144. *Jeune arbre élagué à une hauteur convenable.*

Donc, l'élagage doit être conduit de manière à ce que la moitié de la hauteur totale de l'arbre soit constamment dépourvue de ramifications. Toutefois, cette règle fléchit encore pour les arbres résineux. Ils n'ont presque jamais qu'une seule tige parfaitement droite. En outre, la vigueur de leurs branches latérales influant d'une manière bien moins sensible sur la rapidité de leur allongement que dans les espèces non résineuses, l'élagage en serait plutôt nuisible qu'utile, puisqu'il les priverait, sans profit, d'une partie de leurs organes nourriciers. Enfin, comme la présence de ces ramifications sur le tronc n'altère nullement le bois et n'influe pas sur sa valeur, il devient peu important que ces ramifications soient conservées à la base de la tige. L'élagage ne peut donc être utilement employé pour les arbres résineux que pour supprimer les branches de la base, à mesure qu'elles commencent à devenir languissantes. En les retranchant avant qu'elles soient complétement mortes, les plaies qui en résultent se cicatriseront beaucoup plus facilement.

La suppression des branches est ordinairement déterminée par la place qu'elles occupent sur l'arbre. Cependant, comme certaines d'entre elles, plus favorisées que leurs voisines, prennent un accroissement disproportionné, si l'on attendait pour les couper qu'elles fussent comprises dans l'étage des branches qui doit être enlevé, elles déformeraient la tige en contre-balançant l'action absorbante du rameau terminal ou flèche (A, *fig.* 137). On est donc souvent obligé de couper certaines branches, quelle que soit d'ailleurs la place qu'elles occupent sur l'arbre. Il y aurait encore un autre inconvénient à en retarder la suppression ; c'est que la plaie qui résulterait de leur enlèvement tardif serait plus étendue et plus longue à se cicatriser. En outre, les couches centrales de leur corps ligneux venant à passer à l'état de bois parfait, et se trouvant par conséquent en communication avec le bois parfait du tronc, il deviendrait impossible d'empêcher cette partie, que l'amputation aurait exposée à l'air, de se carier, de communiquer cette altération au centre du tronc, et de lui enlever ainsi tout son prix.

Ce dernier danger est même si grave, qu'aussitôt qu'on aura laissé prendre à une branche un développement tel qu'une partie de son corps ligneux sera passé à l'état de bois parfait, il y aura plus d'avantage à la laisser subsister qu'à la supprimer. Seulement on diminuera sa vigueur en retranchant environ la moitié de sa longueur.

Manière d'opérer les suppressions. — La manière d'opérer les suppressions sur le tronc de l'arbre influe beaucoup sur sa qualité et sa valeur.

Et d'abord, lorsqu'une branche doit être entièrement retranchée, il faut que la plaie ne présente pas un diamètre plus considérable que la base de cette branche (*fig.* 146). Souvent, on laisse sur le tronc une partie de la branche coupée; or voici ce qui en arrive. Cette sorte de moignon commence par se dessécher ; s'il se conserve sans pourrir, ce qui a lieu dans les arbres résineux, dont la tige ressemble alors à un bâton de perroquet (*fig.* 145), le tronc continuant toujours de grossir, il paraît bientôt diminuer progressivement de longueur, par l'addition successive des nouvelles couches ligneuses dont se couvre le tronc ; puis enfin, il disparaît complétement au milieu des parties voisines, avec lesquelles il ne contracte aucune adhérence. Il peut alors être comparé à une cheville enfoncée dans le tronc de l'arbre ; mais, quand on vient à exploiter cet arbre et à le diviser en planches, ces moignons apparaissent sous forme de taches brunes, se détachent au moindre choc, et laissent un trou à leur place. C'est ce que tout le monde a pu remarquer dans les planches de pin et de sapin. Si, au contraire, ce

Fig. 145. *Sapin mal ébranché.*

chicot de bois se pourrit après quelques années, alors qu'il est déjà en partie engagé dans le corps ligneux de l'arbre, il y laisse un trou, qui, avant d'être fermé par les bourrelets qui se forment sur ses bords, laisse pénétrer l'air jusqu'au bois parfait, lequel est mis à nu. Cette partie précieuse de l'arbre est alors atteinte de la pourriture, qui, gagnant de proche en proche, creuse l'intérieur du tronc, et lui enlève toute sa valeur.

D'autres fois, loin de laisser la base de la branche, on la coupe tellement près de la tige que l'on détruit une petite partie de celle-ci, et que la plaie présente un diamètre plus grand que celui de la branche. Cette pratique n'est pas moins vicieuse que la précédente. La plaie étant plus longtemps à se recouvrir, l'aubier, exposé aux intempéries de l'air pendant plusieurs années, peut finir par se décomposer et entraîner la pourriture du centre de l'arbre.

Lorsque, par suite de négligence dans l'élagage ou par toute autre circonstance, on se trouvera dans la nécessité de retrancher une branche, déjà grosse proportionnellement au volume de la tige, mais dont les couches ligneuses centrales ne sont pas encore arrivées à l'état de bois parfait (des branches de 0^m 03 à 0^m 04 de diamètre, par exemple, pour des arbres de 10 à 15 ans et de 0^m 08 à 0^m 10 pour des arbres de 30 à 40 ans), il sera bon de ne la supprimer qu'en deux fois. On arrivera ainsi à diminuer l'étendue proportionnelle de la plaie. La première fois on retranchera les deux tiers

Fig. 146. *Suppression progressive d'une branche sur le tronc d'un arbre.*

environ de la longueur de cette branche, en ayant soin de pratiquer l'amputation immédiatement au-dessus d'une petite ramification (B, *fig.* 146), puis, trois ou quatre ans après, on retranchera le reste. La branche, après la première opération, cessera presque entièrement son accroissement en diamètre. D'un autre côté, le tronc continuant de grossir, la plaie occasionnée par la seconde amputation sera proportionnellement bien moins étendue que si on l'eût effectuée plus tôt ; enfin, la plaie pouvant être recouverte plus vite, puisque l'arbre est plus fort, le bois sera moins exposé à se carier sous l'influence de l'air.

Les branches à supprimer, quelle que soit d'ailleurs leur grosseur, doivent être coupées de manière à ce qu'en se détachant elles n'entraînent pas une partie de l'écorce du tronc, au-dessous de leur point d'insertion. Ces déchirements se cicatrisent difficilement et sont très-préjudiciables aux arbres. Pour les éviter, on doit, lors de la coupe d'une branche, faire au-dessous une entaille qui atteigne environ le quart de son diamètre (C, *fig.* 146). On pratique ensuite, à la partie supérieure, une entaille correspondante (D), et la branche se détache sans accident. Ceci fait, on doit rendre la plaie le plus nette possible. Les aspérités qu'on y laisserait retiendraient l'humidité, qui hâterait la décomposition du bois. Enfin, toutes les fois que les plaies présenteront un diamètre de plus de $0^m\,06$ à $0^m\,08$, on devra les recouvrir avec du mastic à greffer. Cet enduit défendra le corps ligneux contre l'humidité et l'influence de l'air jusqu'au moment où la plaie sera fermée par les bourrelets.

Essayons maintenant d'appliquer les principes que nous venons d'exposer, en choisissant quelques exemples.

Figurons-nous une plantation formée de jeunes ormes non étêtés et végétant dans un sol de bonne qualité. On devra les abandonner à eux-mêmes pendant les quatre ou cinq premières années avant de leur appliquer le premier élagage. Au bout de ce temps, ils auront environ 6 mètres d'élévation totale, et seront chargés d'environ 18 branches, dont les premières naîtront à 2 mètres du sol. Ces branches seront disposées comme l'indique la figure 137.

A cette époque, on appliquera à ces arbres un premier élagage, qui portera sur les ramifications de la base, de manière à ce que la tête ne comprenne que la moitié de la hauteur totale de l'arbre.

On aura donc cinq ramifications (C) à supprimer. Mais, en examinant avec attention notre sujet, on remarque que les deux ramifications A ont un développement disproportionné qui nuit à l'allongement de la tige; or il convient de diminuer leur vigueur et d'en retrancher la moitié. Notre arbre ainsi élagué présente alors l'aspect de la figure 144. Deux ou trois ans après cette première opération, cet arbre se sera allongé et aura produit de nouvelles ramifications. On répétera alors l'opération précédente, et toujours de manière à ce que la partie de la tige privée de branches forme la moitié de la hauteur totale de l'arbre; on aura également soin d'arrêter la vigueur trop grande des branches latérales qui ne seraient pas comprises dans celles à supprimer.

Ces élagages se succéderont ainsi d'une manière périodique pendant les trente ou quarante premières années de la vie de l'arbre; seulement, le laps de temps qui s'écoulera entre chacune de ces opérations sera d'autant moins considérable que les arbres seront plus jeunes, parce qu'alors ils pousseront plus vite en hauteur. En avançant en âge, ils s'allongeront moins rapidement, et les élagages seront moins souvent répétés. Enfin, il arrivera un moment où leur tête prendra beaucoup d'extension en largeur et croîtra très-peu en hauteur ; ce sera vers l'âge de 30 à 50 ans, suivant les espèces et la vigueur des individus. A cette époque, on devra cesser toute espèce d'élagage, car le tronc sera tout à fait formé et n'aura plus qu'à grossir.

Malgré le blâme que nous avons jeté sur la pratique vicieuse d'étêter les jeunes arbres lors de leur plantation, nous avons reconnu que la mutilation éprouvée par les racines lors de la déplantation, ou leur espacement trop peu considérable dans la pépinière, rendaient quelquefois cette opération nécessaire. Il est donc utile que nous disions un mot du mode d'élagage qui convient à ces arbres, car il exige quelques soins particuliers pendant les premières années, pour la formation du nouveau prolongement de leur tige.

Ces jeunes arbres, ainsi mutilés, se couvrent ordinairement, lorsqu'ils ont été bien plantés, de bourgeons dès la première année. Cette végétation se produit sur le tiers supérieur de la tige. Lors du repos de la végétation, on laisse intacts tous ces jeunes rameaux, moins ceux qui se trouvent placés depuis le sommet de la coupe jusqu'à 0^{m}15 environ de ce point ; ces derniers sont coupés entièrement. A 0^{m}15 environ du sommet, on choisit l'un des rameaux les plus vigoureux et naissant, autant que possible, du côté de l'ouest; on le place dans une position verticale en le redressant et en l'attachant contre le sommet de la tige. S'il existe dans le voisinage de ce rameau une ou plusieurs ramifications présentant aussi une grande vigueur, on arrêtera leur développement en retranchant au même moment environ la moitié de leur étendue. L'arbre ainsi disposé est ensuite abandonné à lui-même. Il présente alors l'aspect de la figure 147. Le rameau

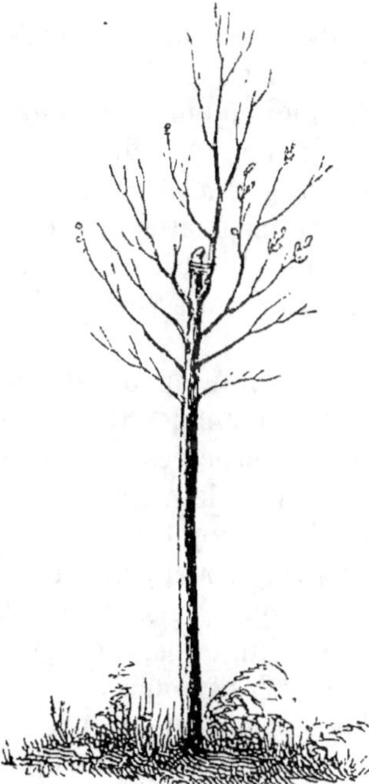

Fig. 147. *Jeune arbre étêté dont on reforme la tige au moyen de l'élagage.*

terminal, favorisé par la position verticale qu'on lui a donnée, se développe beaucoup plus vigoureusement que les autres, et forme bientôt un prolongement convenable à la tige. Deux ans après, on supprime le sommet de l'ancienne tige, en la coupant obliquement, immédiatement au-dessus du point où naît le nouveau prolongement. Au bout de deux ans, cette plaie est cicatrisée, et l'arbre présente alors l'aspect de ceux qui n'ont pas été étêtés. On applique ensuite à ces arbres un mode d'élagage semblable à celui que nous avons conseillé pour les arbres non étêtés.

Tels sont les procédés à suivre pour obtenir des arbres de haut jet, à l'aide de l'élagage, les produits les plus avantageux. Mais ces principes seront difficilement mis en pratique tant que les propriétaires abandonneront le soin de cette opération aux fermiers, qui ont, sous ce rapport, un intérêt complétement opposé au leur. Le fermier, ayant tout avantage à transformer les arbres de l'exploitation en *tétards*, les élague de la base au sommet. Il sacrifie le tronc pour avoir tous les trois ou quatre ans une abondante récolte de bourrées. Le propriétaire, au contraire, doit négliger cette production de menu bois, et ne songer qu'à la formation d'un tronc le plus long, le plus gros, le plus sain possible.

Des remplacements dans les plantations d'alignement. — Quelque soin que l'on mette à suivre scrupuleusement les indications que nous venons de donner, il arrivera presque toujours que, dans une plantation un peu étendue, quelques arbres ne reprendront pas, resteront languissants et finiront par périr. Il sera convenable de remplacer ces arbres le plus tôt possible ; car plus on attendra, plus les arbres voisins prendront de développement, et plus ils nuiront, soit par l'ombre de leur tige, soit par leurs racines, à ceux qu'on plantera ensuite.

Lorsque ces remplacements seront exécutés un an ou deux seulement après les plantations, on videra entièrement les trous, en mettant à part chacune des couches de terre superposées lors de la plantation précédente ; puis on les replacera dans le même ordre, au moment de la mise en terre des arbres. Si le remplacement est pratiqué six ou huit ans après la plantation, on pourra mélanger sans inconvénient toute la terre extraite des trous. Mais, si l'arbre que l'on remplace a végété pendant quinze ou vingt ans, il deviendra nécessaire d'enlever la terre qui avoisinait les racines et de la remplacer par la terre la plus fertile possible. L'épuisement qu'aura éprouvé le sol sous l'influence de la végétation de l'arbre nous fait insister sur cette précaution.

Le remplacement des arbres, dans les jeunes plantations, ne présente, comme on le voit, aucune difficulté ; mais il n'en est pas de même pour les plantations qui datent de quinze ans et plus, car on y est exposé à ce que les racines des arbres voisins absorbent la nourriture de ceux qu'on veut planter. Ce résultat est d'autant plus infaillible qu'on est obligé de renouveler entièrement la terre au point où l'on veut planter, et que ce sol meuble et fertile stimule singulièrement l'allongement des racines des arbres voisins. D'un autre côté, l'ombre de ces derniers devient encore un obstacle presque insurmontable pour la végétation de ceux qu'on veut placer entre eux. Si donc les jeunes arbres qu'on plante dans ces circonstances ne meurent pas, ils ne prennent aucun accroissement.

Il est cependant utile, au moins pour la régularité de la plantation, de tâcher de remplir les vides qui peuvent se manifester dans les lignes ; or voici ce qu'il nous paraît le plus convenable de conseiller en pareille circonstance.

Lorsqu'il s'agira d'avenues ou de bordures, on exécutera le remplacement, quelle que soit d'ailleurs l'espèce d'arbre qui forme la plantation, avec le *peuplier du Canada*, ou mieux encore avec le *peuplier argenté* (*populus nivea*, Wild.), espèce voisine de l'*ypreau*. L'expérience a démontré que ce sont les deux espèces qui surmontent le plus facilement les obstacles signalés plus haut, et que, leur végétation étant assez rapide dans presque tous les terrains, ils finissent souvent par reprendre l'espace envahi d'abord par les arbres voisins. On opérera de la même manière s'il s'agit de bordures composées de trois lignes au plus.

Pour les futaies âgées de quinze ans et plus, les remplacements sont plus difficiles encore, car les jeunes arbres qu'on y plante sont complétement privés de lumière par leurs voisins. Il n'est peut-être qu'une seule espèce qui puisse se développer dans cette circonstance, et dont nous conseillions l'emploi, surtout si le sol est un peu compacte : c'est le *sapin commun* ou *sapin de Normandie*.

Exploitation des plantations d'alignement. — Les arbres des plantations d'alignement, ayant été tous plantés en même temps et étant soumis aux mêmes influences, présentent au même moment les signes de leur maturité ; on peut donc les exploiter tous à la même époque. Le meilleur mode d'abatage consiste à ouvrir une large tranchée autour du pied et à couper le plus profondément possible les racines latérales. On attache préalablement un câble au sommet de la tige, de manière à pouvoir tirer l'arbre du côté où l'on veut qu'il tombe.

Une dernière question nous reste à traiter pour compléter ce qui se rattache aux plantations d'alignement, c'est celle de savoir si, après avoir exploité une plantation d'alignement, on peut, sans inconvénient, replanter le terrain avec des arbres de la même espèce, ou, en d'autres termes, si l'on doit faire à ces plantations l'application de la loi des *assolements* dont nous avons parlé en nous occupant des pépinières.

Si l'application de ce principe est utile dans les pépinières où les jeunes plants, toujours très-rapprochés les uns des autres, effritent rapidement le sol, elle nous paraît moins importante pour les plantations d'alignement et les forêts. Dans ces dernières, presque toujours appelés à se régénérer par des semis naturels, on ne pourrait introduire le principe des assolements sans des dépenses considérables, que ne compenseraient certainement pas les avantages qu'on pourrait en retirer. D'ailleurs, les nombreux exemples que l'on a de forêts qui, de temps immémorial, sont peuplées de la même espèce d'arbre qui s'y reproduit constamment, viennent démontrer le peu d'importance des assolements pour les arbres forestiers. Quant aux plantations d'alignement, lorsque le terrain sur lequel elles auront été exploitées sera également propre à la culture de plusieurs espèces forestières, et que le produit de celles-ci sera également avantageux, il y aura profit à replanter une espèce autre que celle qui s'y sera d'abord développée.

HAIES VIVES.

Les haies vives ont pour objet de circonscrire les propriétés rurales, de les préserver de l'invasion des animaux, du pillage des maraudeurs, etc.

On doit choisir de préférence, pour la formation des haies vives, les espèces qui croissent le mieux en lignes serrées, qui présentent constamment une tige bien garnie de rameaux, et dont les racines, pivotantes, ou peu traçantes, n'exercent aucune fâcheuse influence sur les terrains environnants. Ces espèces doivent, en outre, supporter des tontes fréquentes, et, quoique contrariées constamment dans leur direction naturelle, se maintenir dans un bon état de végétation pendant un grand nombre d'années.

Voici la liste des diverses espèces qui remplissent le mieux ces conditions ; le choix sera déterminé par la nature du sol et le climat.

POUR LE NORD, L'EST ET L'OUEST DE LA FRANCE.

TERRES ARGILEUSES	TERRAINS SALANTS.	Tamarix gallica.
Aubépine. Hêtre. Charme. Chêne. Orme. Erable champêtre. Sureau. Saule Marsault. Houx commun. Epicea.	TERRES SABLEUSES.	Aubépine. Prunier de Ste-Lucie Orme. Sureau.
	TERRES CALCAIRES.	Aubépine. Prunier de Ste-Lucie Orme. Sureau.

Dans le Midi, on emploie le plus grand nombre des espèces précédentes; cependant, dans les terrains de mauvaise qualité, sableux ou calcaires, on préfère le grenadier, le paliure, le citronnier épineux (celui-ci dans le sud de la région des oliviers seulement).

Cette disposition qu'ont un certain nombre d'espèces à s'accommoder également du même climat et du même terrain avait donné l'idée à quelques cultivateurs d'employer plusieurs espèces différentes pour la formation d'une même haie; mais cette pratique vicieuse n'a jamais donné que de mauvais résultats. Ces espèces ne présentant presque jamais un égal degré de vigueur, il arrive toujours que la plus forte anéantit la plus faible.

Plantation des haies. —Le sol destiné à recevoir la plantation d'une haie doit être préparé de la manière suivante : Au commencement de l'été, on ouvre une tranchée dont la largeur varie entre 0^m 50 et 1 mètre, suivant que le sol est de plus ou moins bonne qualité. Si, au lieu d'une ou deux rangées de jeunes plants, on voulait en planter trois, afin d'avoir une haie plus épaisse, il faudrait augmenter la largeur de la tranchée de 0^m 30. Quant à la profondeur de cette tranchée, elle sera de 0^m 60 à 0^m 80, selon que le sol retiendra plus ou moins l'humidité. Les terres extraites de cette tranchée resteront déposées sur les bords pendant tout l'été. Elles s'amélioreront sous l'influence des agents atmosphériques, jusqu'au moment de la plantation, qui aura lieu à l'automne ou au printemps, selon que le sol sera plus ou moins exposé à la sécheresse.

Lorsque le moment de la plantation est arrivé, on remplit les tranchées, et l'on dispose les jeunes plants sur une, deux ou trois lignes parallèles, suivant que l'on veut donner une épaisseur plus ou moins considérable à la haie. Si l'on plante deux ou trois lignes de plants, il sera bon de disposer ceux-ci en échiquier, la haie sera ainsi mieux garnie vers le pied. Dans ce cas aussi, les plants seront placés à 0^m 16 les uns des autres en tout sens. Un espace de 0^m 10 sera suffisant si l'on ne plante qu'une seule ligne.

Les jeunes plants destinés à la formation des haies ne seront âgés que de deux ans, et devront avoir un an de repiquage dans la pépinière. Aussitôt après la plantation, il est utile de construire un treillage en bois de frêne ou de coudrier, au pied de la jeune haie; si l'on a planté deux ou trois lignes de plants, le treillage sera placé au milieu de l'espace occupé par la plantation. Ce treillage, haut de 1^m 33, servira de clôture au terrain en attendant que la haie puisse en tenir lieu; il permettra surtout de fixer la tige des jeunes plants et de leur donner une direction favorable pour la solidité de la haie. Pour diminuer la dépense occasionnée par la confection de ce treillage, on pourra le remplacer par des pieux en bois enfoncés dans le sol de 3 en 3 mètres et présentant la même hauteur que le treillage. Ces pieux serviront à fixer de longues perches placées transversalement et de chaque côté pour maintenir les brins de la haie à mesure qu'ils s'allongeront.

Formation des haies et soins d'entretien. — Pendant les premières années qui suivent la plantation des haies, il est indispensable de les défendre contre l'influence de la sécheresse du sol. Des binages ou des couvertures seront donc effectués pendant l'été, sur une largeur de 0^m 33 et de chaque côté de la haie. Un labour avec la fourche à dents plates sera aussi pratiqué de chaque côté, à l'automne ou au printemps, afin d'ouvrir le sol aux influences atmosphériques et de détruire les racines traçantes des plantes vivaces.

Lorsque les jeunes plants seront parfaitement repris, ce qui aura lieu quelquefois au bout d'un an, mais le plus souvent après deux ans, on les coupera tous au printemps, à environ 0^m 08 du sol. Pendant l'été, des jets nombreux et vigoureux se développeront à la base des tiges; après la chute des feuilles, ces jets seront rapprochés les uns des autres à l'aide d'une perche placée transversalement de chaque côté et fixée sur le treillage ou sur les pieux. L'année suivante, ces jeunes tiges s'allongeront de nouveau et seront fixées, comme l'année précédente, à l'aide de nouvelles traverses. Il est nécessaire de couper, pendant ce deuxième hiver, le tiers supérieur de ces nouveaux prolongements, afin de forcer les jeunes tiges à développer vers leur base un nombre suffisant de ramifications pour que la haie soit bien garnie. On continuera ainsi de fixer chaque année les nouveaux prolongements et de les rabattre partiellement tous les deux ans, jusqu'au moment où la haie aura atteint sa hauteur totale, point où on la coupera ensuite tous les deux ans; quant aux côtés de la haie, on commencera à les tondre vers la troisième ou la quatrième année après le repiquage, suivant la vigueur de la végétation. Cette tonte a pour but, d'une part, d'empêcher la haie d'acquérir une épaisseur démesurée, de l'autre, de forcer les rameaux, en se ramifiant davantage, à rendre la haie impénétrable.

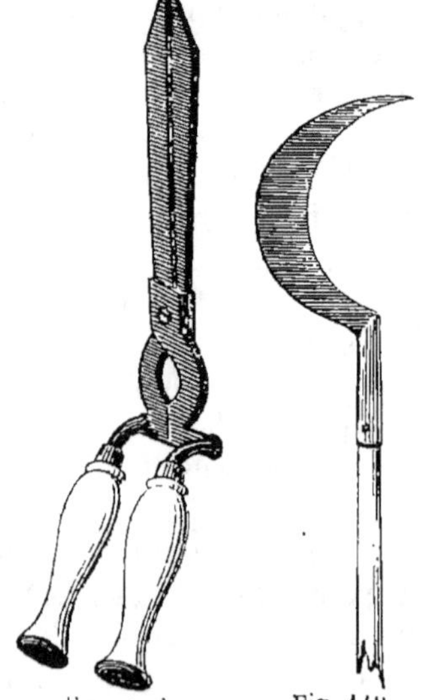

Fig. 148.   Fig. 149.
Ciseaux à tondre.   *Croissant.*

Ces tontes et élagages sont pratiqués à l'aide des ciseaux à tondre (*fig.* 148) et du croissant (*fig.* 149). C'est surtout pendant l'été que l'on est dans l'usage de tondre les haies; nous ne saurions trop nous élever contre cette pratique vicieuse ; elle nuit à la bonne constitution des nouvelles couches ligneuses, du liber, et des nouveaux prolongements radicaux. Cette opération ne doit être pratiquée que pendant le repos de la végétation.

Il est un autre mode plus satisfaisant dans ses résultats. Au lieu de fixer dans une position verticale les jeunes brins qui naissent des tiges après le recepage, on les incline les uns sur les autres, sur un angle d'environ 45 degrés, en les enlaçant les uns dans les autres, de telle sorte, qu'il y ait un nombre égal de brins inclinés à droite et à gauche de la haie. Cette disposition est répétée chaque année à mesure que les brins s'allongent et jusqu'à ce que la haie ait atteint sa hauteur totale. L'ensemble de la haie est, en outre, maintenu dans une position verticale à l'aide de traverses attachées sur des pieux ou sur le treillage, et sur lesquels on fixe chaque année avec de l'osier le sommet des brins inclinés. Ce mode de formation rend moins nécessaire de rabattre tous les deux ans le tiers supérieur des nouvelles pousses, car l'inclinaison favorise suffisamment le développement des ramifications. Les deux flancs de la haie sont, d'ailleurs, tondus comme dans le mode précédent, de même que le sommet, lorsque la haie est assez élevée. On conçoit qu'une haie ainsi formée présente une très-grande solidité en même temps qu'elle est impénétrable. Si l'on n'était pas arrêté par les frais de main-d'œuvre, on pourrait encore augmenter cette solidité en greffant toutes ces tiges aux points d'intersection qu'elles forment les unes avec les autres, ainsi que nous l'avons indiqué par la figure 50, page 102.

Quoique l'on tonde chaque année les deux faces latérales des haies, elles augmentent toujours un peu d'épaisseur ; or il arrive un moment où il devient nécessaire de diminuer cette épaisseur. On pratique alors un élagage qui porte sur le vieux bois. Cette opération doit être répétée à des époques plus ou moins rapprochées suivant la vigueur de la haie.

Cet élagage est sans inconvénient pour les haies croisées toujours assez serrées ; mais il détermine des vides dans les haies à tiges droites, et il faut les remplir en ployant et en attachant, pendant l'hiver suivant, quelques-uns des nombreux bourgeons qui se sont développés après cet élagage.

Enfin, il arrive un moment où la haie, fatiguée par les tontes et les élagages, finit par dépérir ; il convient alors, pour lui rendre sa vigueur, de la receper à quelques centimètres du sol. Pendant le même hiver, et si le terrain n'est pas calcaire, on pratique un marnage sur une étendue de 0ᵐ 66 de chaque côté de la haie, et, au printemps suivant, on laboure la surface à la fourche. Les souches donnent lieu à de nombreux et vigoureux bourgeons, et on les traite comme nous venons de l'indiquer pour en former une nouvelle haie.

Forme et disposition des haies. — On donne, en général, aux haies une hauteur de 1ᵐ 33 à 2 mètres, et leur forme est celle indiquée par la figure 150. Pour les rendre plus productives, on y place parfois, de distance en distance, des arbres de haut jet (*fig.* 151); mais, lorsqu'on voudra les maintenir bien garnies, on devra s'en abstenir, car ces arbres détruisent les jeunes plants placés dans leur voisinage et déterminent des vides. Les haies sont ordinairement placées sur une surface horizontale; souvent aussi on les accompagne de fossés afin de rendre la clôture plus complète. La figure 152 montre une haie plantée sur le bord d'un fossé du côté du terrain à défendre; la forme de cette haie la rend infranchissable. La figure 153 indique une autre disposition. Enfin, la figure 154 est une autre sorte de haie, que nous considérons comme l'un des meilleurs modes de clôture. On ouvre un fossé de 2 mètres de largeur au sommet, et dont les côtés présentent une inclinaison de 40. On plante le fond et les côtés avec

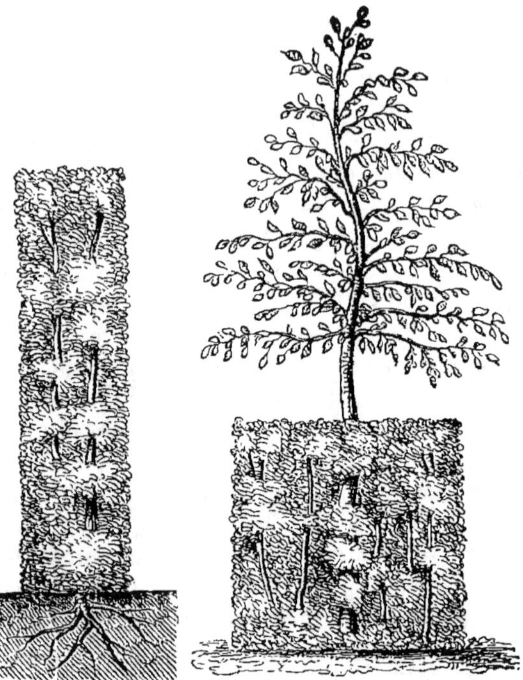

Fig. 150. *Haie vive.*   Fig. 151. *Haie vive, plantée d'arbres de haut jet.*

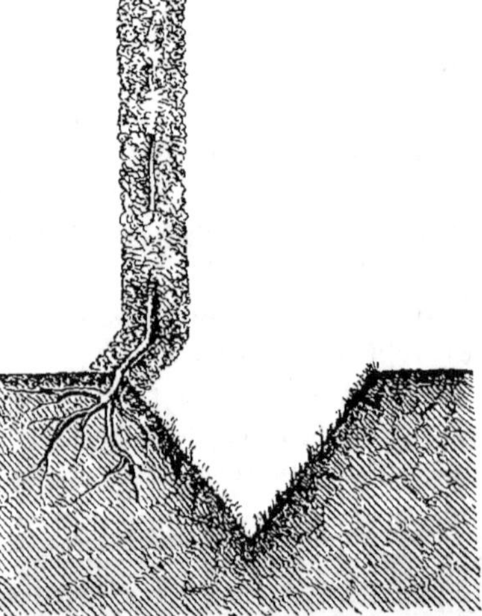

Fig. 152. *Haie vive avec fossé.*

des arbrisseaux épineux, et on les tond comme l'indique notre figure.

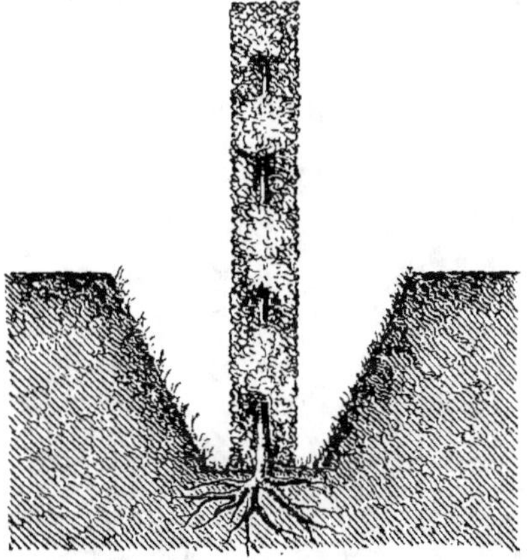

Fig. 153. *Haie vive au fond d'un fossé.*   Fig. 154. *Haie vive dans un fossé.*

ÉTUDE DES PRINCIPALES ESPÈCES D'ARBRES FORESTIERS.

ESPÈCES INDIGÈNES.

Arbres non résineux. *Alizier blanc,* *A. commun* ou *Allouchier* (*Cratægus aria,* Lin.) (*fig.* 155). — Tige de 10 mètres d'élévation environ et de 1 mètre de circonférence. Bois très-dur, grain fin et serré, susceptible d'un beau poli et prenant bien la teinture. Il est propre à faire des alluchons dans les moulins, des montures d'outils, des flûtes, etc., son charbon est très-estimé. L'alizier se plaît dans les terres argilo-calcaires un peu sèches, et supporte bien les climats rigoureux ; on le réserve dans les forêts pour fournir des fruits aux oiseaux qui font la chasse aux insectes. Jamais cet

Fig. 155. *Alizier blanc.*

arbre n'est semé seul dans les forêts ; on mélange quelques-unes de ses graines avec celles des autres espèces, ou bien on plante de jeunes sujets élevés dans les pépinières. Il repousse bien de souche après qu'il a été exploité (1).

Alizier de Fontainebleau (*C. latifolia*, Lam.) (*fig.* 148).

Fig. 156. *Alizier de Fontainebleau.*   Fig. 157. *Alizier des bois.*

Alizier des bois (*C. torminalis*, Lin.) (*fig.* 149). — Ces deux espèces présentent les mêmes qualités que la précédente ; leur bois est employé au même usage, et elles s'accommodent du même terrain et du même climat.

Aubépine commune, épine blanche (*Mespilus oxyacantha*, Wild.) (*fig.* 158). — Tige de 8 mètres d'élévation et 0^m 80 de circonférence. Bois d'un blanc jaunâtre, très-dur, mais difficile à travailler, et, à cause de cela, peu employé dans les arts. Ce grand arbrisseau n'est point cultivé dans les forêts, où il n'est quelquefois que trop commun ; il est d'un grand usage pour faire des haies vives, qui sont d'une plus longue durée et d'une plus grande solidité que celles faites avec toute autre espèce. Nous avons indiqué précédemment

(1) Nous avons indiqué à l'article pépinières le meilleur mode de multiplication pour les principales espèces d'arbres forestiers, ainsi que l'époque convenable de leur ensemencement, et le degré de profondeur auquel les graines doivent être enterrées.

la culture qu'il réclame pour la confection des haies vives. Cet arbuste croît dans toutes les espèces de terrains, il s'accommode de toutes les expositions et de presque tous les climats.

Fig. 158. *Aubépine commune.*　　　Fig. 159. *Aune commun.*

Aune commun (*Alnus communi*, Duh.) (*fig.* 159).—Tige de 15 à 20 mètres de hauteur ; bois mou, de couleur rougeâtre, se conservant parfaitement sous l'eau ; aussi est-il très-employé pour faire des pilotis, des conduits d'eau souterrains, des corps de pompe. des étais dans les mines, etc. Il prend très-bien la couleur noire ; les tourneurs, les ébénistes en font un fréquent usage. On l'emploie aussi pour faire des sabots, des chaises, des pelles, des perches pour les teinturiers. Cet arbre est un des plus aquatiques de l'Europe ; il vient bien dans les terrains les plus marécageux. Il se plaît surtout sur les berges des fossés remplis d'eau, le long des rivières et des ruisseaux, et dans tous les terrains légers et humides. Il préfère surtout les climats tempérés. Lorsqu'on veut les semer à demeure, on répand les graines dans la proportion de 11 kilogrammes par hectare. Cet arbre peut être cultivé en futaie ou en taillis ; dans le premier cas, on l'exploite à l'âge de 60 ans environ. Les souches de taillis peuvent encore repousser jusqu'à l'âge de 30 à 40 ans.

Bouleau blanc (Betula alba, Lin.) *(fig.* 160). — Tige de 13 mètres d'élévation et de 1 mètre de circonférence; bois nuancé de rouge, assez élastique, d'un grain fin et qui prend bien le poli. Il est recherché par les menuisiers, les tourneurs, les ébénistes, les sabotiers, pour faire des cercles, et pour le chauffage des fours ; son charbon est propre à faire de la poudre à canon. Il s'accommode de tous les terrains quelque mauvais qu'ils soient, depuis les plus secs jusqu'aux plus humides. Il supporte aussi les climats les plus rigoureux , ainsi que

Fig. 160. *Bouleau blanc.*   Fig. 161. *Bourgène.*

toutes les expositions, à l'exception de celle du midi, où il se plaît moins, surtout dans les contrées chaudes. Lorsqu'on voudra le semer à demeure, on emploiera la semence dans la proportion de 40 kilogrammes environ par hectare. Le bouleau blanc, en futaie, doit être exploité à l'âge de 40 à 50 ans au plus tard. En taillis, on l'exploite à 10, 15 ou 20 ans.

Bourgène ou *bourdaine (Rhamnus frangula,* Lin.) *(fig.* 161).—Tige de 4 mètres d'élévation ; bois blanc, tendre, cassant, employé dans la vannerie. Son charbon, très-léger, est le plus recherché pour la fabrication de la poudre à canon. Cet arbuste n'est pas, dans les forêts, l'objet d'une culture spéciale ; il s'y multiplie par les ensemencements naturels. Il préfère les climats tempérés, les sols substantiels, un peu frais, et l'ombrage des grands arbres.

Buis commun (Buxus sempervirens, Lin.) *(fig.* 162).— Les dimensions de cet arbuste à feuilles persistantes sont très-variées, suivant le climat où il se développe. Dans le midi de l'Europe, il s'élève quelquefois à plus de 20 mètres, tandis que, dans le nord, il dépasse à peine 2 mètres. Son bois, d'un jaune pâle, est un de ceux dont le tissu est le plus dur et le plus serré. On en fabrique des grains de chapelet, des sifflets, des boutons, des cannelles, des fourchettes et des cuillers, des peignes, des tabatières, etc. On en fait aussi un usage fréquent pour la gravure sur bois.

On ne cultive point le buis dans les forêts ; le peu de pieds qu'on y trouve aujourd'hui proviennent de souches, ou des graines répandues naturellement. Les excellentes qualités de cet arbuste et la

Fig. 162. *Buis commun.*   Fig. 163. *Charme commun.*

destruction qu'on en a faite doivent engager à le cultiver dans le midi de la France. Il ne supporte pas les climats trop rigoureux ; il se plaît de préférence sur les collines exposées au nord et dans les terrains fertiles et ombragés.

Charme commun (*Carpinus betulus*, Lin.) (*fig.* 163). — Tige de 15 mètres d'élévation et de 1ᵐ 40 de circonférence ; bois blanc, dur, pesant et d'un grain serré ; il est employé dans le charronnage rustique ; placé au premier rang comme bois de chauffage, son charbon est propre à la fabrication de la poudre à canon. Il s'accommode de tous les climats où peuvent vivre les céréales. Il croît à merveille dans les plaines, sur les coteaux et les montagnes peu élevées ; il vient bien à toutes les expositions. Il se plaît dans les terres calcaires argileuses, profondes et un peu fraîches. Lorsqu'on veut l'ensemencer à demeure, la graine doit être employée dans la proportion de 30 kilogrammes par hectare.

Cultivé en futaie, on doit l'exploiter vers l'âge de 90 ans. On en fait aussi de très-bons taillis dont les souches repoussent bien jusqu'à 40 et 60 ans. Mais c'est à l'âge de 20 ans que ces taillis donnent les produits les plus avantageux.

Châtaignier commun (*Fagus castanea*, Lin.) (*fig. 164*). — Arbre de première grandeur. Son bois, analogue à celui du chêne, mais moins obscur, offre une très-grande durée. Il est très-employé dans la charpente, la menuiserie, les ouvrages de fente, la tonnellerie ;

Fig. 164. *Châtaignier commun.*

ses jeunes tiges sont les meilleures pour faire des cercles, des échalas ; enfin, ses fruits, aussi sains qu'abondants, en font un arbre presque aussi précieux que le chêne.

Le châtaignier aime les terres fertiles, les sols sablo-argileux, et même les terres sableuses suffisamment fraîches. On le voit se développer, cependant, dans les terrains secs, légers, impropres aux céréales, et sur les rochers ; il redoute les terrains calcaires et les argiles compactes et humides. Il se plaît sur le penchant des coteaux et sous un climat doux, c'est-à-dire partout où la vigne fructifie bien. On le voit cependant plus au nord, mais alors il ne donne pas de fruits.

Cultivé comme futaie, il peut être exploité à l'âge de 110 ans, mais il peut se conserver intact pendant un plus long temps.

Le châtaignier repousse très-bien de souche, et forme d'excellents taillis qu'on peut exploiter à l'âge de 7 à 15 ans.

Chêne rouvre ou à glands sessiles (*Quercus robur*, Lin.) (*fig. 165*).—

Tige de 35 à 40 mètres d'élévation et de 3 mètres de circonférence.

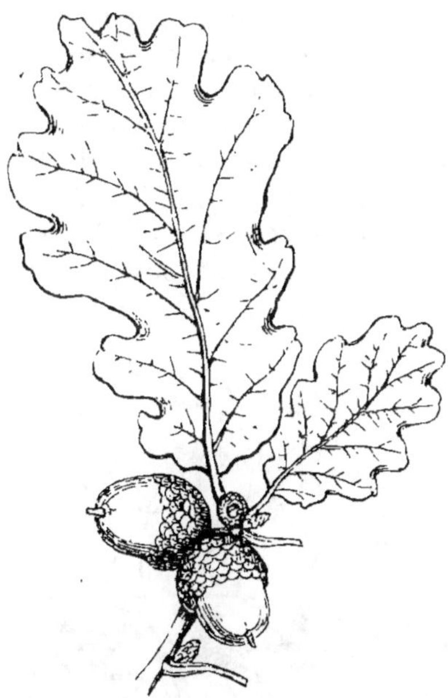

Fig. 165. *Chêne rouvre*.

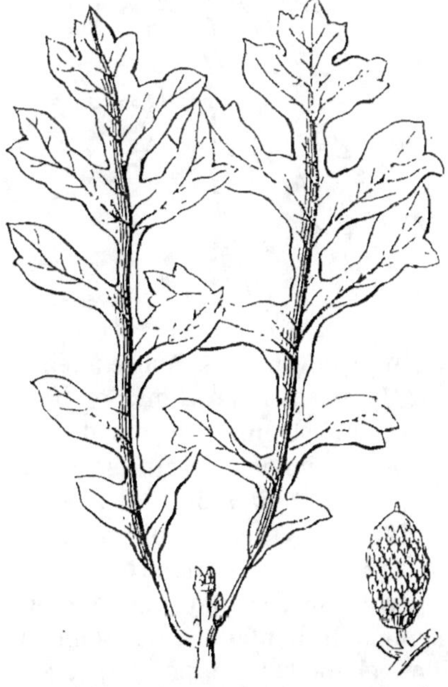

Fig. 166. *Chêne à glands pédonculés*.

Bois de la plus grande importance, soit comme combustible, soit pour les constructions civiles et navales, soit enfin pour les arts mécaniques. L'écorce transformée en *tan* joue un rôle très-important dans la préparation des cuirs. Les terrains qui conviennent le mieux à cet arbre sont les sols argilo-sableux et sablo-argileux assez profonds. Il se développe bien aussi dans les sables, pourvu qu'ils soient un peu humides. Le chêne rouvre est un arbre des climats tempérés; il redoute également l'excès du froid et de la chaleur. Il se plaît sur le revers des montagnes et dans les plaines; l'exposition du nord lui est moins favorable que les autres. Lorsque l'on sèmera cet arbre à demeure, on répandra les graines dans la proportion de 120 décalitres par hectare. Le chêne en futaie est l'arbre dont le dernier terme d'exploitation se fait attendre le plus longtemps; cette époque varie entre 100 et 200 ans, et même plus, suivant les circonstances locales.

Il n'y a pas non plus d'espèce qui se soutienne plus longtemps en taillis. Il peut durer plusieurs siècles sans qu'on ait à craindre le dépérissement des souches.

Chêne à glands pédonculés

(*Q. pedunculata*, Hoff.) (*fig.* 166). Il acquiert de plus grandes dimensions et croît plus vite que le précédent. Son bois est moins noueux
et se fend plus facilement ; aussi le préfère-t-on pour les ouvrages de
fente et de menuiserie ; mais il demande un terrain plus profond,
plus frais, et une position plus tempérée que le chêne rouvre, auquel
on devra le préférer lorsqu'on pourra le placer dans ces conditions.

Chêne Thauzin ou *angoumois* (*Q. tauza*, Bosc.) (*fig.* 167). — Tige de
20 à 24 mètres d'élévation ; bois dur, noueux, peu convenable pour
les ouvrages de fente, mais estimé pour les constructions et pour le
chauffage. Cette espèce, propre surtout au midi de la France, s'accommode des terrains arides.

Fig. 167. *Chêne Thauzin.*   Fig. 168. *Chêne yeuse.*

Chêne yeuse ou *C. vert* (*Q. ilex*, Lin.) (*fig.* 168). — Arbre à feuilles persistantes, offrant une tige de 10 mètres d'élévation. Son bois,
très-dur et pouvant prendre un beau poli, est employé pour des essieux, des leviers, des poulies, etc., etc. Il aime les terrains secs, sablonneux, et ne s'accommode que du climat du midi de la France.

Chêne-liége (*Q. suber*, Lin.) (*fig.* 169). — Arbre à feuilles persistantes, offrant une tige élevée de 10 à 12 mètres. Ce chêne est cultivé
pour son écorce épaisse, spongieuse, crevassée, et qu'on emploie sous
le nom de liége pour faire des bouchons de bouteilles, des semelles
pour préserver de l'humidité, des chapelets de pêcheurs, etc.
Le chêne-liége est plus sensible au froid que l'yeuse ; il ne réussit

que dans les cantons les plus chauds de nos départements du Midi. Il peut être, comme les autres chênes, semé à demeure ou élevé en pépinière et transplanté. Les semis ou la transplantation sont toujours faits à l'automne, dans un terrain bien ameubli. Il préfère les terrains secs et montueux. C'est ordinairement en massif que cet arbre est cultivé. Il y aurait peut-être plus d'avantage à l'espacer convenáblement dans les vignes, comme le recommande M. Reig. Les frais de culture et le loyer de la terre seraient ainsi payés par les produits de la vigne jusqu'au moment très-éloigné où le chêne-liége commencerait à donner des produits de quelque valeur.

Fig. 169. *Chêne-liége.*

Ce chêne donne sa première écorce vers l'âge de 25 à 30 ans environ ; mais celle-ci n'est utile que pour faire griller le liége livré au commerce. On en continue néanmoins l'extraction tous les 8 ans, afin de favoriser la formation d'un liége de meilleure qualité. Les arbres favorisés par un terrain convenable commencent à donner un liége propre au commerce vers l'âge de 50 à 60 ans. On en fait l'extraction en juillet et août. A cette époque, on pratique sur la tige plusieurs incisions longitudinales qui se terminent en haut et en bas par d'autres incisions circulaires. On frappe ensuite l'écorce avec un morceau de bois pour l'isoler du tronc, et l'on achève de l'en détacher au moyen d'instruments en os, en bois, ou en fer (*fig.* 170 et 171), que l'on fait glisser entre le liége et les couches du liber qui doivent rester intactes. Cette dernière précaution est de la plus grande importance ; car, à chacun des points où le liber a été enlevé, il se produit une

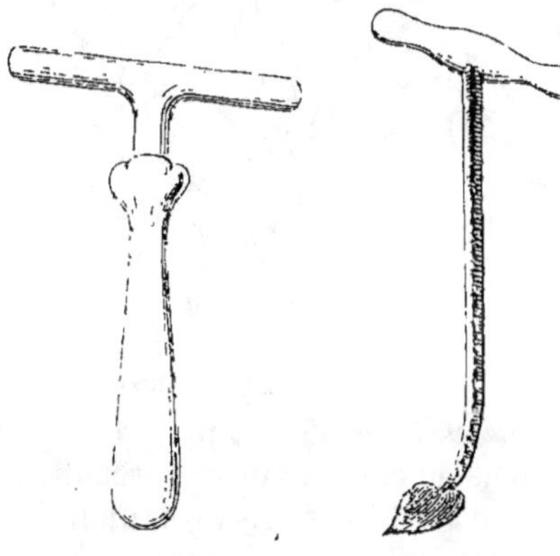

Fig. 170.   Fig. 171.

plaie qui se recouvre très-lentement et sur laquelle le liége n'apparaît plus qu'après de longues années. Le liége, détaché sous forme de fragments cylindriques, est ensuite gratté pour en unir la surface, puis on le passe à la flamme du mauvais liége pour en resserrer les pores. Après quoi, on lave ces sortes de planches, on les place les unes sur les autres, et on les charge de fardeaux pour les redresser. C'est alors qu'on les livre au commerce.

Cette extraction peut être répétée sur le même arbre tous les 8 ans environ ; et les arbres soumis à cette opération peuvent vivre pendant 150 ans. Decandolle affirme qu'un bel arbre peut rapporter jusqu'à 100 kilogrammes de liége dans une seule extraction.

Cornouiller mâle (*Cornus mascula*, Lin.) (*fig.* 172). — Tige de 6 à 8 mètres d'élévation ; végétation très-lente ; bois blanc nuancé de rouge, très-dur, à grain susceptible de recevoir un beau poli. On l'emploie pour faire des rayons de roue, des échelons d'échelles, des coins, des chevilles, etc. Cette espèce n'est pas cultivée dans les forêts, elle s'y propage naturellement. Elle croît de préférence dans les sols argilo-sableux et argilo-calcaires ; on la rencontre dans le nord et dans le midi de la France.

Fig. 172. *Cornouiller mâle.*   Fig. 173. *Cytise aubours.*

Cytise aubours ou *faux-ébénier* (*Cytisus laburnum*, Lin.) (*fig.* 173). —Tige de 5 à 7 mètres de hauteur ; bois de couleur brune, très-dur, souple, élastique, d'une longue durée, susceptible de recevoir un beau poli. Il est quelquefois employé par les ébénistes et les tourneurs. Cet arbre peut être utilisé pour la formation des taillis dans les terrains arides, pourvu qu'ils ne soient pas uniquement composés de calcaire. Il redoute un peu les hivers du Nord.

Cytise des Alpes (*C. alpinus*, Willd.) (*fig.* 174).—Cette espèce diffère surtout de la précédente par de plus grandes dimensions, et aussi par sa rusticité qui lui fait supporter les hivers les plus rigoureux.

Erable champêtre (*Acer campestris*, Lin.) (*fig.* 175).— Tige de 8 à 12 mètres d'élévation; bois dur, d'un blanc jaunâtre, liant et pouvant recevoir un beau poli. Les luthiers, les tourneurs, les ébénistes, le recherchent également; il chauffe bien, et son charbon est de bonne qualité. Cet arbre se plaît dans tous les climats de la France, et préfère les coteaux formés de terre légère ou de consistance moyenne suffisamment fraîche. Il est surtout employé pour la formation des taillis. On peut, à cet effet, l'associer utilement au charme et à quelques autres bois durs dont il égale la valeur. On répand la semence dans la proportion de 30 kilogrammes par hectare.

Erable sycomore (*A. pseudoplatanus*, Lin.) (*fig.* 176). — Arbre de première grandeur; bois blanc marbré, d'un tissu serré, susceptible de recevoir

Fig. 174. *Cytise des Alpes.*

Fig. 175. *Erable champêtre.*

un beau poli. Il est employé par les charrons, les ébénistes, les tourneurs, les sculpteurs, les facteurs d'instruments de musique

Fig. 176. *Erable sycomore.*

Fig. 177. *Erable plane.*

les armuriers. Il habite les climats tempérés, et se plaît dans les plaines et sur les coteaux. Il aime les terrains sablo-argileux, ou sableux un peu frais.

Le sycomore peut être cultivé en futaie et en taillis. Dans le premier cas son exploitation peut être réglée de 80 à 120 ans.

Erable plane (*A. platanoïdes*, Lin.) (*fig.* 177). — Tige de 15 à 20 mètres d'élévation; bois moiré, de couleur grisâtre, employé aux mêmes usages que celui de l'espèce précédente. Cet arbre demande aussi le même climat et le même terrain que le sycomore. Ces deux dernières espèces d'érable sont semées comme l'érable champêtre.

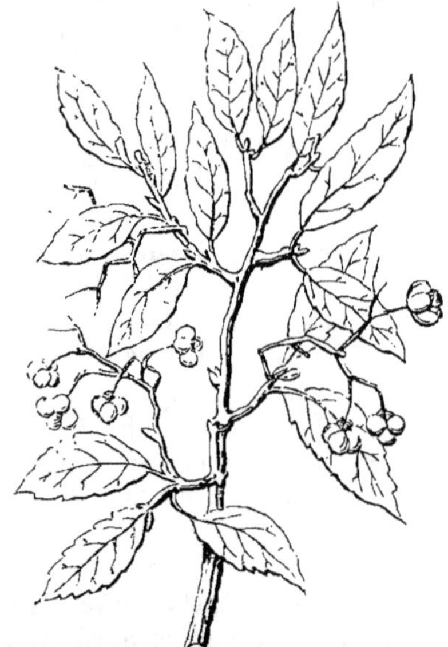

Fig. 178. *Frêne élevé.*

Frêne élevé (*Fraxinus excelsior*, Lin.) (*fig.* 178). — Arbre de première grandeur ; bois blanc, veiné longitudinalement, assez dur, très-élastique. On en fait toutes les grandes pièces de charronnage qui ont besoin d'avoir du ressort ; on en fabrique des échelles, des chaises, des manches d'outils, etc. Le défaut de ce bois est d'être sujet à la vermoulure : aussi ne l'emploie-t-on pas dans les pièces de charpente. Le frêne s'accommode de tous les terrains un peu frais, pourvu qu'ils ne soient ni trop argileux ni trop calcaires ; il préfère les climats tempérés et l'exposition du nord. On répand la semence dans la proportion de 52 kilogrammes par hectare. Cet arbre est exploité avec le même avantage en taillis ou en futaie.

Fusain d'Europe (*Evonymus europæus*, Lin.) (*fig.* 179). — Tige de 4 à 5 mètres d'élévation ; bois léger, d'un blanc jaunâtre ; son grain, fin et serré, le rend propre à la marqueterie et aux ouvrages de tour. Réduit en charbon, il peut servir à la fabrication de la poudre à canon. Ce même charbon, préparé avec les jeunes rameaux, qu'on laisse assez longs, est fréquemment usité par les dessinateurs pour tracer les esquisses ; cet arbrisseau, non cultivé, croît spontanément dans les bois ; il s'accommode de tous les terrains.

Fig. 179. *Fusain d'Europe.*

Fig. 180. *Hêtre des bois.*

Hêtre des bois (*Fagus sylvestris*, Lin.) (*fig.* 172). — L'un des plus beaux arbres de nos forêts; il atteint presque l'élévation des chênes; toutefois son tronc présente, en général, moins de grosseur, et son existence n'est pas aussi longue. Son bois, moins élastique et moins résistant que celui du chêne, n'est pas employé dans les charpentes; mais il est d'une grande utilité pour la boissellerie, pour faire des sabots, des pieux propres aux pilotis, etc. Il est principalement recherché comme combustible. Le hêtre se plaît surtout dans les sols argileux, suffisamment graveleux des climats tempérés. On répand ses semences dans la même proportion que celles du chêne. Il est également propre aux futaies et aux taillis.

Houx commun (*Ilex aquifolium*, Lin.), (*fig.* 181). — Tige de 8 à 10 mètres d'élévation; son bois, dur, solide, à grain fin et serré, prend la couleur noire mieux qu'aucun autre. Il est employé par les ébénistes; on en fait aussi des manches d'outils, des alluchons pour les roues de moulins, des engrenages et plusieurs ouvrages de tour. Les jeunes branches, très-flexibles, servent à faire des manches de fouet. C'est avec son écorce qu'on fait la meilleure glu pour prendre les oiseaux. Les terres argilo-sableuses et argilo-calcaires lui conviennent surtout, ainsi que l'exposition du nord et les localités ombragées. Cet arbrisseau croît spontanément dans les forêts; on

Fig. 181. *Houx commun.*   Fig. 182. *Merisier.*

l'y considère comme plus nuisible qu'utile. On l'emploie surtout pour la confection des haies vives.

Merisier (*Prunus avium*, Lin.) (*fig.* 182). — Tige de 10 à 12 mètres d'élévation ; bois ferme, roussâtre, serré, facile à travailler et susceptible de prendre un beau poli. Il est recherché par les ébénistes, les tourneurs et les menuisiers. Cet arbre se plaît dans les terrains calcaires ou sableux ; il redoute les sols très-humides. Il aime les climats tempérés ; il y croît également bien en futaie et en taillis.

Micocoulier de Provence (*Celtis australis*, Lin.) (*fig.* 183). — Tige de 12 à 15 mètres d'élévation ; bois compacte, liant, d'une souplesse extraordinaire. Peu d'arbres sont susceptibles de rivaliser d'utilité avec ce micocoulier, à cause des nombreux usages qu'on peut faire de son bois. Il peut être avantageusement employé par les menuisiers, les ébénistes, les sculpteurs, les facteurs d'instruments à vent. Sa ténacité et sa souplesse le rendent propre à faire d'excellents cercles de tonneaux. Il est très-employé pour faire des fourches à remuer le fourrage, des pieux, des échalas, des vis, des planches d'impression pour les étoffes et les papiers peints.

Fig. 183. *Micocoulier de Provence.*

Dans les environs de Narbonne, cet arbre, cultivé en taillis très-serré, dans un sol un peu frais et substantiel, donne tous les deux ans de longues et fortes pousses propres à faire des bâtons pour les lignes, des baguettes de fusil et surtout des manches de fouet connus dans le commerce sous le nom de *perpignans*. Enfin, il est aussi très-utile pour les charrons qui l'emploient pour faire des brancards de cabriolets, des essieux et surtout des moyeux.

Le micocoulier s'accommode de tous les terrains, même des sols les plus arides. Quoique cet arbre n'ait été jusqu'ici cultivé en grand que sur quelques points de nos départements méridionaux, nous pensons qu'il se développerait également bien dans les autres parties de la France. On peut le cultiver, soit en taillis, soit comme arbre d'alignement.

Noisetier commun ou *Coudrier* (*Corylus avellana*, Lin.) (*fig.* 184). — Grand arbrisseau dont le bois, tendre et souple, est employé dans la vannerie, et comme combustible. Son charbon peut servir à la fabrication de la poudre à canon. Cette espèce préfère à tous les autres les terrains légers et frais. Elle n'est cultivée qu'en taillis.

Orme commun (*Ulmus campestris*, Lin.) (*fig.* 185). — Tige de 20 à 25 mètres d'élévation, et quelquefois de 4 à 5 mètres de circonférence; bois jaune, marbré de teintes plus foncées. C'est le meilleur de nos bois indigènes pour le charronnage, et surtout pour faire les jantes et les moyeux des voitures. On en fait aussi des corps de pompes et autres ouvrages destinés à rester sous l'eau; enfin, c'est le meilleur bois de chauffage. Cette espèce a produit plusieurs variétés au nombre desquelles il faut mentionner particulièrement l'*orme tortillard* (*fig.* 186), remarquable par ses filets ligneux qui se croisent et s'enchevêtrent sans cesse. Cette variété est un des arbres les plus précieux de l'Europe à cause de la dureté et de l'élasticité de son bois. L'orme commun et ses variétés se plaisent dans tous les terrains légers et de consistance moyenne, suffisamment humides, et surtout dans les sols calcairo - argileux. Cet arbre croît dans tous les climats tempérés de l'Europe; il peut être exploité en taillis et en futaie.

Citons encore les deux espèces suivantes, l'*orme fongueux* (*Ulmus suberosa*, Wild.) remarquable par ses rameaux et ses branches couverts d'ex-

Fig. 184. *Noisetier commun.*

Fig. 185. *Orme commun.*

croissances analogues au liége, et l'*orme pédonculé* (*Ulmus pedun-culata*, Foug.) (*fig.* 187) qu'on distingue à ses fruits pédonculés

Fig. 186. *Orme tortillard.*   Fig. 187. *Orme pédonculé*

et ciliés. Ces deux espèces exigent le même terrain que l'orme commun, et leur bois est employé au même usage.

Fig. 188. *Peuplier blanc.*

Peuplier blanc, ou *Blanc de Hollande*, ou *Ypreau* (*Populus alba*, Lin.) (*fig.* 188). — Tige de 35 mètres d'élévation et de 3 à 4 mètres de circonférence; bois blanc, assez léger, liant, peu sujet à la vermoulure. Les menuisiers, les layetiers, les sculpteurs, les tourneurs, en font un usage fréquent. Les terrains légers, profonds et un peu frais lui conviennent. Il se développe bien dans tous les climats de la France. Cette espèce entre utilement dans la formation du taillis et dans les plantations d'alignement.

Peuplier argenté (*P. nivea*, Wild.) (*fig.* 189). — Cette espèce, très-

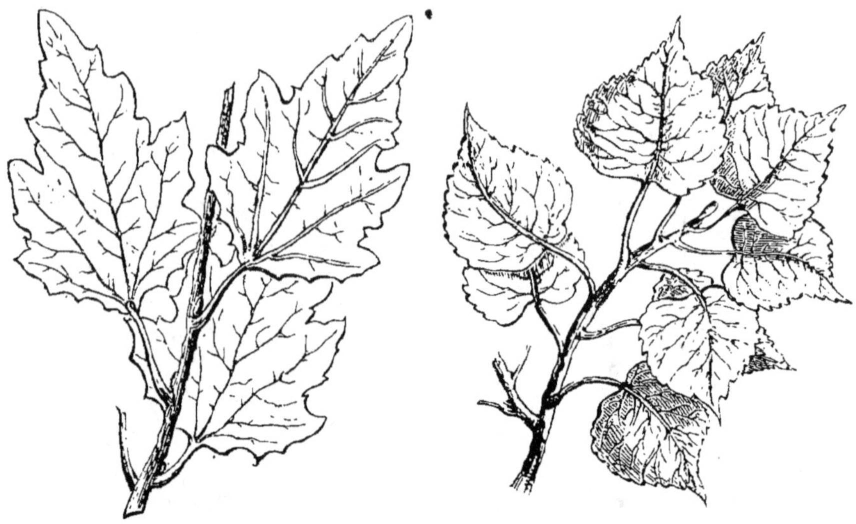

Fig. 189. *Peuplier argenté.*   Fig. 190. *Peuplier grisard.*

Fig. 191. *Peuplier tremble.*   Fig. 192. *Peuplier noir.*

rapprochée de la précédente par son port, présente un accroissement

22.

plus rapide ; son bois est aussi de meilleure qualité ; on devra donc généralement le préférer. Il s'accommode d'ailleurs du même sol, et est propre aux mêmes usages.

Peuplier grisard, ou *Grisaille* (*P. canescens*, Smith.) (*fig.* 190). — Cette espèce prend moins de développement que la première ; son bois présente aussi moins de solidité ; il est recherché pour le chauffage des fours. Le même terrain lui convient.

Peuplier tremble (*P. tremula*, Lin.) (*fig.* 191). — Tige de 12 à 15 mètres d'élévation ; bois employé au même usage que celui du précédent. Il s'accommode des sols humides.

Peuplier noir (*P. nigra*, Lin.) (*fig.* 192). — Tige de 28 mètres d'élévation ; bois de qualité passable, employé par les sabotiers, les charpentiers de la campagne, les menuisiers. Cet arbre se plaît surtout dans les lieux très-humides et sur le bord des eaux. On l'y cultive sous forme de *têtard* et son produit est employé au chauffage.

Peuplier pyramidal, ou d'*Italie* (*P. fastigiata*, Poir.) (*fig.* 193). — Tige de 35 mètres d'élévation ; bois de moins bonne qualité que le précédent ; on l'emploie surtout pour faire des feuillets pour les cou-

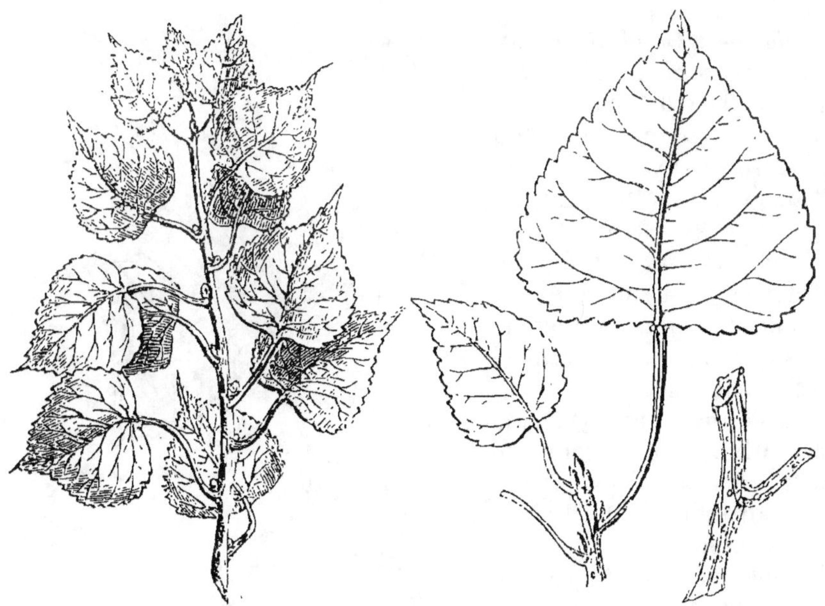

Fig. 195. *Peuplier pyramidal.*　　　Fig. 194. *Peuplier du Canada.*

vertures en ardoises, et pour faire des caisses d'emballage. Il se développe bien dans les terres argilo-sableuses et sableuses, pourvu qu'elles ne soient pas trop sèches. Cette espèce n'est admise que dans les plantations d'alignement.

Peuplier du Canada (*P. canadensis*, Mich.) (*fig.* 194). — Tige de 20 à 25 mètres d'élévation ; bois analogue à celui du peuplier blanc et employé aux mêmes usages ; il se développe bien aussi dans les mêmes terrains ; toutefois il redoute moins que lui l'influence de la sécheresse, et son accroissement est plus prompt. Il n'a été employé jusqu'ici que dans les plantations d'alignement.

Peuplier de Virginie ou suisse (*P. monilifera*, Mich.) (*fig.* 195). — Cette espèce, qu'on a confondue à tort avec le peuplier du Canada, présente le même port, les mêmes qualités et s'accommode du même sol.

Platane d'Occident (*Platanus occidentalis*, Lin.) (*fig.* 196). — Tige de 30 à 36 mètres d'élévation ; bois d'un tissu serré, ayant beaucoup d'analogie avec celui du hêtre, et pouvant être employé aux mêmes usages. Il faut au platane un sol substantiel et humide ; il aime surtout le voisinage des eaux courantes. Il s'accommode de tous les climats de la France. Quoique cet arbre n'ait encore été cultivé que dans les plantations d'alignement, il pourrait sans nul doute entrer utilement dans la composition des taillis et des futaies.

Robinier faux-acacia (*Robinia pseudo-acacia*, Lin.) (*fig.* 197). — Tige de 20 à 25 mètres d'élévation et de 2 à 3 mètres de circonférence ; bois très-dur, pesant et élastique, jaune veiné de brun, d'un grain

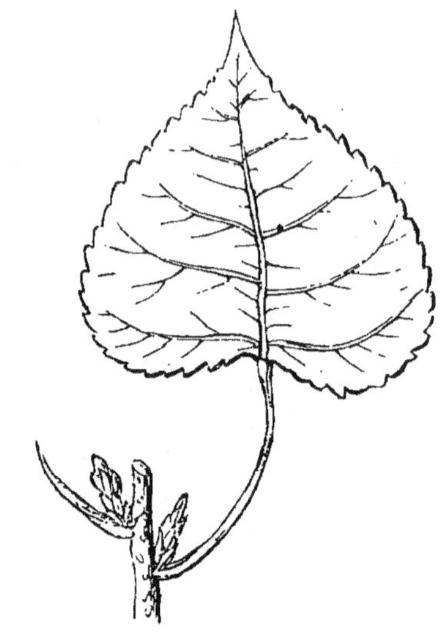

Fig. 195. *Peuplier de Virginie.*

Fig. 196. *Platane d'Occident.*

fin et serré, susceptible de prendre un beau poli. Il est très-recherché par les ébénistes, les menuisiers, les carrossiers. On doit aussi le préférer à tout autre pour faire des pieux, des échalas, des palissades, car il résiste mieux à la pourriture. Cet arbre, peu délicat quant à la nature du sol, préfère cependant les sols sableux exposés au nord ; il vit bien sous tous les climats de la France. L'acacia peut être aménagé en futaie exploitée à l'âge de 30 à 40 ans, et en taillis coupés tous les 6 ou 8 ans.

Saule marceau ou *Marsault* (*Salix capræa*, Lin.) (*fig.* 198) — Cette espèce, à végétation très-rapide, est surtout employée pour faire des taillis et des palissades ; elle vit bien dans tous les sols un peu frais ; son bois sert au chauffage des fours.

Saule blanc (*S. alba*, Lin.) (*fig.* 199). — Tige de 10 à 14 mètres et de 2 mètres de circonférence. Cette espèce est surtout cultivée en *têtard* au bord des eaux. Son bois est employé au chauffage.

Saule osier, ou *osier jaune* (*S. vitellina*, Lin.) (*fig.* 200), — Espèce remarquable par la couleur jaune de ses rameaux.

Saule viminal, ou *Osier blanc* (*S. viminalis*, Lin.), (*fig.* 201). — Remarquable par la longueur et la flexibilité de ses rameaux.

Fig. 197. *Robinier faux acacia.*

Fig. 198. *Saule marceau.*

Saule hélice (*S. helix*, Lin.) (*fig.* 202).
Saule pourpre, ou *Osier rouge* (*S. purpurea*, Lin.) (*fig.* 203).

Espèce peu différente de la précédente. Ces quatre dernières

Fig. 199. *Saule blanc.*   Fig. 200. *Saule osier.*

Fig. 201. *Saule viminal.*   Fig. 202. *Saule hélix.*

espèces sont cultivées dans les *oseraies* de la manière suivante :

Pour former une *oseraie*, on fait choix d'un sol profond situé à peu de distance d'une rivière. On lui fait donner un bon labour à la charrue ou à la houe, et, dans le mois de février, on y plante, à 1 mètre ou 1^m 33 l'une de l'autre, des boutures de 0^m 66 de longueur, et de la grosseur du doigt, prises parmi les espèces dont on veut composer son oseraie. Ces boutures sont mises en terre à l'aide d'un plantoir, et on les enfonce aux deux tiers de leur longueur. La coupe de la première année ne produit que des brin-

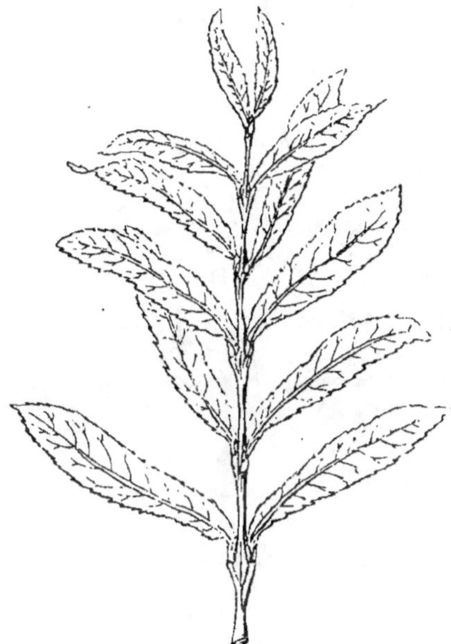

Fig. 203. *Saule pourpre.*

dilles à peu près inutiles, mais qu'il faut cependant couper avec soin, sans quoi celles de la seconde, développant beaucoup de ramifications, ne seraient bonnes qu'à brûler. Lorsque, au contraire, on a coupé au niveau du tronc toutes les petites brindilles de la première pousse, la seconde donne déjà un certain nombre de jets de 1^m 33 à 2 mètres de haut et qui peuvent être utilisés. La coupe de la troisième est plus productive, et, d'année en année, elle le devient davantage. Il n'y a d'autre soin à prendre des oseraies qu'à en écarter les bestiaux, à donner quelques binages pendant les premières années, et à enlever avec soin les tiges volubiles des liserons, qui, en s'enroulant sur les jeunes brins, les rendraient cassants, et, par conséquent, impropre, à l'usage auquel on les destine.

C'est en février, ou au plus tard en mars, qu'il faut faire la coupe des osiers. Les belles pousses ont communément 2^m 50 à 3 mètres de longueur. On les coupe à 0^m 01 ou 0^m 02 du tronc, lequel devient ainsi une sorte de têtard.

La plus grande partie de l'osier jaune et de l'osier rouge s'emploie avec son écorce, ce qui lui donne plus de force. Ces deux osiers sont d'un usage général dans l'économie domestique et dans l'agriculture; on en fait des liens pour toutes sortes de choses, des corbeilles, des paniers légers, des claies et autres objets de vannerie commune. L'osier jaune, refendu en 2 ou 3 brins, est employé par les tonneliers. Les jardiniers et les vignerons font aussi un grand usage d'osier pour attacher les arbres en espalier et la vigne aux échalas.

Les ouvrages de vannerie plus soignée se font en osier blanc, ou osier sans écorce, pour lequel on emploie le saule viminal, parce que ses jets sont beaucoup plus unis.

Sorbier domestique ou *cormier* (*Sorbus domestica*, Lin.) (*fig.* 204). — Tige de 12 à 16 mètres d'élévation ; bois de couleur rougeâtre, très-dur, très-compacte, très-solide, à grain fin, serré et susceptible de recevoir un beau poli ; il est très-recherché des armuriers, des ébénistes, des menuisiers, des mécaniciens et des tourneurs ; on l'emploie aussi avec avantage pour la gravure. Il est peu délicat sur la nature du sol ; il préfère cependant les terrains légers et surtout ceux de nature sableuse. Il redoute les expositions trop chaudes. Cet arbre est employé seulement dans les plantations d'alignement.

Fig. 204. *Sorbier domestique.*

Sureau noir (*Sambucus nigra*, Lin.) (*fig.* 205). — Cet arbre n'est guère employé que pour faire des haies vives dont le produit est coupé pour le chauffage des fours. Il s'accommode de tous les terrains, surtout de ceux qui sont calcaires , pourvu qu'ils ne soient pas trop secs. Il végète bien dans tous les climats de la France.

Tilleul à larges feuilles ou *deHollande*

Fig. 205. *Sureau commun.*

(*Tilia platyphyllos*, Vent.) (*fig.* 206). — Tige de 20 mètres d'élévation ;

bois blanc, assez léger, tendre, assez liant, peu sujet à la vermoulure. Les menuisiers, les layetiers, les tourneurs, les sculpteurs, en font un usage fréquent. Le liber des jeunes tiges sert à faire des cordes, des nattes d'une assez grande solidité. Un sol sablonneux, un peu substantiel et profond convient à cet arbre. Propre aux climats du Nord comme à ceux du

Fig. 206. *Tilleul à larges feuilles.*

Midi, il est employé seulement dans les taillis et dans les plantations d'alignement.

Tilleul à petites feuilles (*T. microphylla*, Vent.) (*fig. 207*). — Cette

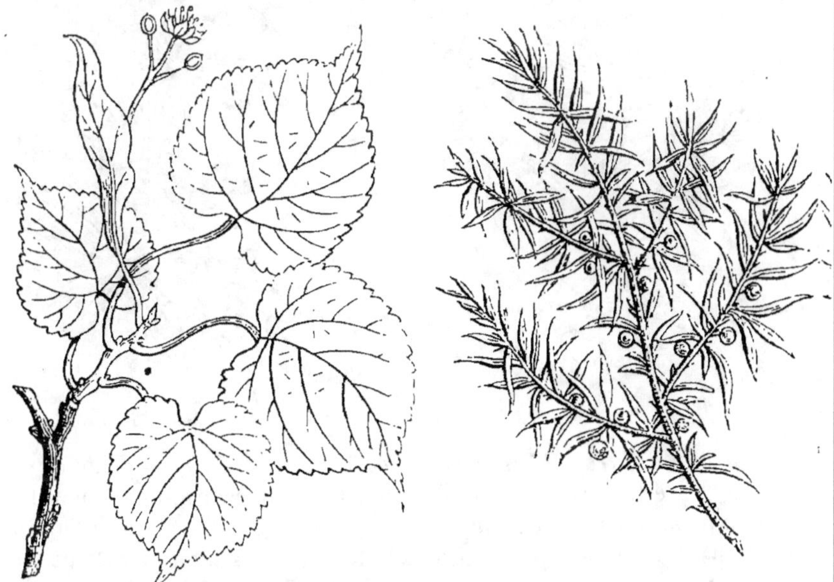

Fig. 207. *Tilleul à petites feuilles.*   Fig. 208. *Genévrier commun.*

espèce diffère de la précédente par ses feuilles moins grandes et par son développement plus restreint. Son bois est employé aux mêmes usages que celui du précédent.

Arbres résineux. *Genévrier commun (Juniperus communis, Lin.)* (*fig.* 208). — Tige de 2 à 4 mètres d'élévation ; bois d'un beau rouge et d'un grain très-fin, quelquefois employé pour la tonnellerie et l'ébénisterie, mais servant le plus souvent pour le chauffage. Il se développe bien dans les sols légers, sableux ou calcaires du midi et du nord de l'Europe. Cet arbre n'est pas cultivé dans les forêts.

If (Taxus bacchata, Lin.) (fig. 209). — Tige de 10 à 12 mètres d'élévation ; bois d'un beau rouge-orange, très-dur, d'un grain fin, prenant un beau poli, très-propre aux ouvrages de marqueterie, de tour. Cet arbre, d'un accroissement très-lent, aime les terres substantielles ; il se développe cependant bien aussi dans les sols légers, calcaires ou sableux ; il s'accommode également des climats du Midi et du Nord. On le rencontre rarement dans les forêts.

Fig. 209. *If.*   Fig. 210 *Mélèze d'Europe.*

Mélèze d'Europe (Larix europœa, Lin.) (fig 210). — Tige de 35 à 40 mètres d'élévation et de 2 mètres de circonférence ; feuilles caduques ; bois tantôt rouge, tantôt blanc, très-estimé pour la charpente. Au moyen d'incisions faites sur la tige, on en extrait une résine connue sous le nom de térébenthine de Venise. Il fournit aussi la *résine de Briançon*, sécrétée par les rameaux sous forme de petits grains blancs.

23

Les sols légers un peu frais sont ceux qui conviennent au mélèze. Cet arbre se développe dans tous les climats tempérés de l'Europe, et particulièrement sur le versant septentrional des hautes montagnes; on répand la semence dans la proportion de 6 kilogrammes par hectare.

Pin sylvestre, de Riga, de Russie, d'Écosse, de Haguenau, de Genève, (*Pinus sylvestris,* Lin.) (*fig.* 211). — Tige de 25 à 30 mètres; son bois, lorsqu'il provient d'arbres développés dans le nord de l'Europe, est un des plus précieux pour les constructions navales. La charpente et la menuiserie en font, depuis quelques années, une grande consommation sous le nom de bois du Nord. Le pin sylvestre développé en France est de moins bonne qualité, il est surtout moins dur; toutefois on l'emploie aux mêmes usages, et l'on s'en sert, en outre, pour le chauffage des fours. On en extrait aussi, au moyen d'incisions, une grande quantité de résine. L'un de ses principaux mérites chez nous, c'est qu'il permet d'utiliser les sols les plus arides, soit sableux, soit calcaires, dans lesquels il donne des produits passables; le pin sylvestre aime, comme le mélèze, le versant septentrional des hautes montagnes. On répand sa semence dans la proportion de 15 kilogrammes par hectare.

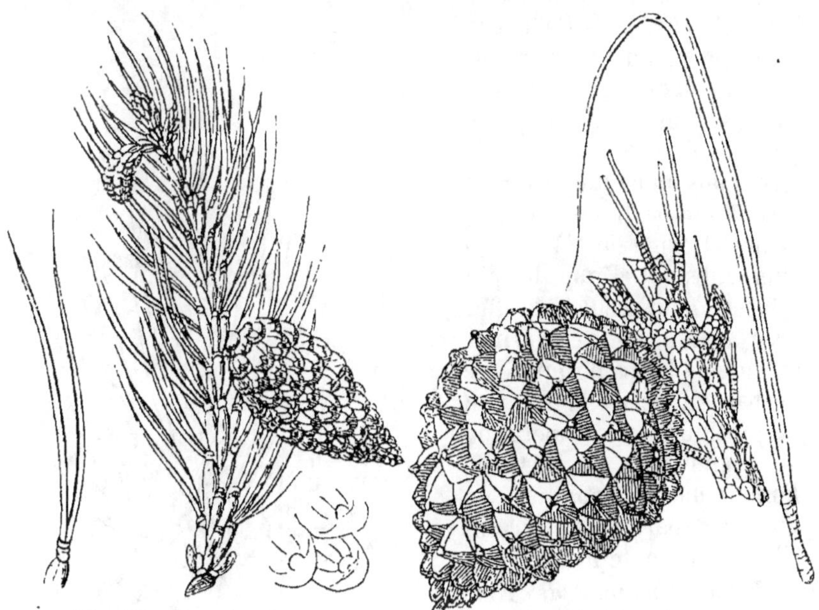

Fig. 211. *Pin sylvestre.*   Fig. 212. *Pin pignon.*

Pin pignon (P. *pinea,* Lin.) (*fig.* 212). — Tige de 16 mètres d'élévation; cônes; très-gros bois contourné et présentant beaucoup de solidité. Sa croissance est lente; il redoute la rigueur des hivers du nord de la France. Il préfère les sols légers sablonneux.

Pin maritime ou *de Bordeaux* (*P. maritima*, Lin.) (*fig.* 213). — Tige moins élevée que celle du pin sylvestre et moins bien filée; aussi est-elle moins propre à la mâture; son bois est aussi de moins bonne qualité; on l'emploie pour la charpente et le chauffage des fours. On extrait de sa tige une très-grande quantité de résine, et ses cônes, très-abondants, servent au chauffage. Cet arbre se développe dans les mêmes terrains que le pin sylvestre; on doit remarquer cependant qu'il redoute les hivers du nord de Paris.

Pin de Corse (*P. laricio*, Lin.) (*fig.* 214). — Cet arbre surpasse le pin sylvestre en grosseur et en élévation; son bois est plus mou, ce qui le rend moins propre à la mâture, mais on peut en tirer un très-grand parti pour la charpente. Il exige un sol un peu plus substantiel que le pin sylvestre; on peut le greffer avec avantage sur ce dernier à l'aide de la greffe en fente herbacée, décrite p. 108. On a pratiqué cette opération en grand dans la forêt de Fontainebleau, pour tirer un meilleur parti des terrains siliceux de cette forêt.

Sapin commun, de Normandie (*Abies taxifolia*, Desf.) (*fig.* 215). — Tige de 50 mètres d'élévation, très-droite; son bois, très-léger et

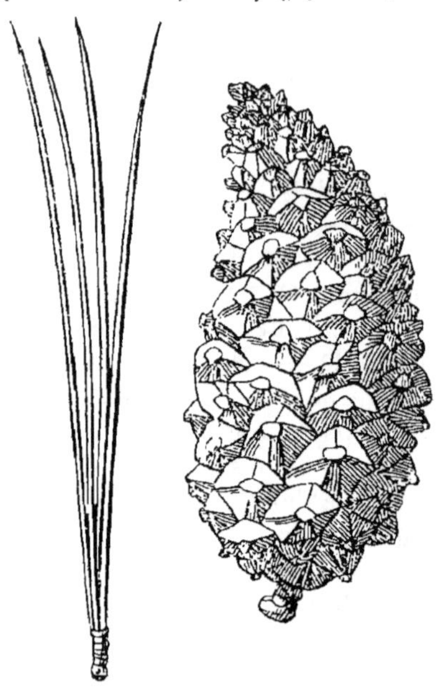

Fig. 213. *Pin maritim* .

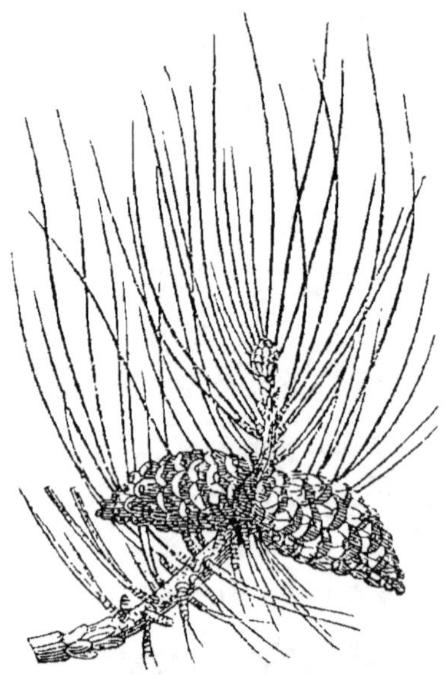

Fig. 214. *Pin de Corse.*

le plus vibrant de tous, est recherché à cause de cela par les luthiers pour les instruments à cordes. Il est aussi employé dans la marine, la charpente, la menuiserie, la layeterie. A un certain âge, il se forme, sous l'épiderme de sa tige, de grosses ampoules pleines de térébenthine, que l'on recueille et qu'on livre au commerce sous le nom de *térébenthine de Strasbourg*. Cette espèce demande un sol substantiel, un climat tempéré et une exposition au nord. On répand sa semence dans la proportion de 31 kilogrammes par hectare.

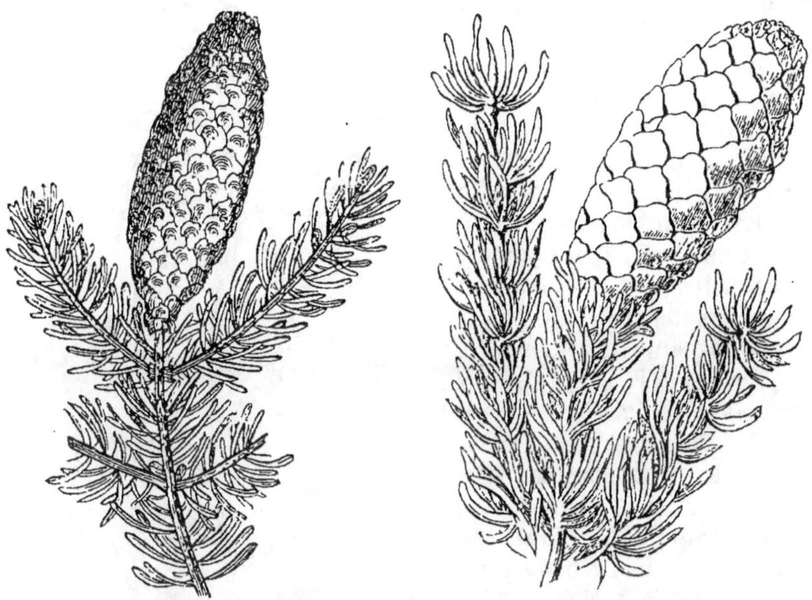

Fig. 215. *Sapin commun.*   Fig. 216. *Sapin épicéa.*

Sapin épicéa (*A. picea*, Desf.) (*fig.* 216). — Tige haute de 20 à 26 mètres ; bois de même qualité que celui du sapin commun ; on en retire par incision de la résine connue sous le nom de *poix de Bourgogne*. C'est surtout dans le nord de l'Europe que l'épicéa acquiert les qualités qui le distinguent, et, dans les pays tempérés, sur le versant septentrional des hautes montagnes. Cet arbre exige le même sol que le sapin commun. On n'emploie que 15 kilogrammes de semence pour un hectare.

ESPÈCES EXOTIQUES QU'IL SERAIT UTILE DE NATURALISER DANS NOS FORÊTS.

Arbres non résineux. *Bouleau noir*, *bouleau-merisier* (*Betula lenta*) (*fig.* 217). — Originaire de l'Amérique septentrionale, cet arbre s'élève à 20 mètres de hauteur ; son bois, susceptible de recevoir un beau poli, est recherché par les ébénistes, les menuisiers, les carrossiers. Il croît dans les terrains profonds, perméables et frais. Il serait particulièrement propre au nord de l'Europe.

Bouleau à canot (B. papyracea) (fig. 218). — Cette espèce, originaire des mêmes pays, s'élève à la même hauteur que la précédente ; son bois, d'un grain brillant, présente une très-grande force ; on en fait un grand usage dans l'ébénisterie, et il fournit un très-bon bois de chauffage. Son écorce, épaisse, flexible et forte, peut être employée à faire du bardeau, des paniers des boîtes, etc. Ce bouleau aime les terrains de bonne qualité et un climat tempéré.

Cerisier de Virginie (Cerasus virginiana) (fig. 219). — Tige de 20 à 30 mètres sur 2 à 5 mètres de circonférence ; bois compacte, de couleur rouge, d'un grain fin et brillant, très-employé dans l'ébénisterie, la menuiserie, le charronnage et même dans les constructions maritimes. Malheureusement cet arbre utile redoute les excès de chaleur, de froid, de sécheresse ou d'humidité.

Chêne blanc (Quercus alba) (fig.220). — Originaire de l'Amérique septentrionale, ainsi que les suivants, ce chêne s'élève à la hauteur de 23 à 26 mètres ; son bois, semblable à celui de notre chêne commun, est doué d'une plus grande élasticité. On l'emploie à tous les usages auxquels notre chêne commun est consacré : il redoute une température trop rigoureuse, un sol trop aride ou trop humide.

Fig. 217. *Bouleau noir.*

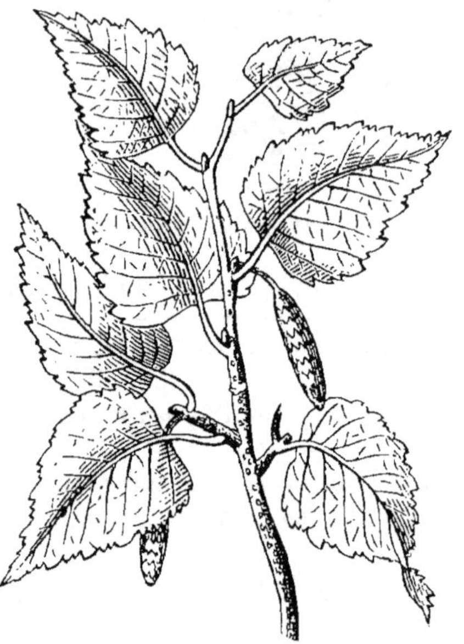

Fig. 218. *Bouleau à canot.*

23.

Chêne de Castesby (Q. Catesbæi) (fig. 221). — Tige de 8 mètres

Fig. 219. *Cerisier de Virginie.*

Fig. 220. *Chêne blanc.*

Fig. 221. *Chêne de Castesby.*

Fig. 222. *Chêne blanc des marais.*

d'élévation ; il s'accommoderait très-bien de nos terrains secs et arides où l'on n'a pu faire développer que des pins.

Chêne blanc des marais (Q. prinus discolor) (fig. 222). — Sa tige s'élève à la hauteur de 22 mètres ; son bois surpasse en qualité celui du chêne blanc ; il se plaît dans les marais.

Fig. 223. *Chêne à feuilles en faux.* Fig. 224. *Chêne à feuilles en lyre.*

Chéne à feuilles en faux (Q. falcata) (fig. 223). — Tige de 28 mètres d'élévation ; son écorce donne un tan de très-bonne qualité pour les cuirs. Il croît dans les terres substantielles

Chéne à feuilles en lyre (Q. lyrata) (fig. 224). — Tige de 28 mètres d'élévation ; croît dans les sols les plus marécageux.

Chéne châtaignier des rochers (Q. montana, prinus monticola) (fig. 225). — Sa tige s'élève à 20 mètres ; son bois est très-estimé pour les constructions navales et le chauffage ; s'accommode des sols pierreux et rocailleux.

Chéne aquatique (Q. aquati-

Fig. 225. *Chéne châtaignier des rochers.*

ca) (*fig.* 226). — Il croît dans les marais qui entrecoupent les sables

Fig. 226. *Chéne aquatique.*

Fig. 227. *Chéne à poteaux.*

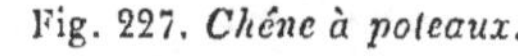

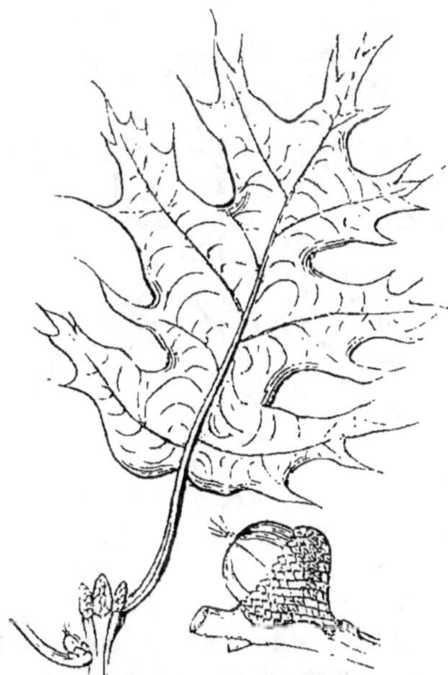

Fig. 228. *Chéne blanc châtaignier.*

Fig 229. *Chéne quercitron.*

arides de la Virginie, de la Géorgie et de la Floride orientale. Sa tige s'élève rarement au-dessus de 12 à 15 mètres. Son bois est fort dur, quoique moins souple et moins élastique que celui du chêne blanc.

Chêne à poteaux, Ch. de fer (Q. obtusiloba) (fig. 27). — Tige élevée de 15 mètres ; bois d'une dureté extraordinaire. Cette espèce serait utilement naturalisée dans nos départements de l'Ouest et du Midi.

Chêne blanc châtaignier (Q. prinus palustris) (fig. 228). — Sa tige s'élève à 30 mètres dans les sols frais, fertiles et profonds ; son bois, fort recherché pour le charronnage et les usages qui demandent de la force et de la durée, est aussi très-estimé pour le chauffage. Il s'accommoderait bien du climat du centre et du midi de la France.

Chêne quercitron (Q. tinctoria) (fig. 229). — Cet arbre atteint une hauteur de 27 à 30 mètres. Il s'accommode assez bien des terrains secs et graveleux. Son bois est surtout employé pour le chauffage ;

Fig. 230. *Chêne vert.*   Fig. 231. *Chêne velani.*

mais son écorce est très-recherchée pour la teinture en jaune de la soie et de la laine, et pour le tannage des cuirs.

Chêne vert (Q. virens) (fig. 230). — Sa tige ne s'élève guère qu'à 15 ou 18 mètres ; son bois, très-compacte, d'un grain fin et serré, est très-estimé pour les constructions navales, et pour le chauffage ; son écorce donne un excellent tan. Il exige, pour bien se développer, le voisinage de la mer et un climat assez doux.

Chêne Velani (*Q. œgylops*, Lin.) (*fig.* 231). — Cette espèce, originaire de la Grèce, est recherchée pour la capsule de son fruit que l'on emploie dans les arts. Il serait convenablement multiplié dans les forêts du midi de la France.

Erable noir (*Acer nigrum*) (*fig.* 232). — Tige de 15 à 16 mètres d'élévation. Dans l'Amérique septentrionale, d'où cette espèce est originaire, ainsi que les deux espèces suivantes, on considère son bois comme l'un des meilleurs pour le chauffage. Elle croît dans les vallées fertiles et humides.

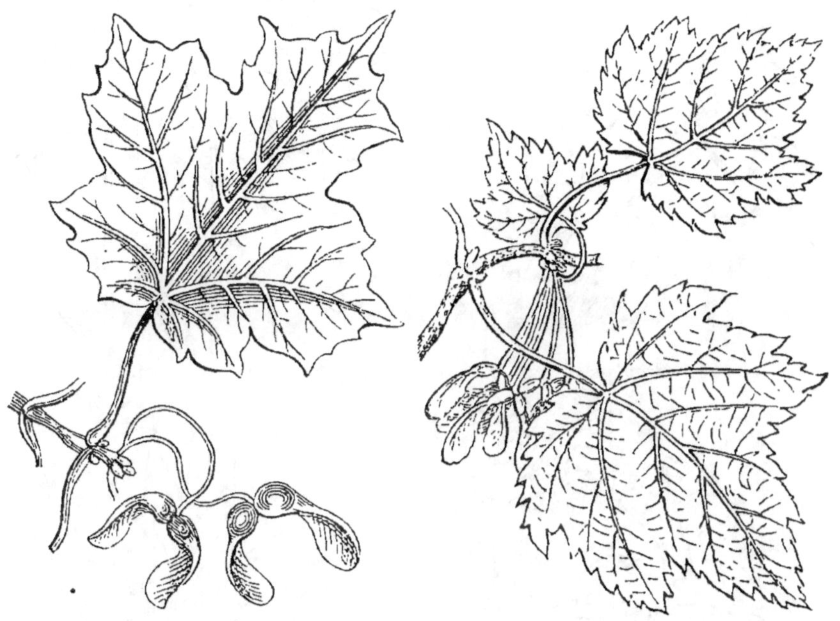

Fig. 232. *Érable noir.*   Fig. 233 *Érable rouge.*

Erable rouge (*A. rubrum*) (*fig.* 233). — Sa tige s'élève à plus de 20 mètres ; son bois, dont le grain est fin et serré, prend, par le poli, une surface brillante et soyeuse. On en fait un grand usage en ébénisterie. On rencontre cet arbre dans les sols marécageux et dans les terres sablo-argileuses un peu fraîches.

Erable à sucre (*A. saccharinum*) (*fig.* 234). — Cette espèce élève sa tige jusqu'à 15 ou 20 mètres ; son bois, d'un tissu fin, serré, acquiert un beau poli. C'est un des arbres les plus recherchés pour l'ébénisterie. En faisant évaporer la séve de cet érable, on en obtient du sucre. L'érable à sucre prospère dans les contrées montagneuses où le sol, quoique fertile, est froid et humide.

Févier à trois pointes (*Gleditzia triacanthos*, Lin.) (*fig.* 235). — Tige de 10 à 15 mètres d'élévation ; bois dur, liant, veiné de rouge, d'un grain fin et serré. Cet arbre s'accommode des terrains

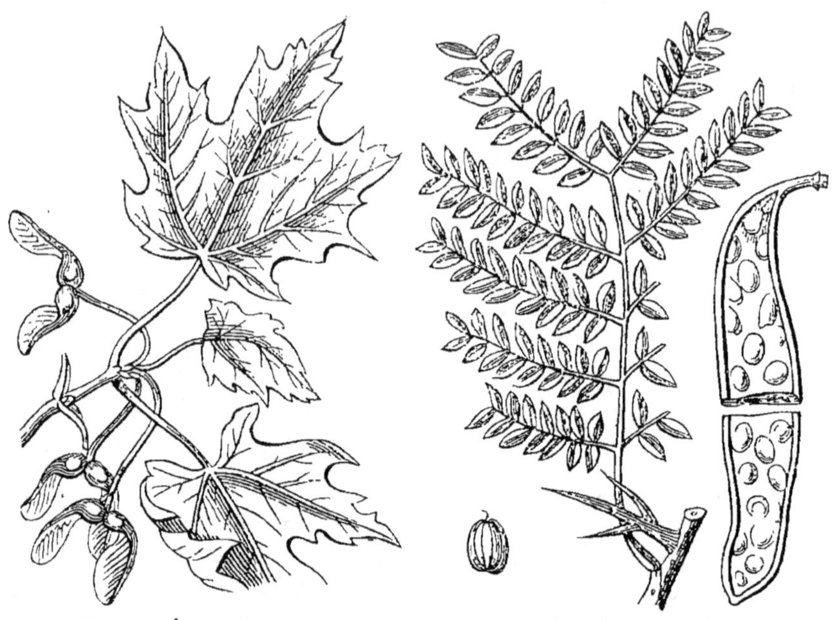

Fig. 234. *Érable à sucre.*   Fig. 235. *Févier à trois pointes.*

Fig. 236. *Févier de la Chine.*   Fig. 237. *Frêne d'Amérique.*

légers, sableux ou calcaires, et des climats du Nord et du Midi.

Févier de la Chine (*G. sinensis*, Lin.) (*fig.* 236). — Cette espèce présente les mêmes qualités que la précédente.

Frêne d'Amérique, F. blanc (*Fraxinus americana*) (*fig.* 237). — Arbre de 26 mètres d'élévation ; bois très-fort, souple, élastique, de meilleure qualité que celui de notre *frêne élevé.* Il aime les régions froides et se développe dans des localités semblables à celles où prospère notre frêne commun.

Frêne bleu (*F. quadrangulata*) (*fig.* 238). — Excellent arbre de l'Amérique septentrionale, ainsi que les suivants, et qui conviendrait parfaitement pour les sols riches de l'ouest et du midi de la France ; il s'élève de 20 ou 25 mètres, et son bois égale en qualité celui du frêne d'Amérique.

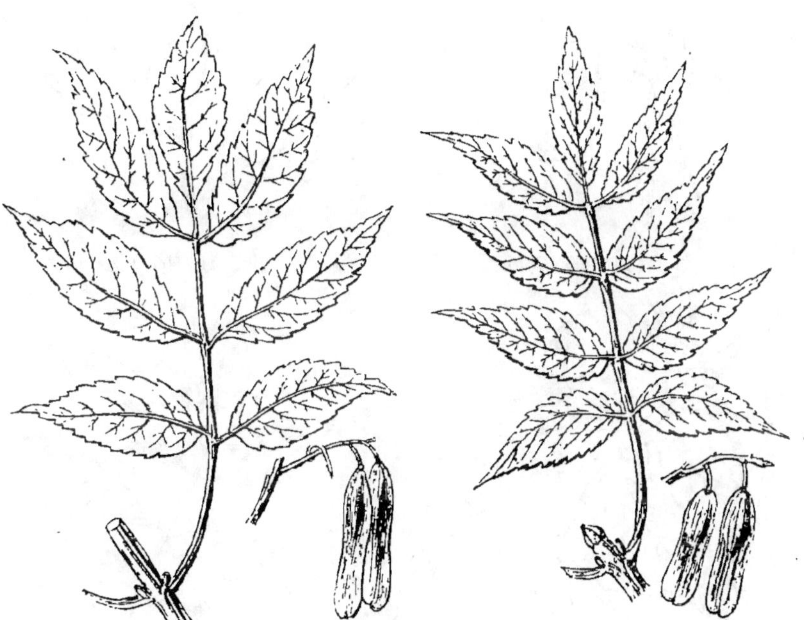

Fig. 238. *Frêne bleu.*   Fig. 239. *Frêne noir.*

Frêne noir (*F. sambucifolia*) (*fig.* 239). — Cette espèce se développerait bien dans les sols marécageux du nord de la France ; sa tige, qui s'élève à 20 ou 25 mètres, fournit un excellent bois.

Frêne rouge ou *tomenteux* (*F. tomentosa*) (*fig.* 240). — Ce frêne se plaît dans les mêmes localités que le précédent ; sa tige, haute de 20 mètres, donne un bois rouge, brillant et très-dur.

Hêtre rouge (*Fagus ferruginea*) (*fig.* 241). — Ce hêtre, originaire de l'Amérique septentrionale, offre une tige un peu moins élevée que celle de notre *hêtre des bois* ; mais son bois est de meilleure qualité ; il offre très-peu d'aubier ; il est plus dur, plus fort, plus

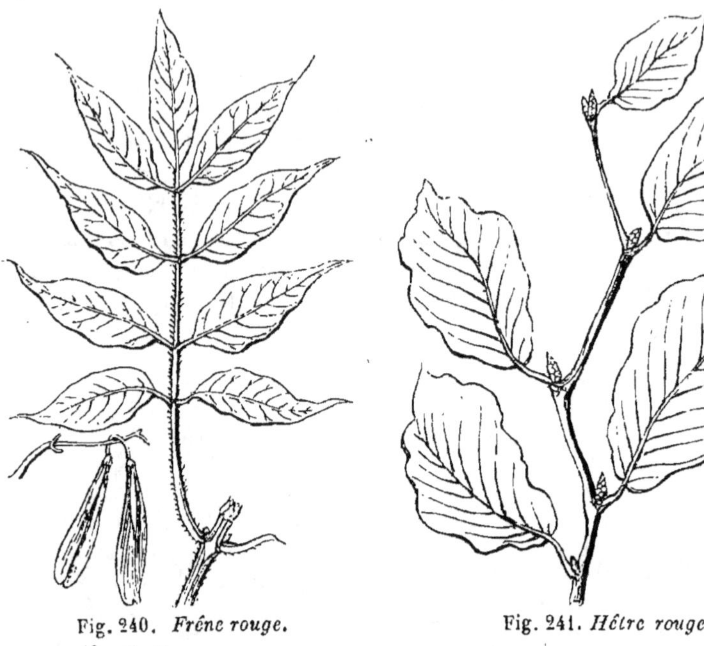

Fig. 240. *Frêne rouge.*   Fig. 241. *Hêtre rouge.*

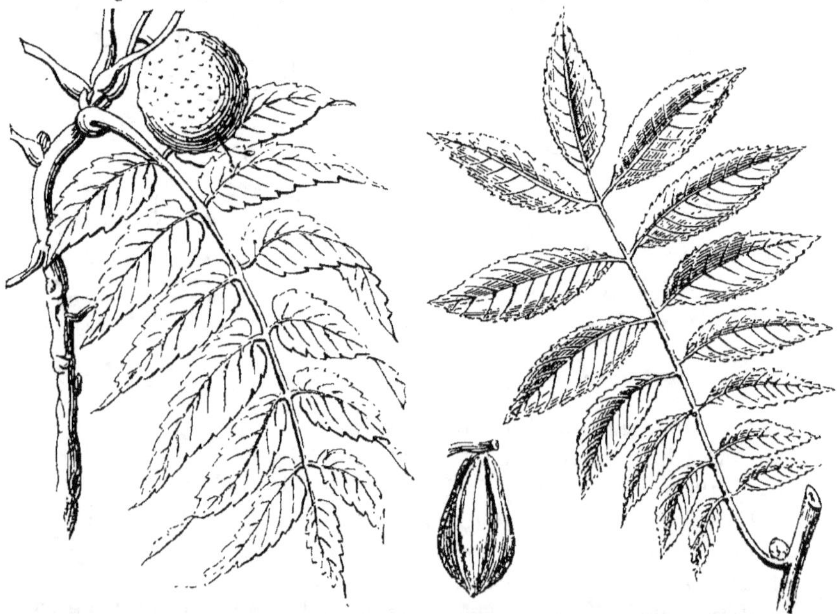

Fig. 242. *Noyer noir.*   Fig. 243. *Noyer pacanier.*

compacte. Il demande un sol riche, fertile et un climat froid.

Noyer noir (Juglans nigra) (fig. 242).— Cet arbre, originaire de la
même contrée, ainsi que les suivants, s'élève à une hauteur de 20
à 25 mètres ; son bois, dont le cœur devient noir à l'air, est très-fort,
très-tenace, n'est pas attaqué par les vers et prend un beau poli.
On en fait de très-bon bardeau, des moyeux de voitures, des poteaux d'une très-longue durée pour les clôtures rurales ; il rend enfin de grands services à l'architecture civile et navale. Cette espèce
se plaît dans les sols profonds, fertiles, frais, mais non inondés.

Noyer pacanier (J. olivæformis) (fig. 243). — Tige de 20 à 25
mètres ; bois pesant, compacte, d'une grande force et d'une longue
durée ; il croît de préférence dans les sols humides.

Fig. 244. *Noyer à cochon.*   Fig. 245. *Orme rouge.*

Noyer à cochon (J. porcina) (fig. 244). — C'est le plus grand des
noyers d'Amérique ; son bois est aussi considéré comme le plus fort
et le plus tenace de cette espèce ; il végète dans le même sol que le
précédent.

Orme rouge, orme gras (Ulmus rubra) (fig. 245). — Arbre de 15 à
20 mètres de haut ; bois compacte, d'un rouge foncé et de bonne
qualité ; on l'emploie aux mêmes usages que notre orme commun.

Planéra crénelé (Planera crenata, Gruel.*) (fig.* 246). — Arbre originaire des bords de la mer Caspienne ; sa tige s'élève à 20 ou 28 mètres
de hauteur ; son bois, plus dur et plus fort que celui de l'orme, et

aussi d'un accroissement plus rapide, est d'une couleur rougeâtre;
il prend un beau poli et peut
être utilement employé à
faire des moyeux, des mail-
lets, des brancards et des li-
mons de voiture; on l'em-
ploie aussi pour la charpente
et pour les meubles. Il est
peu délicat sur la nature du
sol; les terrains légers, sablo-
argileux ou argilo-calcaires
lui conviennent également.

Vernis du Japon, aylanthe
(*Aylanthus glandulosa*) (*fig.*
247). — Cet arbre, originaire
de la Chine et du Japon, est
une espèce de première grandeur; son bois, de couleur
jaunâtre, est solide, susceptible de prendre un beau poli,
et propre à la menuiserie, à
l'ébénisterie, etc. Son principal mérite est de bien se développer dans les sols légers,
sableux ou calcaires. Il s'accommoderait, comme le précédent, des divers climats de
la France.

Arbres résineux. *Cèdre du
Liban* (*Abies cedrus*, Lin.)
(*fig.* 248). — Sa tige s'élève à
35 mètres de haut sur une
circonférence de 10 mètres;
son bois ne présente pas une
grande dureté, ce qui tient à
la rapidité de sa végétation.
Cette espèce se plaît dans les
sols de consistance moyenne,
suffisamment frais, et vit
bien sous toutes les latitudes
de la France.

Cyprès distique, *cyprès
chauve, C. de la Louisiane* (*Cupressus disticha*) (*fig.* 249). — Cet

Fig. 246. *Planéra crénelé.*

Fig. 247. *Vernis du Japon.*

arbre peut s'élever jusqu'à la hauteur de 42 mètres sur une circonfé-

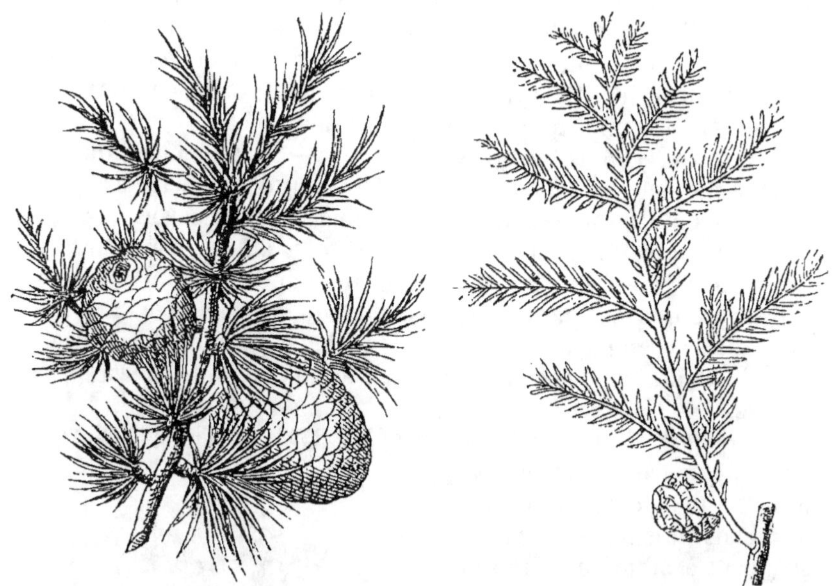

Fig. 248. *Cèdre du Liban.*

Fig. 249. *Cyprès distique.*

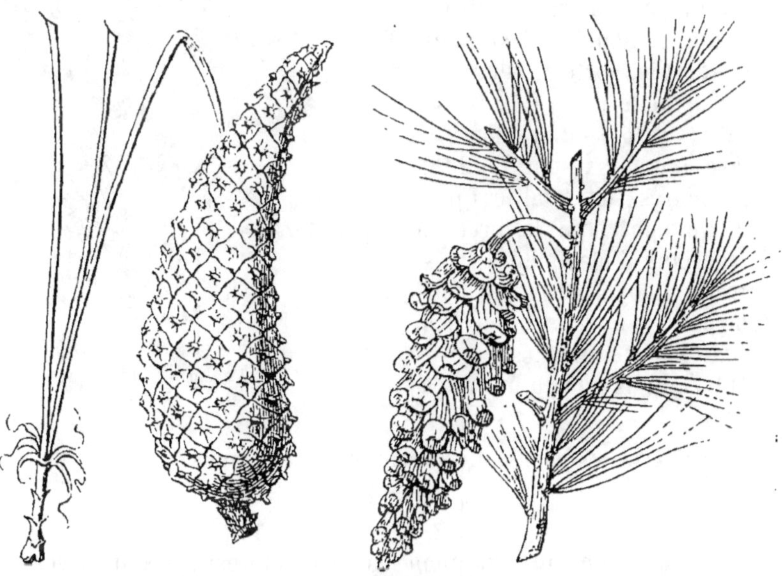

Fig. 250. *Pin austral.*

Fig. 251. *Pin de lord Weymouth.*

rence de 10 mètres ; son bois prend à la lumière une couleur rouge ;

il est plus léger et moins résineux que celui des pins, mais il présente plus de force et d'élasticité. Il est d'un usage très-étendu, aux États-Unis, dans les constructions civiles, dans la menuiserie, l'ébénisterie ; on en fait aussi des tuyaux pour les conduits d'eau souterrains. Ce cyprès s'accommoderait bien des terrains marécageux du midi et de l'ouest de la France.

Pin austral (Pinus australis) (fig. 250). — Sa taille moyenne est de 20 à 25 mètres ; son bois présente très-peu d'aubier ; il est plus fort, plus compacte que celui des autres pins, et peut recevoir un beau poli ; aux États-Unis, on le préfère à tous les autres, pour l'architecture navale et pour les arts ; c'est aussi de cet arbre que l'on extrait presque toute la matière résineuse qu'on y emploie. Cet arbre, qui s'accommode bien des sols sableux, pourrait être utilisé pour la plantation de ces terrains dans le midi et dans l'ouest de la France.

Pin du lord Weymouth (P. strobus) (fig. 251). — Sa tige s'élève à 30 ou 35 mètres ; son bois est propre à une foule d'usages ; aux États-Unis il sert exclusivement à la mâture. Il se développe bien dans tous les terrains, pourvu qu'ils ne soient pas trop légers ; il redoute également l'excès du froid et les fortes chaleurs.

Sapinette noire (Abies nigra) (fig. 252) — Cet arbre s'élève à une hauteur de 20 à 25 mètres ; les qualités qui le distinguent sont la force, la légèreté, l'élasticité ; il est très-employé dans les constructions navales et civiles. Cette espèce aime les terrains substantiels un peu humides.

Fig. 252. *Sapinette noire.*

PRINCIPALES MALADIES QUI ATTEIGNENT LES ARBRES FORESTIERS, ET EN DIMINUENT LES PRODUITS.

Les maladies qui attaquent les arbres forestiers sont assez nombreuses ; nous ne parlerons que des principales. Ces altérations sont surtout déterminées, soit par l'ignorance ou la malveillance des hommes, soit par les intempéries, l'état et la nature du sol, soit enfin par les animaux.

Les altérations produites par la malveillance sont principalement les *ulcères*, la *carie*, les *empoisonnements*.

Toutes les fois qu'une plaie faite à un arbre pénètre jusqu'au corps ligneux et le laisse exposé à l'influence de l'air, l'humidité atmosphérique et l'eau des pluies altèrent les couches extérieures de l'aubier et déterminent l'écoulement d'un liquide de couleur brune et d'une grande âcreté. Cet écoulement empêche même la formation des bourrelets sur les bords de la plaie ; de sorte, qu'au lieu de diminuer, l'étendue de la plaie s'accroît sans cesse, en altérant progressivement l'écorce environnante et le corps ligneux ; cette plaie peut déterminer la mort de l'arbre si l'on n'y porte remède. C'est à cette maladie que l'on donne le nom d'*ulcère* ou de *gouttière*. Les ulcères se manifestent d'autant plus facilement que les plaies présentent une surface moins unie, et que cette surface, en s'éloignant davantage de la ligne verticale, permet à l'eau des pluies d'y séjourner plus facilement.

Le remède le plus efficace à employer dans cette circonstance est le suivant. On enlève d'abord, et cela jusqu'au vif, toute la partie de l'écorce qui est altérée, ainsi que le bois décomposé ou déchiré, afin qu'il en résulte une plaie bien nette ; puis, après avoir laissé cette plaie exposée à l'air pendant un jour ou deux, pour qu'elle se dessèche, on la recouvre complétement avec un *englument*.

On a successivement proposé à cet effet diverses substances : d'abord l'*onguent de Saint-Fiacre*, puis l'*onguent de Forsyth*, enfin le *mastic à greffer*. Les deux premières substances étant exposées à se détacher sous l'influence de la sécheresse ou de l'humidité, nous conseillons de préférence l'emploi des mastics à greffer, dont la base se compose toujours de résines. Nous avons donné précédemment, en parlant de la greffe, la composition de ce mastic, ainsi que le moyen de l'employer.

Lorsque les ulcères restent longtemps abandonnés à eux-mêmes, ils donnent lieu à une autre maladie. Le corps ligneux mis à nu, restant exposé à l'influence de l'air qui le décarbonise et à celle de l'humidité des pluies, finit par se décomposer, et se corrompt. Cet autre accident se nomme *carie*. Si cette maladie fait des progrès, tout le corps ligneux du tronc ou de la branche où elle se manifeste se décompose de proche en proche ; de telle sorte, qu'au bout d'un certain nombre d'années, l'arbre devient entièrement creux, et que sa durée est sensiblement diminuée. Lorsque la carie est arrivée à ce point, il n'est plus possible de réparer les dégâts qu'elle a occasionnés. On peut cependant, si l'on tient à conserver l'arbre attaqué, prolonger son existence en empêchant l'action de l'air et de l'humidité sur les parois de la cavité qui s'est produite.

A cet effet, on comble cette cavité jusqu'à l'orifice avec du mortier ordinaire composé de chaux et de sable. Arrivé à ce point, on ferme complétement l'ouverture, de manière à ce que l'eau des pluies ne puisse pas y séjourner. On emploie, dans ce but, l'onguent de Forsyth, dont voici la composition :

Bouse de vache......................	500 gr.
Plâtre....................	250
Cendres de bois.................... ..	250
Sable siliceux	30

Ces trois dernières substances étant parfaitement criblées, on y ajoute la bouse de vache, de manière à en former une sorte de pâte. Avant d'appliquer cet onguent, on aura dû enlever avec soin toutes les parties d'écorce et de bois desséchées, de manière à ce que les bords de la plaie, mis au vif, puissent développer des bourrelets qui devront fermer l'ouverture. Nous donnons (*fig.* 253) la coupe verticale du tronc d'un arbre ainsi opéré.

Fig. 253. *Coupe verticale du tronc d'un arbre opéré après la carie.*
A. *Couche d'onguent de Forsyth.*

Quoique le procédé que nous venons d'indiquer puisse paraître bizarre, nous affirmons qu'il est employé avec beaucoup de succès pour des arbres à fruit à cidre. Nous croyons donc qu'on peut l'étendre avec avantage aux arbres forestiers et d'ornement dont on voudrait, par un motif quelconque, prolonger la durée.

D'autres maladies, déterminées par l'incurie des hommes, attaquent encore les arbres : tels sont les *empoisonnements* causés par certaines substances, liquides ou gazeuses, mises en contact avec les racines ou les feuilles.

Dans le voisinage des fabriques de produits chimiques, et de tous les établissements d'où s'échappent d'abondantes vapeurs acides ou ammoniacales, on voit souvent les feuilles des arbres entièrement desséchées, ceux-ci rester languissants et périr après une lutte de quelques années. Ce résultat est dû, à n'en pas douter, à l'action des vapeurs, qui corrodent les parties vertes. Il n'est pas de remède contre ces influences fâcheuses ; on devra donc s'abstenir de planter dans ces localités, ou, du moins, ne le faire que du côté le moins exposé à ces émanations pernicieuses.

Depuis que l'éclairage au gaz a pris dans nos villes une grande extension, un accident de même nature se manifeste souvent parmi les arbres des promenades publiques qui avoisinent les conduits destinés à la circulation de ce gaz. On voit un certain nombre de ces arbres perdre leurs feuilles et mourir tout à coup. C'est encore là un véritable empoisonnement produit par une fuite de gaz. Ce fluide, répandu dans le sol, est absorbé par les racines et détermine la mort de l'arbre.

Quelquefois aussi, on voit les arbres de certaines plantations qui, après avoir prospéré pendant quelques années, cessent tout à coup de se développer, languissent et meurent. Ce résultat se remarque toujours lorsque le sol a été tout à coup exhaussé à 0ᵐ 50 au moins au-dessus de son niveau primitif. Il se produit alors pour l'arbre une véritable asphyxie. Les racines, ne pouvant plus recevoir l'influence de l'air, cessent leurs fonctions et pourrissent. Quelquefois cependant, lorsque les arbres sont jeunes, ils développent dans le voisinage de la surface du sol de nouvelles racines qui remplacent bientôt les premières, et l'arbre finit par reprendre sa vigueur. Dès que les arbres placés dans de semblables circonstances présenteront cet état languissant, on devra se hâter d'enlever la terre qui surcharge le sol.

Les *intempéries* déterminent souvent, dans les arbres de haut jet, des maladies d'autant plus redoutables qu'il est impossible de les prévoir et qu'il est très-difficile d'y remédier.

Ainsi, sous l'influence d'une très-basse température, il arrive que le tronc éprouve l'accident connu sous le nom de *gélivure*. C'est la congélation et la désorganisation de la couche d'aubier la plus extérieure. Cette couche conserve une couleur brune qui enlève à l'arbre une grande partie de son prix comme bois d'œuvre. D'autres fois, lorsque les troncs renferment beaucoup d'humidité et qu'un grand abaissement de température se produit subitement, il se manifeste dans toute l'épaisseur du corps ligneux des *fentes* longitudinales qui, partant du centre, rayonnent vers la circonférence et déchirent même l'écorce (*fig.* 254). C'est la maladie connue sous le nom de *cadranure*. On voit souvent apparaître, à la suite de cet accident, et par ces fentes, des écoulements qui se transforment en ulcères particulièrement connus sous le nom de *gouttières*, et qui

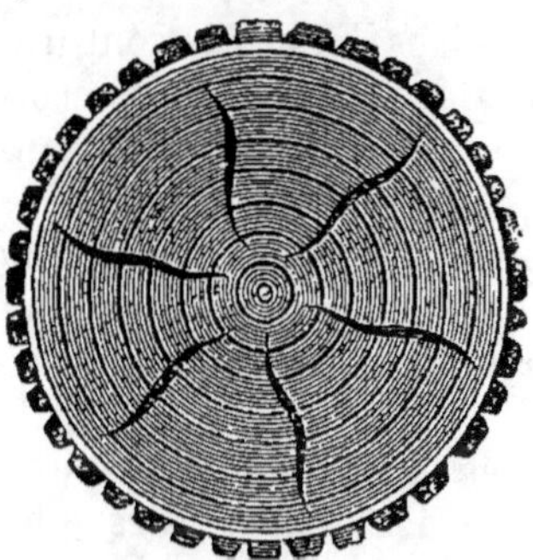

Fig. 254. *Tronc d'arbre atteint de la cadranure.*

enlèvent au tronc presque toute sa valeur. Aussitôt que ces fentes apparaissent sur l'écorce, il faut enlever avec un instrument bien tranchant les deux côtés de la plaie longitudinale, sur une largeur d'un centimètre environ, et la recouvrir avec du mastic à greffer. La cicatrisation s'opère et l'écoulement n'a pas lieu.

Parmi les animaux sauvages qui portent préjudice aux forêts, les uns appartiennent à la classe des mammifères, les autres à celle des oiseaux, le plus grand nombre à celle des insectes. Nous n'indiquerons que les plus destructeurs parmi les mammifères; ce sont : le daim, le cerf, le chevreuil ; ils dévorent en hiver les boutons et l'écorce de tous les arbres, au printemps les jeunes pousses, et en été les feuilles et les branches. A toutes les époques de l'année, ces animaux dépouillent les arbres de leur écorce et brisent les jeunes brins.

Le sanglier fait un tort considérable dans les semis de bois en fouillant la terre pour en tirer le gland, la châtaigne et la faîne. Il empêche le repeuplement en broutant les jeunes arbres nouvellement levés. Il est vrai qu'il est de quelque utilité en délivrant les bois des mulots, des souris et d'un grand nombre de larves d'insectes nuisibles. Mais on peut le remplacer par les cochons domestiques, qui présentent les mêmes avantages sans en avoir les inconvénients.

La plupart des forestiers sont d'avis qu'il n'est pas possible de conserver de beau bois avec des bêtes fauves. Néanmoins, comme ces animaux, malgré leurs ravages, sont encore de quelque utilité, soit comme produit, soit pour les plaisirs de la chasse, il convient d'en conserver un certain nombre. En Allemagne on calcule qu'on peut placer un cerf et une biche sur 2 hectares de superficie, une paire de daims sur 4 hectares et demi, et une paire de chevreuils sur environ 3 hectares. Quant au sanglier, on doit autant que possible le bannir entièrement.

Le lièvre, le lapin, l'écureuil, sont nuisibles lorsqu'ils sont trop multipliés. Ils dévorent en été les pousses des jeunes hêtres et écorcent en hiver les sapins, les trembles, les saules et quelques autres arbres.

Le mulot cause de grands ravages dans les forêts par la grande consommation qu'il fait de glands et de faînes et par la destruction des jeunes recrues. Il aime surtout l'écorce des jeunes charmes, hêtres, érables et frènes.

Au nombre des oiseaux les plus nuisibles aux forêts, on compte le coq de bruyère, qui se nourrit en hiver des boutons des pins, des sapins, du hêtre dans les pépinières; les ramiers qui s'abattent sur les semis des conifères et mangent les graines. Le pinson ordinaire, qui dévore aussi une grande quantité de graines d'arbres, le bec-croisé du pin et de l'épicéa, qui détruit toutes les graines des pins et sapins.

Les insectes sont assurément les animaux les plus dangereux des forêts, ceux qui se multiplient à l'excès quand on n'arrête pas leur propagation, et qui exigent la plus grande surveillance et l'activité la plus infatigable de la part des agents forestiers. Au nombre des coléoptères que le forestier doit redouter, nous citerons surtout les suivants :

Le *hanneton commun* (*Scarabæus melolontha*, L.) (*fig.* 255), — qui, dans certaines années, dévore entièrement les feuilles et les jeunes bourgeons des arbres. Sa larve (*fig.* 256), connue sous les noms de mans ou ver blanc, de turc, ronge les racines et fait souvent périr les arbres. Il n'y a d'autre moyen de combattre la multiplication de cet insecte vraiment désastreux que de le détruire, soit à l'état parfait, soit à l'état de larve;

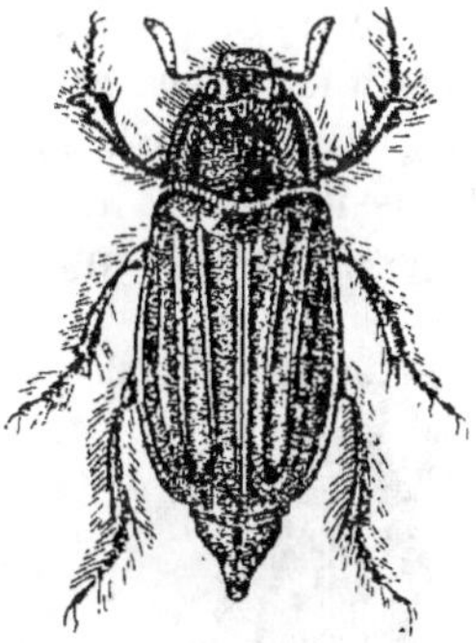

Fig. 255. *Hanneton commun.*

Fig. 256. *Larve du hanneton, ou mans.*

encore n'arrivera-t-on à le faire utilement qu'alors que chaque propriétaire sera contraint de l'appliquer sur toute l'étendue des terres qu'il exploite.

Toutefois nous engageons à ne pas renoncer à sa destruction, même partielle, car l'expérience semble démontrer que ces insectes s'éloignent peu de l'endroit où ils sont nés. Une plantation qui en aura été purgée sera donc moins exposée que les autres à en être ravagée ensuite. Ainsi, au printemps de l'année de l'apparition des hannetons, ce qui a lieu abondamment tous les trois ans pour la même localité, on devra les faire recueillir avec soin en ébranlant fortement, surtout le matin, les arbres sur lesquels ils se sont posés. Ces insectes seront ensuite détruits par le feu ou l'eau bouillante. Quant aux larves, elles seront ramassées toutes les fois que le sol sera remué, du printemps à l'automne. Comme elles exercent particulièrement de grands ravages dans les pépinières et dans les jeunes plantations, il sera utile de faire fouiller avec précaution au pied des jeunes arbres qui paraîtront languissants, afin de détruire les mans qui rongent les racines.

Enfin, dans les localités habituellement exposées aux dégâts de cet insecte, il sera bon de ne pas détruire certains animaux qui lui font une guerre acharnée. Tels sont le renard, la martre, la fouine, le blaireau, le hérisson, la chauve-souris, et la taupe, qui détruit les larves. Parmi les oiseaux, nous citerons la corneille, le hibou, la chouette, les busards, les buses, la crécerelle, l'émouchet, et un grand nombre d'autres petits oiseaux. Certains animaux de basse-cour, tels que les poules, les canards, les oies, les cochons, se nourrissent aussi volontiers de cet insecte.

Le *bostriche typographe* (*Bostrichus typographus*, Fab.) (*fig.* 257)—attaque particulièrement les sapins et les épicéas. Sa larve (*fig.* 258) ronge pendant tout l'été les couches du liber de ces arbres, qui, bientôt, jaunissent, se dessèchent partiellement et périssent. Pour se garantir du typographe, on favorise la multiplication des oiseaux de nuit, des campagnols, des pics, des mésanges, des pinsons et de plusieurs autres espèces de passereaux. Il faut aussi sacrifier immédiatement les arbres atteints par cet insecte, et les brûler. Néan-

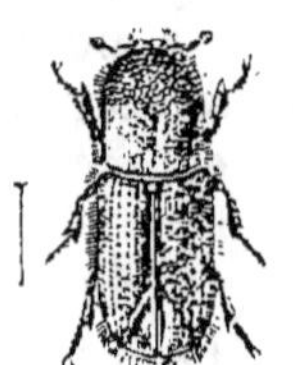

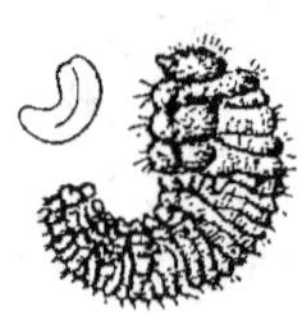

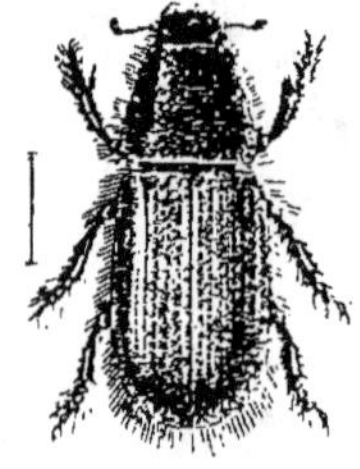

Fig. 257. *Bostriche typographe.*   Fig. 258. *Larve du bost. typographe.*   Fig. 259. *Bostriche du pin sylvestre.*

moins, comme le bostriche choisit les arbres malades pour y déposer ses œufs, il sera bon de laisser gisants sur le sol quelques arbres encore verts et de ne les brûler qu'après la pousse.

Le *bostriche du pin sylvestre* (*Bostrichus pinastri*, Bechst.) (*fig.* 259). —Cette espèce vit particulièrement sur le pin sylvestre, et sa larve attaque, comme le précédent, les arbres morts ou vivants, gisants sur le sol ou sur pied. On se garantit de ses ravages et on le détruit par les mêmes moyens que le typographe.

Le *scolyte piniperde* (*Scolytus piniperda*, Oliv.) (*fig.* 260). — On le trouve sous l'écorce des bois résineux de 40 à 70 ans, auxquels il cause souvent de très-grands dommages. Il perce aussi un trou dans les jeunes pousses des pins sylvestres et dépose ses œufs dans le canal médullaire. Sa larve, qui éclôt bientôt après, ronge la moelle et occasionne le dessèchement et la chute des pousses. On emploie pour sa destruction les mêmes moyens que pour le typographe.

Fig. 260. *Scolyte piniperde.*

Le *scolyte destructeur* (*Scolytus destructor*, Lat.) (A, *fig.* 261) — est un autre coléoptère dont la larve ronge aussi le liber en y pratiquant des galeries (B). Il attaque surtout les ormes, et particulièrement les individus souffrants, dont il hâte promptement la fin. Lorsque les arbres sont atteints par cet insecte, la surface de leur écorce paraît bientôt comme criblée d'une infinité de petits trous.

Le moyen le plus satisfaisant et en même temps le moins dispendieux de détruire cet insecte consiste à enlever, à l'aide d'une sorte de plane, toute l'écorce desséchée, en ne conservant que les couches vivantes du liber.

La *cantharide des boutiques* (*Meloe vesicatorius*) (*fig.* 262). — Cet insecte, bien connu par ses propriétés vésicantes, attaque plusieurs arbres à feuilles caduques, et surtout le frêne à fleurs, dont il dévore toutes les feuilles. En secouant le matin les jeunes arbres, les cantharides tombent ; on les ramasse et on les jette dans du vinaigre pour les vendre aux pharmaciens.

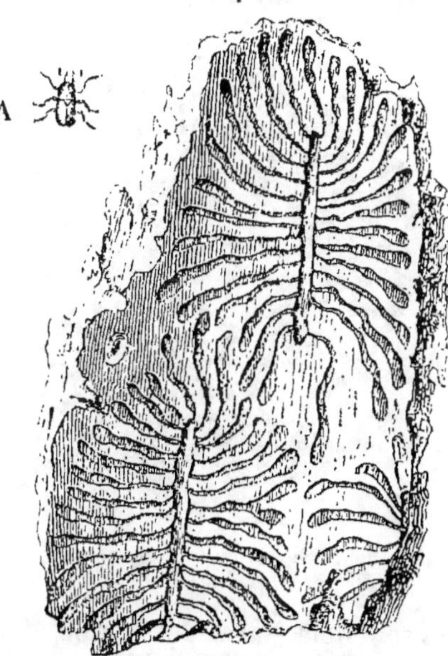

Fig. 261 A. *Scolyte destructeur.*
B. *Écorce attaquée par ce scolyte.*

Le *rhynchène des pins* (*Rhynchœnus pineti*, Fab.) (*fig.* 263). — Comme celle du scolyte piniperde, sa larve (*fig.* 264) s'introduit dans la moelle des bourgeons du pin sylvestre et fait

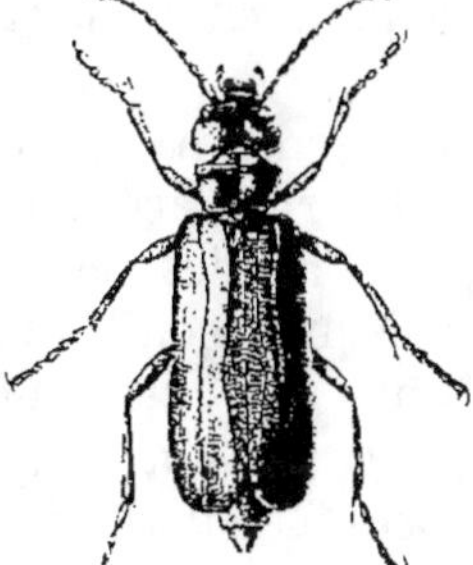

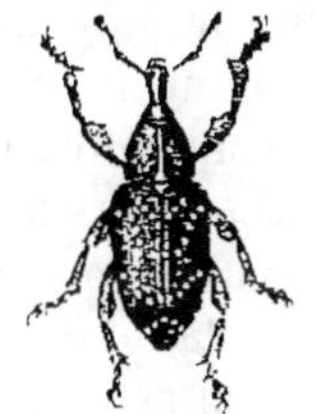

Fig. 262. *Cantharide des boutiques.*   Fig. 263. *Rynchène des pins.*   Fig. 264. *Larve du rynchène des pins.*

périr les jeunes arbres. Elle ronge aussi le liber du pin et du sapin et produit les mêmes accidents que les bostriches. On emploie le même mode de destruction.

La *chrysomèle du peuplier* (*Chrysomela populi*) (*fig.* 265). — Cet insecte, à l'état parfait, a des élytres d'un beau rouge avec un cor-

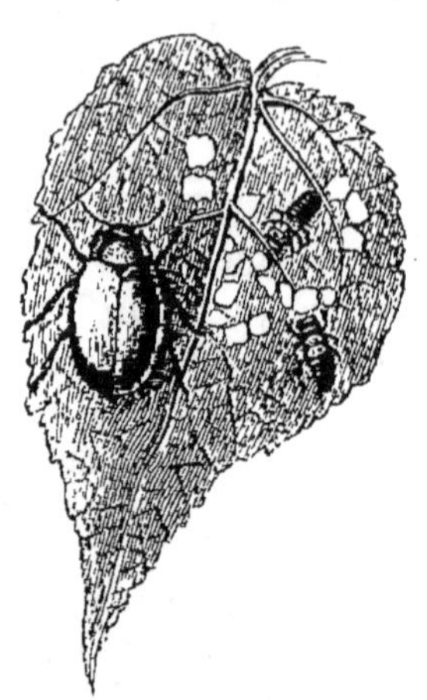

Fig. 265. *Larves et insecte parfait
de la Chrysomèle du peuplier.*

Fig. 266. *Œufs, larves et insecte parfait
de la Chrysomèle de l'aune.*

selet d'un bleu d'acier. Ses larves sont noires avec des verrues dorsales blanches. Cette chrysomèle attaque de préférence les jeunes plantations de peupliers.

La *chrysomèle de l'aune* (*Chrysomela alni*) (*fig.* 266) est d'un bleu d'acier, elle est un peu plus petite que la précédente et ses larves sont noires. Elle vit exclusivement sur les jeunes arbres dont elle porte le nom, et dépose ses œufs sur les feuilles. Les larves de ces deux chrysomèles, ainsi que celles de quelques autres espèces de la même famille, font parfois un tort considérable aux pépinières ou aux jeunes plantations dont elles mangent les feuilles.

On en détruit le plus grand nombre en faisant passer dans la pépinière ou dans les jeunes coupes des ouvriers armés d'un bâton dont ils frappent doucement les rameaux au-dessous desquels ils tendent en même temps une large poche qui reçoit les insectes.

Parmi les orthoptères, nous ne connaissons guère que la *courtillière commune*, *taupe-grillon*, ou *taupette* (*Gryllus gryllotalpa*) (*fig.* 267) qui soit redoutable pour les cultures forestières. L'insecte, à l'état parfait, est pourvu d'ailes entièrement développées. Les larves plus ou moins âgées (*fig.* 268) se distinguent seulement par l'absence de ces ailes et par leurs moindres dimensions. Les femelles déposent, en juin et en juillet, dans des mottes de terre, jusqu'à deux cents œufs d'un blanc jaunâtre et de la grosseur d'un grain de chènevis (*fig.* 268). Cet insecte cause aussi de grands ravages dans les pépinières et dans les jeunes plantations, en coupant les racines

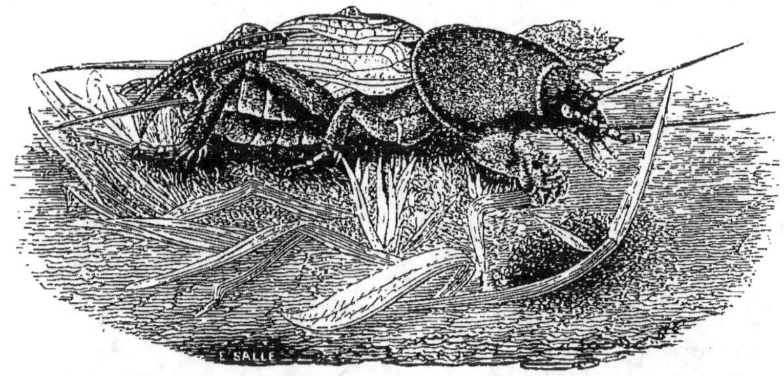

Fig. 267. *Taupe-Grillon femelle.*

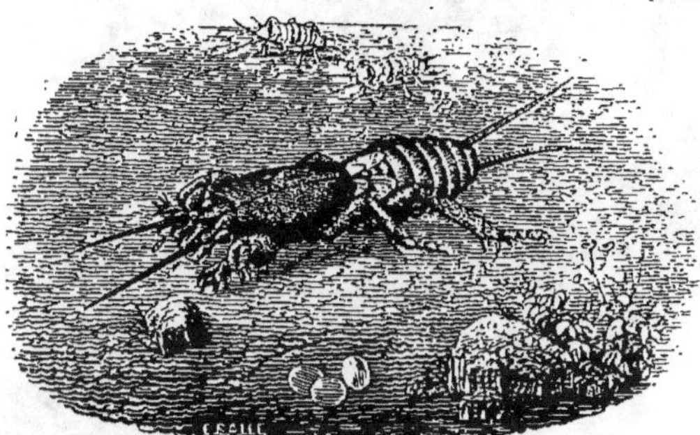

Fig. 268. *Œufs du taupe-grillon et larves.*

pour établir ses nombreuses galeries souterraines. Le procédé le moins dispendieux qu'on puisse employer pour leur destruction consiste à fouiller la terre, vers le mois de juin, dans le voisinage des jeunes plants que leur état souffrant signale comme attaqués par la courtillière. On détruit ainsi les nids qui renferment les œufs.

On compte aussi parmi les hyménoptères quelques insectes nuisibles aux forêts. De ce nombre sont surtout les deux suivants :

Fig. 270. *Larve de la tenthrède du pin.*

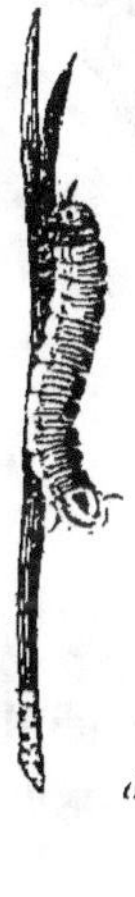

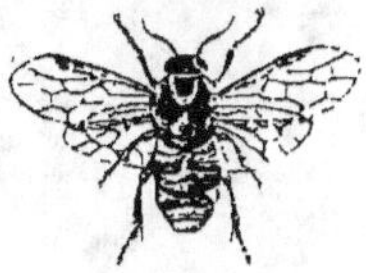

Fig. 269. *Tenthrède du pin.*

Fig. 271. *Cocon de la tenthrède du pin.*

La *tenthrède du pin* (*Tenthredo pini*, Geof.) (*fig.* 269). — Les larves de cette mouche (*fig.* 270) vivent sur le pin sylvestre, dont elles dévorent les feuilles. Pour les détruire, on conduit dans la forêt un troupeau de cochons, au moment où l'on remarque que ces larves tombent sur le sol pour y filer leurs cocons (*fig.* 271); les cochons les mangent avidement.

La *tenthrède des champs* (*Tenthredo campestris*) (*fig.* 272) est plus grande que la précédente. Ses larves (*fig.* 273) se nourrissent également des feuilles du

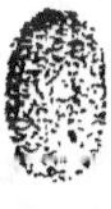

pin sylvestre. Fixées d'abord vers le sommet des jeunes rameaux, elles s'enveloppent de leurs crottes retenues par la toile qu'elles filent, et cheminent ainsi en descendant et en dévorant toutes les feuilles qu'elles trouvent sur leur passage.

On les détruit comme l'espèce précédente.

Les *lépidoptères* ou papillons sont les insectes qui causent le plus de ravages dans nos forêts, tant par leur prodigieuse multiplication que par

Fig. 275. *Larve du cossus ronge-bois.*

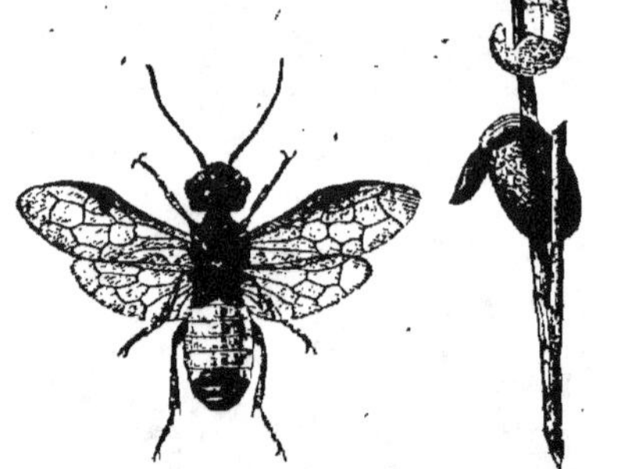

Fig. 272
Tenthrède des champs.

Fig. 273 *Larve et cocon de la tenthrè. de des champs.*

Fig. 274. *Cossus ronge-bois ; papillon femelle.*

la consommation considérable que font leurs larves ou chenilles des bourgeons, des feuilles, de l'écorce, et même du corps ligneux de nos arbres. Les plus dangereux appartiennent à la famille·des papillons nocturnes. Ce sont surtout les suivants :

Le *cossus ronge-bois* (*Cossus ligniperda*, Fab.) (*fig.* 274) est une des grandes espèces les plus nuisibles. Il est d'un gris cendré, avec de petites lignes noires, nombreuses sur les ailes supérieures. La chenille attaque les saules, les peupliers, le chêne et particulièrement les plantations d'ormes, dans lesquelles elle cause des ravages considérables. Cette chenille (*fig.* 275), de la grosseur du petit doigt, est de couleur rougeâtre, avec des bandes transversales d'un rouge de sang. Elle pénètre, jeune encore, au-dessous de l'écorce, où elle pratique, aux dépens des couches d'aubier les plus jeunes et des couches du liber, de nombreuses galeries qui interrompent la circulation de la séve, rendent l'arbre languissant, et souvent même le font périr.

Il est malheureusement très-difficile de détruire cet insecte ; le seul moyen de diminuer son abondance consiste à faire la chasse aux papillons de cette espèce, qu'on rencontre fréquemment, vers le milieu de l'été, appliqués contre le tronc des ormes.

Le *bombyce processionnaire* (*Bombyx processionnea*, Réaum.) (*fig.* 276) est de moyenne taille. Il est d'un gris sale et brunâtre, avec des raies transversales, claires et foncées, qui s'alternent. La chenille (*fig.* 277) est d'un gris bleuâtre ou rougeâtre, et hérissée de

Fig. 276. *Bombyce processionnaire ;*
papillon mâle.

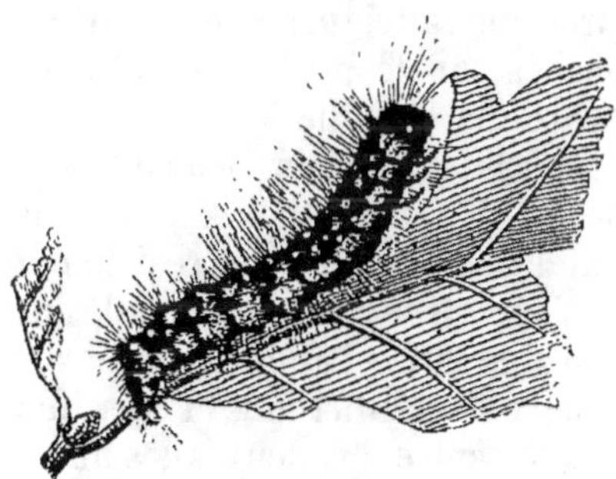

Fig. 277.
Larve du bombyce processionnaire.

poils fort longs. Elle porte, sur la ligne médiane du dos, des raies transversales et de petites excroissances d'un rouge brun. Le papillon prend son essor en août ; il dépose ses œufs sur l'écorce du chêne, et les chenilles, qui éclosent en mai, voyagent sur l'arbre par ascension et y vivent en société ; après chaque mue, les escadrons deviennent plus volumineux, et passent des arbres dévorés sur d'autres arbres. La mue de ces insectes s'effectue sous une toile de soie, filée dans les anfractuosités des branches, ou sur le tronc. Leur passage à l'état de chrysalide se fait aussi dans l'inté-

rieur d'un grand réseau en forme de ballon, lequel est d'un blanc
sale et commun pour tous.

Fig. 278. *Bombyce du pin ; individu femelle.*

On détruit cet insecte en enlevant, vers la fin de juillet, ces sortes de gros flocons dont les chenilles s'enveloppent ; cette chasse doit
être faite avec un racloir en fer,
pour éviter les accidents inflamma-
toires qui atteignent les ouvriers
touchés par le petit duvet qui recouvre ces chenilles.

Le *bombyce du pin* (*Bombyx pini*)
(*fig.* 278). Ce papillon est le plus
grand de ceux qui sont réellement
nuisibles. Il est d'un rouge brun,
avec une large bande transversale
d'une couleur différente, et présente,
vers le centre des deux ailes antérieures, une tache blanche en forme
de croissant. Pendant l'accouple-
ment, ces insectes se tiennent les
ailes pendantes et entrelacées (*fig.*
279). Ils sortent de leur chrysalide
et commencent à voltiger vers le
milieu de juillet. Les femelles pon-
dent leurs œufs sur l'écorce des
troncs (*fig.* 279) et, quelquefois, sur
les rameaux.

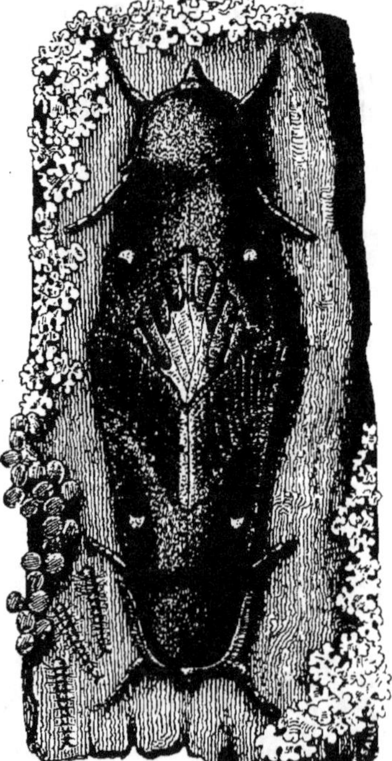

Fig. 279. *Bombyce du pin ; œufs,
jeunes chenilles, et papillons accouplés.*

Les chenillettes (*fig.* 279) commencent à éclore, deux ou quatre semaines après la ponte, suivant que la température est plus ou

moins favorable ; elles se dirigent immédiatement sur les bourgeons des pins, pour les ronger. Les chenilles (*fig.* 280) se distinguent à leur couleur grise, rougeâtre ou, plus souvent, d'un brun foncé. On les reconnaît surtout à deux entailles, d'un bleu d'acier, qu'elles présentent près du cou. Parvenues, en octobre, à la moitié de leur croissance, elles se retirent, pendant l'hiver, sous la mousse, au pied des arbres ; vers le mois d'avril elles remontent sur les arbres, recommencent leurs ravages, et dévorent les feuilles et les jeunes pousses des pins. Ce n'est qu'en juin qu'elles commencent à filer leurs cocons, à l'extrémité des rameaux

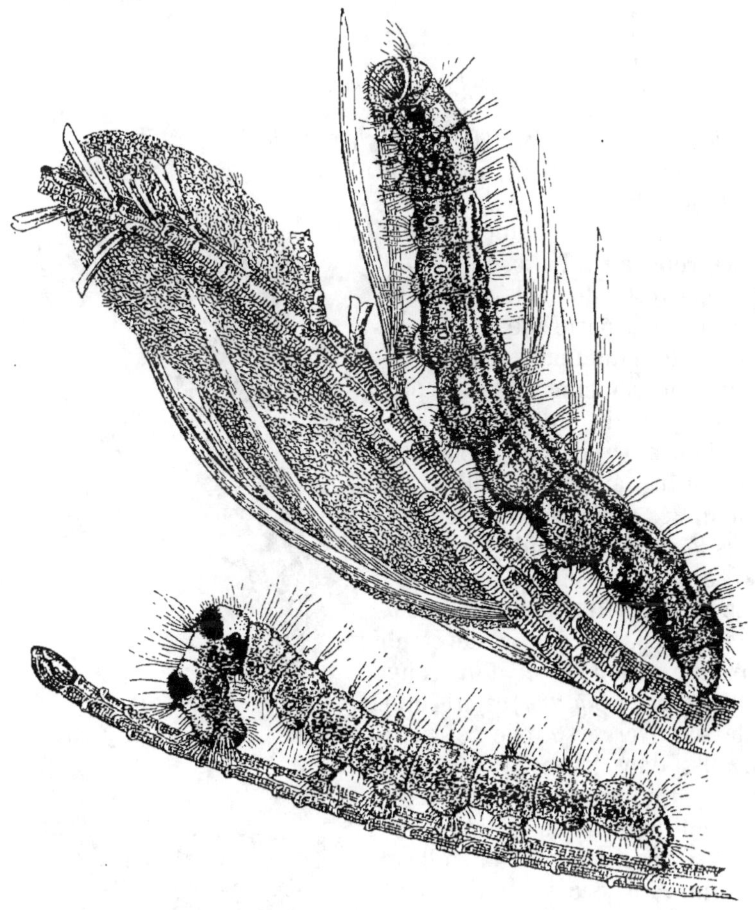

Fig. 280. *Larves et cocons du Bombyce du pin.*

(*fig.* 280) ou sur l'écorce du tronc. Malheureusement, les cochons ne mangent pas les chenilles de ce papillon. On devra donc tâcher de diminuer le nombre de ces larves, soit en les recueillant, à la fin de l'automne, sous la mousse, au pied des pins, soit en détruisant les papillons, les cocons ou les œufs qu'on trouvera posés sur les troncs.

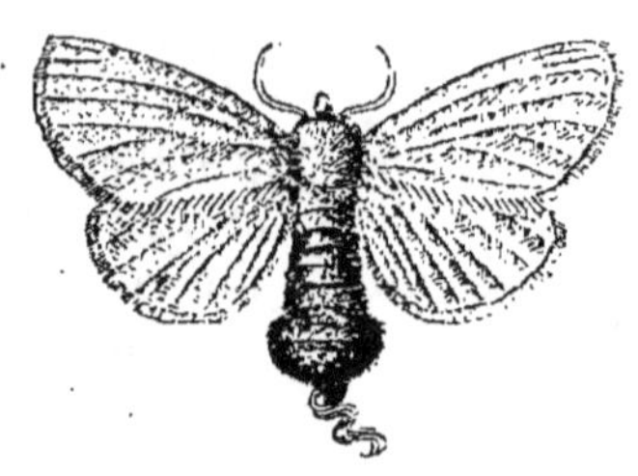

Fig. 281. *Bombyce à cul doré ; papillon femelle.*

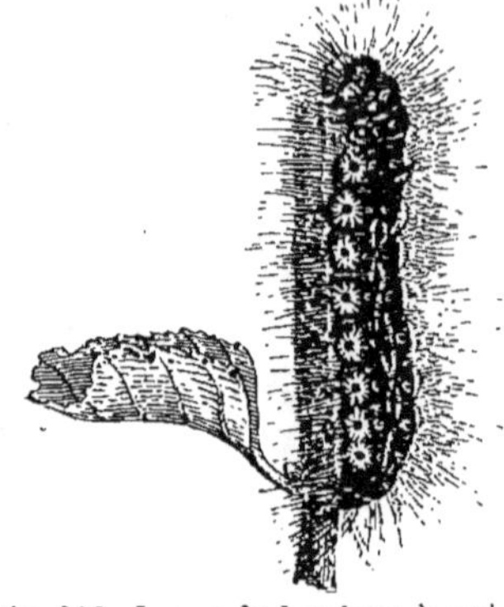

Fig. 282. *Larve du bombyce à cul doré.*

Le *bombyce à cul doré* (*Bombyx chrysorrhœa*) (*fig.* 281) est blanc comme la neige, seulement la laine dévidable qui se trouve à l'anus de la femelle est d'une couleur brune rougeâtre. La chenille (*fig.* 282) couverte de poils, est d'un brun foncé et porte plusieurs raies rouges longitudinales. Elle attaque non-seulement les arbres fruitiers, mais encore les jeunes chênes. On détruit facilement cette espèce en recueillant et en brûlant les nids de chenilles, qui après la chute des feuilles sont faciles à apercevoir sur les branches.

Le *bombyce livrée* (*Bombyx neustria* (*fig.* 283). — Cet insecte est de moyenne grandeur et d'un rouge brun. Sa larve (*fig.* 284) est très-nuisible aux vergers ; elle se montre aussi dans les forêts, sur les chênes et autres arbres, sur lesquels elle vit en association. On peut détruire ces chenilles en enlevant leurs nids, en hiver, ou en les écrasant, au printemps, contre la tige, alors qu'elles sont réunies en bloc. Une solution de savon noir, lancée à l'aide d'une petite pompe

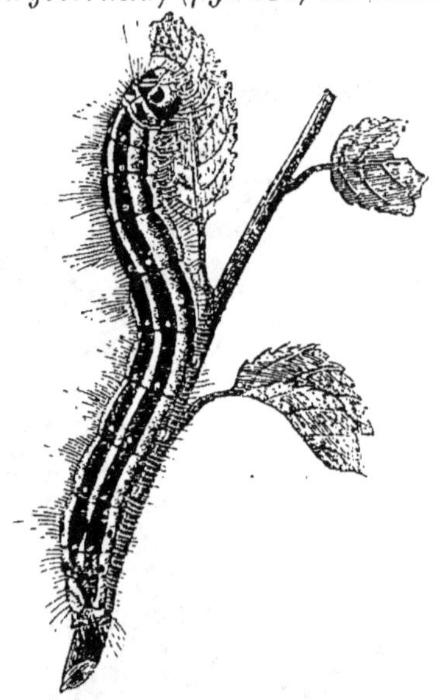

Fig. 284. *Larve du bombyce livrée.*

Fig. 283 *Bombyce livrée.*

à main, ou d'un gros pinceau, les détruira aussi immédiatement. Le *bombyce pudibond* (*Bombyx pudibunda*) est petit, d'un blanc rougeâtre, avec des raies transversales plus foncées. La chenille (*fig.* 285) est très-remarquable par quatre touffes de poils, en forme de brosse, et par une autre touffe dressée comme un panache. Sa couleur est rou-

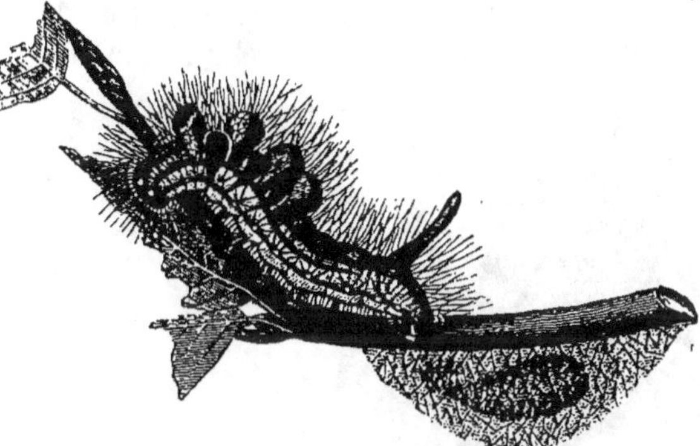

Fig. 285. *Cocon et larve du bombyce pudibond.*

geâtre, ou verdâtre, avec des entailles qui semblent garnies de velours noir. On trouve cette larve sur presque tous les arbres, et notamment sur le hêtre. Il n'y a d'autre moyen de les détruire que de les écraser au moment où elles

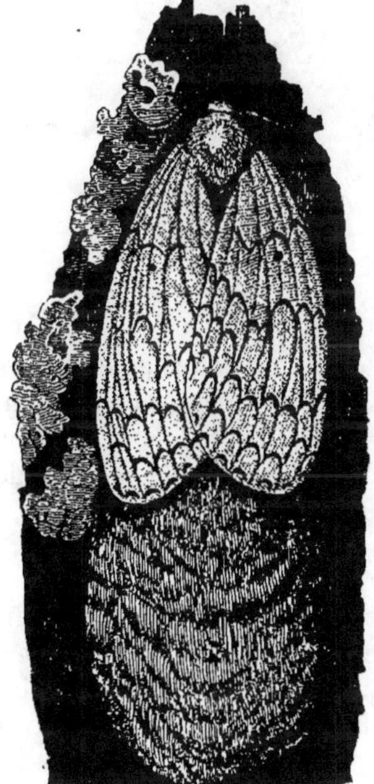

Fig. 286. *Papillon femelle, et œufs du bombyce dispar.*

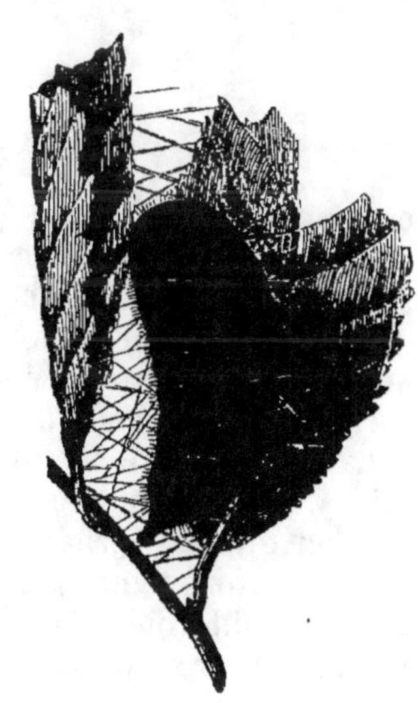

Fig. 288. *Chrysalide du bombyce dispar.*

montent, en grand nombre, le long des tiges, vers le mois d'octobre. Le *bombyce dispar* (*Bombyx dispar*) (*fig.* 286) présente d'assez grandes dimensions. La femelle est beaucoup plus grande que le mâle et d'un blanc gris. Le mâle est brun foncé. La chenille (*fig.* 287) a une grosse tête, de longs poils, avec cinq paires de verrues dorsales bleues, et six paires de rouges. La chrysalide (*fig.* 288)

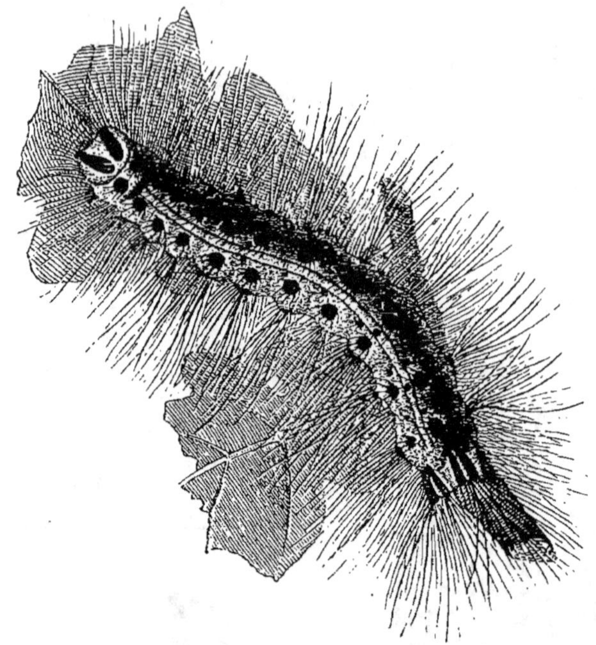

Fig. 287. *Larve du bombyce dispar.*

est d'un brun noirâtre et porte des touffes de longs poils rouges; elle est fixée entre quelques fils isolés, soit entre les feuilles ou au-dessous du point d'attache des branches, soit sous les chaperons des murs. Le papillon prend son essor en août, et la femelle dépose de deux à quatre cents œufs; en un paquet ovale, recouvert et garni intérieurement d'un duvet jaunâtre (*fig.* 286).

La chenille de ce bombyce est si vorace, qu'elle attaque tous les arbres. On peut diminuer l'abondance de cette espèce en enlevant, avec un grattoir, pendant l'automne et l'hiver, ces amas d'œufs que nous avons figurés au-dessous du papillon. On peut aussi écraser les chenilles qui se réunissent en mai, aux points que nous avons indiqués, pour s'y transformer en chrysalides. Enfin ces chrysalides seront elles-mêmes détruites avec soin.

Le *bombyce moine* (*bombyx monaca*, L.) (*fig.* 289) a les ailes antérieures blanches, chargées d'un grand nombre de taches et de raies en zigzag. Il se distingue surtout par de larges bandes roses qui courent transversalement sur l'abdomen. La chenille de ce lépidoptère (*fig.* 290) attaque de préférence les pins et les sapins,

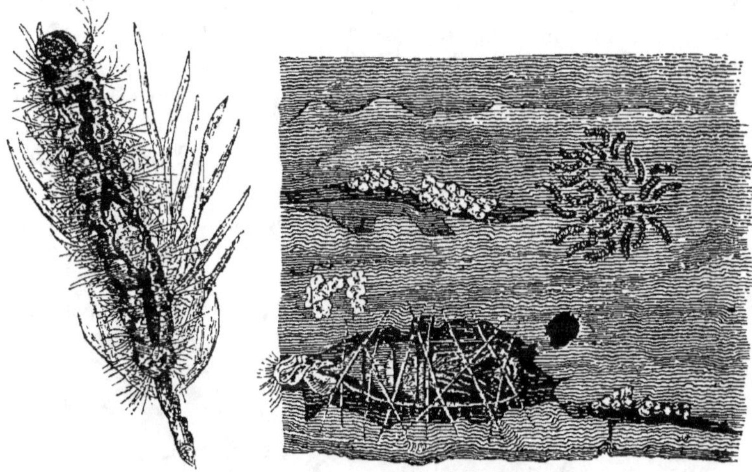

Fig. 290. *Larve du*
bombyce moine.

Fig. 291. *Chrysalide, œufs et chenillettes du*
bombyce moine.

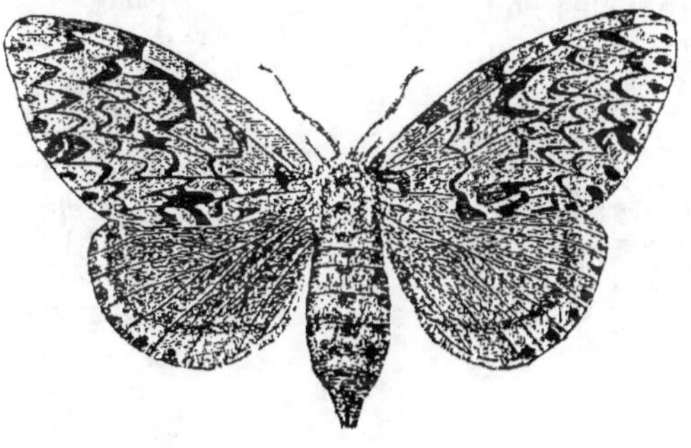

Fig. 289. *Bombyce moine; individu femelle.*

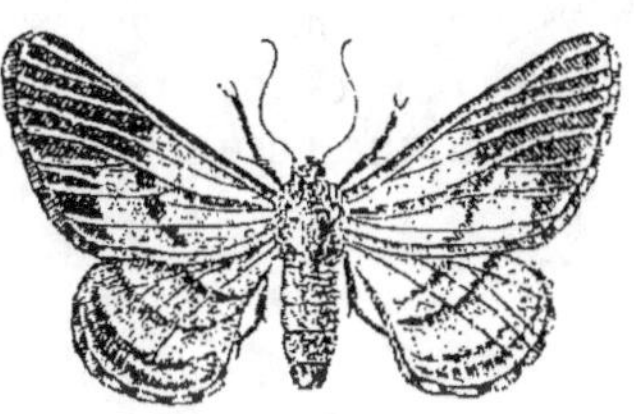

Fig. 292. *Phalène piniaire ; papillon*
femelle.

Fig. 293. *Larve de la*
phalène piniaire.

auxquels elle cause de grands dommages. Cette larve mange aussi,
mais moins fréquemment, les feuilles du chêne, du hêtre, du bou-

leau. Il n'y a d'autre moyen de destruction que de recueillir, pendant l'automne et l'hiver, les œufs déposés sur le tronc des arbres (*fig.* 291), ou bien d'écraser sur les arbres, vers la fin d'avril, les jeunes chenilles lorsqu'elles viennent d'éclore (*fig.* 291), ou enfin de rechercher, en juin, les chrysalides, ordinairement fixées dans les anfractuosités de la tige des arbres (*fig.* 291).

La *phalène piniaire* (*Phalœna piniaria*, L.) (*fig.* 292) est d'un brun rouge. La chenille (*fig.* 293) est verte, rayée de blanc et de jaune sur les côtés. Elle vit sur le pin sylvestre et peut être détruite par les cochons lorsqu'elle descend sur le sol, à la fin de l'automne, pour se transformer en chrysalide.

La *noctuelle piniperde* (*Noctua piniperda*, Esp.) (*fig.* 294) est d'un rouge brun bleuâtre, tacheté de blanc et strié. La chenille de cette espèce (*fig.* 295) est verte et porte, sur le dos, des raies blanches longitudinales, et, de chaque côté, une raie orange. Cette noctuelle prend son vol dès la fin de mars. Les jeunes chenilles rongent déjà, en mai, les bourgeons dans lesquels elles péné-

Fig 294. *Noctuelle piniperde ; papillon mâle.*

Fig. 295. *Larve de la noctuelle piniperde.*

trent souvent tout entières. En juillet elles descendent des arbres pour aller se changer en chrysalides sous la mousse. Cette chenille est surtout très-redoutable pour les forêts de pins sylvestres. On la détruit par le même moyen que l'espèce précédente.

TROISIÈME SECTION.

CULTURE DES ARBRES ET ARBRISSEAUX D'ORNEMENT.

Nous comprenons sous la dénomination *d'arbres et d'arbrisseaux d'ornement* toutes les espèces que l'éclat, l'odeur, la singularité de leurs fleurs ou de leurs fruits, l'élégance de leur feuillage, ont fait choisir pour la décoration des parcs et des jardins. L'importance, relativement moins grande, des arbres de cette section, nous engage à ne traiter de leur culture que d'une manière succincte ; aussi, négligerons-nous de nous occuper ici du dessin et de l'exécution des parcs et jardins, ces notions étant d'ailleurs plutôt du ressort de l'architecture que de celui de la culture proprement dite.

Nous avons traité, précédemment, de la multiplication et de l'élève de ces arbres et arbrisseaux ; il ne nous reste donc plus qu'à examiner la préparation du sol, la distribution la plus convenable des diverses espèces dans les parcs et jardins, enfin le meilleur mode de plantation.

Préparation du sol. — Lorsque le dessin d'un parc ou d'un jardin a été tracé sur le terrain, que les travaux de remblai et déblai sont terminés, que l'on a indiqué la place des divers massifs d'arbres et d'arbrisseaux, on prépare le sol. En traitant des plantations d'alignement, nous avons indiqué les distances qu'il fallait réserver entre elles, et la convenance qu'il y avait à faire, pour chaque arbre, un trou particulier ; mais ici, comme les arbres sont beaucoup plus rapprochés, il n'y aurait plus d'économie à opérer ainsi ; il sera donc mieux de donner à toute la surface, quelques mois avant la plantation, un défoncement uniforme de 0^m 40 à 0^m 50 de profondeur.

Les parties destinées à recevoir les arbres et arbrisseaux qui exigent la terre de bruyère devront être creusées à la profondeur de 0^m 50 à 0^m 80, et la terre qu'on en extraira sera remplacée par une égale quantité de terre de bruyère, dont les mottes seront seulement grossièrement déchirées. Comme cette terre s'affaisse assez promptement, on exhaussera ces massifs de 0^m 16 à 0^m 20 au-dessus du niveau du sol environnant.

Distribution des diverses espèces. — Après le tracé et la préparation du sol, vient la distribution des diverses espèces. Les principales considérations qui doivent lui servir de base sont les suivantes : la hauteur habituelle de chaque espèce ; la nature du sol qu'elle exige ; le climat qui lui est nécessaire ; l'exposition qu'elle préfère ; enfin, le parti qu'on peut en tirer pour l'ornement, soit en raison de sa forme, de l'aspect de son feuillage, caduque ou persistant, ou à cause de ses fleurs ou de ses fruits.

Hauteur à laquelle s'élève chaque espèce. Il importe beaucoup de se rendre compte de la hauteur qu'acquièrent les diverses espèces ; car il faut, pour jouir de l'aspect de chaque arbre, que la plantation des massifs soit faite de telle sorte que les plus grands arbres soient placés au centre, et les arbrisseaux sur le bord des massifs. Or, si l'on ne se rend pas compte de l'accroissement futur de ces arbres, on pourra placer sur les bords de grandes espèces qui masqueront bientôt toute la plantation, ou placer au centre des arbrisseaux qui seront bientôt étouffés par les arbres voisins. On peut, sous ce point de vue, partager les diverses espèces ligneuses en arbres de première, de deuxième et de troisième grandeur, et en arbrisseaux de premier, de deuxième et de troisième ordre. — Ce sont ces divisions que nous prendrons pour base des tableaux qui nous serviront à compléter nos indications, relatives à cette culture.

Nature du sol qui convient à chaque espèce. Nous avons vu combien il importe de donner aux arbres l'espèce de terre qu'ils exigent ; on devra donc remplir soigneusement cette condition. S'il s'agit d'un grand parc à surface accidentée, la nature du sol y sera ordinairement assez variée, et l'on pourra aussi y varier beaucoup les espèces ; mais, si l'étendue est restreinte, la nature du sol sera ordinairement uniforme, et l'on ne pourra cultiver qu'un moins grand nombre d'espèces, à moins de faire rapporter des terres d'une nature convenable, ce qui est toujours très-coûteux ; si cependant l'on s'y décidait, on opérerait comme nous l'avons indiqué pour les massifs de terre de bruyère.

Outre les exigences de chaque espèce, quant à la composition élémentaire du sol, on devra aussi s'arrêter à la dose d'humidité qu'elles ont besoin de trouver dans la terre. Ainsi on ne placera au bord des pièces d'eau, des rivières, dans les endroits humides, que les arbres qui demandent impérieusement ces situations.

Climat et exposition. La plupart des espèces qui se développent bien dans le nord s'accommodent aussi du midi de la France ; mais il est un certain nombre d'arbres et d'arbrisseaux qui ne peuvent vivre que sous le climat du midi. Nous indiquerons ces espèces dans les tableaux qui vont suivre.

Quant à l'exposition, certaines espèces sont aussi très-exigeantes sous ce rapport ; ainsi, tous les arbres et arbrisseaux originaires des hautes montagnes ou des parties les plus froides du globe préfèrent, à toute autre, les expositions du nord. Presque tous les végétaux à feuilles persistantes sont dans ce cas.

Aspect des diverses espèces déterminé par leur forme, leur feuillage, leurs fleurs ou leurs fruits. La place que l'on réservera à chaque arbre sera aussi déterminée par son aspect, son port. Les espèces à forme régulière et pyramidale, comme les peupliers d'Italie, les sapins, ne devront être employées qu'avec ménagement et discrétion. On en formera de petits groupes destinés à faire opposition à la forme arrondie des autres masses d'arbres. Lorsqu'il s'agira de grands massifs, on devra éviter d'y mélanger un trop grand nombre de feuillages différents. Il faudra, au contraire, réunir les arbres qui présentent sous ce rapport le plus d'analogie. Le contraste est souvent d'un effet pittoresque; mais il ne faut pas qu'il soit trop divisé, il ne doit exister qu'entre les grandes masses. Ceci s'applique à plus forte raison aux arbres à feuilles persistantes, qu'on ne doit grouper qu'entre eux. Ils étoufferaient, d'ailleurs, les espèces à feuilles caduques qu'on essayerait de leur associer.

Quant aux arbres et arbrisseaux remarquables par leurs fleurs ou leurs fruits, on devra leur réserver de préférence les massifs placés dans le voisinage des habitations, afin de pouvoir jouir constamment de leur aspect. Il faudra, pour la plantation de ces massifs, faire en sorte qu'ils présentent des fleurs ou des fruits remarquables pendant tout le temps de la belle saison. Pour cela, le choix des espèces qui les composeront sera tel que leurs fleurs ou leurs fruits se succèderont sans interruption.

Pour compléter ces indications, nous donnons ici la liste des principales sortes d'arbres et d'arbrisseaux employées pour la décoration des parcs et des jardins, en accompagnant chacune d'elles des renseignements qui peuvent servir de guide pour lui faire occuper la place qui lui convient. Un grand nombre des arbres et arbrisseaux forestiers dont nous avons parlé précédemment sont aussi employés pour la plantation des grands parcs; comme nous nous sommes suffisamment occupés de leur culture, nous n'allons parler ici que des espèces connues, spécialement, sous le nom d'arbres et d'arbrisseaux d'ornement.

ARBRES A FEUILLES CADUQUES.
Première grandeur.

NOMS DES ESPÈCES.	NATURE de sol qui leur convient.	ESPÈCES exigeant le climat du midi ou un abri dans le nord (1).	EXPOSITION qu'elles préfèrent.	ESPÈCES remarquables pour leur feuillage, leurs fleurs ou leurs fruits	ÉPOQUE de floraison ou de maturité des fruits.
Æsculus hippocastanum, L...	Argilo-sableux.			Fleurs blanc. rosées.	Mai.
Broussonetia papyrifera, Vent.	Sablo-argileux.			Fruits rouges.	Août.
Carya alba, Nutt...........	sablo-arg.-hum.				
Castanea americana, G. Don.	Id.				
Celtis occidentalis, Duh......	sablo-argileux.				
- cordata, H P......	Id.				
- Mississipiensis, Bosc........	Id.	midi.			
Cerasus persicæfolia, Loisl....	Id.			Fruits rouges.	Août.
- Virginiana, Juss..........	Id.			Fleurs blanches.	Fin de mai.
Corylus bysantina, L..........	Id.				
Fagus sylv. purpurea, L'Hérit.	Id.			Feuilles rouges.	
- sylv. cuprea, Hort..........	Id.			Feuilles cuivrées.	
- sylv. pendula, Lodd......	Id.				
- ferruginea, Aït..........	Id.				
- ferr. latifolia. L'Hérit.....	Id.				
Fraxinus excel. aurea, Willd..	Id.				
- excel. monophylla, Desf....	Id.				
- quadrangulata, Mich.....	Id.				
- juglandifolia, Lam.......	Id.				
- pubescens, Walt...........	sablo-arg.-hum.				
- latifolia, Bosc...........	sablo-argileux.				
- sambucifolia, Lam.........	Id.				
- platycarpa, Mich..........	Id.				
- lenticifolia, Desf...........	Id.				
Gymnocladus canadensis, Lam.	Id.			Fleurs blanches.	Juin.
Juglans reg. heterophylla, Hort.	Id.				
- cinerea, L................	Id.				
Larix americana, Mich........	Id.		nord.		
Liriodendron tulipifera, L...	Argilo-sableux.			Fleurs jaunes. pâles.	Juin et juil.
- tulipif. integrifolia, Hort..	Id.			Id.	Id.
Platanus occidentalis, L......	sablo-arg.-hum.				
Populus hudsonica, Mich.....	Id.				
- angulata, H. K...........	Id.				
Quercus fastigiata, Lam.....	Argilo-sableux.				
- Mirbeckii, Durieu.........	Id.	midi.			
- lyrata, Willd.............	argilo-sab.-hum.	Id.			
- castanea, Willd....	Id.				
- phellos, L.............	Id.				
Robinia spectabilis..........	sablo-argileux.			Fleurs blanches.	Mai et juin.
- hybrida..............	sablo-argileux.			Fleurs roses.	Juin et juil.
Taxodium distichum, Rich...	sablo-arg.-hum.				
Tilia corallina, H. K......	sablo-argileux.				
- pubescens, Vent......	Id.				
- Americana, Lin..........	Id.				
- Mississipiensis, Bosc....	Id.				
- argentea, H. P..........	Id.			Fleurs jaunes.	Juillet.
- laciniata, Hort.........	Id.				
Ulmus camp. variegata......	Id.				
- pedunculata, Foug.......	Id.				
- Americana, L...........	Id.				
- crispa, Hort............	Id.				
- fastigiata, Hort.........	Id.				

(1) Cet abri, nécessaire seulement pendant l'hiver, pourra se composer de paille enveloppant la tige ou d'une conche de feuilles sèches placée au pied de l'arbre.

Deuxième grandeur.

NOMS DES ESPÈCES.	NATURE de sol qui leur convient.	ESPÈCES exigeant le climat du midi ou un abri dans le nord.	EXPOSITION qu'elles préfèrent.	ESPÈCES remarquables par leur feuillage, leurs fleurs ou leurs fruits.	ÉPOQUE de floraison ou de maturité des fruits.
Acer pensylvanicum, L........	argilo – sableux.	«	«	Tige jaspée.	«
— *Lobelii*, Tenore...........	Id.	«	«	Id.	«
— *macrophyllum*, Pursh......	Id.	«	«	Beau feuillage.	«
— *Napolitanum*, Ten........	Id.	«	«	Fleurs jaunâtres.	Printemps q
— *Monspesulanum*, L........	Id.	«	«	«	«
— *oblongifolium*, Wall......	Id.	midi.	«	«	«
Æsculus rubicunda, Lodd...	Id.	«	«	Fleurs rouges.	Mai.
Alnus oxyacanthifolia, Lodd.	sols très-humid.	«	«	«	«
Betula laciniata, Wahl......	sablo- argileux	«	«	Beau feuillage.	«
— *urticæfolia*...............	Id.	«	«	Id.	«
Broussonetia cuculla, Hort...	Id.	«	«	Id.	«
Celtis orientalis, Tournef.....	Id.	«	«	«	«
— *Sinensis*................	Id.	midi.	«	«	«
Cratægus azarolus, Willd....	Id.	«	«	Fr. roug. ou jaunes.	Automne en
Diospyros virginiana, L.....	Id.	«	nord.	Fleurs verdâtres.	Juin et juin
Elæagnus angustifolia, L.....	Id.	«	midi.	Fleurs jaunâtres.	Juin.
Fagus syl. aspleniifolia, Loud.	Id.	«	«	«	«
— *sylv. cristata*, Lodd.......	Id.	«	«	«	«
Fraxinus excel. pendula, Aït..	Id.	«	«	«	«
— *excel. crispa*, Bosc........	Id.	«	«	«	«
— *Caroliniana*, Lam........	Id.	«	«	«	«
Liquidambar styraciflua, L....	sablo.-arg-hum.	«	midi.	«	«
— *imberbe*, Aït.............	Id.	«	Id.	«	«
Magnolia acuminata, L......	T.de bruy. hum.	«	nord.	Fl. jaunes verdâtres.	Été.
Morus sinensis.............	sablo - argileux.	«	«	«	«
Ornus europæa, Pers........	Id.	«	«	Fleurs blanches.	Été.
— *rotundifolius*, Lam........	Id.	«	«	Id.	Id.
Planera ulmifolia, Mich......	Id.	midi.	«	«	«
Populus grandidentata, Mich.	Id.	«	«	«	«
— *Græca*, Aït...............	Id.	«	«	«	«
— *heterophylla*, L..........	Id.	«	«	«	«
— *Ontariensis*, H. P........	Id.	«	«	«	«
— *balsamifera*, L..........	Id.	«	«	«	«
Pterocarya fraxinifolia, Kunth	Id.	«	«	«	«
Quercus stellata, Willd......	argilo – sableux	«	«	«	«
— *aquatica*, Willd.........	argilo-sab.-hum	«	«	«	«
Robinia tortuosa........	sablo - argileux.	«	«	Fleurs blanches.	Mai et juin
— *vicosa*, Vent.............	Id.	«	«	Fleurs roses.	Juil. et aoû
Salisburia adianthifolia, Sm.	Id.	«	«	«	«
Salix babylonica, L.........	sablo-arg.-hum.	«	«	«	«
Sterculia platanifolia, L.....	sablo – argileux.	midi.	«	«	«
Styphnolobium japon., Schott	Id.	«	«	Fleurs blanches.	Août.
— *pendula*.................	Id.	«	«	«	«
Taxodium pinnatum........	Id.	«	«	«	«
Ulmus sinensis, H. P.........	Id.	N. avec abri.	«	«	«
— *Sibirica*, H. P...........	Id.	«	«	«	«

Troisième grandeur.

NOMS DES ESPÈCES.	NATURE de sol qui leur convient.	ESPÈCES exigeant le climat du midi ou un abri dans le nord.	EXPOSITION qu'elles préfèrent.	ESPÈCES remarquables par leur feuillage, leurs fleurs ou leurs fruits.	ÉPOQUE de floraison ou de maturité des fruits.
Acacia julibrizin, D. C.	sablo-argileux.	midi.	sud.	Fl. d'un blanc rosé.	Août et sept.
Acer montanum, H. A.	argilo-sableux.	«	«	«	«
— Tataricum, L.	Id.	«	«	«	«
— opulus, W.	Id.	«	«	«	«
— opulifolium, W.	Id.	«	«	«	«
— hybridum, Bosc.	Id.	«	«	«	«
Betula pumila, L.	Id.	«	«	«	«
Carpinus americana, L.	Id.	«	«	«	«
— Virginiana, Lam.	Id.	«	«	«	«
— Ostrya, L.	Id.	«	«	«	«
— Orientalis, Lam.	Id.	«	«	«	«
Catalpa syringæfolia, B. M.	Id.	«	«	Fleurs blanches.	Mai.
Cerasus av. flore pleno.	sablo-argileux.	«	«	Id.	Id.
— padus, D. C.	Id.	«	«	Fleurs roses.	Avril et mai.
Cercis siliquastrum, L.	Id.	«	«	Id.	Id.
— Canadensis, L.	Id.	«	«	Id.	Id.
Cladrastis tinctoria, Rafin.	Id.	«	«	Fleurs blanches.	Juin.
Cratægus nepalensis, Hort.	Id.	«	«	Fleurs blanches.	Mai.
— oxy. coccinea	Id.	«	«	Fleurs roses.	Id.
— oxy. rosea plena	Id.	«	«	Id.	Id.
— corallina, L'Hérit.	Id.	«	«	Fl. bl. fruits rouges.	Mai et octob.
— crus-galli, L.	Id.	«	«	Fleurs blanches.	Mai et juin.
— linearis, Pers.	Id.	«	«	Fleurs blanches.	Mai.
Cydonia sinensis, Thouin.	Id.	«	«	Fleurs roses.	Id.
— Lusitanica, Mill.	Id.	«	«	Fleurs blanches.	Printemps.
Diospyros lotus, L.	Id.	«	«	Fleurs verdâtres.	Juin et juill.
— Kaki, L.	Id.	midi.	«	Fleurs blanches.	Été.
Edwardsia grandiflora, Sal.	Id.	Id.	«	Fleurs jaunes.	Avril et mai.
Hippophae rhamnoïdes, L.	Id.	«	«	«	«
Kælreuteria paullinoïdes, L'H.	Id.	«	«	Fleurs jaunes.	Juin.
Maclura aurantiaca, Nutt.	argilo-sableux.	«	«	Fleurs vertes.	Juin et juill.
Magnolia umbrella, Desr.	T. de bry. hum.	«	nord.	Fleurs blanches.	Juin.
— macrophylla, Mich.	Id	«	Id.	Id.	Id.
— Yulan, Desf.	Id.	«	Id.	Id.	Avril.
— cordata, Mich.	Id.	«	Id.	Fl. jaunes verdâtres.	Juin.
— auriculata, Mich.	Id.	«	Id.	Fleurs blanches.	Avril et mai.
— Thomsoniana, Hort.	Id.	«	Id.	Id.	Juil. et sept.
— Soulangiana, Hort.	Id.	«	Id.	Fleurs bl. violacées.	Avril et mai.
Morus rubra, L.	sablo-argileux.	«	«	Fruits rouges.	Automne.
— nervosa.	Id.	«	«	«	«
Nyssa villosa, Mx.	T. de bry. hum.	N. avec abri.	«	Fleurs verdâtres.	Juin.
— aquatica, L.	Id.	Id.	«	«	Id.
— candicans, Mx.	Id.	Id.	«	«	Id.
— angulisans, Mx.	Id.	Id.	«	«	Id.
Paulownia imperialis, Sieb.	sablo-argileux.	«	«	Fleurs bleues.	Avril.
Pavia lutea, Duh.	Id.	«	«	Fleurs jaunes.	Mai.
— Ohiotensis, Mich.	Id.	«	«	Fleurs blanches.	Id.
Philippodendrum regium.	Id	midi.	«	Fleurs vertes.	Été.
Pistacia terebinthus, L.	Id.	Id.	«	Fleurs purpurines.	Juin et juill.
Populus suaveolens, Fisch.	Id.	«	«	«	«

NOMS DES ESPÈCES.	NATURE de sol qui leur convient.	ESPÈCES exigeant le climat du midi ou un abri dans le nord.	EXPOSITION qu'elles préfèrent.	ESPÈCES remarquables par leur feuillage, leurs fleurs ou leurs fruits.	ÉPOQUE de floraison ou de maturité des fruits.
Prunus myrobolana..........	sablo - argileux.	«	«	Fleurs blanches.	Mars.
Ptelea trifoliata, L...........	Id.	«	«	Fleurs verdâtres.	Juin.
Quercus nigra, L............	Id.	midi.	«	«	«
Robinia inermis, Hort........	Id.	«	«	«	«
Salix pentandra, L..........	sablo-arg.-hum.	«	«	Fleurs jaunes.	Mai.
— *Babyl. annularis*, Hort....	Id.	«	«	«	«
Sorbus aucuparia, L.........	sablo - argileux.	«	«	Fruits rouges.	Automne..9
— *hybrida*, L...............	Id.	«	«	Fleurs blanches.	Mai.
— *Americana*, Mich..........	Id.	«	«	Id.	Id.
— *sambucifolia*, Roxb........	Id.	«	«	Id.	Id.
Staphylea pinnata, L.......	Id.	«	«	Fleurs blanches.	Avril et juin
— *trifoliata*, L.............	Id.	«	«	Id.	Mai et juin

ARBRES A FEUILLES PERSISTANTES.

Première grandeur.

NOMS DES ESPÈCES.	NATURE de sol qui leur convient.	ESPÈCES exigeant le climat du midi ou un abri dans le nord.	EXPOSITION qu'elles préfèrent.	ESPÈCES remarquables par leur feuillage, leurs fleurs ou leurs fruits.	ÉPOQUE de floraison ou de maturité des fruits.
Abies alba, Poir..............	argilo - sableux.	«	nord.	Forme pyramidale.	«
— *Smithiana*, Wall.........	Id.	«	Id.	Id.	«
— *Douglasii*, Lind...........	Id.	«	Id.	Id.	«
— *dumosa*, Lind............	Id.	«	Id.	Forme en buisson.	«
— *Cephalonica*, Lind........	Id.	«	Id.	Forme pyramidale.	«
— *Pinsapo*, Boissier.........	Id.	«	Id.	Id.	«
— *balsamea*, Mill...........	Id.	«	Id.	Id.	«
— *Fraseri*, Poir............	Id.	«	Id.	Id.	«
— *pichta*, Lodd............	Id.	«	Id.	Id.	«
— *grandis*, Lind...........	Id.	«	Id.	Id.	«
— *nobilis*, Dougl...........	Id.	«	Id.	Id.	«
— *Webbiana*, Lindl.........	Id.	«	Id.	Id.	«
— *bracteata*, Don..........	Id.	«	Id.	Id.	«
— *Pindrow*, Royle..........	Id.	«	Id.	Id.	«
— *religiosa*, Humb..........	Id.	«	Id.	Id.	«
Araucaria imbricata........	terre de bruyère	midi.	Id.	Id.	«
— *Cunninghami*, Stead......	Id.	Id.	Id.	Id.	«
Casuarina equisetifolia, L....	sablo-argileux.	Id.	Id.	«	«
Cedrus deodora, Roxb	Id.	«	Id.	«	«
Cupressus thuyoïdes, L.......	sablo-arg.-hum.	«	«	«	«
Pinus pyrenaïca, Lap........	sablo-argileux.	«	nord.	«	«
— *Pallasiana*, Lamb	Id.	«	Id.	«	«
— *mitis*, Mich.	Id.	«	Id.	«	«
— *tœda*, Lin..............	Id.	nord	Id.	«	«
— *Sabiniana*, Dougl.........	Id.	«	Id.	«	«
— *Coulteri*, Don............	Id.	«	Id.	«	«
— *palustris*, H. Kew........	sablo-arg.-hum.	«	«	«	«
— *Lambertiana*, Dougl.......	Id.	«	nord.	«	«
Taxodium sempervirens, Lamb.	argilo- sableux.	«	«	«	«

Deuxième grandeur.

NOMS DES ESPÈCES.	NATURE de sol qui leur convient.	ESPÈCES exigeant le climat du midi ou un abri dans le nord.	EXPOSITION qu'elles préfèrent.	ESPÈCES remarquables par leur feuillage, leurs fleurs ou leurs fruits.	ÉPOQUE de floraison ou de maturité des fruits.
bies canadensis, Mich......	argilo-sableux.	«	nord.	«	«
Xllitris quadrivalvis, Vent..	Id.	midi.	Id.	«	«
erasus caroliniana, Juss....	sablo-argileux.	N. avec abri.	Id.	Fleurs blanches.	Mai.
eratonia siliqua, L..........	Id.	midi.	midi.	Fleurs pourpres.	Août.
unninghamia sinensis, Rich.	Id.	Id.	nord.	«	«
upressus sempervirens, L....	Id.	«	midi.	«	«
uniperus virginiana, L......	Id.	«	«	«	«
Thurifera, L.............	Id.	N. avec abri.	nord.	«	«
excelsa, Willd.............	Id.	«	Id.	«	«
oyonia arborea, Nutt.........	terre de bruyère	«	Id.	Fleurs blanches.	Juin et juill.
inus brutia, Ten...........	sablo-argileux.	«	Id.	«	«
pinea, Lin................	Id.	«	«	«	«
Halepensis, Aït..........	Id.	midi.	«	«	«
rigida, Mich.............	Id.	nord.	nord.	«	«
adunca, Bosc.............	Id.	midi.	«	«	«
insignis, Dougl..........	Id.	Id.	«	«	«
ponderosa, Dougl.........	Id.	«	«	«	«
macrophylla, Lindl.......	Id.	N. avec abri.	«	«	«
uxus canadensis, Willd.....	Id.	«	«	«	«
bacc. fastigiata..........	Id.	«	«	«	«
huya orientalis, L.........	Id.	«	«	«	«
filiformis, Hort..........	Id.	«	«	«	«
occidentalis, L..........	Id.	«	«	«	«

Troisième grandeur.

NOMS DES ESPÈCES.	NATURE de sol qui leur convient.	ESPÈCES exigeant le climat du midi ou un abri dans le nord.	EXPOSITION qu'elles préfèrent.	ESPÈCES remarquables par leur feuillage, leurs fleurs ou leurs fruits.	ÉPOQUE de floraison ou de maturité des fruits.
butus unedo, L............	sablo-argileux.	midi.	nord.	Fl. roses et beaux fruits roug	Janvier.
andrachne, L.............	Id.	Id.	Id.	Fleurs blanches.	Mars et avril
erasus lusitanica, Juss......	Id.	«	Id.	Id.	Mai et juin.
laurocerasus, Juss........	Id.	N. avec abri.	Id.	Id.	Mai.
uniperus barbadensis, L....	Id.	midi.	Id.	«	«
aurus nobilis, L..........	Id.	N. avec abri.	midi.	«	«
agnolia grandiflora, L.....	terre de bruyère	Id.	nord.	Fleurs blanches.	Juill. et nov.
grand. oxoniensis.........	Id.	Id.	Id.	Id	Id.
grand. stricta...........	Id.	Id.	Id.	Id.	Id.
grand. longifolia...... ..	Id.	Id.	Id.	Id.	Id.
grand. obtusifolia........	Id.	Id.	Id.	Id.	Id.
grand. microphylla..... .	Id.	Id.	Id.	Id.	Id.
grand. præcox.............	Id.	Id.	Id.	Id.	Id.
grand. La Maillardière....	Id.	Id.	Id.	Id.	Id.
grand. rotundifolia.......	Id.	Id.	Id.	Id.	Id.
grand. tomentosa...	Id.	Id.	Id.	Id.	Id.
grand. tardiflora.........	Id.	Id.	Id.	Id.	Id.
grand. maxima...........	Id.	Id.	Id.	Id.	Id.
inus cembro, Lin...........	sablo-argileux.	«	Id.	«	«

ARBRISSEAUX A FEUILLES CADUQUES.

Première grandeur.

NOMS DES ESPÈCES.	NATURE de sol qui leur convient.	ESPÈCES exigeant le climat du midi ou un abri dans le nord.	EXPOSITION qu'elles préfèrent.	ESPÈCES remarquables par leur feuillage, leurs fleurs ou leurs fruits.	ÉPOQUE de floraison ou de maturité des fruits.
Amygdalus argentea........	sablo-argileux.	«	«	Fleurs roses.	Avril.
Aralia spinosa, L...........	sableux-humide.	«	«	Fleurs blanches.	Août et sept...
— Sinensis, L...............	Id.	«	«	Id.	Id.
Armeniaca sibirica, Pers.....	Id.	«	«	Fleurs rouges.	Avril.
Benthamia frugifera, Lindl...	sablo-argileux	N. avec abri.	«	Fruits remarquables.	Septembre...
Benzoin odoriferum, Nees....	Id.	«	«	Fruits rouges.	Id.
Caragana frutescens, D. C....	Id.	«	«	Fleurs jaunes.	Mai.
— grandiflora, D. C..........	Id.	«	«	Id.	Id.
— altagana, Poir.	Id.	«	«	Id.	Id.
— jubata, Poir............	Id.	«	«	Id.	Id.
Castanea pumila, Mill.......	Id.	«	«	«	«
Chionanthus virginica, L.....	argilo-sab.-hum.	«	nord.	Fleurs blanches.	Juin.
Cornus sanguinea, L.........	sablo-argileux.	«	nord.	Fleurs blanches.	Id.
— alba, L................	Id.	«	Id.	Jolis fruits blancs.	Automne et...
— cærulea, Lam.............	Id.	«	Id.	Jolis fruits bleus.	Id.
— Florida, L.............	terre de bruyère	«	Id.	Fleurs jaunes.	Mai.
— paniculata, L'Her.........	sablo-argileux.	«	Id.	Fruits rouges.	Automne...
Cytisus Admi, Hort.	Id.	«	«	fl. ros. roug. ou jaun.	Mai.
Evonymus latifolius, Mill....	Id.	«	«	Fruits rouges.	Automne...
— verrucosus, Scop..........	Id.	«	«	Fruits rouges.	Id.
— Nepalensis, Hort..........	Id.	midi.	«	«	«
— atropurpureus, Jacq......	Id.	«	«	Fleurs brunes.	Juillet.
Forsythia viridissima, Lindl..	Id.	«	«	Fleurs jaunes.	Printemps...
Gordonia lasianthus, L.......	Id.	«	«	Fleurs blanches.	Sept. et oct...
Halesia tetraptera, L.... ...	Id.	«	«	Id.	Mai.
— diptera, L...............	Id.	«	«	Id.	Mai et juin.
Lagerstræmia Indica, L......	Id.	midi.	«	Fleurs pourpres.	Août et oct...
Magnolia glauca, L..........	terre de bruyère	«	nord.	Fleurs blanches.	Juil. et sept...
Melia azedarach, L	sablo-argileux.	N. avec abri.	midi.	Fleurs violettes.	Juin et juil...
Morus constantinopolit.. Poir.	Id.	«	«	«	«
Myrica cerifera, L...........	T. de bry. hum.	N. avec abri.	nord.	«	«
Paliurus aculeatus, Lam.....	sablo-argileux.	N. avec abri.	«	Fleurs jaunes.	Juin en août.
Pavia rubra, Lam.	Id.	«	«	Fleurs rouges.	Mai.
— macrostachya, D. C....	sablo-arg.-hum.	«	«	Fleurs blanches.	Juil. et août.
Persica vulg. flore plena.....	sablo-argileux.	«	midi.	Fleurs roses.	Mars et avri...
Pistacia narbonensis, Hort....	Id.	midi.	Id.	Id.	Mai.
Punica granatum flore pleno.	Id.	Id.	Id.	Fleurs rouges.	Juin.
— lutea, Hort..............	Id.	Id.	Id.	Fleurs jaunes.	Id.
Pyrus spectabilis, Ait........	Id.	«	«	Fleurs roses.	Mai.
— coronaria, L.	Id.	«	«	Fruits rouges.	Automne...
— sempervirens, H. P.	Id.	«	«	Fleurs rouges.	Mai.
— baccata, L.............	Id.	«	«	Fruits rouges.	Automne...
— microcarpa, Dec........	Id.	«	«	Fleurs et fruits.	Mai.
— aslicifolia, L.	Id.	«	«	Id.	Avril.
— Sinaïca, H. P...........	Id.	«	«	Id.	Id.
Rhus coriaria, L............	Id.	«	«	Fleurs vertes.	Été.
— thypinum, L.............	Id.	«	«	Fleurs rouges.	Id.
— glabrum, H. K.	Id.	«	«	Fruits rouges.	Automne...
— colinus, L...............	Argilo-sableux.	«	«	fl. ros. en panaches.	Été.

NOMS DES ESPÈCES.	NATURE de sol qui leur convient.	ESPÈCES exigeant le climat du midi ou un abri d_ns le nord.	EXPOSITION qu'elles préfèrent.	ESPÈCES remarquables par leur feuillage, leurs fleurs ou leurs fruits.	ÉPOQUE de floraison ou de maturité des fruits.
Salix acutifolia, Willd	sablo. arg.-hum.	«	«	"	«
Sambucus rotundifolia, Hort	Sablo-argileux.	«	«	Fleurs blanches.	Juin.
— Canadensis, Mich	Id.	«	«	Id.	Eté.
— nigra laciniata	Id.	«	«	Id.	Juin.
Spartianthus junceus, Link	Id.	«	«	Fleurs jaunes.	Juil. et août.
Spiræa opulifolia, L.	Id.	«	«	Fleurs blanches.	Mai et juin.
Styrax officinale, L.	Id.	midi.	«	Fleurs blanches.	Juillet.
— lævigatum, H. K.	Id.	Id.	«	Id.	Id.
Syringa vulgaris, L.	Id.	«	«	Fl. violet. ou blanch.	Mai.
— De Marly	Id.	«	«	Fl. violet pourpre.	Id.
— Royal	Id.	«	«	Id.	Id.
— Josikæa, Jacq	Id.	«	«	Id.	Id.
— Rothomagensis, H. P.	Id.	«	«	Id.	Id.
— Saugeiana, Hort	Id.	«	«	Id.	Id.
Tamarix gallica, L.	sablo-arg.-hum.	«	«	Fleurs blanc.-pourp.	Id.
— Indica, Willd	sablo-argileux.	«	«	Fleurs pourprées.	Id.
— tetrandra, Pall	Id.	«	«	Id.	Id.
Vaccinium arboreum, Mich.	T. de bry. hum	«	nord.	Fleurs blanches.	Juin.
Viburnum nudum, L.	Sablo-argileux.	«	«	Id.	Id.
— plicatum	Id.	«	«	Fleurs blanches.	Id.
Vitex arborea, Fisch	Id.	midi.	«	Fleurs bleuâtres.	Septembre.
— agnus-castus, L.	Id.	Id.	«	Fleurs violettes.	Eté.
— latifolia, Mill	Id.	N. avec abri.	«	Id.	Id.
Xanthoxylum fraxineum Willd.	Id.	«	«	Fruits rouges.	Automne.
Zizyphus sativa, H. P.	Id.	N. avec abri.	midi.	Fruits jaunes.	Id.
— Sinensis, Lam	Id.	Id.	Id.	Id.	Id.

Deuxième grandeur.

NOMS DES ESPÈCES.	NATURE de sol qui leur convient.	ESPÈCES exigeant le climat du midi ou un abri d_ns le nord.	EXPOSITION qu'elles préfèrent.	ESPÈCES remarquables par leur feuillage, leurs fleurs ou leurs fruits.	ÉPOQUE de floraison ou de maturité des fruits.
Amelanchier vulgaris, Mœnch.	sablo-argileux.	«	«	Fl. d'un blanc soufré	Avril.
— ovalis, Lind	Id.	«	«	Fleurs blanches.	Mai.
— Canadensis, Nud	Id.	«	«	Id.	Id.
Amorpha fructicosa, L.	Id.	«	«	Fl. d'un bleu violacé	Août.
— Lewisii, Lodd	Id.	«	«	Fleurs violet-foncé.	Juin et juill.
— pumila	Id.	«	«	Fleurs violacées.	Juillet.
— glabra	Id.	«	«	Id.	Id.
Andromeda cassinefol. Vent.	terre de bruyère	«	nord.	Fleurs blanches.	Juil. et août.
— speciosa, Michx.	Id.	«	Id.	Id.	Juin et juill.
— marginata, Pers	Id.	«	Id.	Fleurs roses.	Août.
— axillaris, Lam	Id.	«	Id.	Fleurs blanches.	Eté.
— racemosa, L.	Id.	«	Id.	Id.	Juillet.
Anthyllis barba Jovis, L.	Sablo-argileux.	midi.	sud.	Fleurs jaunes.	Avril.
Artemisia arborescens L.	Id.	Id.	Id.	Id.	Juin et août.
Azalea calendulacea, Mich	terre de bruyère	«	nord.	Id.	Mai.
— glauca, Lam	Id.	«	Id.	Fleurs blanches.	Juillet.
— nudiflora, Lin	Id.	«	Id.	Id.	Id.
— viscosa, Lin	Id.	«	Id.	Id.	Id.
Berberis canadensis	Sablo argileux.	«	«	Fleurs jaunes.	Eté.
— Nepalensis	Id.	«	«	Id.	Id.
— lucida	Id.	«	«	Id.	Id.
— empetrifolia	Id.	«	«	Id.	Id.

NOMS DES ESPÈCES.	NATURE de sol qui leur convient.	ESPÈCES exigeant le climat du midi ou un abri dans le nord.	EXPOSITION qu'elles préfèrent.	ESPÈCES remarquables par leur feuillage, leurs fleurs ou leurs fruits.	EPOQUE de floraison ou de maturité des fruits et...
Berberis buxifolia............	Sablo-argileux.	«	«	Fleurs jaunes	En été...
— *cratægina*.	Id.	«	«	Id.	Id.
— *aristata*..............	Id.	«	«	Id.	Id.
— *sinensis*.....	Id.	«	«	Id.	Id.
Callicarpa americana, L......	Id.	N. avec abri.	sud.	Beau fruit rouge.	Fin auto'o...
Calycanthus floridus, L......	terre de bruyère	«	nord.	Fleurs brunes odor.	Mai et juin...
— *glaucus*, W............	Id.	«	Id.	Id.	Id.
— *lævigatus*, W...........	Id.	«	Id.	Id.	Id.
Capparis spinosa, L.........	sablo-argileux.	midi.	«	Fleurs blanches.	Mai et ju...j
Caragana chamlagu, Lam ...	Id.	«	«	Fleurs jaunes.	Mai. .
Cephalanthus occidentalis, L..	terre de bruyère	«	nord	Fleurs blanches.	Juillet.. .j
Cerasus pumila, Mich........	sablo-argileux.	«	«	Id.	Avril et ma...
Chimonanthus fragrans, Lindl.	terre de bruyère	«	nord.	Fleurs bl. violacées.	Dec. à fé...
Clethra acuminata, Mich... .	Id.	«	«	Fleurs blanches.	Août. ..
Colutea arborescens, L.......	sablo-argileux.	«	«	Fleurs jaunes.	Eté. .
Corylus americana, Mich.....	Id.	«	«	«	«
— *rostrata*, Aït.............	Id.	«	«	«	«
— *purpurea*, Hort..........	Id.	«	«	Feuilles pourpres.	«
— *laciniata*, Hort..........	Id.	«	«	«	«
Cotoneaster vulgaris, Lindl...	Id.	«	«	Fleurs jaunâtres.	Avril et ma...
Cydonia japonica, Pers.......	terre de bruyère	«	«	Fl. bl. ou rouges	Id.
Cytisus sessilifolius, L	sablo-argileux.	«	«	Fleurs jaunes.	Juin. .
— *albus*, Link.............	terre de bruyère	«	nord.	Fleurs blanches.	Mai.
Deutzia crenata, Thunb.......	sablo-argileux.	«	«	Id.	Été. .
— *canescens*.	Id.	«	«	Id.	Id.
Dirca palustris, L	terre de bruyère	«	nord.	Fleurs jaunâtres.	Mars et av...
Escallonia floribunda, Humb.	hum.-sablo-arg.	midi.	«	Fleurs blanches.	Août et se...
— *rubra*, Pers.............	Id.	Id.	«	Fleurs rouges.	Id.
Evonymus angustif. Pursh. .	Id.	N. avec abri.	«	«	«
Fontanesia phillyr. La Bill....	Id.	«	midi.	Fleurs blanches.	Mai. .
Genista candicans, L..... ...	Id.	midi.	«	Fleurs jaunes.	Été. .
— *ætnensis*, Dec...... ...	Id.	Id.	«	Id.	Id.
Halomodendron argent. D. C..	Id.	«	«	Fleurs rosées.	Avril et ma...
Hibiscus syriacus, L	Id.	«	midi.	Fl. bl. ou pourpres.	Août et se...
Jasminum heterophyl. Roxb...	Id.	midi.	Id.	Fleurs jaunes.	Id.
— *pubigerum*, Dou..........	Id.	Id.	Id.	Id.	Été.
Kerria japonica, Dec....... ..	Id.	«	«	Id.	Print. et été
Lavatera arborea, L........	Id.	midi.	«	Fleurs violettes.	Eté.
Ligustrum japonicum, L.....	Id.	N. avec abri.	«	Fleurs blanches.	Id.
Lonicera tatarica, L.........	Id.	«	«	Fleurs roses.	Mars et avr...
— *pyrenaïca*, L.............	Id.	«	«	Id.	Mai.
— *alpigena*, L	Id.	«	«	Fruits rouges.	Automne...
— *xylosteum*, L............	Id.	«	«	Fleurs jaunâtres.	Mai. .
— *Ledebourii*, Fisch.........	Id.	«	«	Fleurs rouges.	Été.
Lycium europæum, L.........	Id.	«	«	Fruits rouges.	Automne...
— *barbarum*, L.	Id.	«	«	Id.	Id.
— *sinense*, Mill.............	Id.	«	«	Id.	Id.
Magnolia discolor, Vent......	T. de bruy. hum.	«	nord.	Fl. bl. pourprées.	Avril et juin...
Myrica gale, L.............	Id.	«	«	Fleurs jaunâtres	Mai.
— *pensylvanica*, H. P........	Id.	«	nord.	«	«
Nandina domestica, Thunb...	sablo-argileux.	midi.	«	Fleurs blanches.	Juil. et aou...
Persica Ispahan flore pleno...	Id.	«	midi.	Fleurs roses.	Mars et av...

NOMS DES ESPÈCES.	NATURE de sol qui leur convient.	ESPÈCES exigeant le climat du midi ou un abri dans le nord.	EXPOSITION qu'elles préfèrent.	ESPÈCES remarquables pour leur feuillage, leurs fleurs ou leurs fruits.	ÉPOQUE de floraison ou de maturité des fruits.
...adelphus coronarius, L...	sablo-argileux.	"	"	Fleurs blanches.	Juin.
...nodorus, L...............	Id.	"	"	Id.	Id.
...ubescens, Rafin.........	Id.	"	"	Id.	Id.
...randiflorus, W.........	Id.	"	"	Id.	Id.
...nos verticillatus, L........	terre de bruyère	"	nord.	Fruits rouges.	Août.
...ica nana, H. P...........	sablo-argileux.	midi.	midi.	Fleurs rouges.	Juin.
...hiolepis sinensis, Lindl...	Id.	N. avec abri.	"	Fleurs blanches.	Mars.
...us vernix, L............	Id.	"	"	"	"
...opalinum, L.............	Id.	"	"	"	"
...romaticum, L............	Id.	"	"	"	"
...es aureum, Pursh.......	Id.	"	"	Fleurs jaunes.	Avril.
...almatum, Hort.........	Id.	"	"	Id.	Id.
...anguineum, Pursh........	Id.	"	"	Fleurs roses.	Id.
...salvaceum, Sm...........	Id.	"	"	Id.	Fév. et avril
...lbidum.................	Id.	"	"	Fleurs bl. et roses.	Avril.
...speciosum, Pursh.........	Id.	N. avec abri.	"	Fleurs rouges.	Avril et mai.
...inia hispida, L.........	Id.	"	"	Fleurs roses.	Mai.
... (1)..................					
...us odoratus, L...........	Id.	"	"	Id.	Juin et sept.
...oherdia canadensis, L.....	terre de bruyère	"	nord.	"	"
...œa hypericifolia, L.....	sablo-argileux.	"	"	Fleurs blanches.	Avril et mai.
...cnata, L...............	Id.	"	"	Id.	Mai.
...lmifolia, Willd..........	Id.	"	"	Id.	Id.
...amædryfolia, L.........	Id.	"	"	Id.	Id.
...licifolia, L.............	Id.	"	"	Fleurs rosées.	Juin et juil.
...mentosa, L.............	T. bruy. hum.	"	nord.	Id.	Août et sept.
...orbifolia, L.............	sablo-arg.-hum.	"	nord.	Fleurs blanches.	Juin.
...indleyana, Sieb.........	Id.	"	"	Id.	Id.
...riæfolia, Sm...........	Id.	"	"	Id.	Id.
...nccolata, Poir..........	Id.	"	"	Id.	Id.
...lla, B. M..............	Id.	"	"	Fleurs roses.	Id.
...ouglasii, Hook.........	Id.	"	"	Id.	Id.
...vartia malachodendron, L.	Id.	N. avec abri.	"	Fleurs blanches.	juin et juil.
...entagyna, L'her.........	Id.	Id.	"	Id.	Juin.
...phoricarpos parvifl., Desf	sablo-argileux.	"	"	Fruits rouges.	Août.
...cemosa, Mich..........	Id.	"	"	Fruits blancs.	Id.
...exicana, Lood.........	Id.	"	"	Fleurs roses.	Été.
...nga persica, L..........	Id.	"	"	Fleurs pourpre clair.	Mai.
...ers. laciniata..........	Id.	"	"	Id.	Id.
...arix germanica, L......	Id.	"	"	Id.	Id.
...inium amœnum, H. K...	T. bruy. hum.	"	nord.	Fleurs blanches.	Mai et juin.
...urnum lantana, L........	sablo-argileux.	"	"	Id.	Juin.
...runifolium, L..........	Id.	"	"	Id.	Juin et juil.
...ntago, L...............	Id.	"	"	Id.	Id.
...vrifolium, Lam.........	Id.	"	"	Id.	Juin.
...pulus, L...............	argilo-sableux.	"	"	Id.	Mai.
...s. sterilis..............	Id.	"	"	Id.	Id.
...ule, Mich.............	Id.	"	"	Fruits rouges.	Automne.
...x incisa, Lam..........	sablo-argileux.	"	"	Fleurs bleues.	Été.
...velia rosea, Lindl........	terre de bruyère	midi.	"	Fleurs roses.	Avril.

...l'étendue de ce livre ne nous permet pas de donner ici le texte des diverses espèces et variétés de roses qui s'élève aujourd'hui à plus de 2,000. Bornons-nous à dire qu'on forme avec cet arbrisseau des massifs distincts où les diverses ... sont placées en amphithéâtre, soit qu'on les ait greffées sur églantier, soit qu'on les cultive franches de pied. ...ces variétés s'accommodent d'un sol sablo-argileux; le plus grand nombre supportent sans souffrir le froid de nos ... muscades, les multiflores. les banksias, quelques variétés de noisettes et de bengales demandent seules à être ... pendant l'hiver.

Troisième grandeur.

NOMS DES ESPÈCES.	NATURE de sol qui leur convient.	ESPÈCES exigeant le climat du midi ou un abri dans le nord.	EXPOSITION qu'elles préfèrent.	ESPÈCES remarquables par leur feuillage, leurs fleurs ou leurs fruits.	ÉPOQUE de floraison ou maturité des fruits.
Amygdalus nana, L.........	sablo-argileux.	«	sud.	Fleurs roses.	Mai jn.
Andromeda calyculata.......	terre de bruyère	«	nord.	Fleurs blanchés.	Mars av
Atraphaxis spinosa, L......	sablo-argileux.	N. avec abri.	«	Id.	Été. té
Azalea pontica, Lin.........	terre de bruyère	«	nord.	Fleurs jaunes.	Mai ja
— *procumbens*, L	Id.	«	Id.	Fleurs roses.	Été. té
— *indica*, L...............	Id.	midi.	Id.	Fleurs rouges.	Mai ja
— — *liliiflora*.............	Id.	Id.	Id.	Fleurs blanches.	Id. bl
— — *prolifera*.....	Id.	Id.	Id.	Fleurs roses.	Id. bl
— — *Smithiana*..........	Id.	Id.	Id.	Fleurs pourpres.	Id bl
Caragana pygmæa, D. C......	sablo-argileux.	«	«	Fleurs jaunes.	Id. bl
Cistus laurifolius, L.......	Id.	N. avec abri.	midi.	Fleurs blanches.	Été. té
— *populifolius*, L..........	Id.	Id.	Id.	Id.	Id..b
— *ladaniferus*, L.........	Id.	Id.	Id.	Fl. bl. à fond brun.	Id. b.
— *purpureus*, Lam.........	Id.	Id.	Id.	Fleurs rouges.	Id. bl
— *symphytifolius*, Lam.....	Id.	Id.	Id.	Id.	Id. bl
Clethra alnifolia, L........	terre de bruyère	«	«	Fleurs blanches.	Aoûo
— *tomentosa*, Lam....	Id.	«	«	Id.	Id..b
— *paniculata*, H. K........	Id.	«	«	Id.	Id..b
Clianthus puniceus, Soland ..	sablo-argileux.	midi.	«	Fleurs pourpres.	Mai et js
Colutea orientalis, Lam.. ...	Id.	«	midi.	Fleurs rouges.	Juin et js
— *alepica*, Lam...........	Id.	«	«	F.eurs jaunes.	Id. b.
Conystonia aspleniifol. H. K .	terre de bruyère	«	nord.	«	« »
Coronilla emerus, L........	sablo-argileux.	«	midi.	Fleurs jaunes.	Avril et js
— *glauca*, L..............	Id.	N. avec abri.	Id.	Id.	Print à i š
Cytisus nigricans, L........	Id.	«	«	Id.	Juin et js
— *capitatus*, Jacq.........	Id.	«	«	Id.	Id. bl
— *austriacus*, L..........	Id.	«	«	Id.	Id. bl
— *purpureus*, Jacq.........	sablo-arg.-hum.	«	nord.	Fleurs rouges.	Id. bl
— *biflorus*, L'her.........	sablo-argileux.	«	«	Fleurs jaunes.	Mai et js
— *Weldeni*, Visiani.........	Id.	«	«	Id.	Id. bl
— *volgaricus*, L...........	Id.	«	«	Id.	Id bl
— *filipes*, Webb...........	Id.	N. avec abri.	«	Fleurs blanches.	Id. bl
Daphne mezereum, L........	argilo-sableux.	«	nord.	Fl. bl. ou rouges.	Déc. en js
— *alpina*, L..............	sablo-argileux.	«	Id.	Fleurs blanches.	Mai et js
— *altaïca*, L..............	Id.	«	Id	Id.	Id. bl
— *gnidium*, L.............	Id.	midi.	«	Fl. blanches rosées.	Juin et js
— *tarton-raira*, L	Id.	Id.	«	Fleurs jaunâtres.	Id. b.
Diervilla canadensis, L......	argilo-sableux.	«	«	Id.	Été et au js
Evonymus nanus, Marsch....	sablo-argileux.	«	«	Fleurs brunes.	Été té
Fothergilla alnifolia, L....	T. de bruy. hum.	«	nord.	Fleurs blanches.	Avr jn
Hamamelis virginica, L	Id.	«	Id.	Fleurs jaunes.	Automno
Hydrangea arborescens, L....	Id.	«	«	Fleurs blanches.	Juill Hi
— *nivea*, Mich	Id.	«	«	Id.	Id. bl
— *Quercifolia*, H. K	Id.	«	«	Id.	Été té
— *japonica*, Sieb............	Id.	N. avec abri.	nord.	Fleurs roses.	Aoûo.
— *Hortensia*, Dec..........	Id.	Id.	Id.	Id.	Id bl
— *involucrata*, Sieb........	Id.	Id.	Id.	Id.	Id. bl
— *involuc. flore pleno*.......	Id.	Id.	Id.	Id.	Id bl
Hypericum prolificum, L.....	Id.	«	Id.	Fleurs jaunes.	Juil. et js
— *Balearicum*, L...........	Id.	«	Id.	Id.	Id bl

NOMS DES ESPÈCES.	NATURE de sol qui leur convient.	ESPÈCES exigeant le climat du midi ou un abri dans le nord.	EXPOSITION qu'elles préfèrent.	ESPÈCES remarquables par leur feuillage, leurs fleurs ou leurs fruits.	ÉPOQUE de floraison ou de maturité des fruits.
ypericum pyramidatum, W.	terre de bruyère	«	nord.	Fleurs roses.	Juil. et août.
...a virginica, L.............	terre de bruyère	«	Id.	Fleurs blanches.	Juin.
...sminum fruticans, L........	sablo-argileux.	«	midi.	Fleurs jaunes	Mai en sept.
...i humile, L.............	Id.	N avec abri.	Id.	Id.	Id.
...ycesteria formosa, Wal.....	Id.	Id.	Id.	Fleurs blanc rosé.	Été.
...icium fuchsioïdes, L........	Id.	«	«	Fleurs rouges.	Id.
...gnolia gracilis, Sal.......	T. de bruy. hum.	«	nord.	Fleurs pourprées.	Avril en juin
...onis fruticosa, L...........	sablo-argileux.	«	«	Fleurs roses.	Mai et juin.
...iganum sipyleum, L........	Id.	N. avec abri.	midi.	Fleurs violettes	Été.
...onia papaveracea, And....	terre de bruyère	«	«	Fleurs roses.	Printemps.
...i Moutan, Sims... ...	Id.	«	«	Id.	Id.
...o arborea rosea, Anders.....	Id.	«	«	Id.	Id.
...rsica pumil. flore pleno....	sablo-argileux.	«	midi.	Id.	Mars et avr.
...alomis fruticosa, L	Id.	N. avec abri.	Id.	Fleurs jaunes.	Juil. en sept.
...nckneya pubescens........	T. de bruy. hum.	midi.	«	Fleurs blanches.	Été.
...tentilla fruticosa, L........	sablo-argileux.	«	«	Fleurs jaunes.	Id.
...unus chamæcerasus, L.....	Id.	«	«	Fleurs blanches.	Avril.
...q prostrata, Lab..........	Id.	«	«	Fleurs roses.	Avril et mai.
...p glandulosa, Sieb	Id.	N. avec abri.	«	Id.	Id.
...o cocomilla, Ten..	Id.	«	«	Fleurs blanches.	Id.
...s incana, H. P............	Id.	«	«	Fleurs roses.	Avril.
...z spinosa flore pleno, Hort...	Id.	«	«	Fleurs blanches.	Id.
...odora canadensis, L.......	terre de bruyère	«	nord.	Fleurs pourpres.	Fév. et mars
...binia ferox, L.............	sablo-argileux.	«	«	Fleurs jaunâtres.	Avril et mai.
...bus rosæfolius, Sm........	Id.	midi.	«	Fleurs blanches.	Été.
...turcia montana, L.........	Id.	«	midi.	Id.	Id.
...iræa decumbens, Hort......	Id.	«	«	Id.	Id.
...prunifolia flore pleno......	Id.	«	«	Id.	Id.
...ccinium pensylvanic. Lam.	T. de bry. hum.	«	nord.	Id.	Juin.
...nthorrhiza apiifolia......	terre de bruyère	«	Id.	Fleurs brunes.	Mai.

ARBRISSEAUX A FEUILLES PERSISTANTES.

Première grandeur.

NOMS DES ESPÈCES.	NATURE de sol qui leur convient.	ESPÈCES exigeant le climat du midi ou un abri dans le nord.	EXPOSITION qu'elles préfèrent.	ESPÈCES remarquables par leur feuillage, leurs fleurs ou leurs fruits.	ÉPOQUE de floraison ou de maturité des fruits.
...cer creticum, L.............	Argilo-sableux	«	«	«	«
...ccharis halimifolia, L.....	sablo-argileux.	«	sud.	Fleurs blanches.	octobre.
...uxus balearica, Lam........	Id.	«	nord.	«	«
...melia japonica, L...	terre de bruyère	midi.	Id.	Fl. var. du bl. au roug.	Mars et avr.
...hedra altissima, Desf......	sablo-arg.-hum.	N. avec abri.	Id.	«	«
...ex aquifolium variegatum..	Id.	«	Id.	Fruits rouges.	Automne.
...n aquif. serratifolium......	Id.	«	Id.	Id.	Id.
...n aquif. ferox.............	Id.	«	Id.	Id.	Id.
...n aquif. laurifolium.......	Id.	«	Id.	Id.	Id.
...n latifolia, Thunb....	Id.	«	Id.	Id.	Id.
...N. Maderiensis, Lam......	Id.	N. avec abri.	Id.	Id.	Id.
...B Balearica, Desf..........	Id.	Id.	Id.	Id.	Id.
...o Cassine, L..............	Id.	Id.	Id.	Id.	Id.

27

NOMS DES ESPÈCES.	NATURE de sol qui leur convient.	ESPÈCES exigeant le climat du midi ou un abri dans le nord.	EXPOSITION qu'elles préfèrent.	ESPÈCES remarquables par leur feuillage, leurs fleurs ou leurs fruits.	ÉPOQUE de floraison ou de maturité des fruits, etc.
Ilex opaca, Mich........... .	sablo-arg. hum.	N. avec abri.	nord.	Fruits rouges.	Automn...
Illicium anisatum, L........	terre de bruyère	midi.	«	Fleurs jaunâtres.	Avril et m...
Juniperus oxycedrus, L	sablo - argileux.	Id.	«	Fruits rouges.	Automn...
— *Phœnicea*, L.............	Id.	«	«	Fruits jaunes.	Id.
Nerium oleander, L........ ..	argilo - sableux.	midi.	midi.	Fleurs roses.	Été et auto...
— *oleand. atropurpureum* , L.	Id.	Id.	«	Id.	Id.
— *oleand. à fleurs blan.* Hort.	Id.	Id.	«	Fleurs blanches.	Id.
— *oleand. radicans*, Hort ...	Id.	Id.	«	Id.	Id. ..
Philyrea latifolia, L.........	sablo - argileux.	«	«	«	«
— *media* , Link.............	Id.	«	«	«	«
Photinia glabra , Thunb......	Id.	N. avec abri.	nord.	Fleurs blanches.	Été.
Pinus Banksiana, Pursh......	Id.	«	Id.	«	«
— *pumilio*, Hœnke..........	Id.	«	Id.	«	«
— *inops*, Mich...........	Id.	«	Id.	«	«
Pistacia lentiscus, L	Id.	midi.	«	Fleurs purpurines.	Mai.
Rhamnus alaternus, L.......	argilo-sableux.	N. avec abri.	nord.	«	«
Shepherdia reflexa, Dec.....	sablo-argileux.	«	Id.	Fleurs blanches.	Automnon...

Deuxième grandeur.

NOMS DES ESPÈCES.	NATURE de sol qui leur convient.	ESPÈCES exigeant le climat du midi ou un abri dans le nord.	EXPOSITION qu'elles préfèrent.	ESPÈCES remarquables par leur feuillage, leurs fleurs ou leurs fruits.	ÉPOQUE de floraison ou de maturité des fruits, etc.
Andromeda mariana, L.......	terre de bruyère	«	nord.	Fleurs blanches.	Juillet. ..
— *tomentosa* , Hort..........	Id.	«	Id.	Id.	Printemp...
Aucuba japonica..........	sablo - argileux.	«	Id.	Beau feuillage.	«
Bejaria racemosa , Mut..... .	Id.	Id.	Id.	Fleurs roses.	Juin. et se...
— *ledifolia* , H. B.	Id.	midi.	Id.	Fleurs rouges.	Id.
Buplevrum fruticosum, L ...	argilo-sableux.	«	«	Fleurs jaunes.	Juin en ao...
Cratœgus pyracantha, Pers...	sablo - argileux.	«	«	Fruits rouges.	Automn...
Ephedra distachya, L.......	Id.	N. avec abri.	«	Fleurs en chatons.	Juin et ju...
Erica mediterranea, L..... .	terre de bruyère	Id.	«	Fleurs roses.	Été.
Eriobotrya japonica, Lindl....	sablo - argileux.	N. avec abri.	«	Fleurs blanches.	Novembr...
Evonymus americanus , L....	terre de bruyère	«	nord.	Fruits rouges.	Automne...
— *japonicus* , L	Sablo- argileux.	N. avec abri.	nord.	«	«
Garrya elliptica, Dougl......	terre de bruyère	«	nord.	Fleurs blanches.	Décembr...
Ilex dahoun, Mich.	Id.	«	Id.	«	«
Illicium floridanum, L.......	Id.	midi.	«	Fleurs rouge brun.	Avril et m...
Juniperus sabina cupressi., Aït.	sablo-argileux.	«	«	«	«
— *sabina tamariscifolia*, Aït.	Id.	«	«	«	«
Kalmia latifolia, L..........	terre de bruyère	«	nord.	Fleurs rosées.	Juin. ..
— *angustifolia* , L	Id.	«	Id.	Fleurs rouges.	Juin et jui...
Mahonia aquifolia, Nutt.....	Id.	«	Id.	Fleurs jaunes.	Printemp...
— *fascicularis*, DC.........	Id.	«	Id.	Id.	Avril et m...
— *intermedia* , Hort.........	Id.	«	Id.	Id.	Id.
Philyrea angustifolia, L	sablo - argileux.	«	«	«	«
Quercus coccifera , L........	Id.	midi.	«	«	«
— *infectoria*, L............	Id.	Id.	«	«	«
Rhododendron fastuos. fl. pleno.	terre de bruyère	«	nord.	Fleurs lilas.	Juin. ..
— *maximum* , L............	Id.	«	Id.	Fleurs roses.	Juin et jui...
— *Catawbiense*, Bot. Mag... .	Id.	«	Id.	Id.	Mai et jui...
— *Catesbœi*, Lod.......... .	Id.	«	Id.	Id.	Id.
— *Attaclarense*...........	Id.	«	Id.	Fleurs rouges.	Id.

NOMS DES ESPÈCES.	NATURE de sol qui leur convient.	ESPÈCES exigeant le climat du midi ou un abri dans le nord.	EXPOSITION qu'elles préfèrent.	ESPÈCES remarquables par leur feuillage, leurs fleurs ou leurs fruits.	ÉPOQUE de floraison ou de maturité des fruits.
Rhododendron Ponticum, L..	T. de bruyère.	midi.	nord.	Fleurs violacées.	Mai et juin.
» azaloïdes, Desf..........	Id.	«	Id.	Fleurs roses.	Mai.
» azal. violaceum.	Id.	«	Id.	Fleurs violacées.	Juin.
» punctatum, L..........	Id.	«	Id.	Fleurs carnées.	Id.
» Caucasicum, Pall....	Id.	«	Id.	Fleurs blanches.	Id.
» Dahuricum, L..........	Id.	«	Id.	Fleurs rouges violac.	Hiver.
rosmarinus officinalis.......	sablo-argileux.	«	«	Fleurs blanches.	Fév en mai.
ruscus racemosus, L.......	Id.	«	«	Fruits rouges.	Automne.
Shepherdia argentea, Pursh...	terre de bruyère	N. avec abri	nord	«	«
Teucrium fruticans, L........	sablo-argileux.	Id.	midi.	Fleurs bleues violac.	Juin-octob.
Ulex europæus, L...........	Id.	«	«	Fleurs jaunes.	Autom prin.
Viburnum tinus, L	Id.	«	nord	Fleurs rosées.	Mars-avril.
» odoratissimum, R. Br	Id.	midi.	«	Fleurs blanches.	Août et sept

Troisième grandeur.

NOMS DES ESPÈCES.	NATURE de sol qui leur convient.	ESPÈCES exigeant le climat du midi ou un abri dans le nord.	EXPOSITION qu'elles préfèrent.	ESPÈCES remarquables par leur feuillage, leurs fleurs ou leurs fruits.	ÉPOQUE de floraison ou de maturité des fruits.
Andromeda poliifolia, L......	terre de bruyère	«	nord.	Fruits roses.	Mai.
Buxus suffruticosa, Lam.....	sablo-argileux.	«	«	«	«
Coriarum tricoccum, L........	Id.	midi.	nord.	Fleurs jaunes.	Été.
Cotoneaster microphylla......	Id.	N. avec abri.	Id.	«	«
Daphne laureola, L..........	argilo-sableux.	«	nord	Fleurs verdâtres.	Janv. mars.
» pontica, L.........	terre de bruyère	N. avec abri.	Id.	Id.	mars en mai.
» Cneorum, L.........	Id.	«	Id.	Fl. roses ou blanch.	Avril et mai.
» Collina, L.........	Id.	N. avec abri.	Id.	Fleurs roses.	avril en juin.
Empetrum nigrum, L.........	Id.	«	Id.	Fruits blancs.	Automne.
Ephedra monostachya, L....	sablo-argileux.	«	«	Fruits rouges.	Printemps.
Erica vulgaris, L.........	terre de bruyère	«	«	Fl. roses ou blanch	Été.
» cinerea, L.........	Id.	«	«	Fl. pourp ou blanch.	Automne.
» tetralix, L.........	T. de bruy. hum.	«	«	Fl. roses ou blanch.	Été.
» multiflora, L...........	terre de bruyère	«	«	Fleurs roses.	Id.
» scoparia, L...........	Id.	«	«	Id.	Id.
» multicaulis...	Id.	«	«	Id.	Id.
Gaultheria cordifolia, H. B...	Id.	«	nord.	Fleurs blanches.	Id.
» Shallon, Pursh... ...	Id.	«	Id.	Id.	Août et sept.
Kalmia glauca, Aït..	Id.	«	Id.	Fleurs roses.	Mai.
Lavandula spica, L..........	sablo-argileux.	«	midi.	Fleurs bleues.	Été.
» stœchas, L	Id.	midi.	Id.	Id.	Id.
Ledum latifolium, Lam......	terre de bruyère	«	nord.	Fleurs blanches.	Id.
» palustre, L	T. de bruy. hum.	«	Id.	Id.	Avril et mai.
» oophyllum thymifol. Pers...	Id.	«	Id.	Id.	Id.
Mahonia repens, G. Don......	terre de bruyère	«	Id.	Fleurs jaunes.	Printemps.
» glumacea, DC...........	Id.	«	Id.	Id.	Octob. mars
Menziesia poliifolia, Juss....	Id.	«	Id.	Fleurs pourpres.	Été.
Pernettia mucronata, Lindl ..	Id.	«	Id.	Fl. blanches rosées.	Id.
Polygala chamæbuxus, L....	Id.	«	Id.	Fleurs jaunes.	Mai en octob.
Rhododendron ferrugin. L....	Id.	«	Id.	Fleurs roses.	Juin.
» hirsutum, L...........	Id.	«	Id.	Fleurs rouges.	Id.
» Chamæcistus, L...........	Id.	«	Id.	Fleurs rouges.	Id.
Ruscus aculeatus, L.........	sablo-argileux.	«	Id.	Fruits rouges.	Automne.
» hypophyllum, L...........	Id.	«	Id.	«	«

NOMS DES ESPÈCES.	NATURE de sol qui leur convient.	ESPÈCES exigeant le climat du midi ou un abri dans le nord.	EXPOSITION qu'elles préfèrent.	ESPÈCES remarquables par leur feuillage, leurs fleurs ou leurs fruits.	ÉPOQUE de floraison ou de maturation des fruits.
Santolina chamæcyparissus, L.	sablo-argileux.	«	midi.	Fleurs jaunes.	Juill. et aoû
— *tomentosa*, Pers.	Id.	«	Id.	«	Id.
Spiræa lævigata, L.	Id.	«	«	Fleurs blanches.	Avril.
Vaccinium vitis idæa, L.	T. de bruy. hum.	«	nord.	Fleurs rougeâtres.	Printemp qu
— *arctostaphylos*, And.	Id.	N. avec abri.	Id.	Fleurs rosées.	Juin.

ARBRISSEAUX SARMENTEUX A FEUILLES CADUQUES.

NOMS DES ESPÈCES.	NATURE de sol qui leur convient.	ESPÈCES exigeant le climat du midi ou un abri dans le nord.	EXPOSITION qu'elles préfèrent.	ESPÈCES remarquables par leur feuillage, leurs fleurs ou leurs fruits.	ÉPOQUE de floraison ou de maturation des fruits.
Akebia quinata, Dec.	sablo-argileux.	«	«	Fleurs rouges.	Été.
Aristolochia sipho, L'her.	Id.	«	«	Beau feuillage.	«
— *pubera*, R. Br.	Id.	«	«	Id.	«
Atragene alpina, L.	Id.	«	«	Fleurs bleues.	Juin et ju ui
— *sibirica*.	Id.	«	«	Fleurs blanches.	Id.
Bignonia radicans, L.	Id.	«	«	Fleurs rouges.	Août et se 92
— *grandiflora*, Hort.	Id.	«	sud.	Id.	Août.
— *capreolata*, L.	Id.	«	«	Id.	Mai en ju ui
— *pandorea*, Andr.	terre de bruyère	midi.	«	Fleurs rosées.	Printemp
Celastrus scandens, L.	Id.	«	«	Fruits rouges.	Automne
Cissus quinquefolius, Desf.	argilo-sableux.	«	nord.	Feuil. roug. à l'aut.	«
Clematis florida, Thunb.	sablo-argileux.	«	«	Fleurs blanches.	Avril à non
— *bicolor*, Lindl.	Id.	N. avec abri.	midi.	Fl. bl. à fond pourp.	Avril en ju
— *viticella*, L.	Id.	«	«	Fleurs pourpres.	Juin en se 92
— *crispa*, L.	Id.	«	«	Fleurs rougeâtres.	Juill. et aoû
— *virginiana*, L.	Id.	«	«	Fleurs blanches.	Juin en aoû
— *flammula*, L.	Id.	«	«	Id.	Juill. et aoû
— *calycina*, H. K.	Id.	N. avec abri.	«	Id.	Nov. en a
— *cirrhosa*, L.	Id.	Id.	«	Fleurs verdâtres.	Automne
— *aristata*, R. Br.	Id.	midi	«	Fleurs blanches.	Été.
— *azurea*, Hort.	Id.	N. avec abri.	«	Fleurs bleues.	Mai.
— *montana*, Wall.	Id.	«	«	Fleurs blanches.	Mai.
Gelsemium nitidum, Mx.	Id.	N. avec abri.	midi.	Fleurs jaunes.	Juin et ju ui
Jasminum officinale, L.	Id.	«	Id.	Fleurs blanches.	Juil. en o o
— *revolutum*, Sims.	Id.	midi.	Id.	Fleurs jaunes.	Été.
Lonicera caprifolium, L.	argilo-sableux.	«	«	Fleurs rouges.	Mai et ju ui
— *iberica*, Bieb.	Id.	«	«	Fleurs jaunes.	Été.
— *balearica*, Dec.	Id.	«	«	Fleurs violettes.	Été et auto
— *dioïca*, Aït.	Id.	«	«	Fleurs jaunes.	Id.
— *Fraseri*, Pursh.	Id.	«	«	Id.	Id.
— *pilosa*, W.	sableux-humide.	«	«	Id.	Id.
— *pubescens*, Sweet.	argilo-sableux.	«	«	Id.	Id.
— *periclymenum*, L.	Id.	«	«	Fleurs blan. rosées.	Id.
— *sinensis*, Wat.	Id.	N. avec abri.	«	Fl. blanch. et jaunes.	Id.
— *bachipoda*, DC.	Id.	Id.	«	Fleurs pourprees.	Id.
Mandevilla suaveolens, Hort.	terre de bruyère	midi.	midi.	Fleurs blanches.	Juin et jui
Menispermum canadense, L.	sablo-argileux.	«	«	«	«
— *carolinianum*, L.	Id.	«	«	«	«
— *virginicum*, L.	Id.	«	«	«	«
Passiflora cærulea, L.	Id.	N. avec abri.	midi.	Fleurs bleues.	Été.
Periploca græca, L.	Id.	«	«	Fleurs pourpres.	Juin et jui

NOMS DES ESPÈCES.	NATURE de sol qui leur convient.	ESPÈCES exigeant le climat du midi ou un abri dans le nord	EXPOSITION qu'elles préfèrent.	ESPÈCES remarquables par leur feuillage, leurs fleurs ou leurs fruits.	ÉPOQUE de floraison ou de maturité des fruits.
...na bracteata.............	sablo-argileux.	N. avec abri.	"	Fleurs blanches.	Été.
...Roxburghi..............	Id.	"	"	Id.	Id.
...moschata simplex.........	Id.	N. avec abri.	"	Id.	Id.
...Banksiana.............	Id.	Id.	"	Id.	Id,
...multiflora subalba.......	Id,	Id.	"	Id.	Id.
...multif. rosea............	Id.	Id.	"	Fleurs rosées.	Id.
...multif. coccinea.........	Id.	Id.	"	Fleurs rouges.	Id.
...bus fruticosus flore pleno...	Id.	"	"	Fleurs blanches.	Juin en nov.
...staria sinensis, DC.......	Id.	"	"	Fleurs bleues.	Avril.
...frutescens, Nutt.......	Id.	"	"	Id.	Automne.

I. ARBRISSEAUX SARMENTEUX A FEUILLES PERSISTANTES.

NOMS DES ESPÈCES.	NATURE de sol qui leur convient.	ESPÈCES exigeant le climat du midi ou un abri dans le nord	EXPOSITION qu'elles préfèrent.	ESPÈCES remarquables par leur feuillage, leurs fleurs ou leurs fruits.	ÉPOQUE de floraison ou de maturité des fruits.
...era rubiæfolia Aud.....	terre de bruyère	M. avec abri.	"	Fleurs pourpres.	Septembre.
...era helix, L.............	sablo-argileux.	"	nord.	"	"
...hibernica.........	Id.	"	Id.	"	"
...nicera etrusca, Savi........	argilo-sableux.	"	"	Fleurs rouges.	Prin. à l'aut.
...sempervirens, L........ ..	Id.	"	"	Id.	Été.
...cus androgynus, L......	sablo-argileux.	midi.	nord.	Fl. blan. jaunâtres.	Id.

I. ARBRISSEAUX RAMPANTS A FEUILLES PERSISTANTES.

NOMS DES ESPÈCES.	NATURE de sol qui leur convient.	ESPÈCES exigeant le climat du midi ou un abri dans le nord	EXPOSITION qu'elles préfèrent.	ESPÈCES remarquables par leur feuillage, leurs fleurs ou leurs fruits.	ÉPOQUE de floraison ou de maturité des fruits.
...nga repens. L	T. de bruy. hum.	"	nord.	Fleurs carnées.	Mars en mai.
...xa ciliaris. L............	Id.	"	"	Fleurs pourpres.	Été.
...terbacea, L..., ...	Id.	"	nord.	Fleurs roses.	Févr. en avr.
...nonaster buxifolia.........	sablo-argileux.	"	nord.	Fruits rouges.	Automne.
...toslaphylos uva ursi, Spre.	terre de bruyère	"	Id.	Id.	Septembre.
...ultheria procumbens. L....	Id.	"	Id.	Id.	Id.
...ericum calycinum, L.....	sablo-argileux	"	"	Fleurs jaunes.	Juin à sept.
...chella repens, L..........	terre de bruyère	"	nord.	Fleurs blanches.	Printemps.
...coccos europæus, Pers.....	T. de bruy. hum.	"	"	Fleurs rouges.	Mai.

PLANTATION DES ARBRES ET ARBRISSEAUX DANS LES PARCS ET LES JARDINS.

Nous avons à examiner ici le choix des jeunes plants quant à leur degré de développement, l'époque la plus favorable pour la plantation, la distance à réserver entre les sujets, le meilleur mode de plantation.

Les arbres que l'on choisit pour la plantation des parcs et des jardins sont en général trop âgés. Les propriétaires croient gagner du temps et jouir plus tôt; d'un autre côté, les architectes, chargés souvent de ces travaux, veulent faire produire immédiatement à ces arbres l'effet qu'ils en attendent, et ne reculent devant aucune difficulté pour se procurer des sujets de grande dimension. Si tous ces arbres, qu'il faut planter avec des soins toujours très-coûteux, ne meurent pas, leur végétation reste longtemps languissante; ils n'acquièrent jamais le développement des sujets plus jeunes placés dans les mêmes conditions, et ils arrivent bien plus tôt à la décrépitude. La jouissance anticipée qu'ils ont procurée est donc bien loin de compenser les inconvénients qui ne tardent pas à se produire. Aussi conseillons-nous de ne planter, en général, que de très-jeunes arbres : ils coûteront moins cher, ils pourront être déplantés sans que leurs racines soient sensiblement endommagées, leur plantation sera moins dispendieuse, et surtout leur reprise sera plus assurée, leur accroissement plus prompt et plus considérable.

Lors donc qu'il s'agira de planter un massif d'arbres de haut jet à feuilles persistantes, les jeunes plants ne devront avoir, au plus, qu'une hauteur de 1^{m}50, et présenter une grosseur proportionnée. On devra veiller avec soin à ce qu'ils aient été repiqués en pépinière pendant deux ans, afin qu'ils aient bon pied.

Si ces mêmes arbres sont destinés à former des avenues, ils devront offrir plus de développement, afin de pouvoir résister plus facilement aux accidents auxquels ils sont exposés dans cette circonstance; ils pourront présenter les dimensions que nous avons indiquées plus haut en traitant des *plantations d'alignement*. Nous renvoyons au même article pour tout ce qui se rattache aux plantions d'alignement de haut jet, pratiquées dans les parcs et dans les jardins. Quant aux arbrisseaux, ils ne devront être âgés que de trois ou quatre ans, et avoir séjourné deux ans en pépinière, après le repiquage.

C'est surtout pour les arbres résineux que cette question présente une grande importance. Ces sortes de plantations ne peuvent prospérer qu'à la condition qu'elles seront faites avec de jeunes arbres de quatre ans au plus, et qui auront été repiqués pendant deux ans en pépinière. Il sera nécessaire aussi, lors de la déplantation de ces espèces, de n'endommager aucune de leurs racines et de conserver autour le plus de terre possible.

Nous avons indiqué, en parlant des plantations forestières, l'époque la plus favorable pour cette opération, suivant la nature particulière du sol ou les espèces d'arbres à planter ; nous n'avons rien à ajouter sous ce rapport en ce qui touche les arbres et arbrisseaux d'ornement.

Nous ne pouvons indiquer d'une manière précise la distance à réserver entre les arbres et arbrisseaux, lors de la plantation des massifs ; cela dépend du développement propre à chaque espèce et de la nature particulière du terrain. Disons toutefois qu'en général, ces arbres sont plantés à des distances au moins moitié trop rapprochées les unes des autres. La cupidité de certains entrepreneurs de jardins est souvent la cause de cette pratique vicieuse. Quelquefois aussi elle est due aux propriétaires qui veulent jouir trop tôt de l'effet que doivent produire leurs massifs. Quel qu'en soit le motif, on ne saurait trop s'élever contre ce mode de plantation. Les massifs sont, à la vérité, par cette pratique, plus tôt remplis ; mais, bientôt aussi, les sujets se gênent mutuellement ; ils se privent réciproquement soit de la terre, soit de la lumière qui leur est nécessaire, et tous deviennent plus ou moins languissants. On reconnaît alors la nécessité d'en supprimer un certain nombre ; mais ceux que l'on réserve, étiolés, dégarnis vers la base, conservent longtemps un aspect misérable ; car, si leurs racines peuvent prendre un nouvel essor, elles ne rencontrent qu'un terrain déjà épuisé par les arbres supprimés, et ne peuvent imprimer à la tige qu'une faible vigueur. Il est donc nécessaire, lors de la plantation d'un massif, de se rendre compte du développement futur de chaque espèce, afin de lui réserver un espace tel qu'elle ne soit pas contrariée par les arbres voisins.

Ces diverses questions ayant été résolues et toute la surface des massifs ayant été uniformément préparée comme nous l'avons dit plus haut, on procède à la plantation. Un ouvrier armé d'une bêche pratique dans le sol une excavation assez grande pour recevoir sans gêne les racines du jeune arbre ; un second ouvrier étend ses racines dans l'excavation et maintient l'arbre dans une position verticale en imprimant à la tige un léger mouvement de va et vient de bas en haut, tandis que le premier remplit le trou de terre bien ameublie. On tasse ensuite légèrement la terre sur les racines, et l'opération est terminée. On tâchera de donner à ces plantations la forme d'un quinconce plus ou moins régulier.

Pendant les premières années qui suivent la plantation des arres et arbrisseaux d'ornement, il importe surtout de les défendre de la sécheresse, afin de faciliter leur reprise. Pour cela, si le sol est argileux ou de consistance moyenne, il faut pratiquer, pendant l'été, plusieurs binages sur toute l'étendue du terrain planté. Si le sol est sableux, il sera préférable de couvrir, après le premier binage, toute la surface d'une couche de feuilles sèches ou de vieille paille. Pour les massifs de terre de bruyère, les binages présentent l'inconvénient de hâter la décomposition de cette terre. Aussi sera-t-il préférable d'avoir recours aux arrosements, lorsqu'ils n'auront pu être placés dans une position assez humide pour résister à la sécheresse de l'été ; il sera également bon de les couvrir de mousse, pour rendre les arrosements moins souvent nécessaires. Ces soins seront surtout utiles pendant la première et la seconde année qui suivront la plantation.

Quant aux soins d'entretien pendant les années suivantes, ils consistent : 1° à couper pendant l'hiver les branches qui pendent sur les chemins, à raccourcir celles qui donnent une forme disgracieuse aux arbres, à supprimer toutes les branches sèches, enfin, à enlever avec soin tous les nids de chenilles ; 2° en un labour pratiqué chaque année, à la fin de l'hiver, sur toute la surface des massifs, en exceptant toutefois les massifs de terre de bruyère qui doivent rester intacts : ce labour devra être exécuté à l'aide de la fourche à dents plates ou trident, la bêche endommagerait les racines ; 3° à donner un binage, pendant l'été, à tous les massifs, à l'exception de ceux en terre de bruyère qui recevront des arrosements, si cela devient nécessaire.

FIN DE LA PREMIÈRE PARTIE.